简明工程力学教程

（第二版）

江南大学力学教研室　编
范本隽　主　编
陈安军　副主编

科学出版社
北京

内 容 简 介

本书是中、少学时类型的工程力学教材，为适应各专业基础力学课程学时数均有较大压缩的实际情况，本书的编写以简明、实用、易学为原则。全书分为四篇，第一篇为刚体静力学；第二篇为材料力学；第三篇为运动学与动力学；第四篇为专题。章节的安排较为紧凑，适当提高了起点，简化了叙述，重在讲述基本概念和基本方法。按少学时组织教学可只学第一篇和第二篇，按中学时组织教学可学第一、二、三篇，第四篇供选学。

本书主要面向轻工、化工、纺织、工业设计以及食品工程、通信工程等非机械类及近机械类专业本科教学，也可作为工科各专业的专科及成人教育教材。

图书在版编目(CIP)数据

简明工程力学教程/范本隽主编；江南大学力学教研室编．—2版．—北京：科学出版社，2014.6
ISBN 978-7-03-040902-7

Ⅰ.①简… Ⅱ.①范… ②江…Ⅲ. 工程力学-高等学校-教材 Ⅳ.①TB12

中国版本图书馆CIP数据核字(2014)第120048号

责任编辑：朱晓颖 邓 静/责任校对：赵桂芬
责任印制：赵 博/封面设计：迷底书装

科学出版社 出版
北京东黄城根北街16号
邮政编码：100717
http://www.sciencep.com
固安县铭成印刷有限公司印刷
科学出版社发行 各地新华书店经销
*
2005年 3 月第 一 版 开本：787×1092 1/16
2014年 6 月第 二 版 印张：18 1/4
2025年 1 月第二十一次印刷 字数：476 200

定价：59.80元

(如有印装质量问题，我社负责调换)

第二版前言

《简明工程力学教程》自 2005 年出版以来，已印刷 11 次，得到了广大读者的认可。在 9 年的教学使用中，检验了当初编写这本教材的指导思想“简明、实用、易教易学”是切合实际和受欢迎的。而另一方面，高校课程改革的进程仍在继续，这 9 年中相关专业的力学课程学时进一步压缩，教材也应作与时俱进的变化。

近年已出版了一些新的面向中少学时专业的工程力学教材，多趋向于完全取消运动学与动力学部分以及材料力学中的动载荷内容，实际上是静力学与材料力学静强度组合。编者认为，工程本科专业学生还是应该具备刚体简单运动的动力学知识以及简单动载荷作用下的强度计算知识，在教材中应该有这种选择余地，但所占学时必须大幅压缩。

基于以上认识，编者对本书的修订思路是：

(1)内容包括静力学、质点运动学和动力学、刚体基本运动的运动学和动力学、材料力学(含动载荷和交变应力)；删去第一版中点的合成运动、刚体平面运动、三大普遍定理等与相关专业关系不大的内容。

(2)强调实用而非体系完整，打破理论力学部分的结构体系，直接用动静法和功能原理解决所有动力学问题，包括动反力、动载荷问题。

修订后，本书的第二版比第一版压缩了许多篇幅(共减少 5 章)，而逻辑上不存在空白；对相关专业而言，也已是一本内容全面的教材。因而更好地体现了“简明、实用、易教易学”的编写宗旨。

除内容的大幅调整外，第二版补充了一些思考题以帮助学生学习理解，插入了若干照片以增加学生的感性认识，并在叙述上作了必要的斟酌和风格整合。在第一版使用中发现的一些具体问题，也在本次修订中作了改正。

本次修订是由原编写组全体人员完成的。

编　者

2014 年 3 月

第一版前言

本书是为轻工、化工、纺织、工业设计以及食品工程、通信工程等专业编写的力学教材。这些专业力学教学的课时数较少，教学要求因专业门类多、差别大而跨度较大。作为多年从事"工程力学"课程教学的教师，我们深感需要一本简明、实用、易教易学的教材。近年来高等教育的深刻变革已使一些老教材与今天的教学进度不甚和谐，新教材中体现这些专业的教学特点的也不多。因此，编者根据自己从事力学教学的实际经验，编写了这样一本适合上述专业使用的工程力学教材。

简明、实用、易教、易学是编写这本教材的指导思想。全书的内容涉及刚体静力学、材料力学、运动学和动力学。编写时，凡与大学物理相重复内容的叙述尽量简略，其余内容的叙述也以简明为原则。刚体静力学的叙述直接以空间汇交力系为起点；材料力学杆件内力的叙述和计算直接引用空间一般力系的简化结果；质点的运动学和动力学合并在一章中讲述。此外，某些概念引入时衍生的公式推导，放在书末的附录中。这样安排，使教材避免了简单知识的多次重复，主线明确，达到压缩学时而不压缩内容的目的。

本书由江南大学(原无锡轻工大学)力学教研室组织编写，参加编写的人员有：范本隽(绪论，第7、10、11、12、23章，附录)；周斌兴(第1～6章)；许佩霞(第8、9、13、14章)；钱静(第15～18章)；陈安军(第19～22章)。本书由范本隽担任主编，陈安军为副主编。

本书在编写中参阅了各兄弟院校的优秀教材，获益匪浅，谨致谢意。

限于编者的编写水平和时间，书中有可能存在缺点、错误，欢迎读者给予指正。

编　者

2004年6月

目　录

第二篇 材料力学

第三篇　运动学与动力学

第四篇　专　　题

绪　论

许多工程领域都与力学有密不可分的关系。例如，机械工程中需研究各零件的运动和受力问题；房屋、桥梁工程需研究梁、柱等杆件在平衡状态下承受载荷能力的问题；化工、食品工程中需研究受内压作用的容器和管道的强度问题；包装工程和纺织工程中的工艺设计也需研究各种各样的力学问题。“工程力学”正是面向工程需要，为研究、解决工程中的力学问题而提供理论依据和基本的计算方法的学科。

为设计一个能在一定的载荷下正常工作的结构物，需要从两方面来解决问题。第一方面是弄清组成结构的每一个构件所受的力与结构所受的载荷之间的关系，即要计算出结构正常工作时其中的每一个构件所受的力；第二方面是弄清构件的材料和截面尺寸、支承形式等因素与构件所能抵抗的外力之间的关系，即要确定在一定的外力作用下怎样设计构件才能保证它能安全可靠地工作，同时又是经济合理的。“工程力学”中的**静力学、运动学和动力学**部分（这三部分总称为**理论力学**）是处理第一方面问题的；而**材料力学**部分则是处理第二方面问题的。

因此，可以对工程力学的任务作如下概括：**研究结构和构件的受力及平衡、运动规律，研究构件的承载能力的科学计算方法，从而为设计工程构件提供必要的理论基础和行之有效的计算方法，使所设计的构件能安全、可靠地工作，同时满足经济性要求。**

在工程力学研究中，与其他学科一样，需要把所研究的对象作适当的简化，略去一些次要因素，保留主要因素，从而将实际物体抽象成为便于分析研究的模型。按力学分析的要求建立的模型称为**力学模型**。工程力学中根据不同的研究目的，主要采用刚体和变形固体作为实际构件的力学模型，前者用于静力学、运动学和动力学部分，后者用于材料力学部分，原因将在相应章节中说明。此外，构件与外界的连接，也简化成为“铰链”、“固定端”等力学模型。

对于所建立的力学模型，可以应用工程力学的定理、公式进行求解。工程力学是一个由公理、定理及推论、计算公式等组成的理论体系，这个体系是在实践中提炼出的基本原理的基础上经过严格的数学推演而形成的，并已经过实践的反复检验。学习工程力学，应该熟练掌握这个理论体系，学会应用力学理论知识去解决实际问题。另一方面，实践是不断发展的，现代工程技术不断提出新的力学问题，工程力学也在研究这些新问题中不断丰富和发展其理论体系和计算方法。例如，关于强度失效的新理论、关于断裂和损伤的理论和计算方法、关于用复合材料等新材料制成的构件强度的理论和计算方法，以及应用电子计算机分析复杂形状构件强度的有限单元法等，都是工程力学学科的新内容。本书所涉及的，只是工程力学最基础的知识，读者在掌握本书内容的基础上，可根据所从事的工作的需要，参考专门的著作，对某些问题进行更深入的探讨。

第一篇　刚体静力学

本篇研究力和力系的基本性质、物体的受力分析和刚体系统平衡问题的求解方法。

第1章　静力学基本概念和物体受力分析

静力学的基本概念、公理及物体的受力分析是研究静力学的基础。本章将介绍力与刚体的概念及静力学公理，并阐述工程中常见的约束和约束反力的分析。最后介绍物体的受力分析及受力图。

1.1　静力学基本概念与公理

1.1.1　力的概念

力的概念是人们在长期生活和生产实践中逐步形成，并经过科学的抽象建立起来的。例如，当人们用手推、拉、掷或举起物体时，由于手的作用，可使物体的运动状态发生变化；滚动的车轮受到制动块的摩擦作用可使滚动变慢，直至停止。上述物体运动状态的变化，是由于物体间的相互作用而产生的，这种作用也称为**机械作用**。物体间相互的机械作用还能引起物体的变形，如杆件受拉力作用而伸长、受压力作用而缩短等。所以力的概念可概括为：力是物体间的相互机械作用，这种作用可使物体的运动状态发生变化或使物体发生变形。

物体受力后产生两种效应：使物体的运动状态发生改变的效应称为**外效应**，而使物体的形状发生改变的效应称为**内效应**。显然，对于刚体(不变形的物体)而言，力的作用只有外效应。

在工程实际中，我们会遇到各种力，如重力、弹性力、滑动摩擦力等，由观察及试验表明，力对物体作用效应决定于下列三个要素：①力的**大小**；②力的**方向**；③力的**作用点**。

力的大小表示机械作用的强弱，可以根据力的效应的大小加以测定。在国际单位制中，力的计量单位为牛[顿](N)或千牛[顿](kN)。工程上曾采用工程单位制，力的单位是千克力(kgf)，1kgf≈9.8N。

力的方向，是指力作用的方位和指向。

力的作用点，是指力作用的位置。物体间的机械作用通过物体间的直接接触或是通过物质的一种形式——场起作用。实际上两个物体直接接触时，力的作用线位置分布在一定的面积上，只是当接触面积相对比较小时，才能抽象地将其看作集中于一点，这样的力称为**集中力**。不能抽象地看作集中力的力称为**分布力**。作用在物体上的分布力常用与其等效的集中力来替代。通过力的作用点并沿力的方位的直线，称为力的**作用线**。

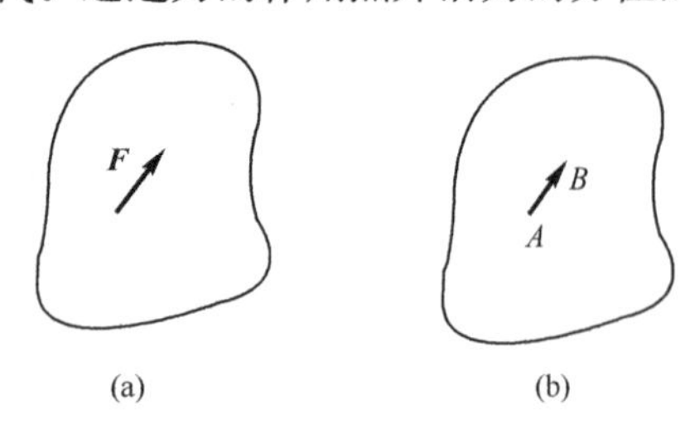

图1-1

由于力既有大小，又有方向，所以是矢量(以后将提到)，服从矢量的运算法则。本书中，代表矢量的字母用加粗的斜体字母表示(如 $\boldsymbol{F}$)。和一切矢量一样，可用一个带箭头的有向线段(矢量)$\overrightarrow{AB}$表示力 $\boldsymbol{F}$，如图1-1所示，矢量的起点 A(或终点 B)表示力的作用点，矢量的方向表示力的方向，矢量的长度按选定的比例表示力的大小。

作用在刚体上的群力，称为**力系**。若作用在刚体上的力系可用另一力系来代替而不改变它对刚体的效应，则这两个力系称为**等效力系**。

1.1.2　刚体和平衡的概念

刚体是指受力作用后不变形的物体。这一特征表现为物体内任意两点的距离始终保持不变。实际上，不变形的物体是不存在的，如图1-2所示的塔器，在风力载荷作用下，塔器轴线上最大水平位移一般为塔高的1/5000～1/1000。因此，对塔器进行受力分析时，变形是一个次要因素，可以忽略不计。在研究物体的受力情况时，为使问题简化，忽略物体变形就可将原物体用一理想化的模型——刚体来代替。以后，除特别指明需要考虑物体的形状改变外，其余物体均看作抽象化的理想模型——刚体。

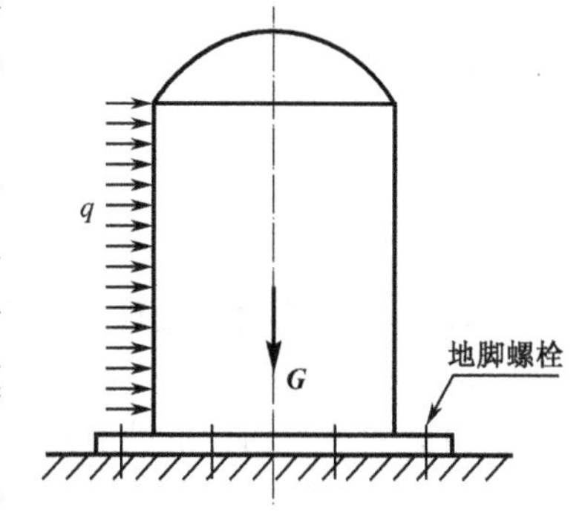

图1-2

平衡是机械运动中的一种特殊情况，在静力学中是指物体相对于地球保持静止或匀速直线运动状态。平衡规律在工程实际中应用广泛，按平衡状态分析结构受力称为**静力分析**，各种机器和建筑物的设计往往要经过静力分析。以后还可以看到，动力学问题也可以应用静力学的方法解决。

1.1.3　静力学的基本公理

下面分别阐述作为静力学基础的五个公理，这些公理是人们在实践中，对处于平衡和运动的物体进行了长期的观察和实验，而得出的关于力的基本性质的概括和总结。

公理1　(二力平衡公理)：作用于同一个刚体上的两个力，使刚体处于平衡的必要且充分条件是：这两个力大小相等、方向相反，作用线沿同一直线。

公理1阐明了由两个力组成的最简单力系的平衡条件。它是在力系作用下刚体平衡条件的基础。工程上经常遇到只受两个力作用而平衡的刚体，称为二力体(或二力构件)。根据公理1，这两个力的作用线必定沿着两个作用点的连线，且大小相等、方向相反，如图1-3所示。

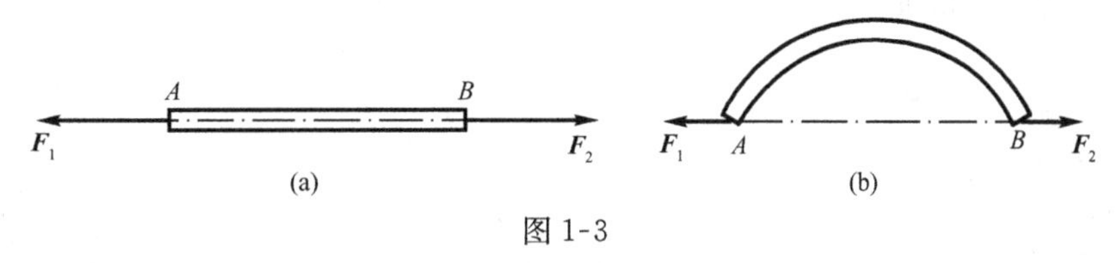

图1-3

公理2　(加减平衡力系公理)：在某一力系中加上或减去任意的平衡力系后与原力系等效。

根据这一公理，可以得到作用于刚体的力，可沿着其作用线任意移动，而不改变此力对刚体的作用效应。

证明　设有力$\boldsymbol{F}$作用在刚体上的某点A，如图1-4所示。根据加减平衡力系原理，可在力的作用线上任取一点B，并加上一对平衡力，且使$\boldsymbol{F}'=-\boldsymbol{F}''=\boldsymbol{F}$，由于力$\boldsymbol{F}$和$\boldsymbol{F}''$也是一对平衡力，故可除去。这样只剩下一个力$\boldsymbol{F}'$，故刚体在力$\boldsymbol{F}$作用下与在力$\boldsymbol{F}'$作用下等效。即原来的作用力$\boldsymbol{F}$沿其作用线移到了点$B$。

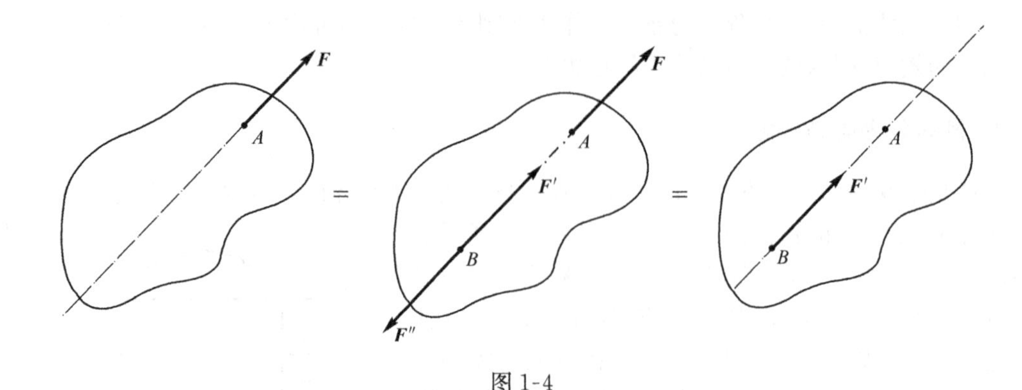

图 1-4

公理 3 （二力合成公理）:作用于刚体上某点 A(或作用线交于某点 A)的两个力 $\boldsymbol{F}_1$、$\boldsymbol{F}_2$,可以合成一个力,这个力称为**合力**。如图 1-5 所示,合力的大小、方向、作用线由以这两个力为邻边所组成的平行四边形的对角线来决定,即可以写成矢量加法运算公式:

$$\boldsymbol{F}_{\mathrm{R}} = \boldsymbol{F}_1 + \boldsymbol{F}_2$$

合力的大小、方向可以用余弦与正弦定理决定:

$$F_{\mathrm{R}} = \sqrt{F_1^2 + F_2^2 + 2F_1F_2\cos\alpha}$$

$$\frac{F_{\mathrm{R}}}{\sin(\pi - \alpha)} = \frac{F_2}{\sin\varphi}, \qquad \sin\varphi = \frac{F_2}{F_{\mathrm{R}}}\sin\alpha$$

其中,α、φ 分别为 $\boldsymbol{F}_1$ 与 $\boldsymbol{F}_2$ 和 $\boldsymbol{F}_{\mathrm{R}}$ 与 $\boldsymbol{F}_1$ 的夹角。

推论 （三力平衡定理）:如果刚体受三个力作用而平衡,且其中两个力的作用线交于一点,则第三个力的作用线必通过该点且三个力共面。

证明 设图 1-6(a)所示刚体在 $\boldsymbol{F}_1$、$\boldsymbol{F}_2$ 和 $\boldsymbol{F}_3$ 三个力作用下处于平衡,且这三个力中,$\boldsymbol{F}_1$ 和 $\boldsymbol{F}_2$ 的作用线交于 O 点。按力的可传性,将 $\boldsymbol{F}_1$ 和 $\boldsymbol{F}_2$ 分别沿各自的作用线移到 O 点,并按平行四边形公理将 $\boldsymbol{F}_1$ 和 $\boldsymbol{F}_2$ 合成为一个作用于 O 点的合力 $\boldsymbol{F}_{12}$(图 1-6(b))。这样,刚体就在 $\boldsymbol{F}_{12}$ 和 $\boldsymbol{F}_3$ 两个力的作用下平衡。由公理 1 知,$\boldsymbol{F}_{12}$ 和 $\boldsymbol{F}_3$ 两个力必须共线。由于 $\boldsymbol{F}_{12}$ 的作用线通过 O 点且与 $\boldsymbol{F}_1$ 和 $\boldsymbol{F}_2$ 在同一平面内,所以 $\boldsymbol{F}_3$ 的作用线也必须通过 O 点,并且也与 $\boldsymbol{F}_1$ 和 $\boldsymbol{F}_2$ 在同一平面内。定理由此得证。

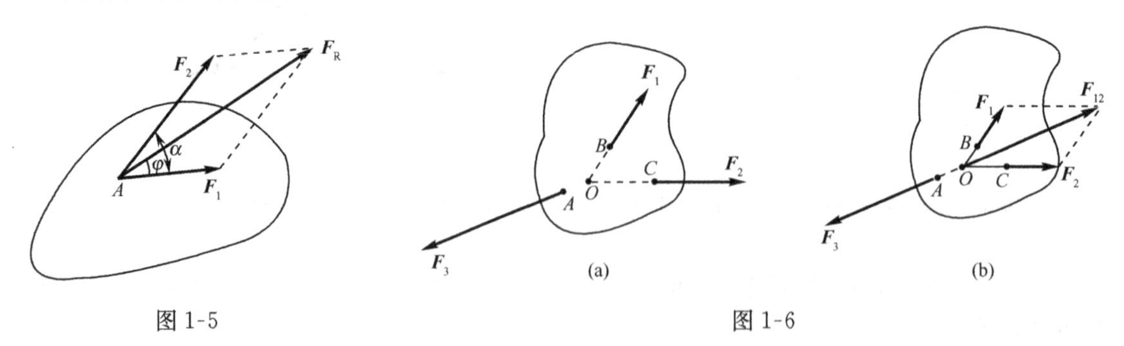

图 1-5　　图 1-6

公理 4 （作用力与反作用力公理）:当甲物体对乙物体有作用力的同时,甲物体也受到来自乙物体的反作用力;作用力与反作用力总是同时存在的,两力的大小相等、方向相反且沿着同一直线分别作用在两个相互作用的物体上。

公理 4 是由研究一个物体的平衡问题过渡到研究几个物体组成的"物体系统"的平衡问题

的桥梁。由这个公理可以得出，作用力与反作用力必须成对出现，同时出现也同时消失。

公理5　(刚化公理)：当变形体在某力作用下处于平衡状态时，此时将变形体刚化成刚体，则平衡不受影响。

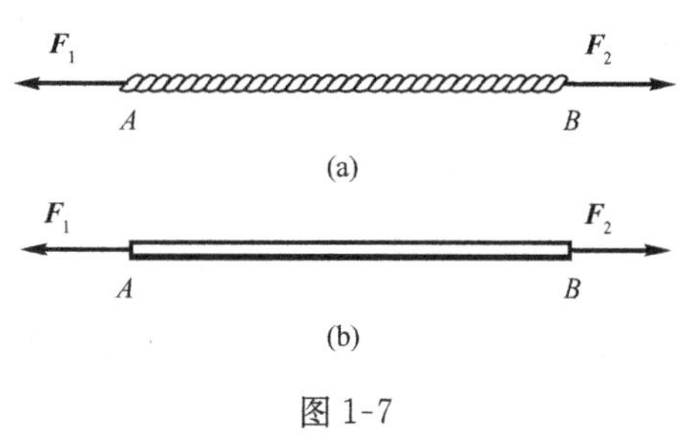

图1-7

例如，绳AB在力$\boldsymbol{F}_1$、$\boldsymbol{F}_2$作用下处于平衡(图1-7(a))，现将绳假想为一个不会变形的刚杆AB，此刚杆在力$\boldsymbol{F}_1$、$\boldsymbol{F}_2$作用下仍然平衡(图1-7(b))。

刚化公理也称为变形体平衡公理，但需注意，若$\boldsymbol{F}_1$、$\boldsymbol{F}_2$均按相反方向作用，则刚体能够平衡。而绳在这样两个力的作用下显然是不能够平衡的。所以，刚体的平衡条件仅是变形体平衡的必要条件，而非充分条件，即变形体只有在平衡的前提下才能刚化成刚体。

公理5建立了刚体静力学与变形体静力学之间的联系，使刚体的平衡条件能应用到变形体的平衡问题中去。

1.2　约束与约束反力

有些物体，它们在空间的位移方向不受任何限制，如空中的气球和飞行中的火箭等。而有些物体，由于受到与之联系或接触的其他物体的限制，以致在空间的位移方向受到一定的限制，如置于桌上的书不可能向下运动，受铁轨限制的机车只能沿轨道运动等。在空间中位移不受限制的物体称为**自由体**，而位移受到限制的物体称为**非自由体**。对非自由体的某些位移起限制作用的周围物体称为**约束**。

例如，桌面是书的约束，铁轨是机车的约束等。

既然约束阻碍物体某些方向的位移，那么，当物体沿着约束所能阻碍的方向有运动趋势时，物体对约束就有作用力。同时，约束也对物体有反作用力以阻碍物体的运动。约束作用于被约束物体的力称为**约束反作用力**，简称**约束(反)力**或**反力**。

那些不是约束反力的力(如重力)都称为**主动力**。主动力能主动地改变物体的运动状态，它的大小和方向不直接依赖于作用在物体上的其他力。与主动力不同，约束反力要由作用在物体上的其他力决定。在静力学中，约束反力的大小要根据平衡条件求得，至于它的方向总是与约束所能阻碍的位移方向相反。

正确确定约束反力的方向在解决静力学问题时起着非常重要的作用。下面介绍几种工程中常见的约束类型。

1.2.1　柔性约束

绳子、链条、皮带、钢丝等柔性物体，只能阻止物体沿柔性物体伸长的方向而不能阻止其他任何方向的位移。所以，由绳子等柔性物体产生的约束反力，只能是拉力，而不能是压力。柔性物体的约束反力总是沿着柔性物体，其指向背离被约束物体。通常用符号$\boldsymbol{F}$或$\boldsymbol{F}_\mathrm{T}$、$\boldsymbol{T}$表示，如图1-8所示。

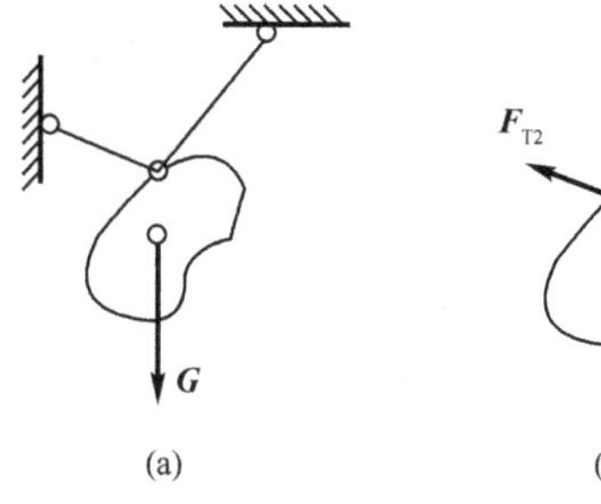

图1-8

1.2.2 理想光滑接触面约束

若物体与约束在接触面间的摩擦可以略去不计时，这样的约束就看作理想光滑接触面约束。这种约束不能阻碍物体沿接触面切线方向的位移，只能阻碍物体沿着接触点公法线且指向约束内部的位移。所以，理想光滑接触面的约束反力必定沿着接触点的公法线而指向被约束物体。通常以符号 $\boldsymbol{F}_{\mathrm{N}}$ 表示。如图 1-9 所示，在车轮与轨道接触时，若不计钢轨的摩擦，则钢轨可视为光滑接触面约束，车轮在主动力 $\boldsymbol{G}$ 作用下有向下运动的趋势，而约束反力 $\boldsymbol{F}_{\mathrm{N}}$ 则沿公法线且垂直向上。圆筒形容器在拼装过程中搁在托轮上，如图 1-10 所示，容器与托轮分别在 A、B 处接触，托轮作用于容器的约束反力 $\boldsymbol{F}_{\mathrm{N}A}$ 和 $\boldsymbol{F}_{\mathrm{N}B}$ 分别沿接触点的公法线指向被约束物体，即沿圆筒形容器的半径方向，指向圆心 O。

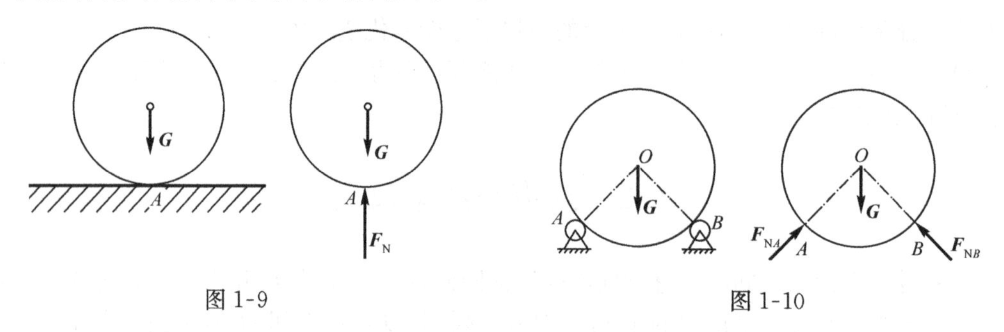

图 1-9　　图 1-10

1.2.3 光滑圆柱铰链约束

两个构件的连接是通过圆柱销子或圆柱形轴来实现的，这种使构件只能绕销轴转动的约束称为**圆柱铰链约束**。这类约束只能限制构件沿垂直于销子轴线方向的相对位移。若将销子与销孔间的摩擦略去不计而视为光滑接触，则这类铰链约束称为**光滑圆柱铰链约束**，如图 1-11 所示。工程实际中的门窗活页、活塞销等都是这种约束。

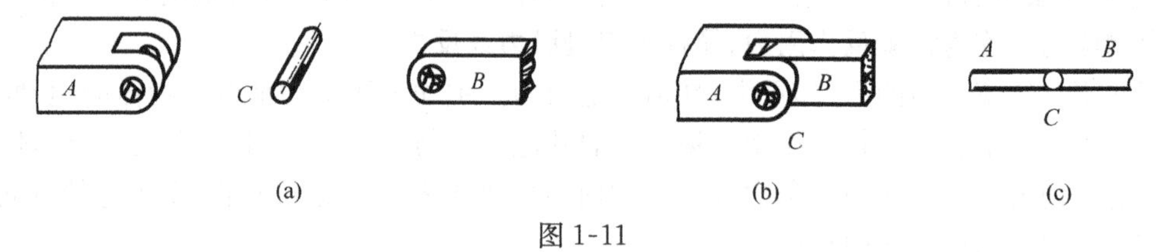

图 1-11

由于销子与销孔之间实际上是两个圆柱面接触，当接触面光滑时，约束反力必定沿接触点的公法线而且通过铰链圆孔中心。因此，光滑圆柱铰链的约束反力必定在垂直于销子轴线的平面内并通过圆心。但因为接触点的位置不能预先确定，故约束反力的方向(图 1-12 中以 α 角表示)未定。为计算方便，约束反力通常用通过构件被约束处圆孔中心 O 的两个垂直分力 $\boldsymbol{F}_x$ 和 $\boldsymbol{F}_y$ 来表示，如图 1-13 所示。

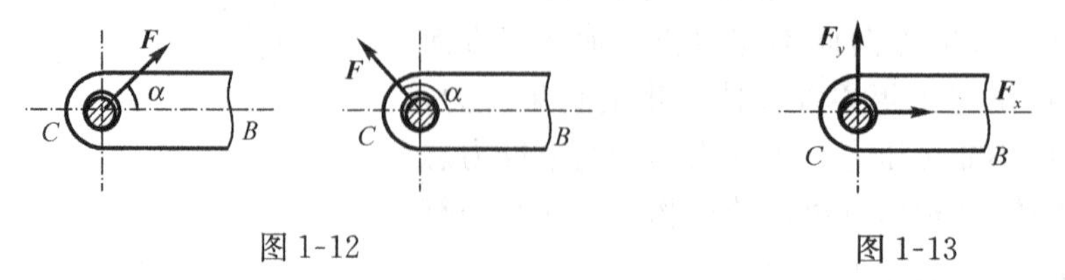

图 1-12　　图 1-13

工程上常见的几种以铰链约束构成的支座：

1. 固定铰链支座

用圆柱铰链连接的两个构件，如果其中有一个固接于地面或机器上，则该支座称为**固定铰链支座**，如图 1-14(a)所示。其简图如图 1-14(b)所示。铰链支座的约束反力在垂直于圆柱销轴线的平面内并通过物体被约束处的圆孔中心，方向待定，可用两正交分力表示，如图 1-14(c)所示。

如图 1-15 所示的向心轴承(径向轴承)座。它对轴的约束反力也可用两正交分力表示。

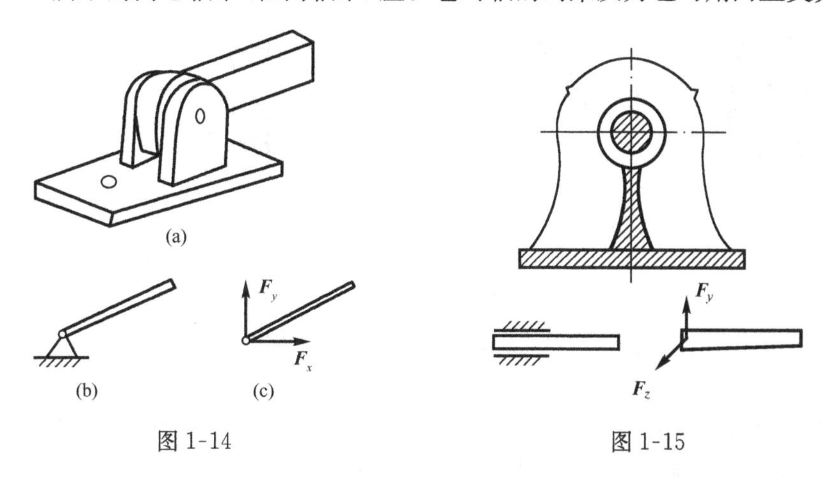

图 1-14　　　　图 1-15

2. 滚动铰链支座

如果在铰链支座和光滑支承面之间用几个辊轴或滚柱连接，就构成滚动铰链支座，如图 1-16(a)所示。其简图如图 1-16(b)所示。

这类支座不能限制被约束物体沿光滑支承面移动，只能限制构件与铰链连接处沿垂直于支承面移动。因而滚动铰链支座类似于理想光滑面，约束反力的方向垂直于支承面且过物体被约束处圆孔中心，通常以符号 $\boldsymbol{F}_{\mathrm{N}}$ 表示，如图 1-16(c)所示。

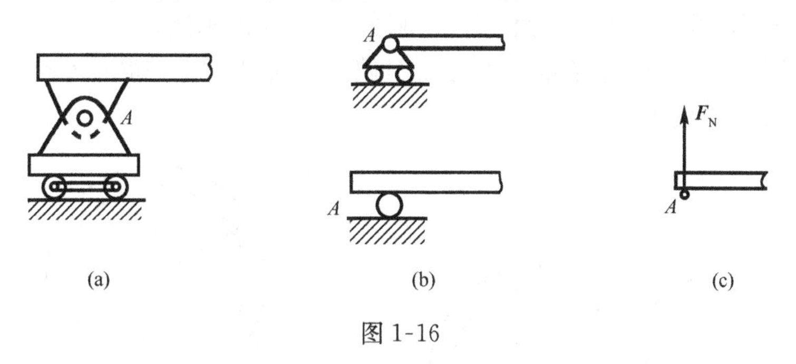

图 1-16

1.2.4　光滑球铰链和止推轴承约束

理想的球形铰链是将连在物体上的圆球装在支承物的球窝里而构成的结构(图 1-17(a))，它允许物体绕球心 O 转动。一般假定，球和球窝的接触是光滑的。球形铰链可阻止物体沿 x、y、z 三个直角坐标轴方向的移动，但不能阻止物体绕任一轴的转动。一般说来，它可以在 x、y、z 三个方向产生约束反力，但不能对任一轴产生约束反力偶，这样的约束反力通常用空间三个正

交分力 $\boldsymbol{F}_x$、$\boldsymbol{F}_y$ 和 $\boldsymbol{F}_z$ 来表示(图 1-17(b))。工程上的某些约束,只要能阻止物体沿任何方向的移动,但不能阻止物体绕任何一轴的转动,就可以用球形铰链这一模型来代替。常用的止推轴承(图 1-18(a)),除了限制转轴的径向位移外,还限制轴沿轴线 z 方向(轴向)的位移,即只允许转轴绕轴线 z 转动。所以,止推轴承的约束反力,用三个正交分力——径向力 $\boldsymbol{F}_x$、$\boldsymbol{F}_y$ 以及轴向力 $\boldsymbol{F}_z$ 表示,与球铰链相似。止推轴承的简图如图1-18(b)所示。

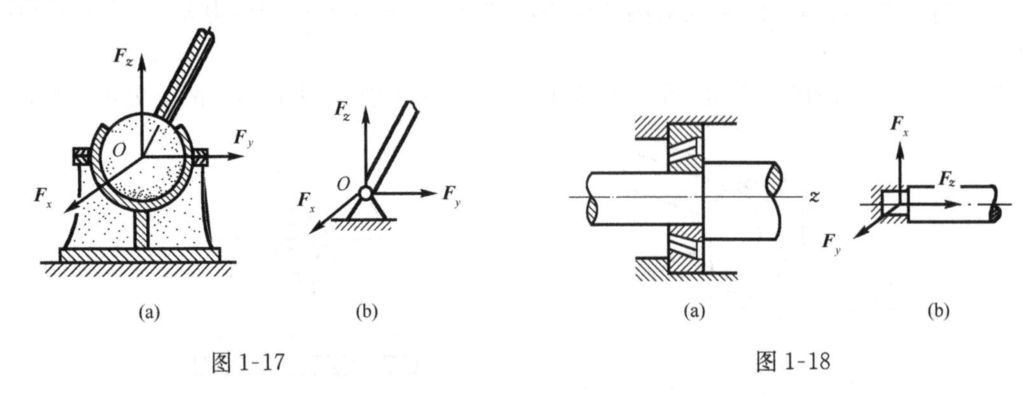

图 1-17　　　　图 1-18

1.3　物体的受力分析和受力图

静力学的任务是研究物体在力系作用下的平衡问题。无论解决静力学问题还是动力学问题,首先必须弄清两个问题:① 哪一个物体是研究的对象? ② 研究对象上受到哪些力的作用?

第一个问题称为确定研究对象,第二个问题称为研究对象的受力分析。为了把研究对象的受力情况清晰地表示出来,必须将所确定的研究对象从周围物体中分离出来,单独画出简图,并画出所有作用在其上的力(所有主动力和约束力)。这样的图称为**受力图**或**分离体图**。

必须指出,研究对象既可以是一个物体或者几个物体的组合,也可以是整个的物体系统。

正确画出受力图,是解决静力学问题的关键。首先必须明确研究对象是哪一个物体;然后,分析研究对象受到哪些主动力和哪些约束的作用,每个约束又属何种类型;画出主动力并按约束类型正确画出约束反力。下面通过实例说明受力图的画法。

例 1-1　用力 $\boldsymbol{F}$ 拉碾子,碾子重 $\boldsymbol{G}$,由于受到路面石块 A 的阻挡静止不动(图 1-19(a)),如不计摩擦,画出碾子的受力图。

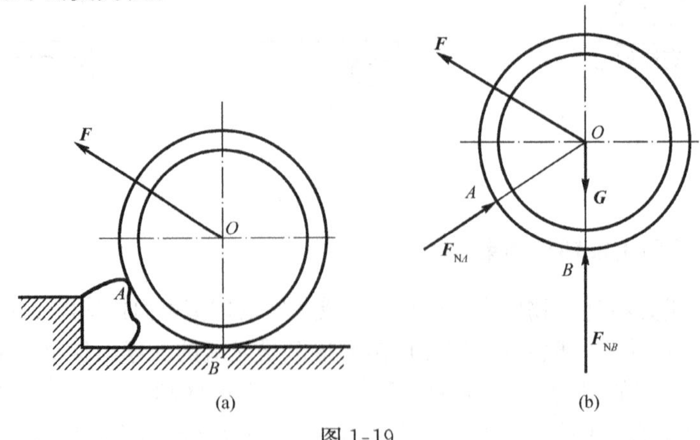

图 1-19

解　取碾子为研究对象,并将其单独画出。

受力分析:作用于碾子的主动力有拉力 $\boldsymbol{F}$ 和重力 $\boldsymbol{G}$;碾子在 A 点受到石块的约束,在 B 点受到地面的约束。当不计摩擦时,该两处都属于光滑接触面约束,约束反力都应沿着接触点的公法线指向被约束物体(都通过圆心 O)。

画出主动力 $\boldsymbol{F}$ 和 $\boldsymbol{G}$,以及 A、B 处的约束反力 $\boldsymbol{F}_{NA}$ 和 $\boldsymbol{F}_{NB}$,碾子的受力图如图 1-19(b)所示。

例 1-2　重为 $\boldsymbol{G}$ 的管子置于托架 ABC 上。托架的水平杆 AC 在 A 处以支杆 AB 撑住(图 1-20(a))。A、B、C 三处均可视为平面铰链连接,水平杆和支杆的质量较小,可略去不计,绘制下列物体的受力图:1) 管子;2) 支杆;3) 水平杆。

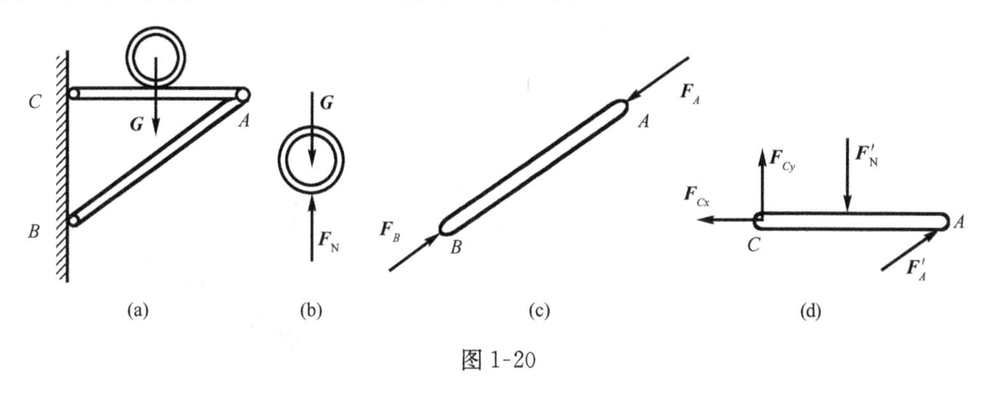

图 1-20

解　1) 管子的受力图如图 1-20(b)所示。作用力有重力 $\boldsymbol{G}$ 和 AC 杆对管子的约束反力 $\boldsymbol{F}_N$。

2) 支杆的 A 端和 B 端,均为平面铰链连接,在一般情况下,A、B 处所受的力,应分别画成一对互相垂直的力;但在支杆本身的质量不计的情况下,支杆就成为二力构件。根据二力构件的特点,$\boldsymbol{F}_A$ 和 $\boldsymbol{F}_B$ 的方位必沿 AB 连线,如图 1-20(c)所示。在绘制二力构件的受力图时,必须注意这一特点。

3) 水平杆的受力图,如图 1-20(d)所示。其中 $\boldsymbol{F}'_N$ 是管子对水平杆的作用力,它与作用在管子上的约束反力 $\boldsymbol{F}_N$ 互为作用力和反作用力。不要将 $\boldsymbol{F}'_N$ 误解为管子的重力 $\boldsymbol{G}$,$\boldsymbol{F}'_N$ 是 $\boldsymbol{G}$ 沿其作用线向杆 AC 传递的作用力,二者分别作用在杆 AC 上和管子上,是两个不同的力。A 处和 C 处虽然皆为平面铰链约束,但因作用于 A 端的力 $\boldsymbol{F}'_A$ 是二力构件 AB 对杆 AC 的约束反力,与 $\boldsymbol{F}_A$ 间满足作用与反作用的关系,所以 $\boldsymbol{F}'_A$ 沿 AB 连线的方位。C 端约束反力的方位不能预先决定,这是因为杆 AC 不是两力构件,故一般以互相垂直的反力 $\boldsymbol{F}_{Cx}$ 和 $\boldsymbol{F}_{Cy}$ 来表示。

综合上面的例题,可将画受力图的步骤及注意事项概述如下:

(1) 步骤

1) 确定研究对象,并画出分离体。研究对象可以是一个物体或者几个物体的组合,也可以是整个物体系统。

2) 进行受力分析,画出受力图。首先画出主动力,再根据约束类型,正确画出相应的约束反力。

(2) 注意事项

1)不要多画力,对每个研究对象上所受的每一个力,都应明确地指出,它是哪一个施力体施加给研究对象的。

2）不要漏画约束反力，必须搞清楚所研究的对象（受力物体）与周围哪些物体（施力物体）相接触，在接触处必须画出约束反力。对于由几个物体组成的系统而言，系统内部物体间的内力不必画出。

3）注意应用二力平衡公理（二力体）及三力平衡汇交定理来确定约束反力作用线的方位。

4）当分析物体间的相互作用力时，要注意这些力的方向是否符合作用与反作用关系。

习　题

1-1　两个大小相等、方向相同的力对刚体的作用是否等效？

1-2　两力平衡公理和作用与反作用公理都是说二力等值、反向、共线，二者有何不同？

1-3　什么叫二力杆？凡是两端用光滑铰链连接的直杆是否都是二力杆件？

1-4　画出题 1-4 图中物体的受力图，所有接触处均为光滑接触。没有画出重力 **G** 的物体都不计自重。

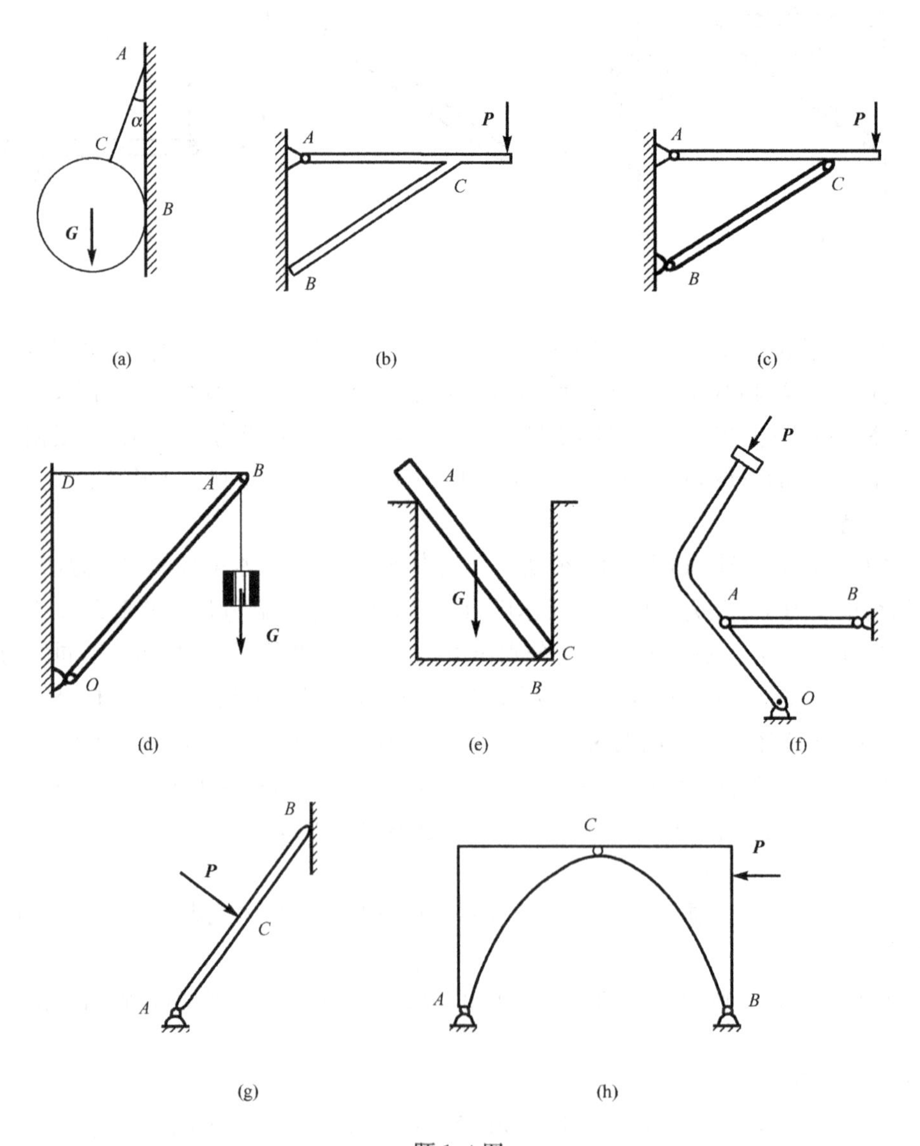

题 1-4 图

1-5　画出题 1-5 图中物体的受力图，所有接触处均为光滑接触，没有画出重力 $\boldsymbol{G}$ 的物体都不计自重。

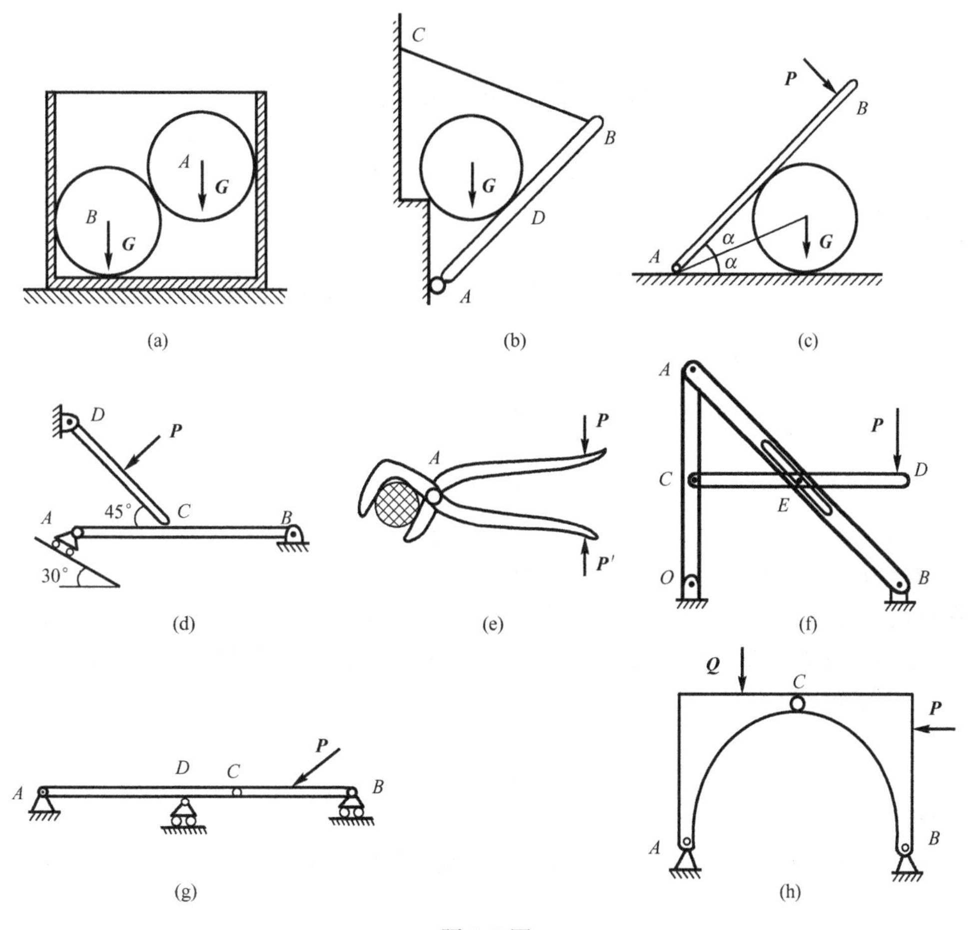

题 1-5 图

1-6　棘轮装置如题 1-6 图所示。通过柔绳悬以重为 $\boldsymbol{G}$ 的物体，AB 为棘轮的止推爪，B 处为平面铰链。试绘棘轮的受力图。

1-7　塔器竖起的过程如题 1-7 图所示。下端搁在基础上，在 C 处系以钢绳，并用绞盘拉住，上端在 B 处系以钢绳通过定滑轮 D 连接到卷扬机 E。设塔重为 $\boldsymbol{G}$，画出塔器的受力图。

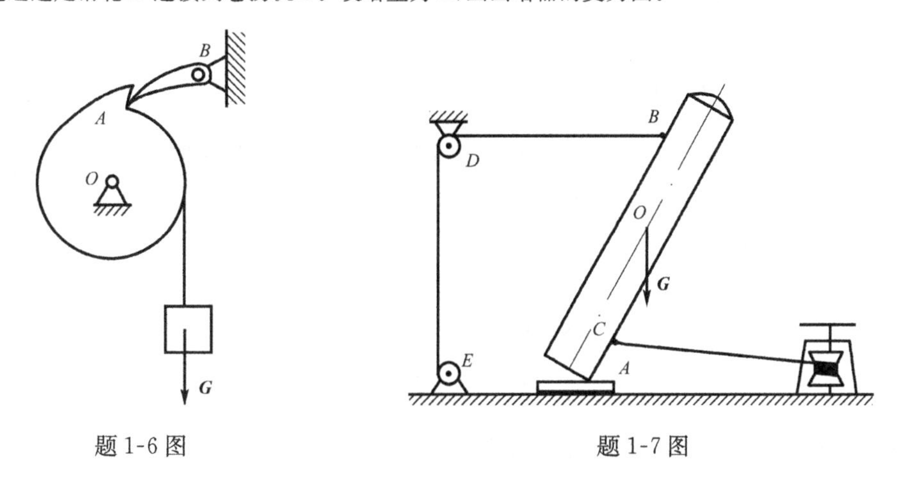

题 1-6 图　　　　题 1-7 图

第2章　汇 交 力 系

本章研究作用在刚体上的汇交力系的合成和平衡问题。汇交力系是一种简单的、在工程实际中常见的力系。

2.1　力在空间直角坐标轴上的投影

在平面内，一力在某轴上的投影等于该力的大小乘以力与此轴正向夹角的余弦。同样，在空间力系情况下，建立直角坐标系 $Oxyz$，如图 2-1 所示。力在 x、y、z 坐标轴上的投影分别为

$$\left.\begin{aligned} X &= F\cos\alpha \\ Y &= F\cos\beta \\ Z &= F\cos\gamma \end{aligned}\right\} \tag{2-1}$$

其中，α、β、γ 分别为力 $\boldsymbol{F}$ 与 x、y、z 轴正向的夹角。

在有些情况下，力 $\boldsymbol{F}$ 与 Ox、Oy 轴之间的夹角不易确定，则可采用间接投影法计算投影。如图 2-2 所示，将 $\boldsymbol{F}$ 先投影到 Oxy 平面上得 F_{xy}，再将 F_{xy} 向 x、y 轴投影得到投影 X、Y。则 $\boldsymbol{F}$ 对 x、y、z 轴的投影为

$$\left.\begin{aligned} X &= F\cos\varphi\cos\theta \\ Y &= F\cos\varphi\sin\theta \\ Z &= F\sin\varphi \end{aligned}\right\} \tag{2-2}$$

其中，φ 为力 $\boldsymbol{F}$ 对 Oxy 平面的倾角；θ 是 F_{xy} 与 x 轴之间的夹角。

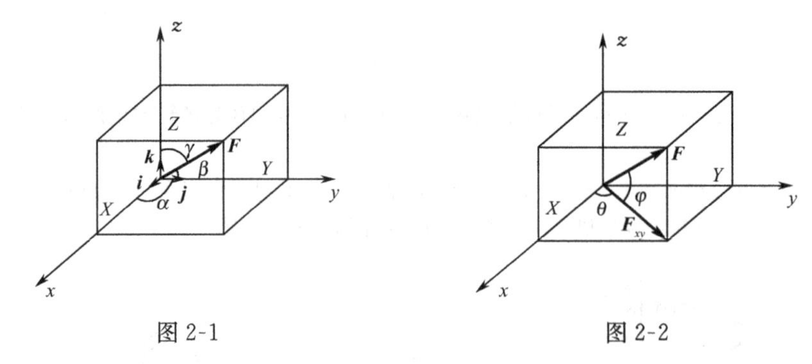

图 2-1　　　　图 2-2

当 $\boldsymbol{F}$ 在三轴上的投影 X、Y、Z 已知时，计算 $\boldsymbol{F}$ 的大小和方向余弦如下：

$$\left.\begin{aligned} F &= \sqrt{X^2+Y^2+Z^2} \\ \cos(\boldsymbol{F},\boldsymbol{i}) &= \frac{X}{F} \\ \cos(\boldsymbol{F},\boldsymbol{j}) &= \frac{Y}{F} \\ \cos(\boldsymbol{F},\boldsymbol{k}) &= \frac{Z}{F} \end{aligned}\right\} \tag{2-3}$$

其中，$\boldsymbol{i}$、$\boldsymbol{j}$、$\boldsymbol{k}$ 为坐标轴 Ox、Oy、Oz 上的单位矢量。

力 $\boldsymbol{F}$ 可用其投影及单位矢量写成矢量解析形式：

$$\boldsymbol{F} = X\boldsymbol{i} + Y\boldsymbol{j} + Z\boldsymbol{k} \tag{2-4}$$

2.2 汇交力系的合成

图 2-3 为由力 $\boldsymbol{F}_1$、$\boldsymbol{F}_2$、$\boldsymbol{F}_3$ 构成的汇交于 O 点的汇交力系。为了将该力系合成，根据第 1 章公理 3 可将 $\boldsymbol{F}_1$、$\boldsymbol{F}_2$ 按平行四边形法则合成为一个力 $\boldsymbol{F}_{12}$，$\boldsymbol{F}_{12}=\boldsymbol{F}_1+\boldsymbol{F}_2$，其作用线通过 O 点。然后将 $\boldsymbol{F}_{12}$ 与 $\boldsymbol{F}_3$ 按平行四边形法则合成为一个力 $\boldsymbol{F}_{\mathrm{R}}$，$\boldsymbol{F}_{\mathrm{R}}=\boldsymbol{F}_{12}+\boldsymbol{F}_3=\boldsymbol{F}_1+\boldsymbol{F}_2+\boldsymbol{F}_3$，作用线仍通过 O 点。$\boldsymbol{F}_{\mathrm{R}}$ 为由 $\boldsymbol{F}_1$、$\boldsymbol{F}_2$、$\boldsymbol{F}_3$ 构成的汇交力系的合力。

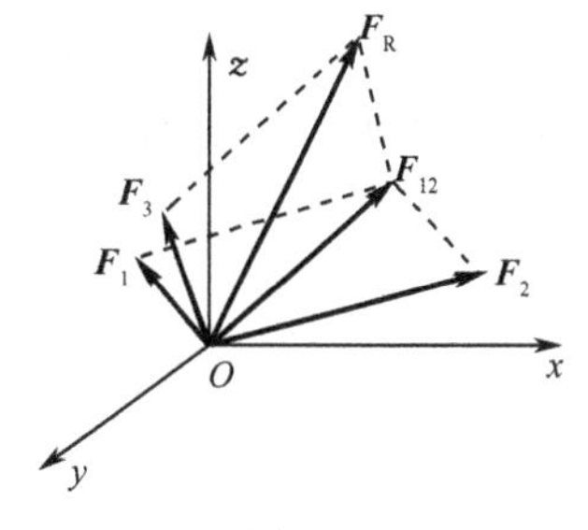

图 2-3

对于 n 个力构成的汇交力系，只要重复上述步骤，必能合成为一个合力 $\boldsymbol{F}_{\mathrm{R}}$。显然，合力矢量为原力系所有力矢量的矢量和，记 $\sum\limits_{i=1}^{n}=\sum$，得到

$$\boldsymbol{F}_{\mathrm{R}} = \boldsymbol{F}_1 + \boldsymbol{F}_2 + \cdots + \boldsymbol{F}_n = \sum \boldsymbol{F}_i \tag{2-5}$$

而合力的作用线通过汇交力系的汇交点。

为确定合力 $\boldsymbol{F}_{\mathrm{R}}$ 的大小和方向，在平面汇交力系的情形可用几何作图的方法，但更一般的情形是用解析法。将式(2-5)向直角坐标轴 Ox、Oy、Oz 上投影得

$$\left.\begin{aligned} F_{\mathrm{R}x} &= \sum X_i \\ F_{\mathrm{R}y} &= \sum Y_i \\ F_{\mathrm{R}z} &= \sum Z_i \end{aligned}\right\} \tag{2-6}$$

此即为**合力投影定理**，它表明汇交力系的合力在坐标轴上的投影等于该力系所有力在同一轴上投影的代数和。

求出合力在坐标轴上的投影之后，就可按下式计算合力的大小和方向余弦：

$$\left.\begin{aligned} F_{\mathrm{R}} &= \sqrt{F_{\mathrm{R}x}^2 + F_{\mathrm{R}y}^2 + F_{\mathrm{R}z}^2} \\ \cos(\boldsymbol{F}_{\mathrm{R}},\boldsymbol{i}) &= \frac{F_{\mathrm{R}x}}{F_{\mathrm{R}}} \\ \cos(\boldsymbol{F}_{\mathrm{R}},\boldsymbol{j}) &= \frac{F_{\mathrm{R}y}}{F_{\mathrm{R}}} \\ \cos(\boldsymbol{F}_{\mathrm{R}},\boldsymbol{k}) &= \frac{F_{\mathrm{R}z}}{F_{\mathrm{R}}} \end{aligned}\right\} \tag{2-7}$$

其中，$\boldsymbol{i}$、$\boldsymbol{j}$、$\boldsymbol{k}$ 为坐标轴 Ox、Oy、Oz 上的单位矢量。

对于 Oxy 平面内的平面汇交力系，式(2-5)与式(2-6)退化为

$$\left.\begin{aligned} F_{\mathrm{R}x} &= \sum X_i \\ F_{\mathrm{R}y} &= \sum Y_i \end{aligned}\right\} \tag{2-8}$$

$$\left.\begin{aligned} F_R &= \sqrt{(F_{Rx})^2 + (F_{Ry})^2} \\ \cos(\boldsymbol{F}_R, \boldsymbol{i}) &= \frac{F_{Rx}}{F} \\ \cos(\boldsymbol{F}_R, \boldsymbol{j}) &= \frac{F_{Ry}}{F_R} \end{aligned}\right\} \tag{2-9}$$

例 2-1 用解析法求作用在图 2-4(a)所示支架上点 O 的三个力的合力(包括大小、方向、作用线的位置),已知 $F_1=600\text{N}$、$F_2=700\text{N}$、$F_3=500\text{N}$。

解 建立平面直角坐标系 Oxy,如图 2-4(b)所示。在决定各力投影的正负时,只需看投影后的指向是否与坐标轴的正向一致,而不必考虑各力矢所在的象限如何。

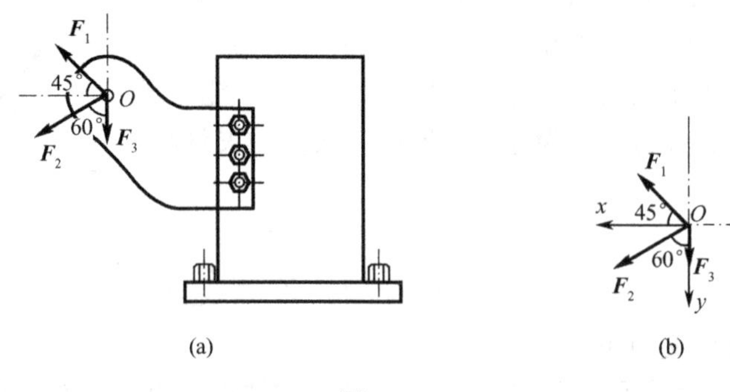

图 2-4

根据合力投影定理,得

$$F_{Rx} = X_1 + X_2 + X_3 = F_1\cos45° + F_2\sin60° = 1030.48\text{N}$$

$$F_{Ry} = Y_1 + Y_2 + Y_3 = -F_1\sin45° + F_2\cos60° + F_3 = 425.736\text{N}$$

$$F_R = \sqrt{F_{Rx}^2 + F_{Ry}^2} = 1115\text{N}$$

$$\cos\theta = \frac{F_{Rx}}{F_R} = \frac{1030.48}{1115} = 0.924$$

$\theta = 22.5°$ (θ 为 F_R 与 x 轴正向的夹角)

2.3 汇交力系的平衡条件

由于汇交力系合成结果为一个合力 $\boldsymbol{F}_R = \sum \boldsymbol{F}_i$,因而受汇交力系作用的刚体处于平衡状态的必要和充分条件是

$$\boldsymbol{F}_R = \sum \boldsymbol{F}_i = 0 \tag{2-10}$$

式(2-10)投影三个直角坐标轴,得三个代数方程:

$$\left.\begin{aligned} \sum X_i = 0 \\ \sum Y_i = 0 \\ \sum Z_i = 0 \end{aligned}\right\} \tag{2-11}$$

式(2-11)称为空间汇交力系的平衡方程。这是三个独立的方程。

对于 Oxy 平面内的平面汇交力系,式(2-11)退化为

$$\left.\begin{aligned}\sum X_i = 0\\ \sum Y_i = 0\end{aligned}\right\} \tag{2-12}$$

式(2-12)称为平面汇交力系的平衡方程。故平面汇交力系有两个独立的平衡方程。

用式(2-11)或式(2-12)可求解力系中的未知力。求解的步骤为：

1) 选取处于平衡状态的物体作为研究对象。

2) 画出分离体受力图。

3) 设置坐标系，列出平衡方程，求解未知量。

例 2-2 图 2-5(a)所示为一简单的起重设备。AB 和 BC 两杆在 A、B、C 三处用铰链连接。在 B 处的销钉上装一不计质量的光滑小滑轮，绕过滑轮的起重钢丝绳，一端悬重 $G=1.5\text{kN}$ 的重物，另一端绕在卷扬机绞盘 D 上。当卷扬机开动时，可将重物吊起。设 AB 和 BC 两杆自重不计，小滑轮尺寸亦不考虑，并设重物上升是匀速的，求 AB 杆和 BC 杆所受的力。

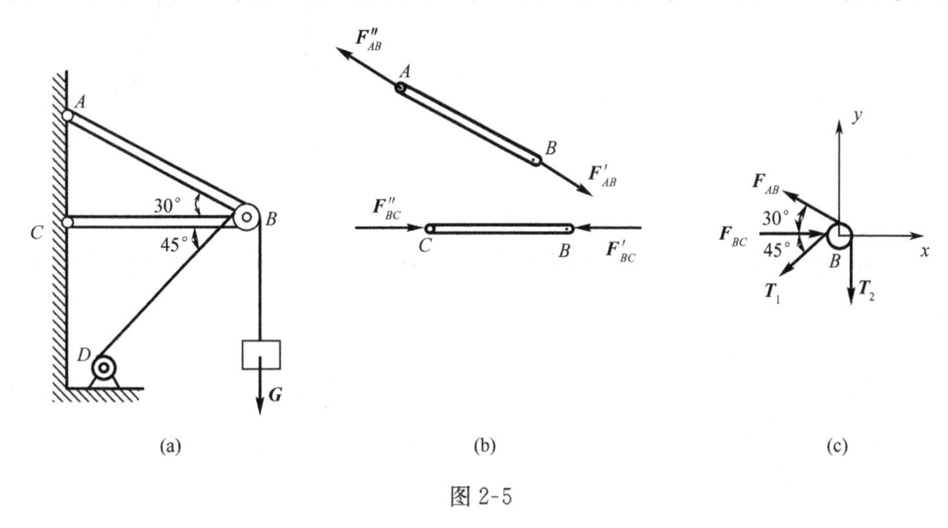

图 2-5

解 在本题中，由于小滑轮上作用着所有有关的力，而小滑轮尺寸可以不计，即这些力可视为平面汇交力系。取小滑轮为研究对象，受力图如 2-5(c)所示。因为滑轮是光滑的，可不考虑摩擦，故绳 BD 段的拉力 $\boldsymbol{T}_1$ 和铅垂段的拉力 $\boldsymbol{T}_2$ 大小相等，且皆等于重物的重力 G。AB、BC 两杆均为二力杆，它们对滑轮的约束反力分别沿两杆的轴线。在图 2-5(b)中，绘出了 AB、BC 两杆的受力图。

先在滑轮 B 上建立一个坐标系，为各力投影时的方便，使 x 轴沿 $\boldsymbol{F}_{BC}$ 的方向，y 轴垂直向上，如图 2-5(c)所示。再根据平衡条件，列出平衡方程。在列平衡方程的具体内容之前，先把 $\sum X = 0$（或 $\sum Y = 0$）写在前面，以便检查，即

$$\sum X = 0, \qquad F_{BC} - F_{AB}\cos30^\circ - T_1\cos45^\circ = 0$$

或

$$F_{BC} - F_{AB}\cos30^\circ - G\cos45^\circ = 0 \tag{1}$$

$$\sum Y = 0, \qquad F_{AB}\sin30^\circ - T_1\sin45^\circ - T_2 = 0$$

或

$$F_{AB}\sin30^\circ - G\sin45^\circ - G = 0 \tag{2}$$

由式(1)、式(2)解得

$$F_{AB}=\frac{G(1+\sin 45^{\circ})}{\sin 30^{\circ}}=5.12\text{kN},\quad F_{BC}=F_{AB}\cos 30^{\circ}+G\cos 45^{\circ}=5.49\text{kN}$$

由于 F_{AB} 和 F_{BC} 均得正值，说明受力图中假定的各力的指向是正确的。由图 2-5(b)可知，杆 AB 受拉而杆 BC 受压。

例 2-3　气动夹具简图如图 2-6(a)所示。直杆 AB、BC、AD、DE 均为铰链连接，且 $AB=AD$，B、D 为两个滚动轮，杆和轮的自重不计，接触处均光滑，已知图示位置的夹角为 α、β，活塞所受气体总压力为 $\boldsymbol{P}$。求压板受到滚轮的压力为多大。

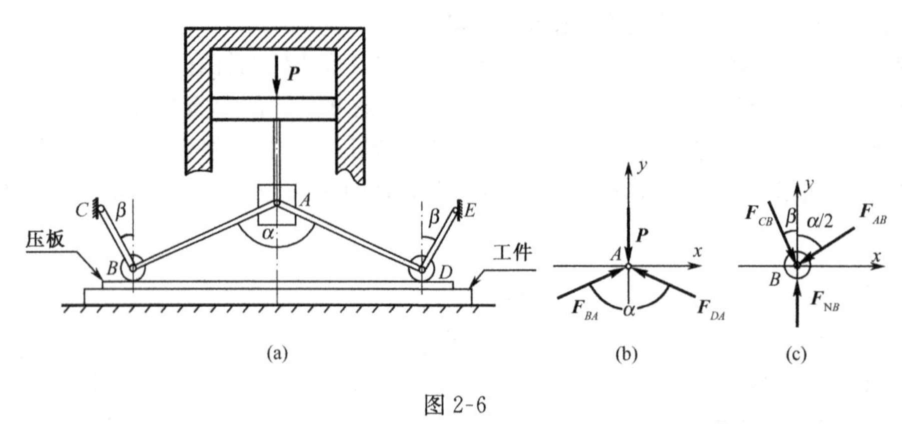

图 2-6

解　作用在活塞上的压力通过销钉 A 推动杆 AB、AD，使滚轮 B、D 压紧压板，故应首先以销钉 A 为研究对象。

1) 研究对象：销钉 A。

受力分析：杆 AB、AD 均为二力杆，它们的约束力各沿两端铰链连线。销钉 A 在力 $\boldsymbol{P}$、$\boldsymbol{F}_{BA}$、$\boldsymbol{F}_{DA}$ 作用下处于平衡，如图 2-6(b)所示。

列平衡方程：选取坐标轴如图：

$$\sum X=0,\qquad F_{BA}\sin\frac{\alpha}{2}-F_{DA}\sin\frac{\alpha}{2}=0 \tag{1}$$

$$\sum Y=0,\qquad F_{BA}\cos\frac{\alpha}{2}+F_{DA}\cos\frac{\alpha}{2}-P=0 \tag{2}$$

联立解式(1)和式(2)可得

$$F_{BA}=F_{DA}=\frac{P}{2\cos\frac{\alpha}{2}} \tag{3}$$

2) 研究对象：滚轮 B。

受力分析：滚轮 B 受链杆 AB、BC 的约束力 $\boldsymbol{F}_{AB}$、$\boldsymbol{F}_{CB}$，压板的约束力 $\boldsymbol{F}_{NB}$，如图 2-6(c)所示。

列平衡方程：选取坐标轴如图：

$$\sum X=0,\qquad F_{CB}\sin\beta-F_{AB}\sin\frac{\alpha}{2}=0 \tag{4}$$

$$\sum Y=0,\qquad F_{NB}-F_{CB}\cos\beta-F_{AB}\cos\frac{\alpha}{2}=0 \tag{5}$$

联立解式(4)和式(5)可得

$$F_{NB} = F_{AB}\left(\sin\frac{\alpha}{2}\cot\beta + \cos\frac{\alpha}{2}\right)$$

因为 $F_{BA}=F_{AB}$，将式(3)代入得

$$F_{NB} = \frac{P}{2}\left(1+\tan\frac{\alpha}{2}\cot\beta\right)$$

夹具机构左右对称，故滚轮 D 受到压板的约束力之大小也等于 $\boldsymbol{F}_{NB}$。

压板受到两滚轮的总压力 $\boldsymbol{F}_N$ 为

$$F_N = 2F_{NB} = \left(1+\tan\frac{\alpha}{2}\cot\beta\right)P$$

例 2-4 如图 2-7 所示，化工厂中起吊反应器时为了不破坏栏杆，施加一水平力 $\boldsymbol{F}$，使反应器与栏杆相离开。已知此时牵引绳与铅垂线的夹角为 30°，反应器重为 30kN，求水平力 $\boldsymbol{F}$ 的大小和绳子拉力 $\boldsymbol{T}$。

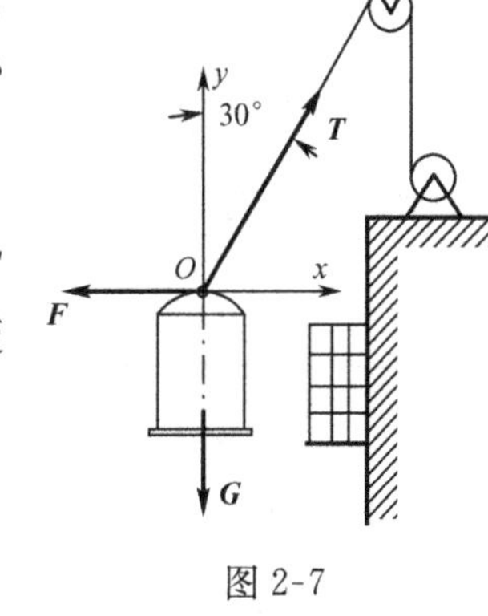

图 2-7

解 取反应器为研究对象。

受力分析：反应器受到重力 $\boldsymbol{G}$，牵引绳的拉力 $\boldsymbol{T}$ 及水平力 $\boldsymbol{F}$ 作用，如图 2-7 所示。$\boldsymbol{G}$、$\boldsymbol{T}$、$\boldsymbol{F}$ 三力构成汇交于 O 点的平面汇交力系。建立直角坐标系(图 2-7)，列平衡方程：

$$\sum X = 0, \qquad T\sin30° - F = 0$$

$$\sum Y = 0, \qquad T\cos30° - G = 0$$

由方程解得

$$F = 17.3\text{kN}, \qquad T = 34.6\text{kN}$$

习 题

2-1 铆接薄板孔心在 A、B 和 C 处受三力作用，如题 2-1 图所示。$F_1=100$N，沿铅垂方向；$F_3=50$N，沿水平方向，并通过点 A；$F_2=50$N，力的作用线也通过点 A，尺寸如图。求此力系的合力。

2-2 圆筒形容器，重为 $\boldsymbol{G}$，置于滚轮架，如题 2-2 图所示。求滚轮 A、B 对容器的约束反力。

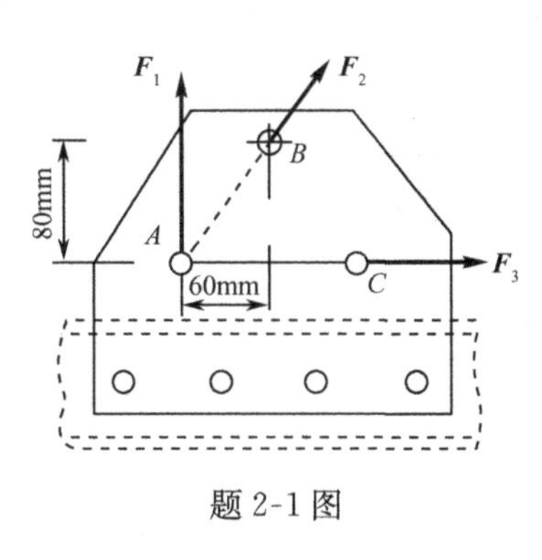

题 2-1 图

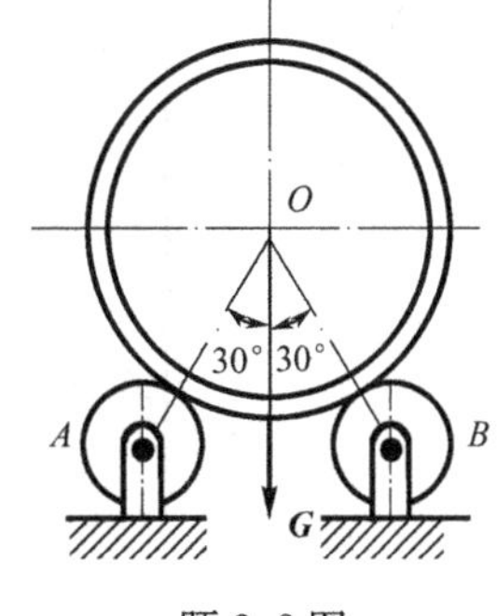

题 2-2 图

2-3 物体重 2kN，用绳索悬挂着，某人在绳上作用一沿绳方向的拉力 $\boldsymbol{F}$，使物体保持在题 2-3 图所示位置，求拉力 $\boldsymbol{F}$ 的大小。要求在所选取的坐标轴中，使得求解 $\boldsymbol{F}$ 时，只需一个方程，而无需求解上面绳索的张力。

2-4 工件放在 V 形铁内，如题 2-4 图所示。若已知压板夹紧力 $F=400$N，不计工件自重，求工件对 V 形铁的压力。

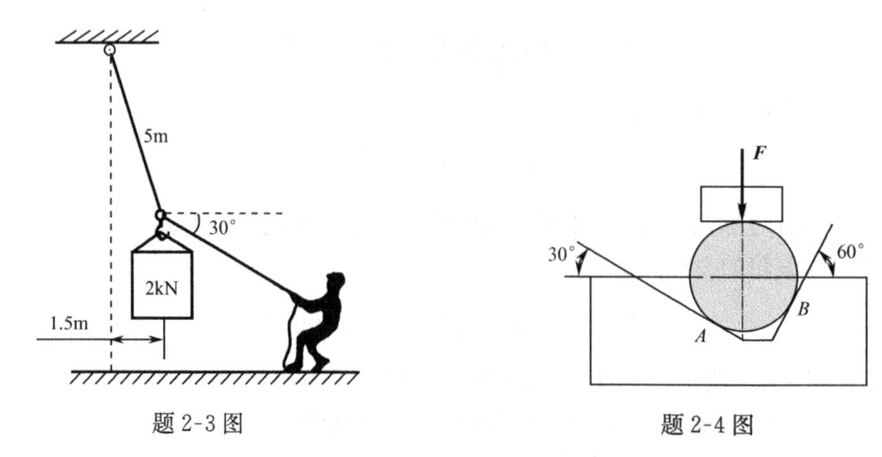

题 2-3 图　　　　题 2-4 图

2-5　在题 2-5 图所示刚架的点 B 作用一水平力 $\boldsymbol{F}$，刚架质量不计。求支座 A、D 的反力 $\boldsymbol{F}_A$ 和 $\boldsymbol{F}_D$。

2-6　如题 2-6 图所示，三根相同的钢管各重 $\boldsymbol{G}$，放在悬臂的槽内。设下面两根钢管中心的连线恰好与上面的钢管相切，分别就 $\theta=90°$、$60°$和 $30°$三种情形求槽底点 A 所受的压力 $\boldsymbol{F}$。

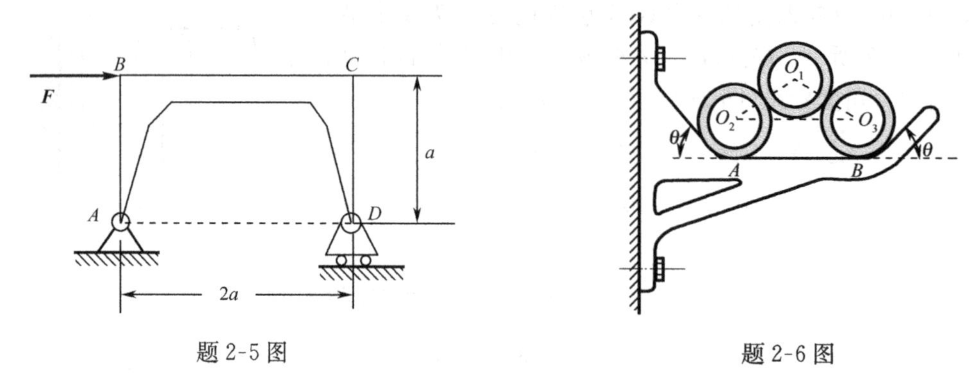

题 2-5 图　　　　题 2-6 图

2-7　支架由 AB 与 AC 杆组成，A、B、C 三处均为铰接，A 点悬挂重物受重力 $\boldsymbol{G}$ 的作用。求题 2-7 图所示四种情况下 AB 及 AC 杆所受的力。

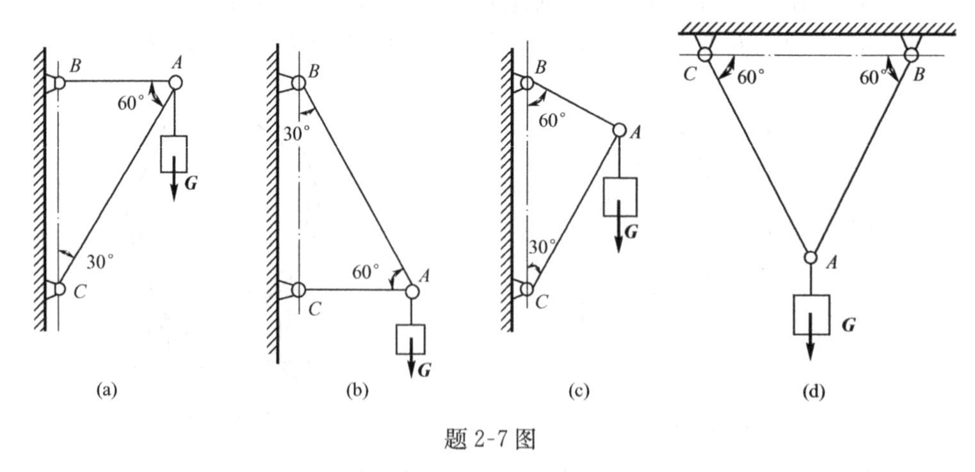

题 2-7 图

2-8　电缆盘受重力 $G=20\text{kN}$，直径 $D=1.2\text{m}$，要越过 $h=0.2\text{m}$ 的台阶，如题 2-8 图所示。求作用的水平力 $\boldsymbol{F}$ 应多大？若作用力 $\boldsymbol{F}$ 方向可变，求使缆盘能越过台阶的最小力 $\boldsymbol{F}$ 的大小和方向。

2-9 如题2-9图所示，ABC 绳长6m，两端挂在图中 A、B 两点，C 是一个极小的滑轮，下面悬挂一重物，其重 $G=180\text{N}$，滑轮 C 可以沿 ACB 绳无摩擦滑动。求平衡时，决定滑轮 C 位置的 x 值及绳的张力 $\boldsymbol{T}$。

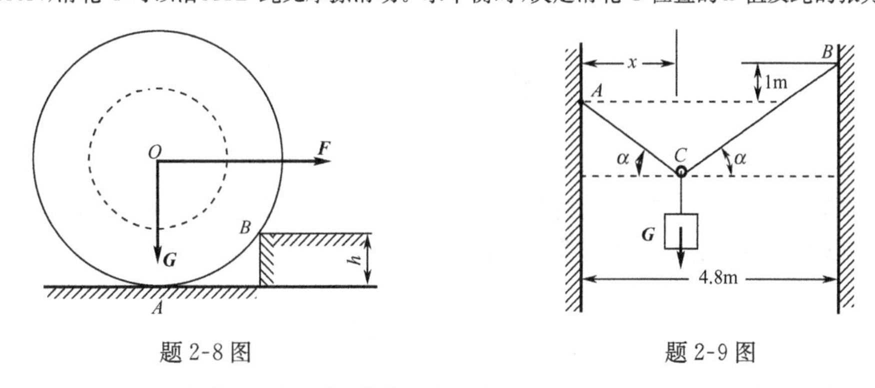

题2-8图　　　　题2-9图

2-10 如题2-10图所示，液压夹紧机构，若作用在活塞 A 上的力 $F=1\text{kN}$，$\alpha=10°$，不计各构件的质量与接触处的摩擦。求工件 H 所受的压紧力。

2-11 如题2-11图所示，三杆 AO、BO 和 CO 在 O 点用球形铰连接，且在 A、B、C 处用球形铰固定在墙壁上。杆 AO 和 BO 位于水平面内，且△ABO 为等边三角形，D 为 AB 中点。杆 CO 位于△COD 所在的平面内，且此平面与△AOB 所在的平面垂直。杆 CO 与墙成30°交角，在 O 点悬挂重为 G 的重物，求三杆的受力。

2-12 起重架如题2-12图所示，三杆 AD、BD 与 CD 在 A、B、C、D 处均用球形铰连接，在点 D 悬有重为 G 的重物，杆 AD 与 BD 构成等腰三角形，此三角形所在平面与水平面成60°交角。重物铅垂线与杆 CD 所在平面与水平面垂直，且等分 AB。已知∠BAD=∠ABD=45°，杆 CD 与水平面交角为30°。求三杆所受之力。

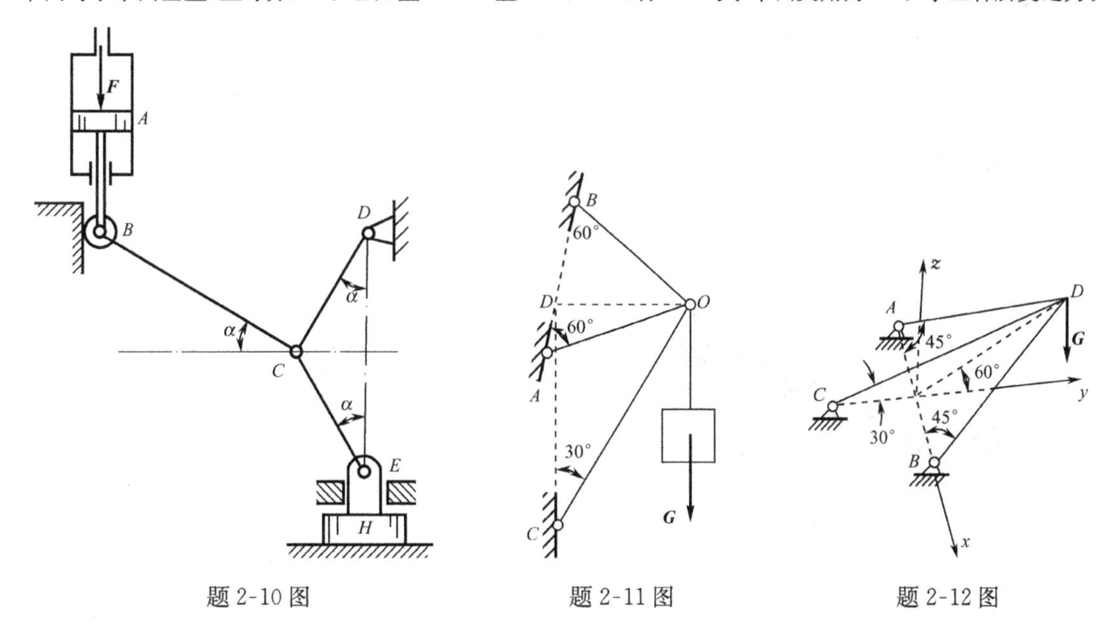

题2-10图　　　　题2-11图　　　　题2-12图

第3章　力　偶　系

力偶是与力同等地位的力学基本要素。完全由力偶组成的力系称为**力偶系**，它与汇交力系同属于简单力系。在研究这两种简单力系的基础上，进而可研究更复杂的力系。本章研究力偶的性质以及力偶系的合成和平衡问题。

3.1　力对点的矩

现以扳手紧松螺母为例来说明力矩的概念。如图3-1所示，力 $\boldsymbol{F}$ 作用于扳手的 A 端，使扳手绕 O 点（螺母中心）转动。由经验知道，紧松螺母，不仅与力 $\boldsymbol{F}$ 的大小有关，而且还与 O 点至力 $\boldsymbol{F}$ 的作用线的垂直距离有关。只有当乘积 $F\cdot d$ 达到或超过某值时，才能使螺母旋动。因此，用这个乘积来度量力的转动效应，称为**力对点之矩**，简称为**力矩**，用公式记为

$$M_O(\boldsymbol{F}) = \pm Fd \tag{3-1}$$

其中，O 点称为**矩心**；距离 d 称为**力臂**。在平面问题中，力对点的矩是一个代数量，只需考虑力矩的大小及转向。其正负号规定为：力使物体绕矩心作逆时针方向转动时为正，反之取为负。力矩的单位为牛·米（N·m）或千牛·米（kN·m）。

从图3-2可以看出，力 $\boldsymbol{F}$ 对 O 点之矩的大小，也可用三角形 OAB 面积的两倍来表示，即

$$|M_O(\boldsymbol{F})| = F\cdot d = 2S_{\triangle OAB}$$

由此可知，当力 $\boldsymbol{F}$ 的作用线通过矩心时（$d=0$），则力矩等于零。

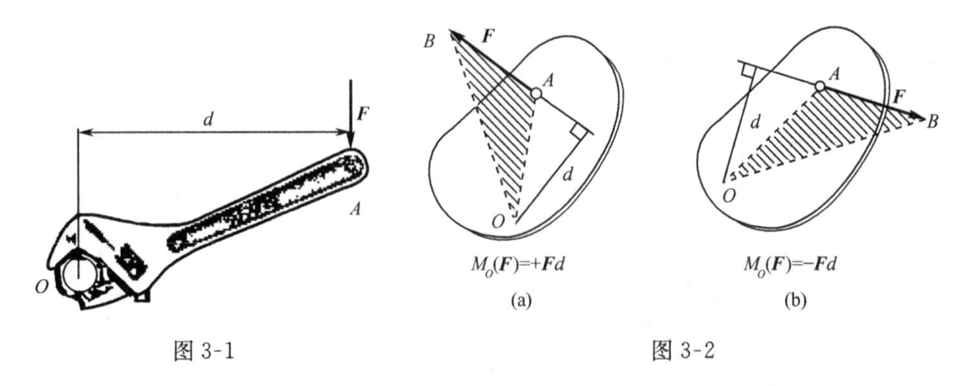

图3-1　　　　图3-2

3.2　力　　偶

3.2.1　力偶的概念

作用于物体上的大小相等、方向相反，且不共作用线的两个平行力所组成的最简单的力系称为**力偶**。例如，用双手转动汽车的方向盘时作用于盘上的力 $\boldsymbol{F}$ 和 $\boldsymbol{F}'$（图3-3(a)）；攻螺丝时，用双手转动扳手时作用于扳手上的力 $\boldsymbol{F}$ 和 $\boldsymbol{F}'$（图3-3(b)），都是力偶。由于力偶由两个等值、

反向、不共线的平行力所构成，它使刚体产生纯转动效应，所以力偶既不平衡，又不等效于一个力。力偶和力一样是静力学的一个基本要素。

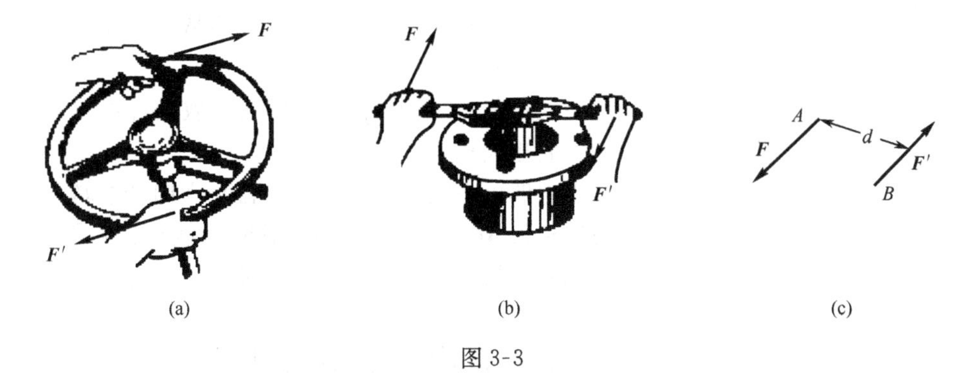

(a)　(b)　(c)

图 3-3

由力偶的两个力的作用线所决定的平面称为**力偶的作用面**。力偶的两个力的作用线间的垂直距离 d(图 3-3(c))称为**力偶臂**。力偶使静止刚体转动的方向称为**力偶的转向**，力偶中一个力的大小与力偶臂的乘积称为此力偶的**力偶矩**。力偶对刚体产生的转动效应，以力偶矩 M 来度量，其大小 $|M|=Fd$。对平面力偶系，将力偶矩 M 看作代数量，力偶使刚体作逆时针转动时，力偶矩取正值，反之取负值。力偶矩只与力的大小、力偶臂长度、力偶的转向有关，与矩心位置无关。由于力偶与一个单独的力恒不等效，所以一个力偶不能与一个力相平衡。力偶只能与力偶相平衡。力偶矩的单位为 N · m 或 kN · m。

3.2.2　力偶的等效定理

如果作用在刚体上的一力偶，可以用另一力偶来代替，而不改变原力偶对刚体的作用效应，则这两个力偶互为**等效力偶**。

定理 1　只要保持力偶矩不变(大小及转向不变)，作用在刚体上的力偶，可在其作用面内任意移动或同时改变力和力偶臂的大小，不会改变其对刚体的作用效应。

由定理 1 可知，同一平面内两力偶的等效条件是：力偶矩代数值相等。并可知在平面力偶系问题中，各力偶的作用只决定于各自的力偶矩，无需说明力偶在平面中的位置、力偶中力的大小及力偶臂的长短。所以，在图上表示力偶时，可不必画出力和力偶臂，只需用一个带箭头的弧线表示力偶的转向，再以字母 M 表示即可，如图 3-4 所示。

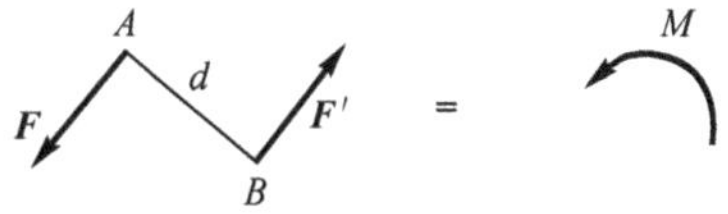

A　d　F　F'　B　=　M

图 3-4

定理 2　可以将作用在刚体上的力偶搬移到刚体内与原力偶作用面平行的任一平面上，不会改变其对刚体的作用效应。

由以上两条定理综合可知，不同平面内两力偶的等效条件是：力偶作用平面平行(即作用面方位相同)、力偶矩大小相等、力偶转向相同。

3.2.3　力偶矩矢

综上所述，力偶对刚体作用的效应取决于三个因素：① 力偶矩大小；②力偶作用面的方位；③力偶的转向。因此，力偶矩可用一矢量表示，此矢量称为**力偶矩矢**。

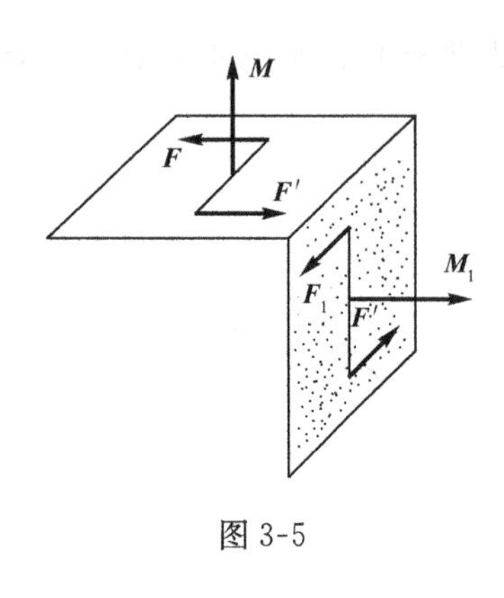

图 3-5

力偶矩矢 $\boldsymbol{M}$ 的长度，按一定比例表示为力偶矩的大小；矢量方位与力偶作用面的法线方位一致，它的指向约定按右手螺旋规则由力偶的转向决定(图 3-5)。即从力偶矩矢 $\boldsymbol{M}$ 的末端看，力偶的转向是逆时针的。

用力偶矩矢 $\boldsymbol{M}$ 表示后，两力偶的等效条件可以叙述为：两力偶的力偶矩矢相等。

由于力偶可在同一平面内或平行平面内任意转移。所以，只要力偶矩矢 $\boldsymbol{M}$ 的方位和指向相同，力偶矩矢对刚体的作用效应就相同。故力偶矩矢是自由矢量。

3.3 力偶系的合成和平衡条件

3.3.1 力偶系的合成

如果刚体受到力偶系的作用，可以把各个力偶用力偶矩矢表示，将各力偶矩矢平行搬移到同一点，成为共点矢量系($\boldsymbol{M}_1,\boldsymbol{M}_2,\cdots,\boldsymbol{M}_n$)。然后用矢量运算法则将其合成为一个矢量称为合力偶矩矢。以 $\boldsymbol{M}$ 表示合力偶矩矢，则

$$\boldsymbol{M}=\boldsymbol{M}_1+\boldsymbol{M}_2+\cdots+\boldsymbol{M}_n=\sum\boldsymbol{M}_i \tag{3-2}$$

力偶系可以合成为一合力偶，合力偶矩矢量等于各分力偶矩矢量和。

合力偶矩矢在直角坐标系各坐标轴上的投影为

$$\left.\begin{aligned}M_x&=M_{1x}+M_{2x}+\cdots+M_{nx}=\sum M_{ix}\\M_y&=M_{1y}+M_{2y}+\cdots+M_{ny}=\sum M_{iy}\\M_z&=M_{1z}+M_{2z}+\cdots+M_{nz}=\sum M_{iz}\end{aligned}\right\} \tag{3-3}$$

合力偶矩的大小和方向为

$$\left.\begin{aligned}M&=\sqrt{M_x^2+M_y^2+M_z^2}\\\cos\alpha&=\frac{M_x}{M}\\\cos\beta&=\frac{M_y}{M}\\\cos\gamma&=\frac{M_z}{M}\end{aligned}\right\} \tag{3-4}$$

对于平面力偶系，由于力偶作用面相同，力偶系的转向只有顺时针与逆时针两种情况，如前所述，可以把力偶矩看作代数量，则

$$M=M_1+M_2+\cdots+M_n=\sum M_i \tag{3-5}$$

即平面力偶系的合力偶矩等于各分力偶矩的代数和。

3.3.2 力偶系的平衡条件

由于在一般情况下，力偶系合成的结果为一合力偶，因此，力偶系平衡的必要且充分条件

是:力偶系的合力偶矩矢量等于零,即

$$\boldsymbol{M} = \sum \boldsymbol{M}_i = 0 \tag{3-6}$$

也可用解析法表示,可得三个平衡方程

$$\left.\begin{aligned} \sum M_x = 0 \\ \sum M_y = 0 \\ \sum M_z = 0 \end{aligned}\right\} \tag{3-7}$$

即力偶系中各力偶矩矢量在直角坐标系任一坐标轴上投影的代数和都等于零。

对于平面力偶系,平衡条件为

$$M = \sum M_i = 0$$

即力偶系中各力偶矩的代数和等于零。

例 3-1 如图 3-6 所示的减速箱的输入轴 Ⅰ 上受到一主动力偶作用,力偶矩的大小为 $M_1=125\text{N}\cdot\text{m}$;输出轴 Ⅱ 上受到一阻力偶作用,力偶矩的大小为 $M_2=500\text{N}\cdot\text{m}$;轴 Ⅰ 和轴 Ⅱ 相互平行,减速箱质量不计,减速箱于 A、B 处用螺栓与支承面固接。求 A、B 处所受铅直约束反力(设螺栓无预紧力)。

解 取减速箱为研究对象。

减速箱上除作用已知的两个力偶外,还有螺栓及支承面的铅垂反力 $\boldsymbol{F}_{NA}$ 和 $\boldsymbol{F}_{NB}$。因为力偶仅能与力偶平衡,所以 $\boldsymbol{F}_{NA}$ 和 $\boldsymbol{F}_{NB}$ 必须等值、反向组成一力偶(图 3-6)。

减速箱受平面力偶系作用,根据平面力偶系的平衡条件,有

$$\sum M = 0, \quad -M_1 - M_2 + F_{NA} \cdot AB = 0$$

求解得

$$F_{NA} = F_{NB} = 625\text{N}$$

如图 3-6 所示 F_{NA} 和 F_{NB} 的方向可知,F_{NA} 为螺栓拉力,F_{NB} 为支承面的约束反力。

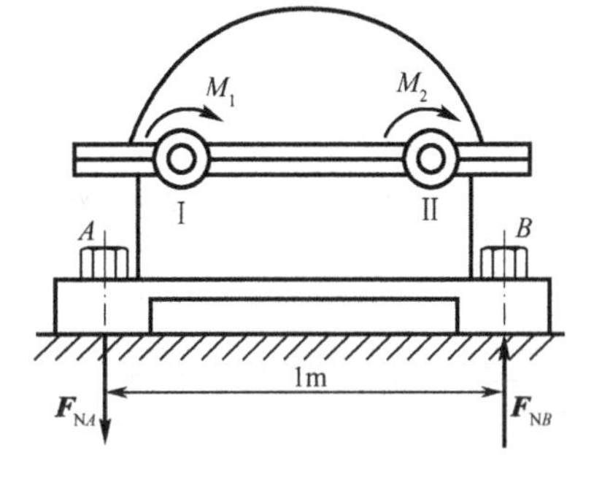

图 3-6

例 3-2 硫酸钠过滤器如图 3-7 所示。旋松顶部的手轮,可以将顶盖提起,然后可旋转摆杆,将顶盖移开。摆杆的 A 端置于止推轴承中,在 B 处装有径向轴承,摆杆的尺寸如图,单位为 mm。已知顶盖重 $G=800\text{N}$,求顶盖被提起后摆杆在 A、B 两处受到的约束反力。

解 绘出摆杆的简图,如图 3-7(b)所示。由题意知,支点 A 能阻止摆杆沿铅垂和水平两个方向移动,故该处有一个铅垂的反力 $\boldsymbol{F}_{Ay}$,一个水平的反力 $\boldsymbol{F}_{Ax}$,反力 $\boldsymbol{F}_{Ax}$ 的指向未知。支点 B 只能阻止摆杆沿水平两个方向移动,故该处只能有一个水平方向的反力 $\boldsymbol{F}_{Bx}$,其指向也未知。这样,作用在摆杆上一共有四个力,其中 $\boldsymbol{G}$ 和 $\boldsymbol{F}_{Ay}$ 是两个在铅垂方向的平行力,$\boldsymbol{F}_{Ax}$ 和 $\boldsymbol{F}_{Bx}$ 是两个水平方向的平行力。由于摆杆处于平衡状态,它们必须是两个互成平衡的力偶。由一对铅垂力 $\boldsymbol{G}$ 和 $\boldsymbol{F}_{Ay}$ 所形成的力偶可知力 $\boldsymbol{F}_{Ay}$ 的大小为

$$F_{Ay} = G = 800\text{N}$$

其指向向上,如图 3-7(c)所示。一对水平力所形成的力偶与力偶($\boldsymbol{G}$、$\boldsymbol{F}_{Ay}$)平衡,故有

$$G \times 500 - F_{Ax} \times 200 = 0$$

得

$$F_{Ax}=\frac{800\times 500}{200}=2000(\mathrm{N})=2(\mathrm{kN}),\qquad F_{Bx}=F_{Ax}=2\mathrm{kN}$$

因力偶($\boldsymbol{F}_{Ax}$、$\boldsymbol{F}_{Bx}$)的转向是顺时针的,故 $\boldsymbol{F}_{Ax}$ 的指向应水平向左,$\boldsymbol{F}_{Bx}$ 的指向应水平向右。

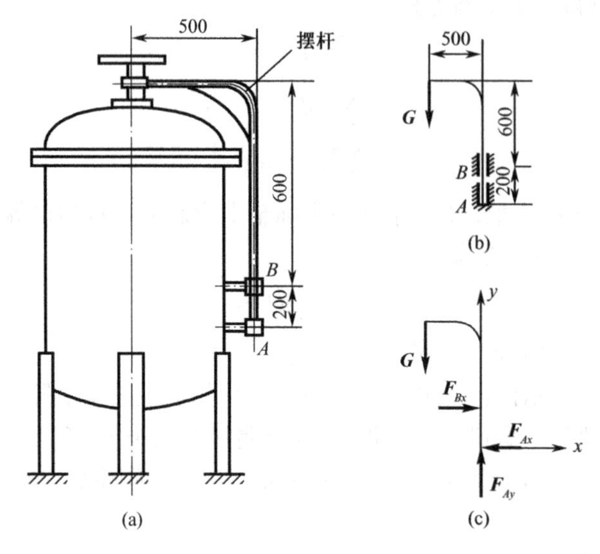

图 3-7

习　　题

3-1　如题 3-1 图所示,计算下列各图中力 $\boldsymbol{F}$ 对点 O 的矩。

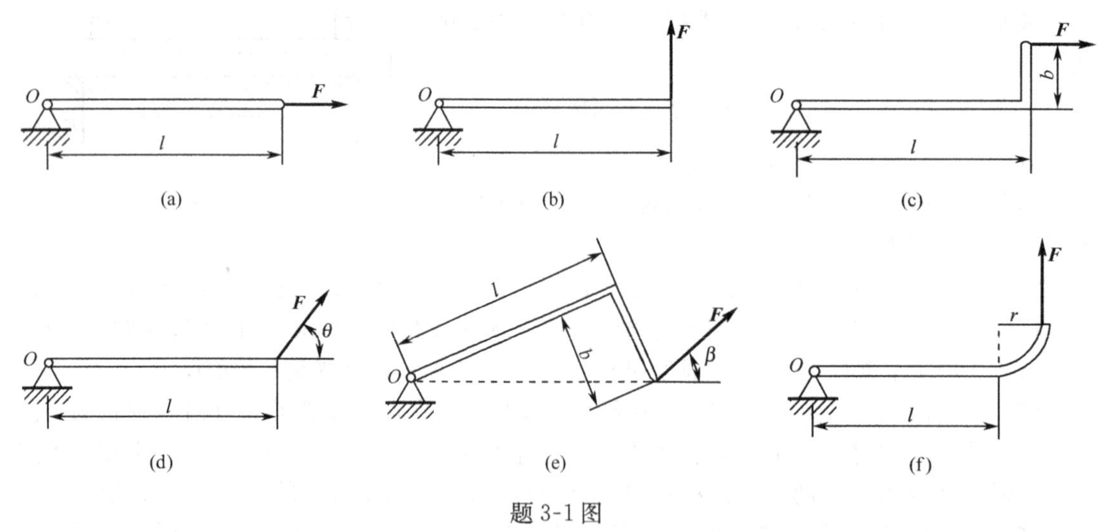

题 3-1 图

3-2　已知梁 AB 上作用有一力偶,力偶矩为 $\boldsymbol{M}$,梁长为 l,梁重不计。求在题 3-2 图(a)、(b)、(c)中三种情况下,支座 A 和 B 的约束反力。

3-3　如题 3-3 图所示,用多轴钻床在一工件上同时钻出四个直径相同的孔,每一钻头作用于工件的钻削力偶,其矩的估计值为 $M=15\mathrm{N}\cdot\mathrm{m}$。求作用于工件的总的钻削力偶矩。如工件用两个圆柱销钉 A、B 来固定,$b=0.2\mathrm{m}$,设钻削力偶矩由销钉的反力来平衡,求销钉 A、B 反力的大小。

3-4　在题 3-4 图所示机构中,各构件的自重略去不计。在构件 AB 上作用力偶矩为 $\boldsymbol{M}$ 的力偶,求支座 A 和 C 的约束反力。

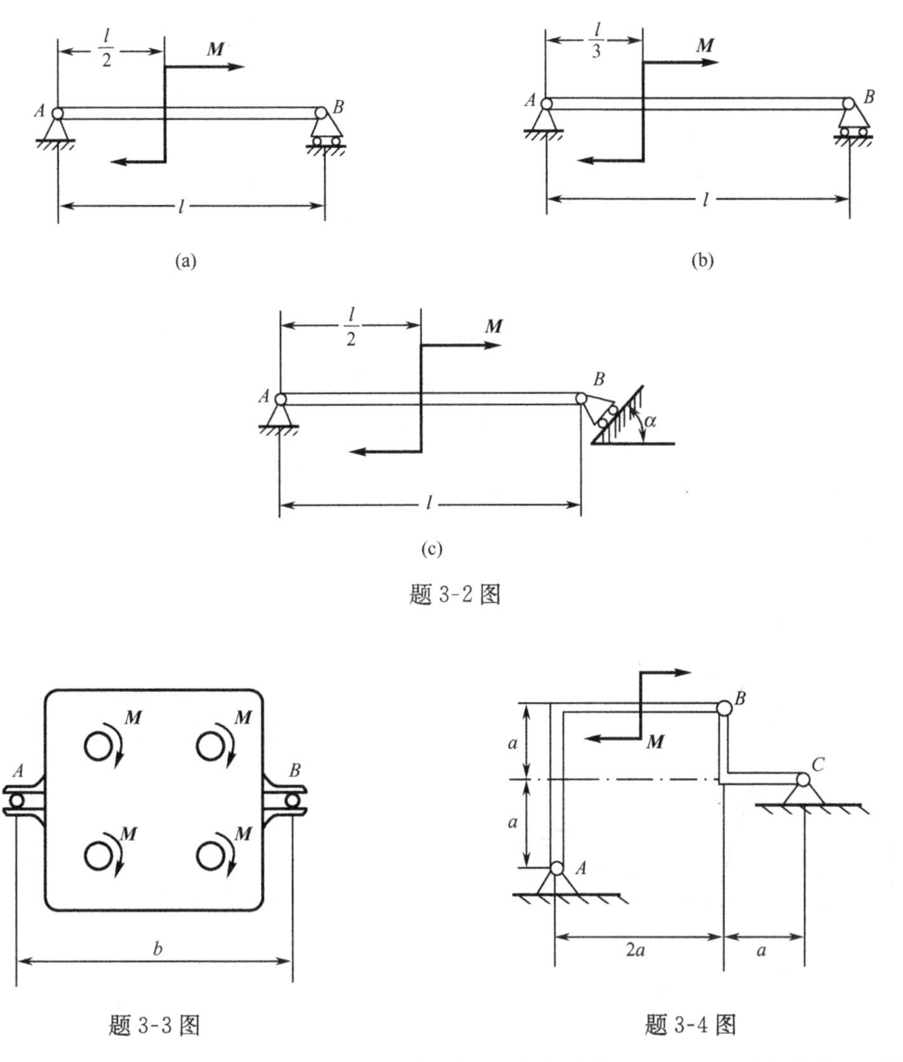

题 3-2 图

题 3-3 图

题 3-4 图

3-5 如题 3-5 图所示，十字形构架的质量不计，受两反向水平力 $F=150$N 和力偶的作用，力偶矩 $M=100$N · m。求 A 和 B 的约束反力。

3-6 如题 3-6 图所示，构架上作用一力偶，力偶矩 $M=24$N · m，求支座 B 的反力。

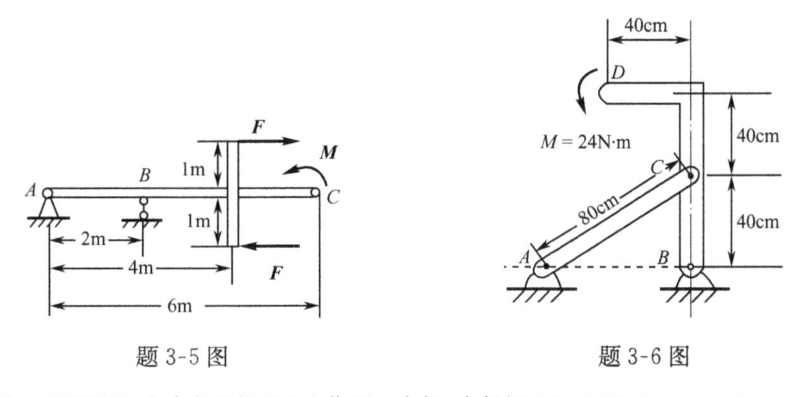

题 3-5 图

题 3-6 图

3-7 如题 3-7 图所示，在直角形杆 BC 上作用一力偶，力偶矩 $M=1.5$kN · m，$a=30$cm，求支座 A 和 C 的反力。

3-8　如题 3-8 图所示，在 BD 杆作用两个等值反向的水平力 F=200N，求支座 A 和 B 的反力。

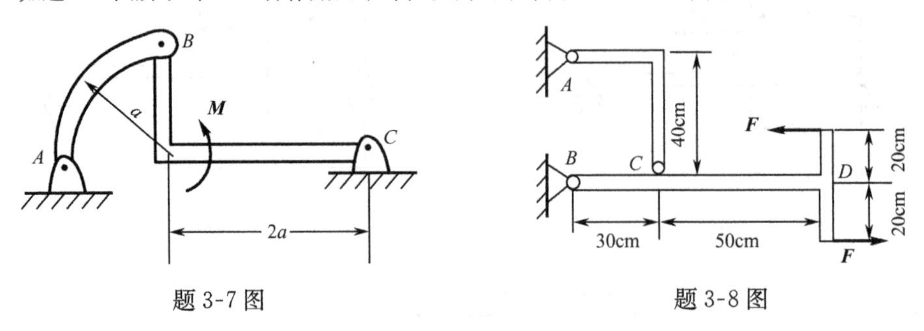

题 3-7 图　　　　题 3-8 图

3-9　如题 3-9 图所示机构中，曲柄 OA 上作用一力偶，力偶矩为 $\boldsymbol{M}$；另在滑块 D 上作用水平力 $\boldsymbol{F}$。机构尺寸如图所示，各杆质量不计。求当机构平衡时，力 $\boldsymbol{F}$ 与力偶矩 $\boldsymbol{M}$ 的关系。

3-10　如题 3-10 图所示，$ABCD$ 是一个无重长方体，用细杆悬挂在固定点 O 与 O_1。在长方体的 E、H 两点分别作用一对等值反向的力 $\boldsymbol{F}_1$，在 M、N 两点分别作用一对等值反向的力 $\boldsymbol{F}_2$。求长方体平衡时，$\boldsymbol{F}_1$、$\boldsymbol{F}_2$ 两力大小的比值。

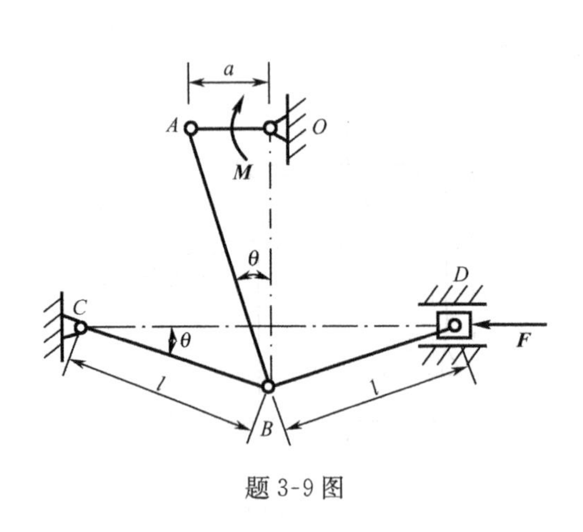

题 3-9 图

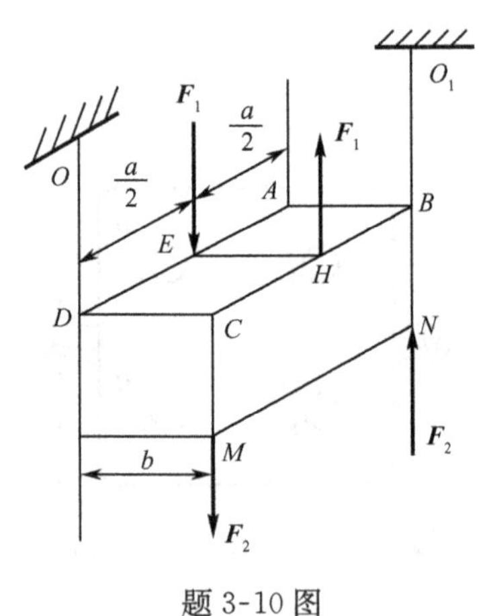

题 3-10 图

第 4 章　平面一般力系

作用于物体的各力，若作用线位于同一平面内，但既不汇交于一点，又不全部互相平行，这种力系称为平面一般力系。在工程实际中，许多物体的受力情况可以看成是平面一般力系。而且平面一般力系的研究方法可以推广到更一般的空间力系。本章主要研究平面一般力系的合成与平衡问题。

4.1　力的平移定理

本章将阐述一种具有普遍意义的力系的简化方法——力系向一点简化。该方法的理论基础是力的平移定理。

力的平移定理　作用在刚体上的力，可以平移到刚体内任一指定点，但必须同时附加上一个力偶，此附加力偶的力偶矩等于原力对指定点的矩。

证明　欲将作用于刚体上 A 点的力 $\boldsymbol{F}$ 平移任一指定点 O(图 4-1(a))。根据加减平衡力系公理，可在 O 点加上一对与原力相平行的平衡力 $\boldsymbol{F}'$ 与 $\boldsymbol{F}''$，且使 $\boldsymbol{F}'=-\boldsymbol{F}''=\boldsymbol{F}$，如图 4-1(b) 所示。很明显，$\boldsymbol{F}$ 与 $\boldsymbol{F}''$ 组成一个力偶。所以，原作用于 A 点的力 $\boldsymbol{F}$ 现与作用于 O 点的力 $\boldsymbol{F}'$ 及力偶($\boldsymbol{F}$、$\boldsymbol{F}''$)所组成的力系等效(图 4-1(c))，且 $\boldsymbol{F}'$ 的大小和方向与原力 $\boldsymbol{F}$ 相同。力偶($\boldsymbol{F}$、$\boldsymbol{F}''$)在力 $\boldsymbol{F}$ 与 O 点所决定的平面内，这个力偶称为**附加力偶**。其力偶矩等于原作用力 $\boldsymbol{F}$ 对 O 点之矩，即

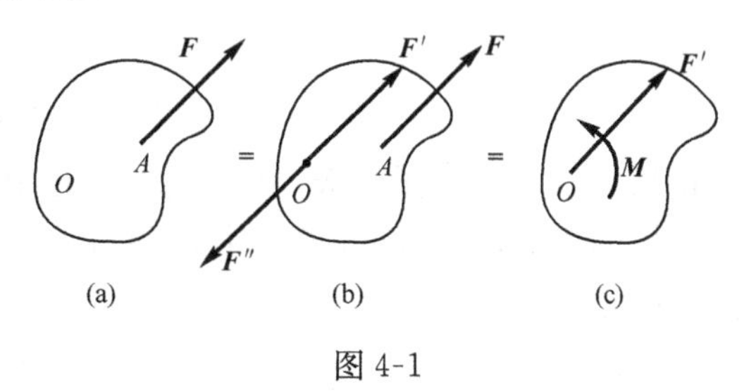

图 4-1

$$M_O = Fd = M_O(\boldsymbol{F})$$

由此，定理得证。

力的平移定理在工程问题中很有用。如图 4-2 所示，厂房立柱受偏心载荷 $\boldsymbol{F}$ 作用，为了分析 $\boldsymbol{F}$ 的作用效应，可将力 $\boldsymbol{F}$ 平移至立柱轴线上 O 点成为 $\boldsymbol{F}'$，并附加一力偶 $\boldsymbol{M}$，且 $M=F\cdot e$，力 $\boldsymbol{F}'$ 使立柱受压，力偶 $\boldsymbol{M}$ 使立柱弯曲。如图 4-3 所示齿轮轴，齿轮上受切向力 $\boldsymbol{F}$ 作用，将 $\boldsymbol{F}$ 平移至轴线上 O 点，成为 $\boldsymbol{F}'$ 和附加力偶 $M=Fr$，显然 $\boldsymbol{F}'$ 使轴产生弯曲，力偶 $\boldsymbol{M}$ 使轴扭转。

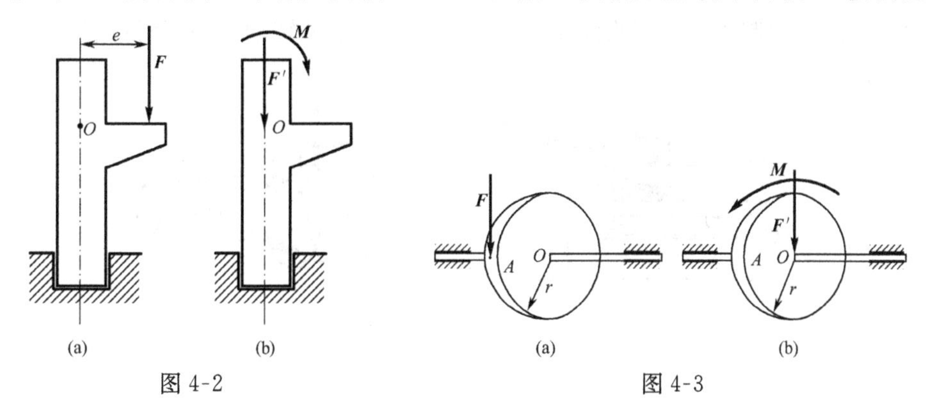

图 4-2　　图 4-3

4.2　平面一般力系向作用面内任一点简化

设在刚体上作用一平面一般力系 $\boldsymbol{F}_1,\boldsymbol{F}_2,\cdots,\boldsymbol{F}_n$，各力的作用点分别为 $A_1,A_2,\cdots,A_n$，为方便讨论，以 4 个力为例，如图 4-4(a)所示。

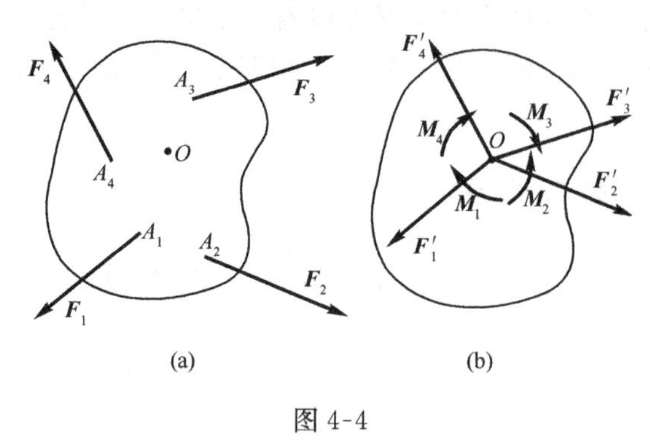

图 4-4

在力系所在的平面内任取一点 O 作为**简化中心**。将力系中所有力分别平移到简化中心 O 处，且附加一力偶。则平面任意力系简化为一个作用于简化中心 O 的平面汇交力系与一个由附加力偶组成的附加平面力偶系，如图 4-4(b)所示。各附加力偶的力偶矩等于各力对 O 点之矩。

由平面汇交力系理论可知，这个平面汇交力系可合成为一个力 $\boldsymbol{F}'_{\mathrm{R}}$，其作用线通过点 O，注意到

$$\boldsymbol{F}'_{\mathrm{R}}=\sum\boldsymbol{F}'_i=\sum\boldsymbol{F}_i \tag{4-1}$$

矢量 $\boldsymbol{F}'_{\mathrm{R}}$ 称为原力系的**主矢**，显然，它与简化中心的位置无关。

由平面力偶系理论可知，附加平面力偶系一般可以合成为一合力偶，其合力偶矩等于各力偶矩的代数和，即

$$M_O=\sum M_i=\sum M_O(\boldsymbol{F}_i) \tag{4-2}$$

力系中所有力对简化中心之矩的代数和称为力系对简化中心的**主矩**。显然，当简化中心位置改变时，通常主矩的大小也随之改变。所以，对给定的力系而言，主矩的大小及其转向取决于简化中心的位置。

综上所述可知，平面力系向其作用面内任一点简化，可以得到一个力和一个力偶，这个力等于该力系的主矢，作用线通过简化中心；这个力偶的力偶矩为该力系对简化中心的主矩，等于原力系各力对简化中心之矩的代数和。

固定端约束(或称插入端约束)是工程上常见的一种约束形式，如车刀夹在刀架上(图 4-5(a))，工件夹在卡盘上(图 4-5(b))，以及横梁插入墙内、电杆埋入地下等都是固定端约束的实例。这一约束的特点是限制了被约束物体在约束端的任何移动及转动，也就是说物体在约束端是完全被固定的。

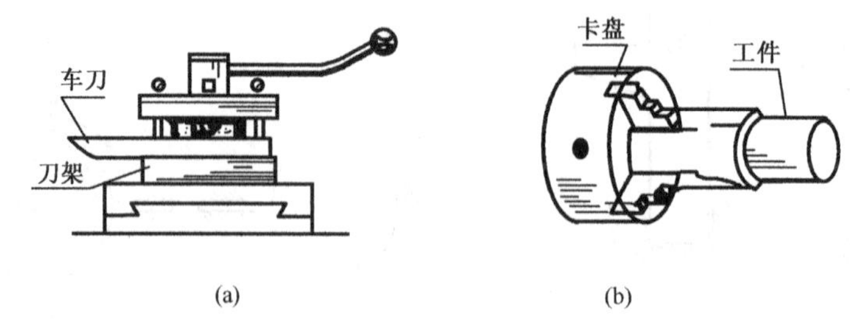

图 4-5

现应用力系向一点简化的概念来分析固定约束的约束反力。当梁 AB 的 A 端插入墙内时，墙对梁的作用力分布于梁插入部分表面，这些力的大小、方向均未确定。在平面问题中，可以将这些力看作平面一般力系。根据力系的简化理论，可将力系向某一点简化，得到一个力与力偶，如图 4-6(b)、(c)所示。该力可用两正交分力表示，该力偶为限制物体转动的约束反力偶，如图 4-6(d)所示。

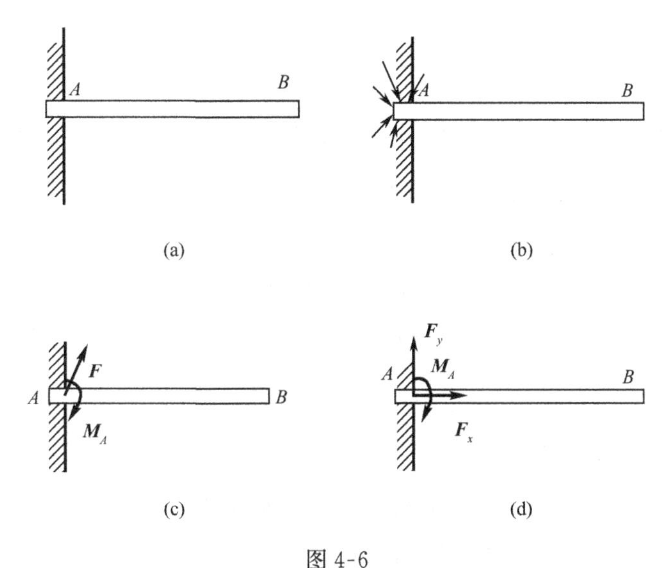

图 4-6

4.3　平面一般力系的合成结果

平面一般力系向一点简化，一般可以得到一个力与一个力偶，进一步分析有以下四种情况：

1) 直接简化为一合力的情况。若主矢不等于零，而对简化中心的主矩等于零，即

$$\boldsymbol{F}'_{\mathrm{R}}=\sum \boldsymbol{F}_i \neq 0, \qquad M_O=\sum M_O(\boldsymbol{F}_i)=0$$

此时力系简化为一合力。合力的作用线恰好通过简化中心，大小和方向由 $\boldsymbol{F}'_{\mathrm{R}}=\sum \boldsymbol{F}_i$ 决定。

2) 简化为一合力偶的情况。若主矢等于零，而对简化中心的主矩不等于零，即

$$\boldsymbol{F}'_{\mathrm{R}}=\sum \boldsymbol{F}_i = 0, \qquad M_O=\sum M_O(\boldsymbol{F}_i)\neq 0$$

此时力系简化为一合力偶。其力偶矩等于原力系对简化中心的主矩。由于力偶矩与简化中心的位置无关，显然，此时主矩与简化中心的位置无关。

3) 一般情况，若平面力系的主矢及对简化中心的主矩都不等于零，即

$$\boldsymbol{F}'_{\mathrm{R}}=\sum \boldsymbol{F}_i \neq 0, \qquad M_O=\sum M_O(\boldsymbol{F}_i)\neq 0$$

这时，同平面内的一个力和一个力偶可进一步合成为一个力。在主矩保持不变的条件下，将附加力偶用 $\boldsymbol{F}_{\mathrm{R}}$ 和 $\boldsymbol{F}''_{\mathrm{R}}$ 两个力来表示，使 $\boldsymbol{F}_{\mathrm{R}}=-\boldsymbol{F}''_{\mathrm{R}}=\boldsymbol{F}'_{\mathrm{R}}$，且力偶臂 $d=\left|\dfrac{M_O}{F'_{\mathrm{R}}}\right|$，如图 4-7(a)所示。由图 4-7(b)可以看出，$\boldsymbol{F}'_{\mathrm{R}}$ 与 $\boldsymbol{F}''_{\mathrm{R}}$ 是一对平衡力，可以去除，最后得到通过 O' 点的合力 $\boldsymbol{F}_{\mathrm{R}}$(图 4-7(c))。这个力就是力系的合力，合力矢量与主矢相同。

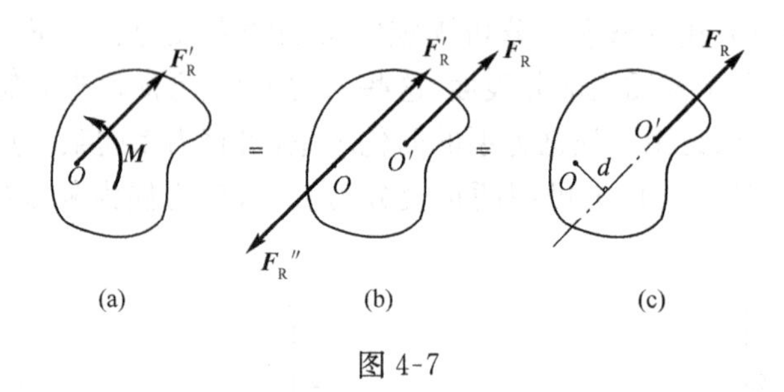

图 4-7

所以，当平面力系的主矢及对简化中心的主矩都不等于零时，该平面力系合成为一个合力。合力的大小和方向与力系的主矢相同，合力的作用线与简化中心 O 的距离为 $d=\dfrac{M_O}{F'_R}$，合力作用线在 O 点的哪一侧由主矩的转向决定。

若平面力系合成为一个合力 $\boldsymbol{F}_R$，则由图 4-7(c)可见，合力对简化中心之矩为

$$M_O(\boldsymbol{F}_R)=F_R d$$

由于 $d=\dfrac{M_O}{F_R}$，所以有

$$M_O=M_O(\boldsymbol{F}_R)$$

又因为 $M_O=\sum M_O(\boldsymbol{F}_i)$，故得

$$M_O(\boldsymbol{F}_R)=\sum M_O(\boldsymbol{F}_i) \tag{4-3}$$

由此得结论：平面力系的合力对作用面内任一点之矩，等于力系中各力对同一点之矩的代数和，称为**合力矩定理**。

4）主矢 $\sum \boldsymbol{F}_i=0$、主矩 $M_O=0$ 的情况，此为力系的平衡问题，将在下节讨论。

例 4-1　如图 4-8 所示，刚架上作用有力 $\boldsymbol{F}$，分别计算力 $\boldsymbol{F}$ 对点 A 和 B 的矩。$\boldsymbol{F}$、a、b、α 为已知。

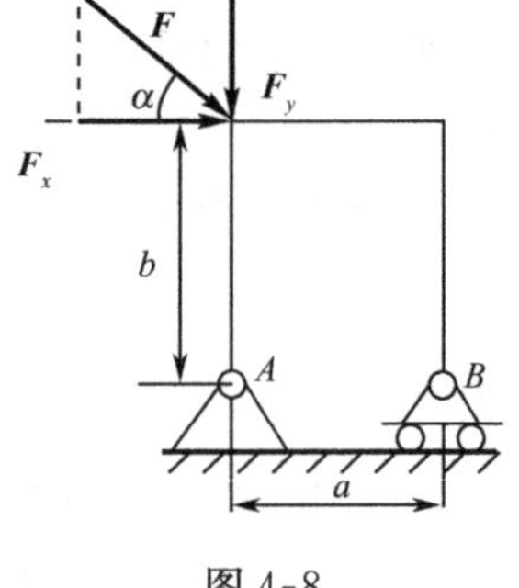

图 4-8

解　本题用力矩的定义求解即直接计算力臂 d 的方法显得繁琐，可应用合力矩定理。将 $\boldsymbol{F}$ 分解为两个正交分力 $\boldsymbol{F}_x$ 与 $\boldsymbol{F}_y$，则有

$$\begin{aligned}M_A(\boldsymbol{F})&=M_A(\boldsymbol{F}_x)+M_A(\boldsymbol{F}_y)\\&=-F_x\cdot b-F_y\cdot 0=-Fb\cos\alpha\\M_B(\boldsymbol{F})&=M_B(\boldsymbol{F}_x)+M_B(\boldsymbol{F}_y)\\&=-F_x\cdot b+F_y\cdot a=-Fb\cos\alpha+Fa\sin\alpha\end{aligned}$$

例 4-2　自重不计的矩形板 $ABCD$，四个顶点分别作用有力 $F_1=2\text{kN}$，$F_2=3\text{kN}$，$F_3=3\text{kN}$，$F_4=2\text{kN}$，方位如图 4-9(a)所示。图中尺寸单位为 mm。板上还作用一力偶，其力偶矩 $M=1\text{kN}\cdot\text{m}$。求：1）力系分别向 A、D 两点的简化结果；2）简化的最后结果。

解　1）力系向 A 点简化，取坐标轴如图所示，有

$$F'_{Rx}=\sum X=F_2\cos45^\circ+F_3\cos60^\circ-F_4=1.62\text{kN}$$

$$F'_{Ry}=\sum Y=-F_1+F_2\sin45^\circ-F_3\sin60^\circ=-2.48\text{kN}$$

$$F'_R=\sqrt{{F'_{Rx}}^2+{F'_{Ry}}^2}=2.96\text{kN}$$

$$\tan\alpha=\left|\frac{F'_{Ry}}{F'_{Rx}}\right|=\frac{2.48}{1.62}=1.53,\qquad \alpha=56.8^\circ$$

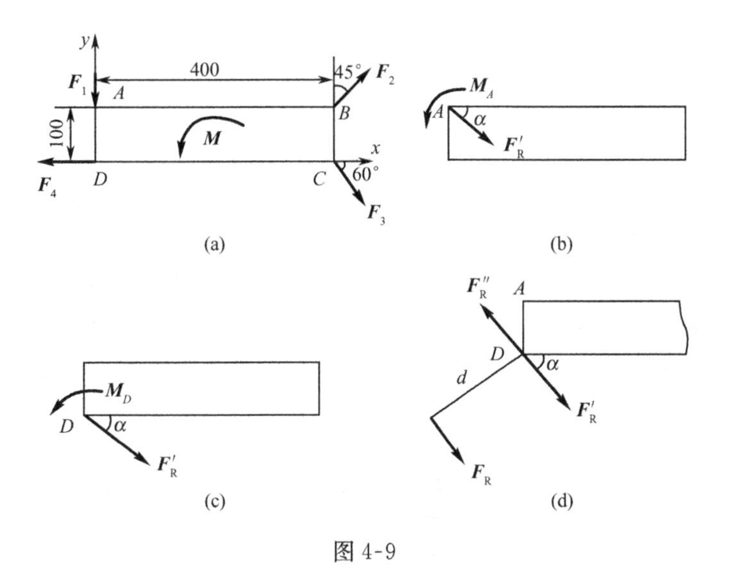

图 4-9

由于 $F'_{Rx}>0$，$F'_{Ry}<0$，可知 F'_R 位于第四象限。根据主矩表达式 $\boldsymbol{M}_A=\sum \boldsymbol{M}_A(\boldsymbol{F}_i)$ 有

$$M_A=\sum M_A(\boldsymbol{F}_i)=F_1\times 0+F_2\sin 45^\circ\times 0.4+F_3\cos 60^\circ\times 0.1 -F_3\sin 60^\circ\times 0.4-F_4\times 0.1+M=0.76(\text{kN}\cdot\text{m})$$

简化结果如图 4-9(b)所示。

力系向 D 点简化，由于主矢与简化中心的位置无关，则 $\boldsymbol{F}'_R$ 是不变的。而主矩为

$$M_D=\sum M_D(\boldsymbol{F}_i)=F_1\times 0+F_2\sin 45^\circ\times 0.4-F_2\cos 45^\circ\times 0.1 -F_3\sin 60^\circ\times 0.4+M=0.597(\text{kN}\cdot\text{m})$$

简化结果如图 4-9(c)所示。

2) 由于力系合成的最后结果，不论简化中心取 A 点或 D 点，都可最终简化为一合力。可以选择向 D 点的简化结果讨论，得

$$d=\frac{M_D}{F'_R}=\frac{0.597}{2.96}=0.202(\text{m})$$

这样得到一合力 $\boldsymbol{F}_R$，其大小等于 $\boldsymbol{F}'_R$，作用线离开 D 点距离 $d=0.202\text{m}$，如图 4-9(d)所示。

取 A 点讨论会得到什么样的结果，请读者自行计算与分析。

4.4　平面一般力系的平衡条件

由以上讨论可知，平面任意力系简化结果，不外乎是合力、合力偶或平衡三种情况。只要平面力系的主矢 $\boldsymbol{F}_R$ 和主矩 M_O 有一个不等于零，则平面一般力系可简化为合力或合力偶，力系一定处于不平衡状态。于是得到：平面任意力系平衡的必要与充分条件为力系的主矢与对作用面内任一点的主矩都等于零，即

$$\left.\begin{aligned}\boldsymbol{F}'_R=\sum \boldsymbol{F}_i=0\\ \sum M_O(\boldsymbol{F}_i)=0\end{aligned}\right\}\tag{4-4}$$

建立直角坐标系 Oxy，可将式(4-4)写成

$$\left.\begin{aligned}\sum X &= 0\\ \sum Y &= 0\\ \sum M_O(\boldsymbol{F}_i) &= 0\end{aligned}\right\} \tag{4-5}$$

因此,平面任意力系平衡的必要与充分条件是:力系中所有力在任选两个坐标轴上的投影的代数和,以及对作用面内任一点的矩的代数和都等于零。

式(4-5)称为平面任意力系的平衡方程。这里,投影轴与矩心是可以任意选取的。在实际应用中,选取投影轴应尽可能使每一投影方程中只含一个未知量,而矩心则选在未知力数量最多的交点上。因为式(4-5)中仅有一个力矩方程,故又称为一矩式平衡方程。

除一矩式外,平衡方程还有以下两种形式:

1) 二力矩形式平衡方程,即

$$\left.\begin{aligned}\sum M_A(\boldsymbol{F}) &= 0\\ \sum M_B(\boldsymbol{F}) &= 0\\ \sum X &= 0\end{aligned}\right\} \tag{4-6}$$

但应用二力矩式时必须注意,公式中的投影轴 x 不能与所选两个矩心 A、B 的连线相垂直。

这是因为力系只要满足 $\sum M_A(\boldsymbol{F})=0$,即表示平面一般力系向 A 点简化的主矩为零,于是,该力系的合成结果就不可能为力偶,只可能是作用线过 A 点的一个力或平衡。同理,如果力系再满足 $\sum M_B(\boldsymbol{F})=0$,可以断定,该力系的合成结果只可能为经过 A、B 两点连线的一个力或平衡。最后,如果力系又满足 $\sum X=0$,而且 x 轴又不与 AB 连线垂直,则该力系就不可能形成合力而只能平衡。

2) 三力矩形式平衡方程,即

$$\left.\begin{aligned}\sum M_A(\boldsymbol{F}) &= 0\\ \sum M_B(\boldsymbol{F}) &= 0\\ \sum M_C(\boldsymbol{F}) &= 0\end{aligned}\right\} \tag{4-7}$$

同样,应用三力矩式时必须注意,应用条件为:A、B、C 为作用面内不共线的三点。读者可自行证明。

这里必须强调指出,平面力系平衡时,力系中各力对任意轴投影的代数和以及对任意点之矩的代数和都要等于零,也就是说可以列出无限多个方程。但是,其中只有三个独立方程,因此只能求解三个未知数量。

例 4-3 起重机水平梁 AB,A 处为铰链支座,C 处用钢丝绳拉住。已知梁重 $G_1=2.4\text{kN}$,电动小车与重物共重 $G_2=16\text{kN}$,尺寸如图 4-10(a)所示。求当电动小车在图示位置时,钢丝绳的拉力和铰链支座 A 的约束反力。

解 选研究对象。选取梁 AB 为研究对象,分析受力。作用于梁 AB 的力,除其自重 $\boldsymbol{G}_1$ 外,在 B 处受大小为 $\boldsymbol{G}_2$ 的载荷,有钢丝绳拉力 $\boldsymbol{F}_\text{T}$ 和铰链支座 A 的约束反力 $\boldsymbol{F}_{Ax}$ 和 $\boldsymbol{F}_{Ay}$。梁 AB 在平面力系作用下处于平衡,图 4-10(b)为其受力图。

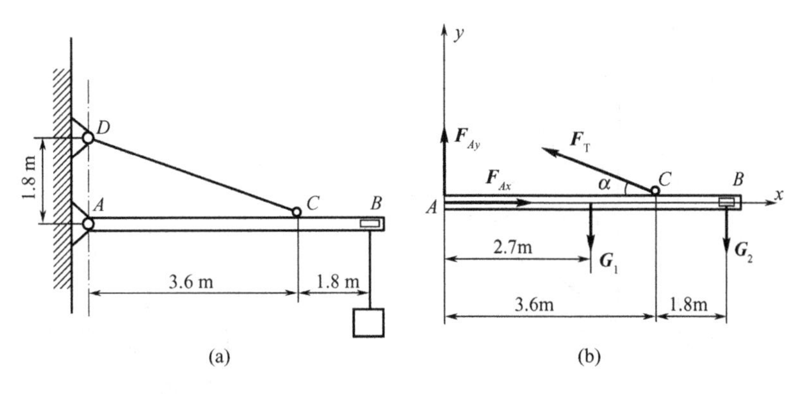

图 4-10

选取坐标轴如图 4-10(b)所示，列平衡方程：

$$\sum X = 0, \qquad F_{Ax} - F_T \cos \alpha = 0 \tag{1}$$

$$\sum Y = 0, \qquad F_{Ay} + F_T \sin \alpha - G_1 - G_2 = 0 \tag{2}$$

$$\sum M_A(\boldsymbol{F}) = 0, \qquad 3.6 F_T \sin\alpha - 2.7 G_1 - 5.4 G_2 = 0 \tag{3}$$

由式(3)可直接解出
$$F_T = \frac{2.7G_1 + 5.4G_2}{3.6\sin\alpha}$$

以 G_1、G_2 的值及 $\alpha = \arctan\dfrac{1.8}{3.6} = 26°34'$代入得

$$F_T = 57.68\text{kN}$$

将 F_T 值代入式(1)、式(2)分别得

$$F_{Ax} = 51.59\text{kN}, \qquad F_{Ay} = -7.40\text{kN}$$

F_{Ay}为负值，表明受力图中 F_{Ay}的实际指向与图中的假设相反。

例 4-4　升降操作台的自重 $G_1 = 10\text{kN}$，工作载荷 $F = 4\text{kN}$(图 4-11(a))。在 O 处和台相连接的软索绕过滑轮 E，末端挂有重为 $\boldsymbol{G}$ 的平衡重物，装在台边上的 A、B 两轮能使工作台沿轨道上下滚动。求软索的拉力和作用在 A、B 两轮上的反力(不计摩擦)。

解　取操作台为分离体，受力图如图 4-11(b)所示，这一力系共有三个未知力：软索张力 $\boldsymbol{T}$、A 轮反力 $\boldsymbol{F}_{NA}$ 和 B 轮反力 $\boldsymbol{F}_{NB}$。由于 $\boldsymbol{F}_{NA}$和 $\boldsymbol{F}_{NB}$的方位都是水平的，而铅垂方向只有 $\boldsymbol{T}$ 的大小未知，故先列铅垂方向的投影方程：

$$\sum Y = 0, \qquad T - F - G_1 = 0$$

得
$$T = F + G_1 = 14\text{kN}$$

再列力矩平衡方程：

$$\sum M_O = 0, \qquad 1 \times F_{NB} - 1.2 \times G_1 - 1.5 \times F = 0$$

得
$$F_{NB} = 18\text{kN}$$

最后由
$$\sum X = 0, \qquad F_{NB} - F_{NA} = 0$$

得
$$F_{NA} = F_{NB} = 18\text{kN}$$

如果在平面力系中，各力的作用线互相平行，则称**平面平行力系**。它是平面任意力系的一种特殊情况。

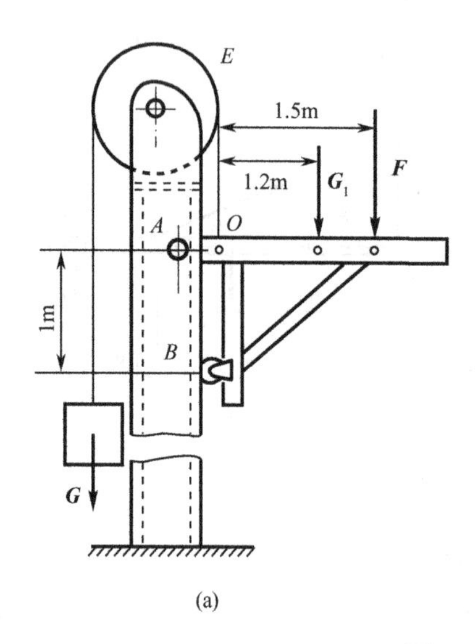

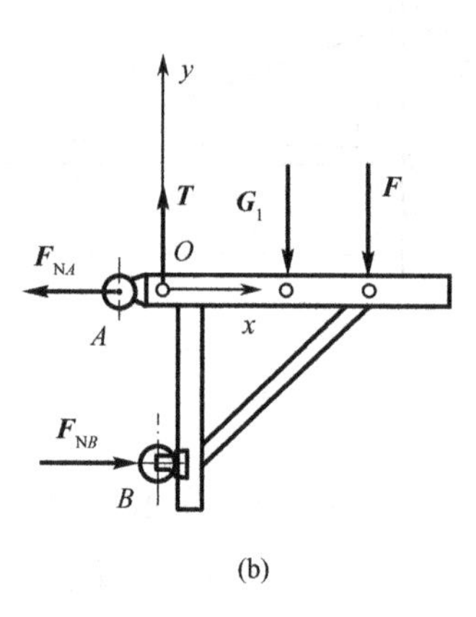

图 4-11

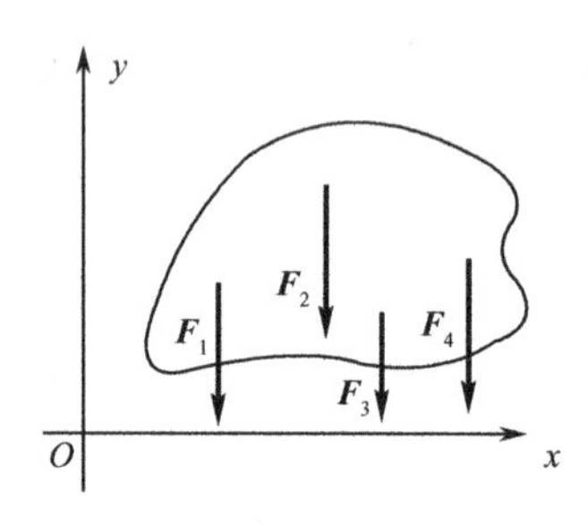

图 4-12

取坐标系中 x 轴与所有力的作用线垂直，y 轴与之平行，如图 4-12 所示。由平面任意力系的平衡方程式(4-5)或式(4-6)可知 $\sum X=0$ 自然满足，因此平面平行力系独立的平衡方程只有两个，即

$$\left.\begin{aligned}\sum \boldsymbol{Y} &= 0\\ \sum M_O(\boldsymbol{F}) &= 0\end{aligned}\right\} \tag{4-8}$$

平面平行力系的平衡方程也可写成二矩式：

$$\left.\begin{aligned}\sum M_A(\boldsymbol{F}) &= 0\\ \sum M_B(\boldsymbol{F}) &= 0\end{aligned}\right\} \tag{4-9}$$

应用二矩式必须注意：A、B 两点的连线不能与力的作用线平行。其原因请读者自行分析。

例 4-5 塔式起重机如图 4-13 所示。已知机身重 $G=500\text{kN}$，其作用线至右轨的距离 $e=1.5\text{m}$，起重机最大起重载荷 $F_P=250\text{kN}$，其作用线至右轨的距离 $L=10\text{m}$，平衡块重 $\boldsymbol{F}_Q$ 至左轨的距离 $a=6\text{m}$，轨道距离 $b=3\text{m}$。欲使起重机满载时不向右倾倒，空载时不向左倾倒。1）确定平衡块重 F_Q 之值；2）当 $F_Q=370\text{kN}$ 而起重机满载时，轨道对起重机的反力 $\boldsymbol{F}_{NA}$ 和 $\boldsymbol{F}_{NB}$。

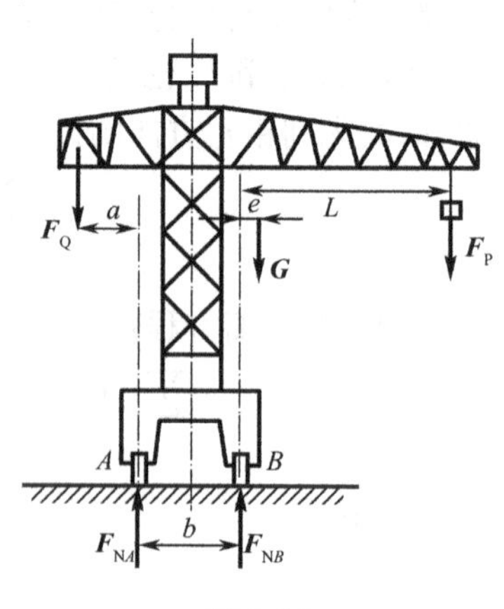

图 4-13

解 取起重机为研究对象，考虑起重机的整体平衡问题。

起重机在起吊重物时，作用在它上面的有机身自重 $\boldsymbol{G}$、载荷 $\boldsymbol{F}_P$、平衡块重 $\boldsymbol{F}_Q$ 以及轨道的约束反力 $\boldsymbol{F}_{NA}$、$\boldsymbol{F}_{NB}$，整个力系为平面平行力系。

1) 先考虑满载时 $F_P=250\text{kN}$ 的情况。要保证机身满载时平衡而不向右倾倒，则必须满足平衡方程

$$\sum M_B(\boldsymbol{F})=0,\qquad F_Q\cdot(a+b)-F_{NA}\cdot b-G\cdot e-F_P\cdot L=0$$

$$F_{NA}=\frac{F_Q(a+b)-Ge-F_PL}{b}$$

和限制条件 $F_{NA}\geqslant 0$，解得

$$F_Q\geqslant\frac{F_PL+Ge}{a+b}=361\text{kN}$$

再考虑空载时的情况。要保证机身空载时平衡而不向左倾倒，则必须满足平衡方程

$$\sum M_A(\boldsymbol{F})=0,\qquad F_Q\cdot a+F_{NB}\cdot b-G(b+e)=0$$

$$F_{NB}=\frac{G(b+e)-F_Qa}{b}$$

和限制条件 $F_{NB}\geqslant 0$，解得

$$F_Q\leqslant\frac{G(b+e)}{a}=375\text{kN}$$

因此，要保证起重机不至于翻倒，平衡块 F_Q 必须满足条件：

$$361\text{kN}\leqslant F_Q\leqslant 375\text{kN}$$

2) 当 $F_Q=370\text{kN}$ 时，并且起重机载荷满载时($F_P=250\text{kN}$)，因为平面平行力系平衡，列平衡方程：

$$\sum M_B(\boldsymbol{F})=0,\qquad F_Q\cdot(a+b)-F_{NA}\cdot b-G\cdot e-F_P\cdot L=0$$

$$\sum Y=0,\qquad F_{NA}+F_{NB}-F_P-G-F_Q=0$$

得

$$F_{NA}=26.67\text{kN},\quad F_{NB}=1093.33\text{kN}$$

4.5　物系的平衡，静定与静不定问题

工程中经常遇到不是单个物体而是几个物体组成的物体系统，如组合梁、杆件结构、多铰拱架等。由若干个物体通过一定的约束所构成的系统称为**物体系统**，简称**物系**。

在系统平衡时，组成系统的各物体之间存在一定关系。为此，我们将由系统外部物体作用于系统上的力称为系统的**外力**，系统内各物体之间的相互作用力，称为系统的**内力**。由于内力总是成对出现的，因而考虑整个系统平衡时，可以不考虑。但内力是随研究对象的不同而转化的。同一个力在考虑某些物体时是外力，而在考虑另一些物体时可能成为内力。

在研究物系平衡问题时，组成物系的每一个物体或其中某一部分的物体都应该是平衡的，都可以列出平衡方程。如果物体系统由 n 个物体组成，在平面一般力系作用下保持平衡，则该系统可以建立 $3n$ 个独立的平衡方程。

在平面汇交力系和平面平行力系中，独立平衡方程只有 2 个；而平面力偶系只有 1 个。这时整个系统的独立平衡方程数相应减少。若所研究的问题中未知量的数目等于所能建立的独立的平衡方程的数目，所有这样的问题称为**静定问题**。刚体静力学只能讨论静定问题。如果未知量的数目多于独立平衡方程的数目时，未知量不能全部由平衡方程求出，这样的问题称为

静不定问题(或称**超静定问题**)。解决静不定问题,往往需要考虑结构的变形。这类问题将在以后的章节中讨论。如图 4-14(a)、(b)、(c)所示属静定问题;而图 4-14(d)、(e)、(f)所示为静不定问题。

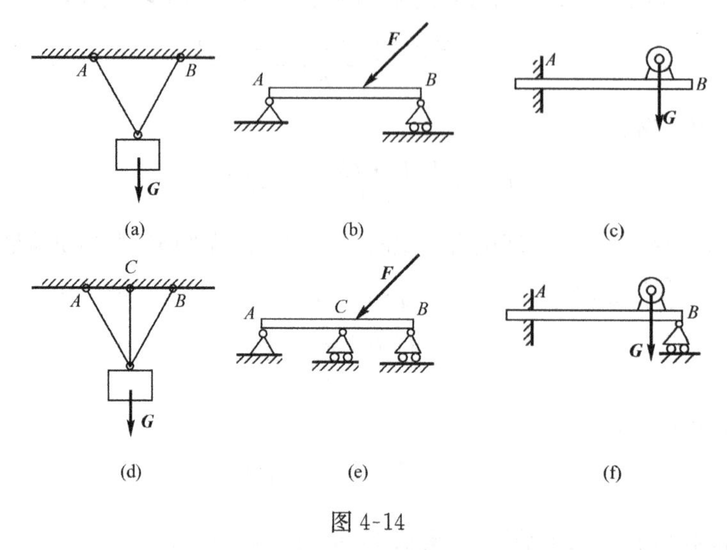

图 4-14

在求解物系的平衡问题时,先要判断系统是否属于静定问题。在求解静定问题时,可根据条件选择恰当的研究对象,可以先以整个物体系统为研究对象,解出一些未知量,再选取部分或单个物体为研究对象,求解剩下的未知量;当然也可以一开始先取单个物体为研究对象,再选取某一部分或整个物体系统为研究对象,求解剩下的未知量。总之,在选取研究对象和列平衡方程时,应尽量减少不需要求解的内约束反力在方程式中出现。同时,还要注意,在画受力图时,注意物体之间作用力与反作用力的关系。

下面举例说明求解物体系统的平衡问题的方法。

例 4-6 卧式刮刀离心机的耙料装置如图 4-15(a)所示。耙齿 D 对物料的作用力是借助于重为 $\boldsymbol{G}$ 的重块产生的。耙齿装于耙杆 OD 上。已测得尺寸:$OA=50\text{mm}$,$OD=200\text{mm}$,$AB=300\text{mm}$,$BC=150\text{mm}$,$CE=150\text{mm}$,AB 杆垂直于 OD,在图示位置时使作用在耙齿上的力 $F_P=120\text{N}$,问重块重 $\boldsymbol{G}$ 应为若干?

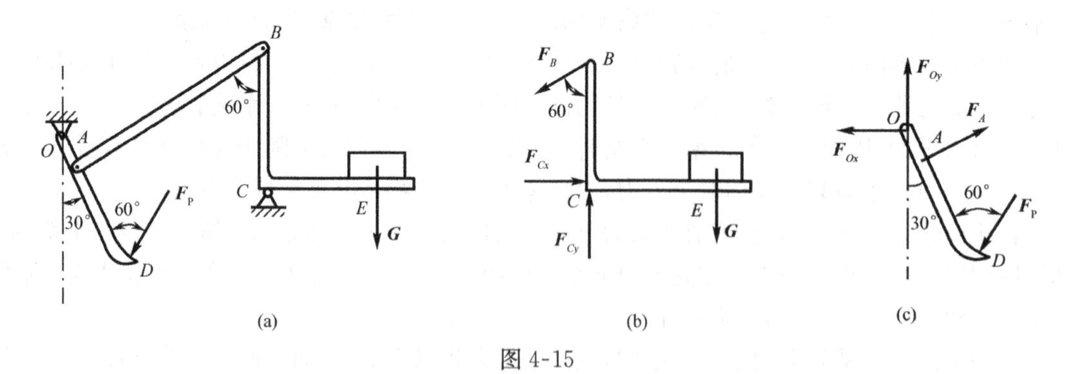

图 4-15

解 该物系含 3 个刚体,而外部约束反力多于 3 个,必须拆开列相应数量的平衡方程求解未知力。现将物系 OD 杆和 BCE 杆分别取作分离体,绘出受力图(图 4-15(b)、(c)),而连杆 AB 为二力构件,可不取分离体和绘受力图。

因为要求求出O处及C处的反力，在列平衡方程时，可适当选择矩心，以避免O、C处反力在方程中出现。

根据图4-15(b)所示杆BCE的受力图，以点C为矩心，列出力矩平衡方程：

$$\sum M_C(\boldsymbol{F}) = 0, \qquad F_B\sin60° \times 150 - G \times 150 = 0$$

得
$$F_B = \frac{G}{\sin60°}$$

根据图4-15(c)所示，根据耙杆OD的受力图，以点O为矩心，列出力矩平衡方程：

$$\sum M_O(\boldsymbol{F}) = 0, \qquad F_A \times 50 - F_P\sin60° \times 200 = 0$$

得
$$F_A = \frac{F\sin60° \times 200}{50} = 4F_P\sin60°$$

由于连杆AB为二力构件，可知$F_A = F_B$，因此可得

$$\frac{G}{\sin60°} = 4F_P\sin60°$$

则
$$G = 4F_P\sin^2 60° = 4 \times 120 \times \left(\frac{\sqrt{3}}{2}\right)^2 = 360(\mathrm{N})$$

例4-7　折梯由AC和BC两部分在C点用铰链连接成图4-16(a)，各部分重均为$\boldsymbol{G}_1$，梯子放在光滑水平地面上，重$\boldsymbol{G}_2$的人站在梯子的K点，DE是一不计质量的绳子。设$AC=BC=2l$，$DC=EC=a$，$BK=b$，$\angle ACB=\alpha$。求地面的约束反力及绳子的拉力。

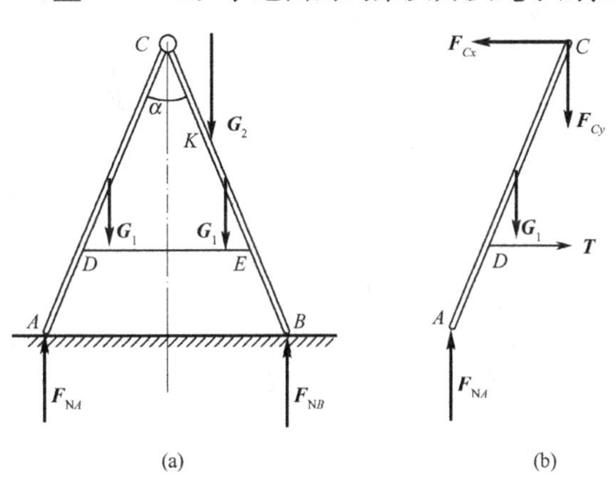

图4-16

解　本题虽然需要求系统的内力(绳的拉力)，但若以整个系统为研究对象可先求出一部分未知力，故先以整个系统为研究对象，受力图如图4-16(a)所示。系统受平面平行力系作用，可列出两个平衡方程式：

$$\sum M_A(\boldsymbol{F}) = 0, \quad F_{NB} \cdot 4l\sin\frac{\alpha}{2} - G_1 \cdot 3l\sin\frac{\alpha}{2} - G_2 \cdot (4l-b)\sin\frac{\alpha}{2} - G_1 \cdot l\sin\frac{\alpha}{2} = 0$$

$$\sum F_y = 0, \quad F_{NA} + F_{NB} - 2G_1 - G_2 = 0$$

解得
$$F_{NB} = G_1 + G_2 - \frac{b}{4l}G_2, \qquad F_{NA} = G_1 + \frac{b}{4l}G_2$$

为了求得绳子的拉力，必须将折梯拆开研究。

以 AC 为研究对象，受力图如图 4-16(b)所示。AC 受平面力系作用，可以列出三个方程，但在这里只要求出绳子拉力即可，故只需列出以 C 点为矩心的力矩平衡方程式：

$$\sum M_C(\boldsymbol{F}) = 0, \qquad T \cdot a\cos\frac{\alpha}{2} + G_1 \cdot l\sin\frac{\alpha}{2} - F_{NA} \cdot 2l\sin\frac{\alpha}{2} = 0$$

解得

$$T = \frac{l}{a}\left(G_1 + \frac{b}{2l}G_2\right)\tan\frac{\alpha}{2}$$

习　题

4-1　如题 4-1 图所示，已知 $F_1=150\text{N}$，$F_2=200\text{N}$，$F_3=300\text{N}$，$F_4'=F_4=200\text{N}$。求力系向点 O 的简化结果，并求力系合力的大小及其与原点 O 的距离 d。

4-2　如题 4-2 图所示的三铰拱，在构件 CB 上分别作用一力偶 $\boldsymbol{M}$(图 4-2(a))或力 $\boldsymbol{F}$(图4-2(b))。问当求铰链 A、B、C 的约束反力时，能否将力偶 $\boldsymbol{M}$ 或力 $\boldsymbol{F}$ 分别移到构件 AC 上？为什么？

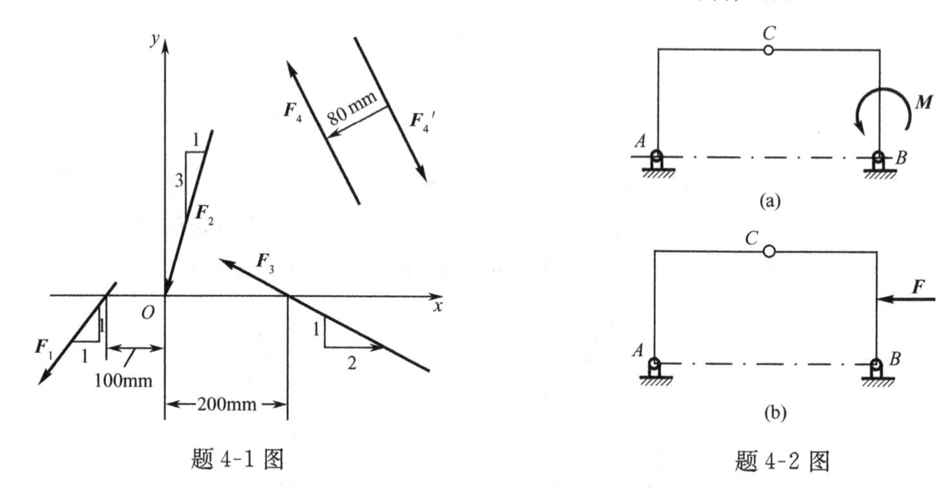

题 4-1 图　　　　题 4-2 图

4-3　如题 4-3 图所示刚架，在其 A、B 两点分别作用 $\boldsymbol{F}_1$、$\boldsymbol{F}_2$ 两力，已知 $F_1=F_2=10\text{kN}$。欲以过 C 点的一个力 $\boldsymbol{F}$ 代替 $\boldsymbol{F}_1$、$\boldsymbol{F}_2$，求 $\boldsymbol{F}$ 的大小、方向及 BC 间的距离。

4-4　乙烯精馏塔的塔顶起重吊杆如图所示(尺寸如题 4-4 图所示)。在 A 处支承板上焊有短管，起重吊杆恰好套在短管上。吊杆穿过 A、B 支承板的圆孔，可以绕铅垂轴线转动。已知起吊重为 $G=5\text{kN}$，试求 A、B 处的约束反力。

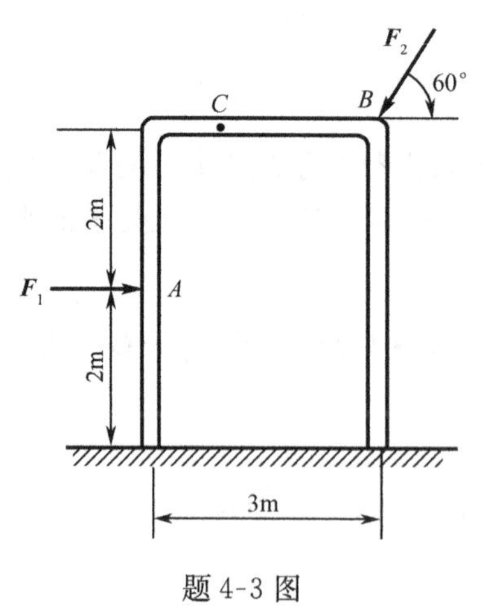

题 4-3 图

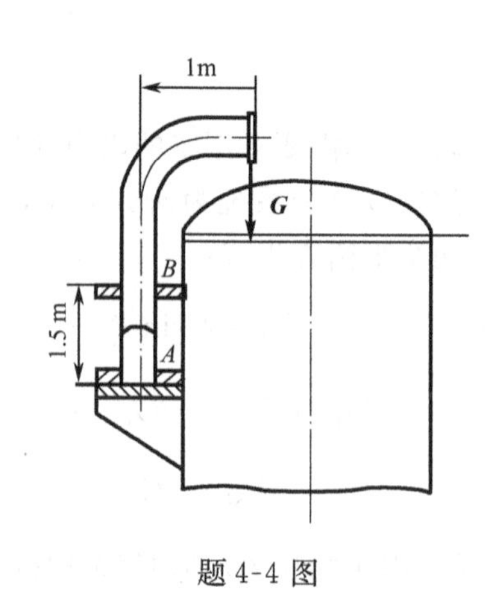

题 4-4 图

4-5　塔器的加热釜以侧塔的形式悬挂在主塔上，侧塔在 A 处搁在主塔的托架上，并用螺栓垂直固定；在 B 处顶在主塔的水平支杆上，并用水平螺栓作定位连接。已知侧塔重 $G=20\text{kN}$，尺寸如题 4-5 图所示。试求支座 A、B 对侧塔的约束反力。

4-6　高炉上料小车如题 4-6 图所示，车和料共重 $G=240\text{kN}$，重心在点 C，已知：$a=1\text{m}$，$b=1.4\text{m}$，$e=1\text{m}$，$d=1.4\text{m}$，$\alpha=55°$，料车处于匀速运动状态。求钢索的拉力 $\boldsymbol{F}$ 和轨道的支反力。

4-7　起重机的构架 ABC 可沿铅垂轴 BC 滑动，但在轴的上部有一凸缘可支持构架，如题 4-7 图所示。设荷重 $G=10\text{kN}$，求在 B 处和 C 处的反力。忽略构架质量和摩擦。

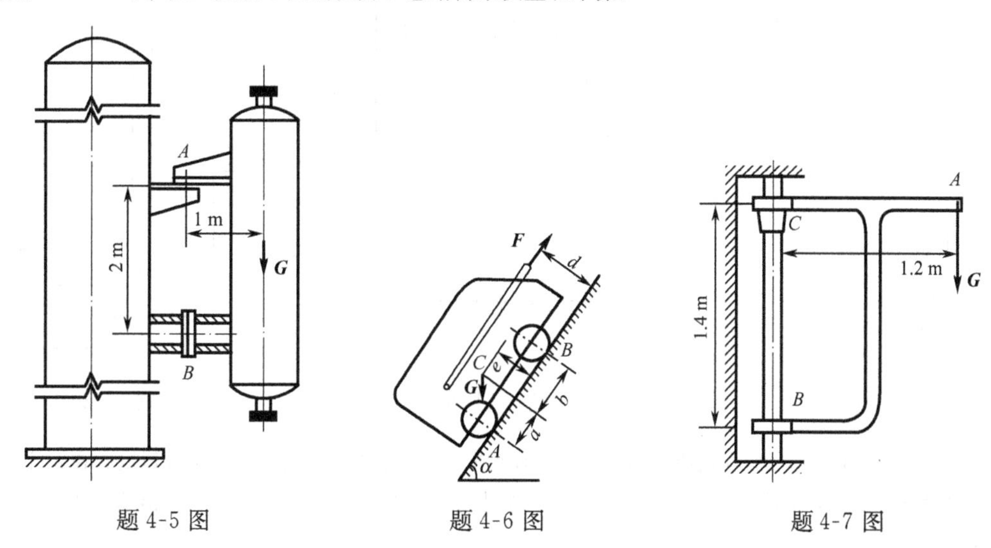

题 4-5 图　　　　题 4-6 图　　　　题 4-7 图

4-8　起重机吊起 42kN 的推土机，吊杆 OA 的宽度不计，自重为 20kN，重心在杆的中点。滑轮组用绳索系吊于吊杆的 B 点，$OB=15\text{m}$，$BA=9\text{m}$。求在题 4-8 图所示平衡位置时绳索 BD 的拉力和 O 点的反力。

4-9　如题 4-9 图所示，T 形架子自重 $G=500\text{N}$，其重心为 C 点，O 端固定铰接，B 端用二力杆铰接于固定点 D，A 端用一绳索系住，绳子缠过定滑轮。今在绳上施加一个 600N 的拉力，使 T 形架保持图示平衡位置。求铰链 O 的反力及 BD 杆所受的力。

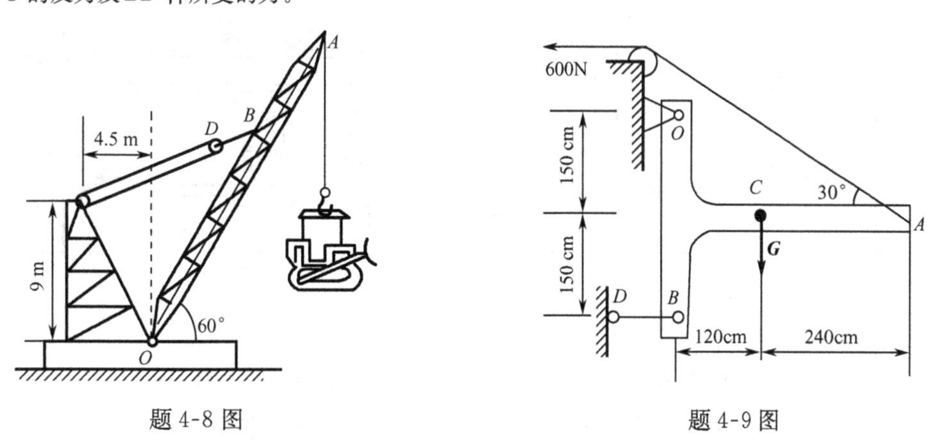

题 4-8 图　　　　题 4-9 图

4-10　如题 4-10 图所示，两滑轮的半径分别为 $r_1=50\text{cm}$，$r_2=25\text{cm}$，绳索及滑轮的质量不计。滑轮 B 用轻质杆 AB 铰接于固定点 A，在滑轮 C 下悬挂一重物，其重为 $G=300\text{N}$。求平衡时的拉力 $\boldsymbol{T}$ 与图示 θ 角。

4-11　如题 4-11 图所示，平面构架由三根直杆 AB、BC、CD 构成，在 B、C、D 三点由光滑铰链相接，AB 杆铅垂，BC 杆水平，在 BC 杆上所受均布载荷 $q=200\text{N/m}$，C 点所受铅垂力 $F=200\text{N}$。求固定端 A 的反力。

4-12　如题 4-12 图所示，一定滑轮铰接于曲杆 ABC 的 A 端，并有一绳索绕在该滑轮上。如绳索的一端作用有 800N 的拉力 $\boldsymbol{T}$,所有摩擦均可忽略不计。试求在 B、C 处的约束反力,并说明在 C 处导轮与导轨在上部还是在下部接触。

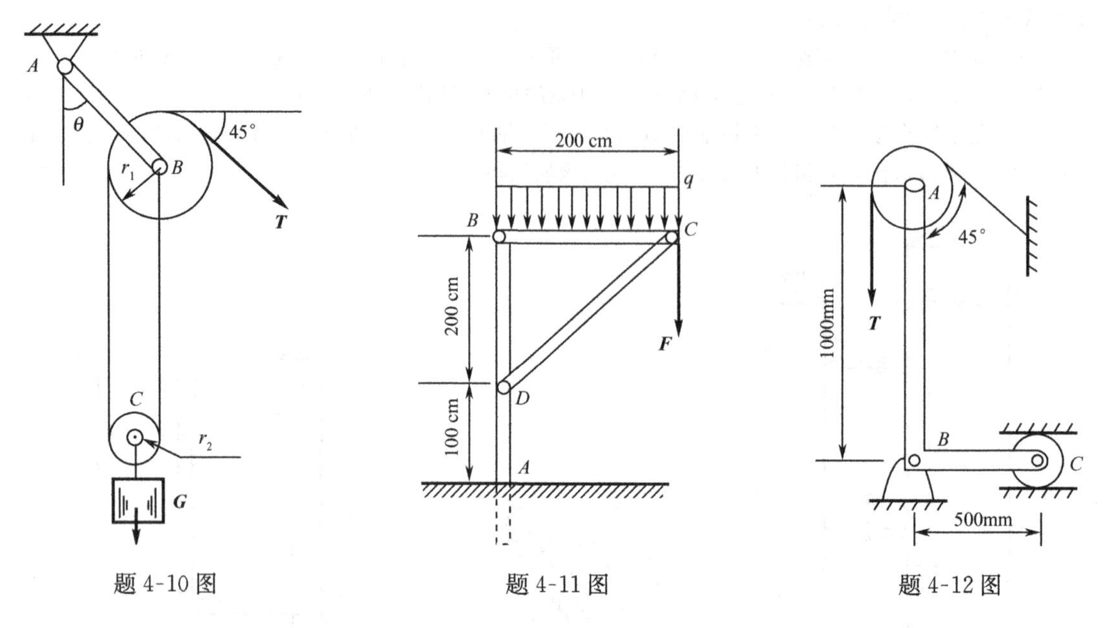

题 4-10 图　题 4-11 图　题 4-12 图

4-13　如题 4-13 图所示,在均质梁 AB 上铺设有起重机轨道。起重机重 $G=50\text{kN}$,其重心在铅垂线 CD 上,重物重为 $P=10\text{kN}$,梁重 $G_1=30\text{kN}$。尺寸如图,求当起重机的伸臂和梁 AB 在同一铅垂面内时,支座 A 和 B 的反力。

4-14　如题 4-14 图所示,炼钢炉的送料机由跑车 A 和行车 B 组成,跑车上有一操纵架 D 及铁铲 C。装在铁铲中的物料重 $\boldsymbol{P}=15\text{kN}$,其到铅垂线 OA 的距离为 5m,设跑车连同操纵架及铁铲的总重为 $\boldsymbol{G}$,作用线沿 OA 轴线。两轮距 OA 线的距离皆为 1m。问 $\boldsymbol{G}$ 应为多重才能使铁铲装满物料时跑车不致翻倒?

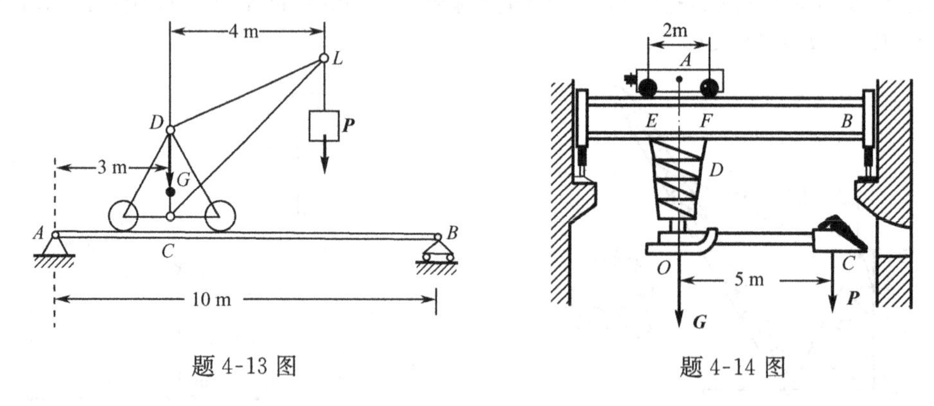

题 4-13 图　题 4-14 图

4-15　剪切机构由加力杠杆 ABC 和剪切杠杆 DEF 组成,被切钢杆置于刀口 F 处,B、C、D、E 均为固定铰,尺寸如题 4-15 图所示。已知 $\boldsymbol{F}$ 力为 200N,求刀口 F 处作用于受剪钢杆的剪力。

4-16　在题 4-16 图结构中,A 处为固定端约束,C 处为光滑接触,D 处为铰链连接。已知 $F_1=F_2=400\text{N}$,$M=300\text{N}\cdot\text{m}$,$AB=BC=400\text{mm}$,$CD=CE=300\text{mm}$,$\alpha=45°$,不计各构件自重,求固定端 A 处与铰链 D 处的约束反力。

4-17　如题 4-17 图所示,在框架上作用有两个大小相等方向相反的铅垂力 $F=200\text{N}$,各构件的质量不计,求支点 A、B、C 的约束反力。

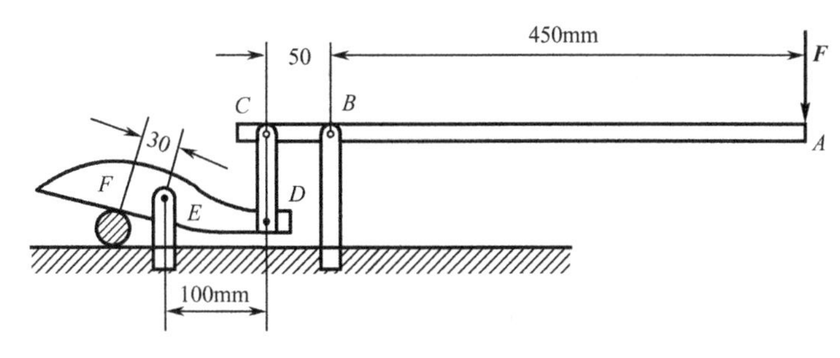

题 4-15 图

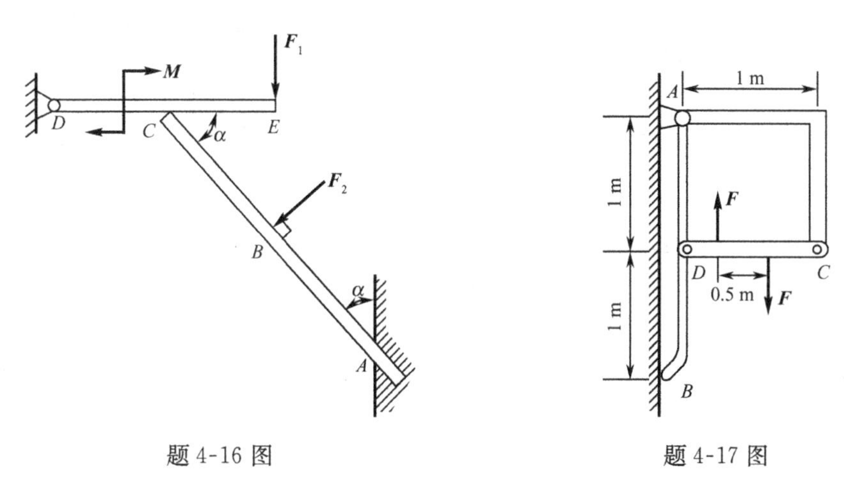

题 4-16 图　　题 4-17 图

4-18　直杆 AD、CE 和直角折杆 BH 铰接成题 4-18 图所示构架，尺寸如图。已知水平力 $F=1.2\text{kN}$，杆重不计，H 点支持在光滑水平面上。求铰链 B 的反力。

4-19　钢筋铰直机构如题 4-19 图所示，如在 E 点作用一水平力 $F=90\text{N}$，$\alpha=30°$。求在 H 处将产生多大的压力，并求铰链支座 A 的约束反力。

4-20　在题 4-20 图所示构架中，两水平梁 BD 与 CE 用竖直杆 BC 铰接，受铅垂力 $F=500\text{N}$ 和均布载荷 $q=400\text{N/m}$，杆重不计。求 AB 杆的内力和支座 D 的反力。

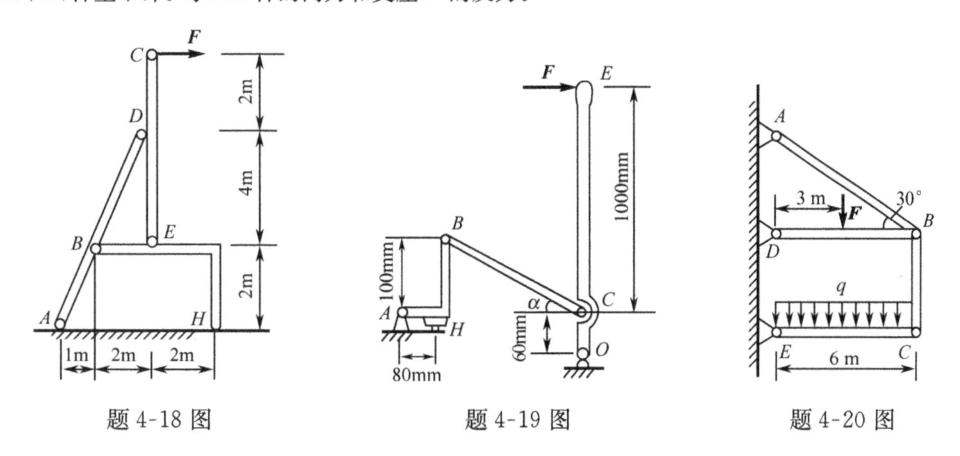

题 4-18 图　　题 4-19 图　　题 4-20 图

4-21　在题 4-21 图所示构架中，重物 $G=1200\text{N}$，由细绳跨过滑轮 E 而水平系于墙上，尺寸如图。不计杆和滑轮的质量，求支承 A 和 B 处的约束反力，以及杆 BC 的内力 $\boldsymbol{F}_{BC}$。

4-22　如题4-22图所示，T形架与直杆 BC 铰接于 C，CD 与 AB 均水平，在 D 点作用一力 $F_1=10\text{kN}$，在 BC 杆的中点作用一铅垂力 $F_2=12\text{kN}$ 及一力偶矩 $M=25\text{kN}\cdot\text{m}$，在T形架上作用的水平均布载荷 $q=2\text{kN/m}$。求支座 A、B 的反力。

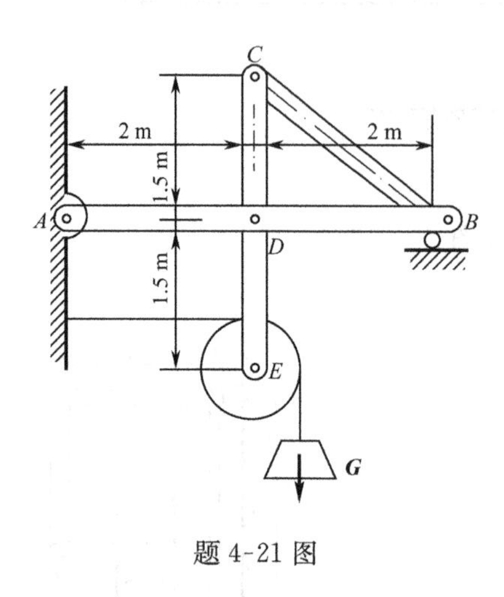

题4-21图

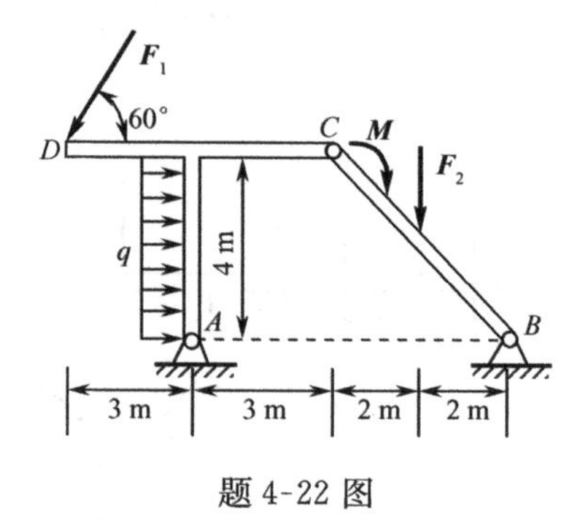

题4-22图

第5章　空间一般力系

本章研究空间一般力系的简化(合成)与平衡条件。研究方法与研究平面一般力系的方法相同。引入力对轴之矩的概念后,主要讨论空间力系的简化结果和平衡条件,其重点是平衡条件的应用。

5.1　力对点的矩矢

在空间力系情形,各力的作用线不在同一平面内,对于同一个矩心O点,各力产生的使刚体绕之转动的效应也不在同一平面内。这时,力对点的矩除了具有大小、转向因素外,还应具有反映作用平面方位的因素。将力对点的矩定义为矢量(称为**矩矢**)可以同时具备这三个因素。

力对点的矩矢可以这样确定:设力$\boldsymbol{F}$作用于刚体的A点,从矩心O到A点引矢量$\boldsymbol{r}=\overrightarrow{OA}$,称为$A$点对于$O$点的**矢径**(图5-1),则力$\boldsymbol{F}$对于$O$点的矩矢为

$$\boldsymbol{M}_O(\boldsymbol{F}) = \boldsymbol{r}\times\boldsymbol{F} \tag{5-1}$$

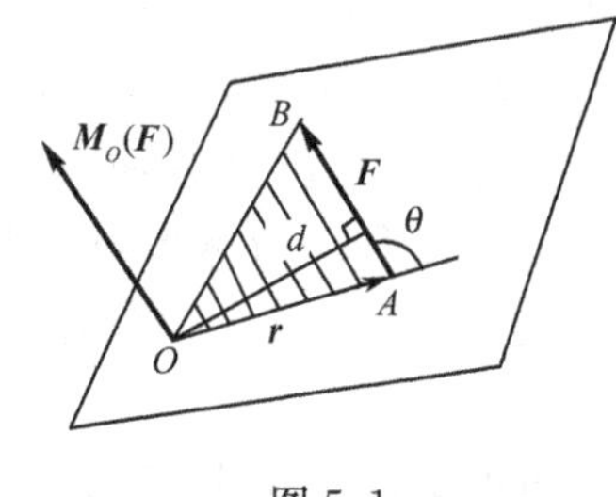

图5-1

即力对点的矩矢等于力作用点对矩心的矢径与该力的矢量积。矩矢$\boldsymbol{M}_O(\boldsymbol{F})$的方位垂直于$\boldsymbol{r}$与$\boldsymbol{F}$所构成的平面,即力矩作用平面;它的模等于$|\boldsymbol{r}||\boldsymbol{F}|\sin\theta=Fd$,其中$\theta$是$\boldsymbol{r}$与$\boldsymbol{F}$的夹角,$d$是矩心$O$到力$\boldsymbol{F}$作用线的垂直距离,即$\boldsymbol{F}$对$O$点的力臂;它的指向按矢量积规则(右手规则)确定。这样,用力对点的矩矢就可以同时表示出力使刚体绕该点转动效应的大小、转向及转动所在平面方位。

显然,力$\boldsymbol{F}$对O点的矩矢的模,也等于三角形OAB面积的2倍。

力对点的矩矢与矩心的位置有关,式(5-1)中的矢径$\boldsymbol{r}$必须以矩心为始点。因此,矩矢$\boldsymbol{M}_O(\boldsymbol{F})$必须画在矩心$O$点处。若在$O$点有不同方位的若干矩矢,则可用矢量合成法则将其合成,即

$$\boldsymbol{M}_O = \sum\boldsymbol{M}_O(\boldsymbol{F}) \tag{5-2}$$

5.2　力对轴的矩

5.2.1　力对轴的矩概念及其计算方法

在日常生活和工程实际中,经常遇到绕固定轴转动的物体,如门窗、齿轮、传动轴等。为了度量力使物体绕某固定轴转动的效应和求解空间力系的平衡问题,引入**力对轴之矩**的概念。实践证明,力使物体转动的效应,不仅取决于力的大小和方向,而且与力作用的位置有关。图5-2表示一扇可以绕固定轴z转动的门,如果作用于把手的力$\boldsymbol{F}$与z轴平行,如图5-2(a)所示;或者力$\boldsymbol{F}$的作用线通过z轴,如图5-2(b)所示;都不能使门转动。如果作用于把手的力$\boldsymbol{F}$恰好位于

通过A且垂直于z轴的平面H内，但不与z轴相交，如图 5-2(c) 所示，则门较易转动。这时，力F使门绕z轴转动的效应，是由力$\boldsymbol{F}$对z轴与平面H的交点O的矩来度量的，这时力$\boldsymbol{F}$对z轴的矩就是力$\boldsymbol{F}$对z轴与平面H的交点O的矩。

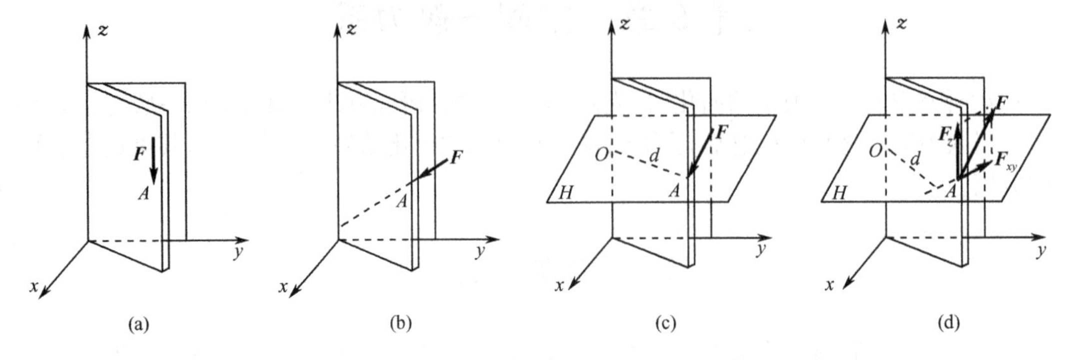

图 5-2

在一般情况下，作用于把手A的力$\boldsymbol{F}$既不与z轴相交或平行，也不在过点A且垂直于z轴的平面H内，如图 5-2(d) 所示。在这种情况下可以将力$\boldsymbol{F}$分解为平行于z轴的分力$\boldsymbol{F}_z$和在与z轴垂直的平面H内的分力$\boldsymbol{F}_{xy}$，分力$\boldsymbol{F}_{xy}$大小就是力$\boldsymbol{F}$在与z轴垂直的平面H上的投影。显然，分力$\boldsymbol{F}_z$不能使门转动，只有分力$\boldsymbol{F}_{xy}$才能使门转动。所以，这个效应可由力$\boldsymbol{F}_{xy}$对点O的矩$\pm F_{xy}\cdot d$来度量。因此，在力学中把空间力$\boldsymbol{F}$在垂直于转动轴的平面上的分力$\boldsymbol{F}_{xy}$对于转轴与平面交点O的矩，加以正负号后称为$\boldsymbol{F}$对z轴的矩，即

$$M_z(\boldsymbol{F}) = M_O(\boldsymbol{F}_{xy}) = \pm F_{xy}\cdot d \tag{5-3}$$

力对轴的矩是代数量，式(5-3)中的正负号可以这样规定：从z轴的正向观察，力$\boldsymbol{F}_{xy}$使物体绕z轴做逆时针转动时，力对该轴的矩为正；反之为负。或者用右手螺旋规则决定力对轴之矩的正负，即若以右手四个手指弯曲的方向表示力$\boldsymbol{F}_{xy}$使物体绕z轴的转动方向，则右手拇指的指向与z轴的正向一致时力对z轴之矩为正，反之为负。

从定义可知：① 当力$\boldsymbol{F}$沿其作用线滑移时，并不改变此力对于某轴之矩，因为力$\boldsymbol{F}$沿其作用线滑移时，$\boldsymbol{F}_{xy}$和d都不变。② 当力与某轴平行(即$F_{xy}=0$)或与某轴相交(即$d=0$)，亦即当力与某轴在同一平面内时，力对于该轴之矩等于零。

5.2.2 力对轴之矩的解析表达式

在一般情况下，位于空间的一个力对于三个坐标轴都可以产生力矩。设力$\boldsymbol{F}$在三坐标轴上的投影分别为X、Y、Z，作用点A的坐标为(x,y,z)，如图 5-3 所示，根据合力矩定理，$\boldsymbol{F}_{xy}$对O点之矩等于它的两个分力$\boldsymbol{F}_x$、$\boldsymbol{F}_y$对O点之矩的代数和。由此得

$$M_z(\boldsymbol{F}) = M_O(\boldsymbol{F}_{xy}) = xY - yX$$

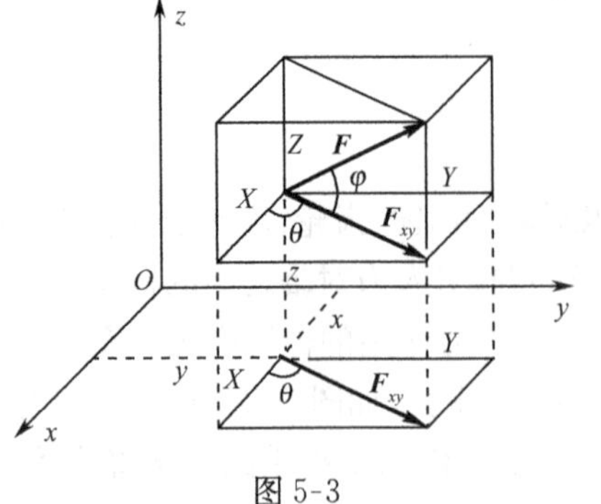

图 5-3

同理可得力$\boldsymbol{F}$对x、y轴之矩。于是力$\boldsymbol{F}$对直角坐标轴之矩的解析表达式为

$$\left.\begin{aligned} M_x(\boldsymbol{F}) &= yZ - zY \\ M_y(\boldsymbol{F}) &= zX - xZ \\ M_z(\boldsymbol{F}) &= xY - yX \end{aligned}\right\} \tag{5-4}$$

可以证明，将力 $\boldsymbol{F}$ 对原点 O 的矩矢分别投影于 x、y、z 轴，即得 $\boldsymbol{F}$ 对 x、y、z 轴之矩 $M_x(\boldsymbol{F})$、$M_y(\boldsymbol{F})$、$M_z(\boldsymbol{F})$。

例 5-1　求如图 5-4 所示作用于曲柄端点 A 的力 $\boldsymbol{F}=10\text{kN}$ 对三轴之矩。图中 $AB=20\text{cm}$，$BC=30\text{cm}$，$CD=20\text{cm}$，$DO=40\text{cm}$，$\varphi=30°$，$\theta=60°$。

解　本题可以在求得力 $\boldsymbol{F}$ 沿坐标轴的三个分力后，直接对轴求矩叠加，也可以用解析式求该力对三轴之矩。

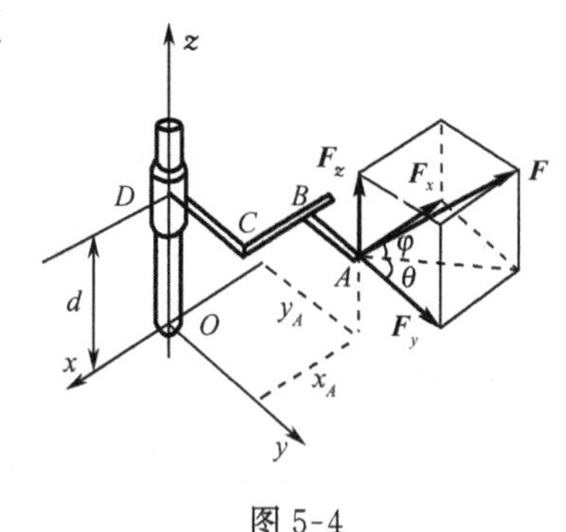

图 5-4

各分力的大小为

$$F_x = F\cos\varphi\sin\theta = F\cos30°\sin60° = \frac{3}{4}F$$

$$F_y = F\cos\varphi\cos\theta = F\cos30°\cos60° = \frac{\sqrt{3}}{4}F$$

$$F_z = F\sin\varphi = F\sin30° = \frac{1}{2}F$$

力 $\boldsymbol{F}$ 的三个投影为

$$X=-\frac{3}{4}F,\qquad Y=\frac{\sqrt{3}}{4}F,\qquad Z=\frac{1}{2}F$$

而 $x_A=-BC=-30\text{cm}$，$y_A=DC+AB=20+20=40\text{cm}$，$z_A=OD=40\text{cm}$。

1）用定义求解。

$$M_x(\boldsymbol{F}) =-F_y\cdot z_A+F_z\cdot y_A=-\frac{\sqrt{3}}{4}F\times0.4+\frac{F}{2}\times0.4=268(\text{N}\cdot\text{m})$$

$$M_y(\boldsymbol{F}) =-F_x\cdot z_A+F_z\cdot x_A=-\frac{3}{4}F\times0.4+\frac{F}{2}\times0.3=-1500(\text{N}\cdot\text{m})$$

$$M_z(\boldsymbol{F}) =F_x\cdot y_A-F_y\cdot x_A=\frac{3}{4}F\times0.4-\frac{\sqrt{3}}{4}F\times0.3=1700(\text{N}\cdot\text{m})$$

2）用解析法求解。

$$M_x(\boldsymbol{F}) =y_A\cdot Z-z_A\cdot Y=0.4\times\frac{F}{2}-0.4\times\frac{\sqrt{3}}{4}F=268(\text{N}\cdot\text{m})$$

$$M_y(\boldsymbol{F}) =z_A\cdot X-x_A\cdot Z=0.4\times\left(-\frac{3}{4}F\right)-(-0.3)\times\frac{F}{2}=-1500(\text{N}\cdot\text{m})$$

$$M_z(\boldsymbol{F}) =x_A\cdot Y-y_A\cdot X=(-0.3)\times\frac{\sqrt{3}}{4}F-0.4\times\left(-\frac{3}{4}F\right)=1700(\text{N}\cdot\text{m})$$

结果相同。

5.3　空间一般力系的平衡条件

设作用在物体上的空间任意力系 $\boldsymbol{F}_1,\boldsymbol{F}_2,\cdots,\boldsymbol{F}_n$，利用力的平移定理，可将该力系向任一点 O 简化，得主矢 $\boldsymbol{F}'_{\text{R}}$ 和主矩 $\boldsymbol{M}_O$，即

$$\boldsymbol{F}'_{\text{R}}=\sum\boldsymbol{F}$$

其大小为

$$F'_{\text{R}}=\sqrt{(\sum X)^2+(\sum Y)^2+(\sum Z)^2}$$

$$\boldsymbol{M}_O=\sum\boldsymbol{M}_O(\boldsymbol{F})$$

其大小为
$$M_O=\sqrt{[M_x(\boldsymbol{F})]^2+[M_y(\boldsymbol{F})]^2+[M_z(\boldsymbol{F})]^2}$$

按照平面任意力系的分析方法可知，当 $F'_R=0$ 和 $\boldsymbol{M}_O(\boldsymbol{F})=0$ 时，该空间力系为平衡力系。即力系中各力在 x、y、z 轴上的投影的代数和均为零及各力对三个轴之矩的代数和均为零，就是空间任意力系的平衡条件。其平衡方程为

$$\left.\begin{array}{lll}\sum X=0, & \sum Y=0, & \sum Z=0 \\ \sum M_x(\boldsymbol{F})=0, & \sum M_y(\boldsymbol{F})=0, & \sum M_z(\boldsymbol{F})=0\end{array}\right\} \tag{5-5}$$

由于空间一般力系的平衡问题中，对于一个刚体，只能列出六个独立平衡方程，因而，利用式(5-5)只能求解六个未知量。

对空间汇交力系，如果使坐标轴的原点与各力的汇交点重合，则式(5-5)中的 $\sum M_x(\boldsymbol{F}) \equiv \sum M_y(\boldsymbol{F}) \equiv \sum M_z(\boldsymbol{F}) \equiv 0$，则平衡方程为

$$\left.\begin{array}{l}\sum X=0 \\ \sum Y=0 \\ \sum Z=0\end{array}\right\} \tag{5-6}$$

对空间平行力系，如果各力平行于 x 轴，则式(5-5)中的 $\sum Y \equiv \sum Z \equiv \sum M_x(\boldsymbol{F}) \equiv 0$，则平衡方程为

$$\left.\begin{array}{l}\sum X=0 \\ \sum M_y(\boldsymbol{F})=0 \\ \sum M_z(\boldsymbol{F})=0\end{array}\right\} \tag{5-7}$$

对空间力偶系，$\sum X \equiv \sum Y \equiv \sum Z \equiv 0$，且力偶的两力对点(或轴)之矩可直接用力偶矩表示，则其平衡方程为

$$\left.\begin{array}{l}\sum M_x(\boldsymbol{F})=0 \\ \sum M_y(\boldsymbol{F})=0 \\ \sum M_z(\boldsymbol{F})=0\end{array}\right\} \tag{5-8}$$

例 5-2 蜗轮箱在 A、B 两处各用一个螺栓安装在基础上(图 5-5)，蜗杆 C 输入一个力偶矩 $M_1=100\text{N}\cdot\text{m}$，蜗轮轴 D 输出一个大小为 $M_2=400\text{N}\cdot\text{m}$ 的力偶矩，蜗杆和蜗轮各按顺时针方向做等速转动，若不考虑箱底与基础之间的摩擦影响，问两螺栓 A 和 B 对蜗轮箱的约束反力应为多少？

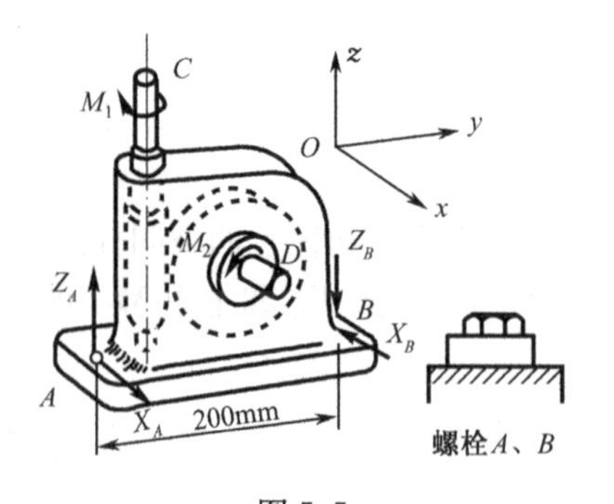

图 5-5

解 轮轴 D 因连在其他的机件上，故有一个反力偶矩 $\boldsymbol{M}_2$(图 5-5)，它的大小等于轴 D 和轮轴所输出的力偶矩。将蜗轮、蜗杆以及蜗轮箱视为一整体，并取作分离体。

取坐标系如图5-5所示，在 y 方位上没有主动力作用，故 $Y_A=Y_B=0$。而 x 方向的约束力 X_A 和 X_B 必构成力偶以平衡 $\boldsymbol{M}_1$，在 z 方向的约束力 $\boldsymbol{Z}_A$ 和 $\boldsymbol{Z}_B$ 必构成力偶以平衡 $\boldsymbol{M}_2$。因此，这是一个力偶系平衡问题，且 $\sum M_y=0$ 已满足，故只需用式(5-8)另两式求出 $Z_A=Z_B$，$X_A=X_B$ 即可。

$$\sum M_x=0,\qquad M_2-200Z_A=0 \tag{1}$$

$$\sum M_z=0,\qquad 200X_A-M_1=0 \tag{2}$$

由式(1)得
$$Z_A=\frac{M_2}{200}=\frac{400\times 1000}{200}=2000(\mathrm{N})$$

故
$$Z_B=Z_A=2\mathrm{kN}$$

由式(2)得
$$X_A=\frac{M_1}{200}=\frac{100\times 1000}{200}=500(\mathrm{N})$$

故
$$X_B=X_A=500\mathrm{N}$$

例5-3　水平传动轴上装有两皮带轮如图5-6(a)所示，其直径 $D_1=40\mathrm{cm}$，$D_2=50\mathrm{cm}$。与轴承 A 的距离各为 $a=1\mathrm{m}$，$b=3\mathrm{m}$。轴承 A 与 B 间距离 $l=4\mathrm{m}$，二轴承均为向心轴承(径向轴承)。轮1上的皮带与铅垂线夹角 $\alpha=20°$，轮2上的皮带水平放置。已知皮带张力 $T_1=200\mathrm{N}$，$T_2=400\mathrm{N}$，$T_3=500\mathrm{N}$。设工作时传动轴受力平衡。试求张力 $\boldsymbol{T}_4$ 及两轴承的约束反力。轴及带轮的自重不计。

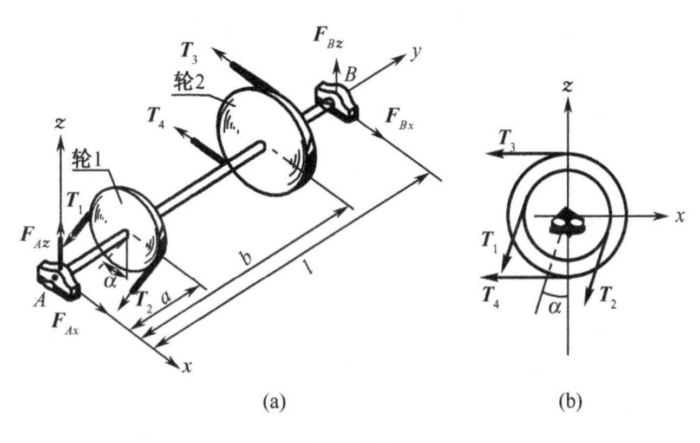

图5-6

解　以传动轴 AB 为研究对象，取坐标系 $Axyz$。分析轴的受力情况，作受力图如图5-6所示。由于 A、B 两端为径向轴承，故约束反力只有 x、z 轴方向的分量，$\sum Y\equiv 0$ 自然满足。式(5-5)中其余的5个平衡方程为

$$\sum X=0,\qquad -T_1\sin\alpha-T_2\sin\alpha-T_3-T_4+F_{Ax}+F_{Bx}=0 \tag{1}$$

$$\sum Z=0,\qquad -T_1\cos\alpha-T_2\cos\alpha+F_{Az}+F_{Bz}=0 \tag{2}$$

$$\sum M_x(\boldsymbol{F})=0,\qquad -T_1\cos\alpha\cdot a-T_2\cos\alpha\cdot a+F_{Bz}\cdot l=0 \tag{3}$$

$$\sum M_y(\boldsymbol{F})=0,\qquad -T_1\cdot\frac{D_1}{2}+T_2\cdot\frac{D_1}{2}-T_3\cdot\frac{D_2}{2}+T_4\cdot\frac{D_2}{2}=0 \tag{4}$$

$$\sum M_z(\boldsymbol{F})=0,\qquad T_1\sin\alpha\cdot a+T_2\sin\alpha\cdot a+T_3\cdot b+T_4\cdot b-F_{Bx}\cdot l=0 \tag{5}$$

由式(3)、式(4)解得 F_{Bz}、T_4，分别代入式(2)、式(5)、式(1)，可解得 F_{Az}、F_{Bx}、F_{Ax}，代入数据，最后得

$$T_4 = 340\text{N}$$

$$F_{Ax} = 364\text{N}, \qquad F_{Az} = 423\text{N}$$

$$F_{Bx} = 681\text{N}, \qquad F_{Bz} = 141\text{N}$$

习　　题

5-1　力系中，$F_1=100\text{N}$，$F_2=300\text{N}$，$F_3=200\text{N}$，各力作用线的位置如题 5-1 图所示。试将力系向原点 O 简化。

5-2　求题 5-2 图所示 $F=1000\text{N}$ 对 z 轴的力矩 $\boldsymbol{M}_z$。

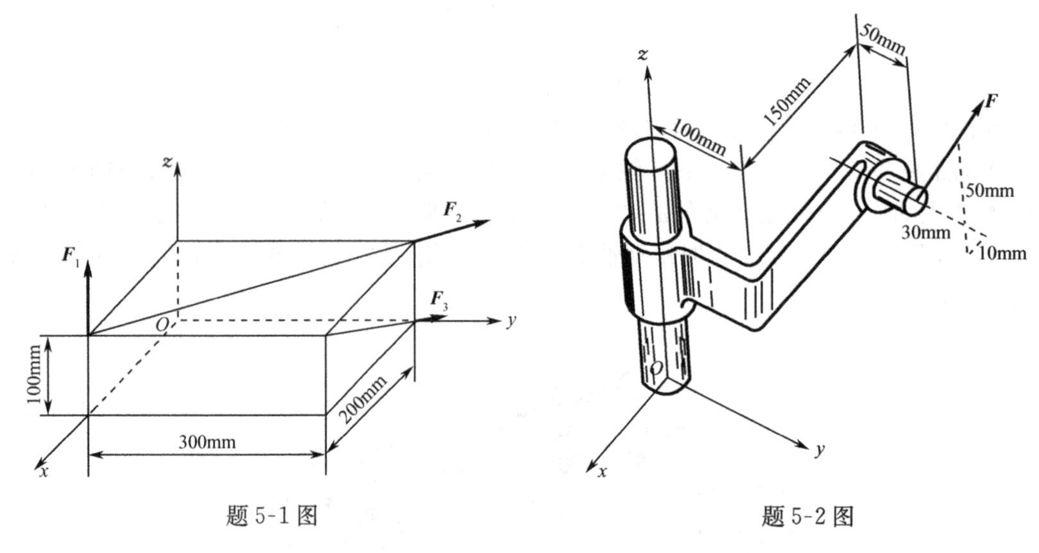

题 5-1 图　　　　题 5-2 图

5-3　作用在手柄上的力 $F=100\text{N}$，方向如题 5-3 图所示，求力对 x 轴之矩。

5-4　力 $\boldsymbol{F}$ 作用于水平圆盘边缘一点 C 上，并垂直于 O_1C 如题 5-4 图所示，其作用线在过该点而与圆周相切的平面内。已知圆盘半径为 r，$OO_1=a$，试求力 $\boldsymbol{F}$ 对 x、y、z 轴之矩。

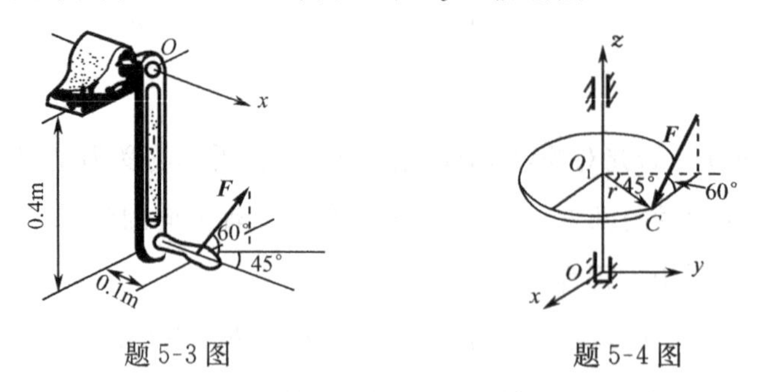

题 5-3 图　　　　题 5-4 图

5-5　重物 $G=10\text{kN}$，借皮带轮传动而匀速上升。皮带轮半径 $R=200\text{mm}$，鼓轮半径 $r=100\text{mm}$，皮带紧边张力 T_1 与松边张力 T_2 之比为 $\dfrac{T_1}{T_2}=2$。皮带张力如题 5-5 图所示。求皮带张力及 A、B 轴承的约束反力。

5-6　如题 5-6 图所示手摇钻由支点 B、钻头 A 和一个弯曲的手柄组成。当支点 B 处加压力 $\boldsymbol{F}_x$、$\boldsymbol{F}_y$ 和 $\boldsymbol{F}_z$，以及手柄上加力 $\boldsymbol{F}$ 后，即可带动钻头绕轴 AB 转动而钻孔，已知 $F_z=50\text{N}$，$F=150\text{N}$。求：①钻头受到的阻抗力偶矩 $\boldsymbol{M}$；②材料给钻头的反力 $\boldsymbol{F}_{Ax}$、$\boldsymbol{F}_{Ay}$ 和 $\boldsymbol{F}_{Az}$ 的值；③压力 $\boldsymbol{F}_x$ 和 $\boldsymbol{F}_y$ 的值。

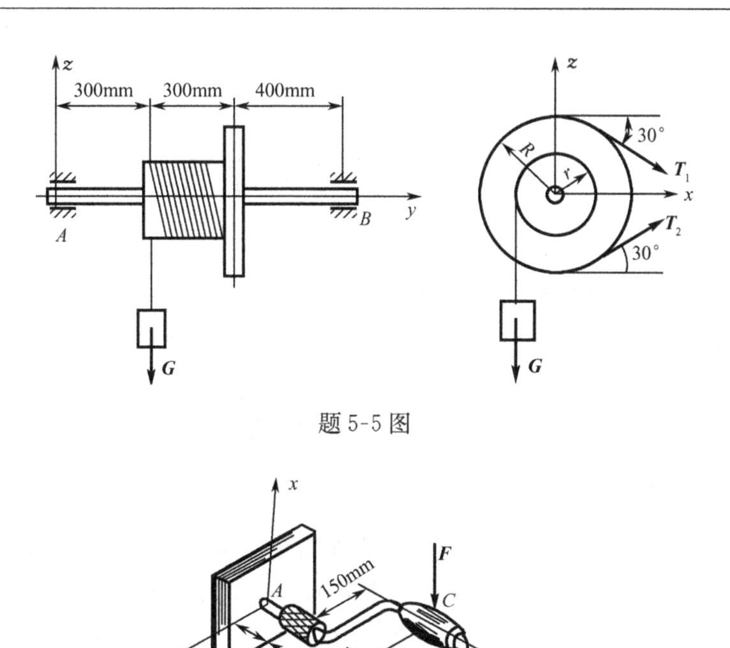

题 5-5 图

题 5-6 图

5-7　水平传动轴装有两个皮带轮 C 和 D，可绕 AB 轴转动，如题 5-7 图所示。皮带轮的半径各为 $r_1=200\text{mm}$ 和 $r_2=250\text{mm}$，皮带轮与轴承间的距离为 $a=b=500\text{mm}$，两皮带轮间的距离为 $c=1000\text{mm}$。套在轮 C 上的皮带是水平的，其拉力为 $F_1=2F_2=5000\text{N}$；套在轮 D 上的皮带与铅垂线成角 $\alpha=30°$，拉力为 $F_3=2F_4$。求在平衡情况下，拉力 $\boldsymbol{F}_3$ 和 $\boldsymbol{F}_4$ 的值，并求由皮带拉力所引起的轴承反力。

5-8　长方形板 $ABCD$ 的宽度为 a，长度为 b，自重为 $\boldsymbol{G}$，在 A、B、C 三角用三个铰链杆悬挂于固定点，使板保持在水平位置，如题 5-8 图所示。求此三杆的内力。

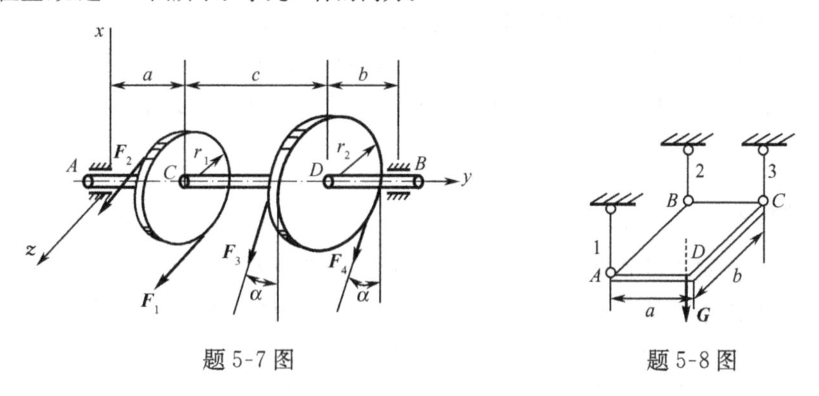

题 5-7 图　　题 5-8 图

第6章　重心与摩擦

本章介绍两部分内容：第一部分介绍物体重心的概念及物体位置的计算方法；第二部分讨论摩擦问题。当物体之间的接触面不光滑时，存在滑动摩擦和滚动摩擦。本章介绍滑动摩擦和滚动摩擦的基本性质，着重研究有摩擦存在时物体系统的平衡问题。

6.1　平行力系中心和物体的重心

6.1.1　平行力系中心的概念

设有同向平行力系 $\boldsymbol{F}_1, \boldsymbol{F}_2, \cdots, \boldsymbol{F}_n$，各力分别作用在物体上的 $A_1, A_2, \cdots, A_n$ 各点，如图6-1所示。图中只画出4个力作为代表，并设想各力的作用点不能沿其作用线滑动，今求其合成结果。为此，我们可以根据同向平行力合成方法，把力逐次两两相加，最后可求得合力 $\boldsymbol{F}_R$ 及作用点 C。例如，先将力 $\boldsymbol{F}_1$ 和 $\boldsymbol{F}_2$ 合成得合力 $\boldsymbol{F}_{R1}$，$\boldsymbol{F}_{R1}$ 与 $\boldsymbol{F}_1$ 和 $\boldsymbol{F}_2$ 同向，且 $\boldsymbol{F}_{R1} = \boldsymbol{F}_1 + \boldsymbol{F}_2$，其作用点在 A_1A_2 连线上的 C_1 点，C_1 点的位置可由合力矩定理确定，即

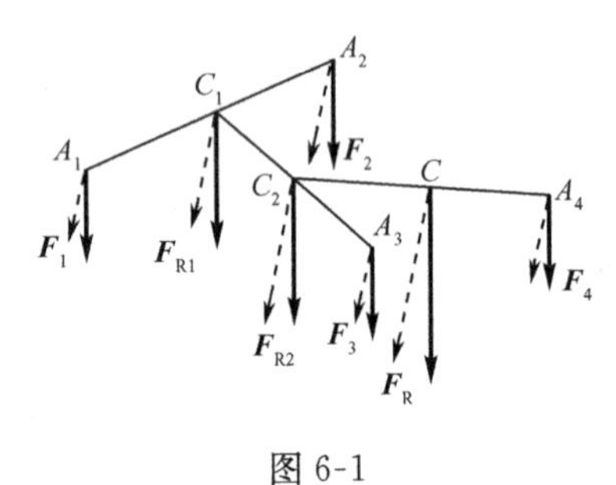

图 6-1

$$\boldsymbol{F}_1 \cdot A_1C_1 = \boldsymbol{F}_2 \cdot A_2C_1$$

再将作用于 C_1 点的力 $\boldsymbol{F}_{R1}$ 与作用于 A_3 点的力 $\boldsymbol{F}_3$ 合成，得作用于 C_1A_3 连线上 C_2 点的合力 $\boldsymbol{F}_{R2}$。依此进行下去，最后必可求得整个力系的合力 $\boldsymbol{F}_R$，作用点为 C 点，且大小为

$$F_R = F_1 + F_2 + \cdots + F_n = \sum F_i \tag{6-1}$$

即等于力系中各分力的代数和。若将各力保持大小不变而绕各自的作用点、按相同转向转过同一角度到图中虚线位置，则此转动后的平行力系的合力，由于各力的大小和作用点没有改变，用同样的方法合成，其合力的作用点应仍然为 C 点。由此可知，合力 $\boldsymbol{F}_R$ 的作用点 C 的位置只与各平行力的大小和作用点有关，而与各平行力的方向无关。此合力作用点称为**平行力系中心**。

6.1.2　物体的重心

放置在地球表面附近的物体，物体中各微小的部分都受着重力的作用，并组成一汇交于地心的汇交力系。但由于物体与地球中心之间的距离远比物体内各部分之间的距离大得多，因此物体各部分所受到的重力，其作用线通常可以看作是相互平行的。由此可见，物体受大小和作用点都完全确定的由重力所组成的空间平行力系的作用。

物体各部分所受重力组成的空间平行力系的中心，就称为此物体的**重心**。不论物体如何放置，重心在物体内的相对位置是确定不变的。

既然重心就是物体各部分重力组成的平行力系的中心，那么重心位置的确定就归结为平行力系中心位置的确定。

下面来推导物体重心和形心坐标公式。

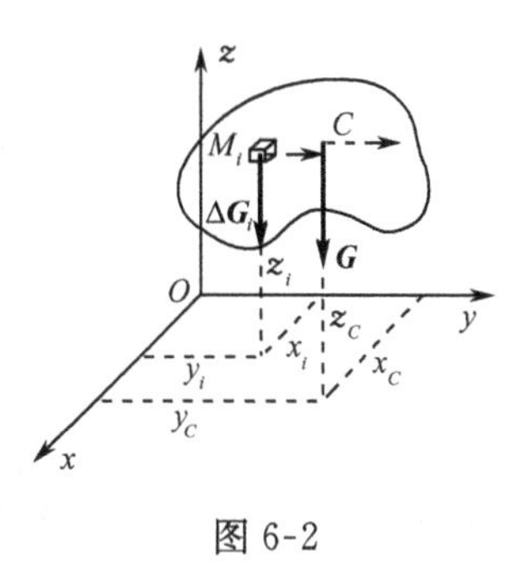

图 6-2

设有一物体，如图 6-2 所示，物体内任一微小部分 M_i 的重力为 $\Delta \boldsymbol{G}_i$，物体所受的重力就是所有各 $\Delta \boldsymbol{G}_i$ 的合力 $\boldsymbol{G}$，其大小为 $G = \sum \Delta G_i$。为求物体的重心，即求合力 $\boldsymbol{G}$ 的作用点的位置，选定一直角坐标系 $Oxyz$，令坐标平面在 Oxy 平面内，z 轴铅垂向上，即与重力作用线平行。设物体的重心为 C，其坐标为 x_C、y_C、z_C，微小部分 M_i 的坐标为 x_i、y_i、z_i。根据合力矩定理，可知物体的重力 $\boldsymbol{G}$ 分别对 y 轴和 x 轴的矩应等于所有各力 $\Delta \boldsymbol{G}_i$ 分别对 y 轴和 x 轴的矩的代数和，即

$$x_C G = \sum x_i \Delta G_i, \quad y_C G = \sum y_i \Delta G_i$$

如果将物体连同坐标系一起绕 x 轴顺时针转过 90°，使 y 轴朝下，这样，重力 $\boldsymbol{G}$ 和各力 $\Delta \boldsymbol{G}_i$ 都与 y 轴同向平行，如图 6-2 中虚线段所示。对 x 轴应用合力矩定理，有

$$z_C G = \sum z_i \Delta G_i$$

从上面三式可求得物体重心 C 的位置坐标的普遍公式为

$$\left.\begin{aligned} x_C &= \frac{\sum x_i \Delta G_i}{G} \\ y_C &= \frac{\sum y_i \Delta G_i}{G} \\ z_C &= \frac{\sum z_i \Delta G_i}{G} \end{aligned}\right\} \tag{6-2}$$

如物体为均质，其单位体积的重量为 γ，设微小部分 M_i 的体积为 ΔV_i，整个物体的体积为 $V = \sum \Delta V_i$，则有

$$\Delta G_i = \gamma \cdot \Delta V_i, \qquad G = \sum \Delta G_i = \gamma \cdot \sum \Delta V_i$$

代入式(6-2)，消去 γ，得

$$\left.\begin{aligned} x_C &= \frac{\sum x_i \Delta V_i}{V} \\ y_C &= \frac{\sum y_i \Delta V_i}{V} \\ z_C &= \frac{\sum z_i \Delta V_i}{V} \end{aligned}\right\} \tag{6-3}$$

由式(6-3)可见均质物体的重心位置完全取决于物体的几何形状，而与物体的质量无关。这时物体的重心就是物体的几何形状中心，即**形心**。

物体的重心和物体的形心是两个不同的概念，重心是物理概念，形心是几何概念。非均质物体的重心和它的形心并不在同一点上，只有均质物体的重心和形心才重合于一点。

令 ΔV_i 趋近于零，则公式(6-3)可写成积分形式，即

$$\left.\begin{aligned} x_C &= \frac{\int_V x\,\mathrm{d}V}{V} \\ y_C &= \frac{\int_V y\,\mathrm{d}V}{V} \\ z_C &= \frac{\int_V z\,\mathrm{d}V}{V} \end{aligned}\right\} \tag{6-4}$$

如果物体是均质等厚度，而且是厚度远比长度和宽度都小的薄壳和薄板，以 A 表示壳或板的表面面积，ΔA_i 表示微小部分 M_i 的面积，与上面求均质物体重心的方法相同，可求得均质薄壳或薄板的重心或形心 C 的位置坐标公式为

$$\left.\begin{aligned} x_C &= \frac{\sum x_i \Delta A_i}{A} \\ y_C &= \frac{\sum y_i \Delta A_i}{A} \\ z_C &= \frac{\sum z_i \Delta A_i}{A} \end{aligned}\right\} \tag{6-5}$$

积分形式即

$$\left.\begin{aligned} x_C &= \frac{\int_A x\,\mathrm{d}A}{A} \\ y_C &= \frac{\int_A y\,\mathrm{d}A}{A} \\ z_C &= \frac{\int_A z\,\mathrm{d}A}{A} \end{aligned}\right\} \tag{6-6}$$

如果物体是均质等截面的细线，以 L 表示细线的长度，ΔL_i 表示微小部分 M_i 的长度，用上面同样的方法，可求得细线的重心或形心 C 的位置坐标公式为

$$\left.\begin{aligned} x_C &= \frac{\sum x_i \Delta L_i}{L} \\ y_C &= \frac{\sum y_i \Delta L_i}{L} \\ z_C &= \frac{\sum z_i \Delta L_i}{L} \end{aligned}\right\} \tag{6-7}$$

式(6-7)的积分形式为

$$\left.\begin{aligned} x_C &= \frac{\int_L x\,\mathrm{d}L}{L} \\ y_C &= \frac{\int_L y\,\mathrm{d}L}{L} \\ z_C &= \frac{\int_L z\,\mathrm{d}L}{L} \end{aligned}\right\} \tag{6-8}$$

下面举例说明应用上述公式计算常见几何形体重心的具体方法。

例 6-1　试求匀质圆弧状细线$\overset{\frown}{AB}$的重心。设圆弧半径为 R，对应顶角为 2α（图 6-3）。

解　取圆弧中心 O 点为坐标原点，并使$\overset{\frown}{AB}$对称于坐标轴 y，则由于对称，重心必定在中心角的等分线 y 轴上某点 C，设其坐标为 y_C，圆弧长 $L=2\alpha R$。在任意角 ϕ 处取微元弧长 $\mathrm{d}L=R\mathrm{d}\phi$，代入式(6-8)即得

$$x_C = z_C = 0, \qquad y_C = \frac{\int_L y\mathrm{d}L}{L} = \frac{\int_{-\alpha}^{\alpha} R\cos\phi R\,\mathrm{d}\phi}{2\alpha R} = R\frac{\sin\alpha}{\alpha}$$

显然，当 $\alpha=\frac{\pi}{2}$ 时，圆弧是半圆周，其重心坐标为

$$y_C = \frac{2R}{\pi}$$

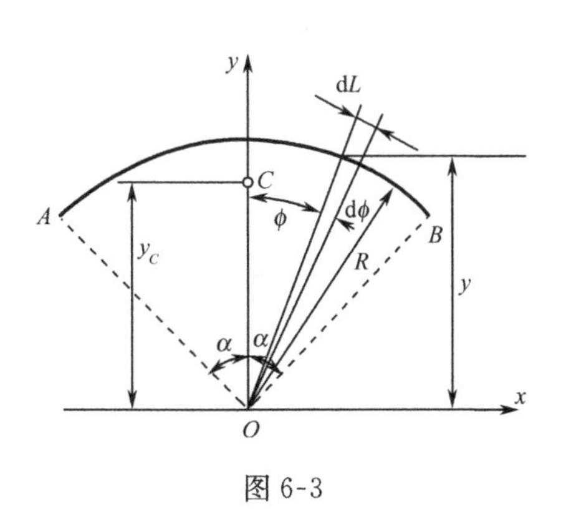

图 6-3

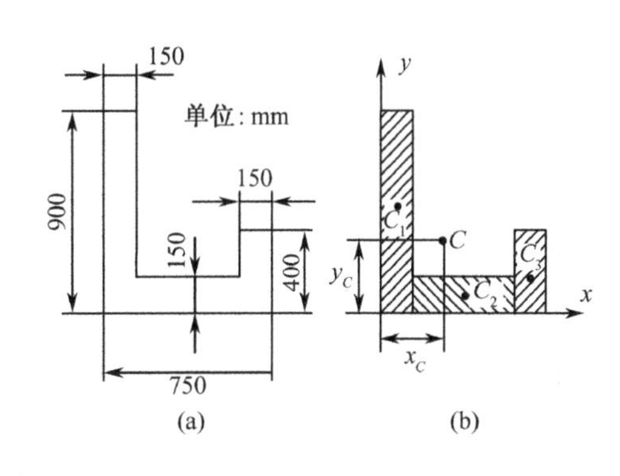

图 6-4

例 6-2　求如图 6-4 所示的匀质 L 形板的形心。

解　取坐标系 Oxy 如图 6-4 所示。设想将板面分割成图 6-4(b)上用不同影线区别的三块矩形形体，而其中每一矩形形体的形心都是已知的，其坐标不难给出。按所给尺寸及对称关系，三矩形的面积及形心分别为

矩形面Ⅰ中　$A_1 = 135\ 000\text{mm}^2$，　$x_1 = 75\text{mm}$，　$y_1 = 450\text{mm}$

矩形面Ⅱ中　$A_2 = 67\ 500\text{mm}^2$，　$x_2 = 375\text{mm}$，　$y_1 = 75\text{mm}$

矩形面Ⅲ中　$A_3 = 60\ 000\text{mm}^2$，　$x_3 = 675\text{mm}$，　$y_3 = 200\text{mm}$

整个截面的形心由式(6-5)得

$$x_C = \frac{\sum A_i x_i}{A} = \frac{A_1x_1 + A_2x_2 + A_3x_3}{A_1 + A_2 + A_3} = 289.3\text{mm}$$

$$y_C = \frac{\sum A_i x_i}{A} = \frac{A_1y_1 + A_2y_2 + A_3y_3}{A_1 + A_2 + A_3} = 296.4\text{mm}$$

常见简单几何形状的物体的重心的位置如表 6-1 所示。

表 6-1　简单形状均质物体的重心

图形	重心坐标	线长、面积、体积
圆弧	$x_C=\dfrac{R\sin\alpha}{\alpha}$ （α 以弧度计，下同） 半圆弧 $\alpha=\dfrac{\pi}{2}$，　$x_C=\dfrac{2R}{\pi}$	$s=2\alpha R$
三角形	在三中线交点 $y_C=\dfrac{1}{3}h$	$A=\dfrac{ah}{2}$
梯形	在上、下底中点连线上 $y_C=\dfrac{h}{3}\dfrac{a+2b}{a+b}$	$A=\dfrac{h}{2}(a+b)$
扇形	$x_C=\dfrac{2R\sin\alpha}{3\alpha}$ 半圆面积 $\alpha=\dfrac{\pi}{2}$，　$x_C=\dfrac{4R}{3\pi}$	$A=\alpha R^2$
抛物线形	$x_C=\dfrac{n+1}{2n+1}a$，　$y_C=\dfrac{n+1}{2(n+2)}b$ 当 $n=2$ 时 $x_C=\dfrac{3}{5}a$，　$y_C=\dfrac{3}{8}b$	$A=\dfrac{n}{n+1}ab$

续表

图形	重心坐标	线长、面积、体积
椭圆形	$x_C=\frac{4a}{3\pi}$ $y_C=\frac{4b}{3\pi}$	$A=\frac{1}{4}\pi ab$
半球体	$z_C=\frac{3}{8}R$	$V=\frac{2}{3}\pi R^3$
正圆锥体	$z_C=\frac{1}{4}h$	$V=\frac{1}{3}\pi R^2 h$

6.2 摩　　擦

当物体之间的接触面不光滑时，存在滑动摩擦和滚动摩擦。在前面的讨论中，研究物体的平衡问题时，把物体之间的接触面都看作是理想光滑的，这是忽略了物体接触面间的摩擦。但是，工程实际问题中，两物体之间的接触面一般都有摩擦。表现为有利和有害的两个方面。人靠摩擦行走，电工的脚套钩靠摩擦负载人体沿电线杆运动，机床的卡盘靠摩擦卡紧工件，机器靠摩擦制动，胶带传动装置靠摩擦实现运动的传递等，这是摩擦有利的一面。同时因为摩擦的存在，损坏机件、降低效率、消耗能量等，这是摩擦有害的一面。研究摩擦问题，在于掌握摩擦的规律，利用其有利的一面，减少其不利的一面。

摩擦的种类很多，按照物体的接触部分相互运动情况分类，可以分为滑动摩擦和滚动摩阻两类。

6.2.1 滑动摩擦

1. 静滑动摩擦力的概念

由于物体与物体之间的接触面不是绝对光滑的，当其中一个物体在外力作用下相对于另一物体有相对滑动或相对滑动趋势时，在它们的接触面上会出现阻碍相对滑动或相对滑动趋势的力，这种力称为**滑动摩擦力**，如图 6-5 所示。在两物体开始相对滑动前产生的摩擦力称为**静摩擦力**。

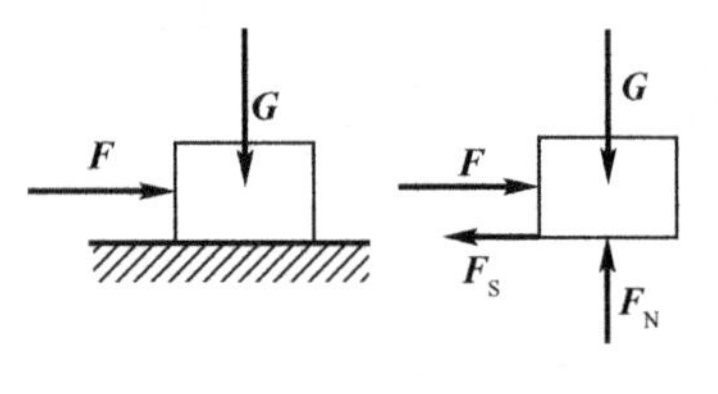

图 6-5

实验表明，当外力 $\boldsymbol{F}$ 逐渐增大时，物体的相对滑动趋势也随之增强。由于物体仍保持静止状态，此时静滑动摩擦力也相应增大。当外力增大到一定数值时，物体则处于将动未动的临界状态，这时的静滑动摩擦力达到临界值，称为**最大静摩擦力**，以 $\boldsymbol{F}_{max}$表示。由此可见静摩擦力随外力的增加而增加，且存在一个最大值。静摩擦力的大小界于零和最大静摩擦力之间，即 $0 \leqslant F_S \leqslant F_{max}$。静摩擦力可根据物体的平衡方程求出。摩擦力的方向可以这样决定：甲物体作用于乙物体的摩擦力的方向，与乙物体对甲物体的相对滑动方向或滑动趋势方向相反。在受力比较复杂时，要通过平衡方程才能判定。

2. 静摩擦定律

18 世纪法国物理学家库仑，根据所做的大量实验，建立了关于最大静摩擦力的近似定律：最大静摩擦力的大小与接触物体间的法向反力 F_N 成正比，方向与相对滑动趋势方向相反，而与接触面积的大小无关。以公式表示，即

$$F_{max} = f_S F_N \tag{6-9}$$

这就是著名的**库仑静摩擦定律**。式(6-9)中 f_S 是一个无量纲的比例系数，称为**静摩擦因数**。它与物体的材料、接触面的粗糙度、温度、湿度等有关。一般由实验测定，也可在工程手册上查到。

虽然上述公式是一个近似公式，但在一般工程问题中有足够的准确度，因此仍被广泛应用。常用材料的静摩擦因数如表 6-2 所示。

表 6-2　材料的滑动摩擦因数

材料名称	静摩擦因数		动摩擦因数	
	无润滑	有润滑	无润滑	有润滑
钢-钢	0.15	0.1～0.12	0.15	0.05～0.1
钢-软钢	—	—	0.2	0.1～0.2
钢-铸铁	0.3	—	0.18	0.05～0.15
钢-青铜	0.15	0.1～0.15	0.15	0.1～0.15
软钢-铸铁	0.2	—	0.18	0.05～0.15
软钢-青铜	0.2	—	0.18	0.07～0.15
铸铁-铸铁	—	0.18	0.15	0.07～0.12
铸铁-青铜	—	—	0.15～0.2	0.07～0.15
青铜-青铜	—	0.1	0.2	0.07～0.1
皮革-铸铁	0.3～0.5	0.15	0.6	0.15
橡皮-铸铁	—	—	0.8	0.5
木材-木材	0.4～0.6	0.1	0.2～0.5	0.07～0.15

3. 动滑动摩擦

当静滑动摩擦力已达到最大值时，若外力再继续增大，接触面之间将出现相对滑动。此时，接触物体之间仍作用有阻碍相对滑动的阻力，这种阻力称为**动滑动摩擦力**，简称**动摩擦力**，以 $\boldsymbol{F}_d$ 表示。实验表明：动摩擦力的大小与接触物体间的正压力成正比，即

$$F_d = f_d F_N \tag{6-10}$$

其中，f_d 是动摩擦因数，它与接触物体的材料和表面情况有关。

动摩擦力与静摩擦力不同，没有变化范围。一般情况下，动摩擦因数小于静摩擦因数，即 $f_d < f_S$。实际上动摩擦因数还与接触物体间的相对滑动的速度大小有关，在大多数情况下，动摩擦因数随相对滑动速度的增大而略有减小，趋于某一极限值。但当相对滑动速度不大时，动摩擦因数可近似地认为是个常数，如表 6-2 所示。

4. 摩擦角

当有摩擦时，支承面对物体的约束反力除法向反力 $\boldsymbol{F}_N$ 外，尚有静摩擦力 $\boldsymbol{F}_S$，力 $\boldsymbol{F}_N$ 与 $\boldsymbol{F}_S$ 的合力 $\boldsymbol{F}_{RA}$ 称为**全约束反力**。全约束反力 $\boldsymbol{F}_{RA}$ 与接触面公法线的夹角为 α，如图 6-6(a)所示。

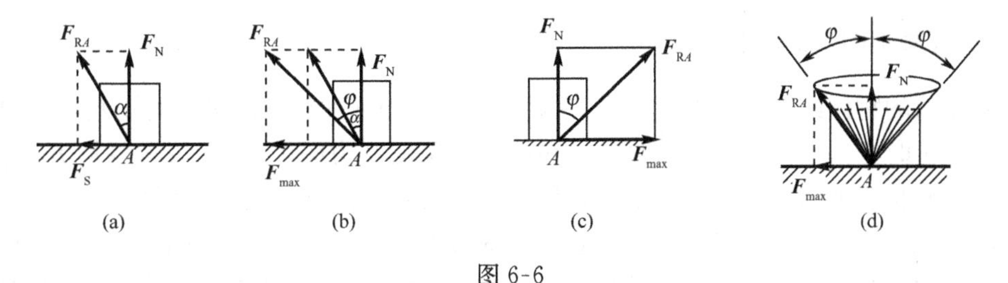

图 6-6

当静摩擦力达到最大值时，即 $F_S = F_{max}$ 时，此时 $\boldsymbol{F}_{RA}$ 与 $\boldsymbol{F}_N$ 之间的夹角 α 达到最大值 φ，φ 称为摩擦角。由图 6-6(b)可知

$$\tan\varphi = \frac{F_{max}}{F_N} = \frac{f_S F_N}{F_N} = f_S \tag{6-11}$$

即摩擦角的正切等于静摩擦因数。可见摩擦角与静摩擦因数一样，也是表示材料的摩擦性质的重要参数。而摩擦角与静摩擦因数之间的数值关系又为用几何法解决考虑摩擦的平衡问题提供了可能性。

当作用在物体上的主动力方向改变，因而使滑动趋势改变时，全约束力 $\boldsymbol{F}_{RA}$ 的方位也随之改变，如图 6-6(c)所示。因此，在法线的各侧都可作出摩擦角，全约束力 $\boldsymbol{F}_{RA}$ 的作用线将画出一个以接触点 A 为顶点的锥面，称为**摩擦锥**，如图 6-6(d)。设物体与支承面间沿任何方向的摩擦因数都相等，即摩擦角都相等，则摩擦锥将是一个顶角为 2φ 的圆锥。

摩擦角的概念在工程中具有广泛的应用。如果主动力的合力 $\boldsymbol{F}_R$（图 6-7(a)）的作用线位于摩擦角(锥)之内，那么无论合力 $\boldsymbol{F}_R$ 的数值为多大，物体总处于平衡状态，这种现象在工程上称为**自锁**；相反，如果主动力的合力 $\boldsymbol{F}_R$ 的作用线位于摩擦角(锥)之外（图 6-7(b)），则无论合力 $\boldsymbol{F}_R$ 的数值为多小，物体也不能保持静止。工程上常利用自锁原理设计某些机构和夹具，如脚套钩在电线杆上不会自行下滑就是自锁现象。而在另外一些情况下，则要设法避免自锁现象发生，如变速箱中的滑动齿轮就绝对不允许自锁，否则变速箱就不能起变速作用。

应用摩擦角的概念可以来测定静摩擦因数。如图 6-8 所示，物体放在一倾角可以改变的斜面上，当物块平衡时，全约束反力 $\boldsymbol{F}_{RA}$应铅垂向上与物块的重力 $\boldsymbol{G}$ 相平衡。此时 $\boldsymbol{F}_{RA}$与斜面法线之间的夹角 α 等于斜面的倾角 α。如果改变斜面的倾角 α，直至物块处于将动未动的临界状态，此时量出的 α 角就是物块与斜面间的摩擦角的最大值 φ。由式(6-11)求得静摩擦因数，即

$$f_S = \tan\varphi = \tan\alpha$$

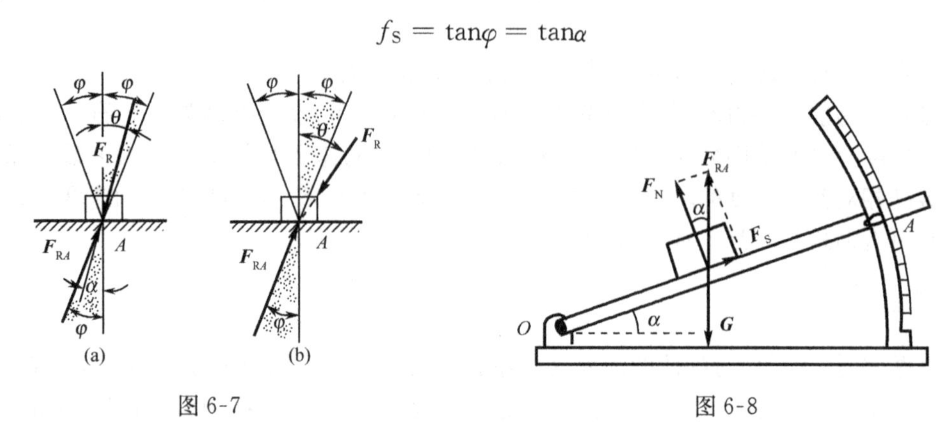

图 6-7　　　　图 6-8

6.2.2 具有摩擦的平衡问题

具有摩擦的物体或物系的平衡问题，在解题步骤上与前面讨论的平衡问题基本相同，只不过在进行分析时必须考虑摩擦力的存在。在研究对象的受力图中，要弄清哪些地方存在摩擦力。一般平衡状态下的摩擦力需由平衡方程求解，临界状态下的最大静摩擦力则由库仑定律确定，即以 $F_{max}=f_S \cdot F_N$ 作补充方程。值得注意的是：在研究对象的受力图中，若当物体处于临界状态时，摩擦力的指向不能任意假定，必须与物体相对滑动趋势的方向相反；与此类似，动摩擦力的指向也不能任意假定，必须与物体相对滑动的方向相反。

例 6-3　胶带输送机如图 6-9 所示，由电动机带动，用以传送零件或成品。如胶带的倾角 $\alpha=20°$，传送的零件为铸铁箱体，重 $G=1\text{kN}$。箱体与胶带间的摩擦因数 $f_S=0.50$。试判断该箱体在胶带上能否保持相对静止？若相对静止，求其摩擦力。

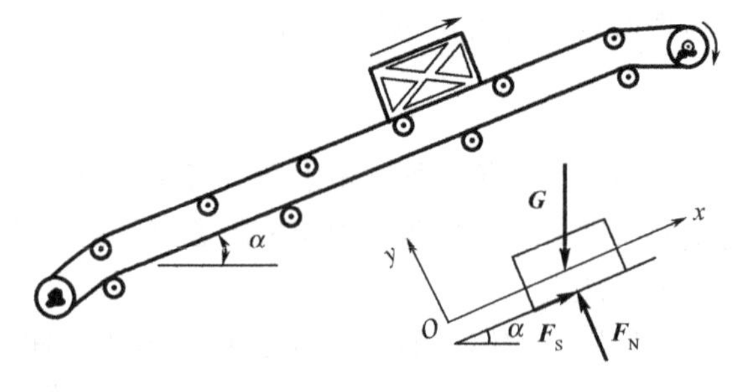

图 6-9

解　以箱体为研究对象。假设箱体在胶带上不滑动，即相对胶带静止。

分析受力，除重力 $\boldsymbol{G}$ 和法向反力 $\boldsymbol{F}_N$ 外，静摩擦力 $\boldsymbol{F}_S$ 方向沿胶带斜面向上，作受力图并取坐标轴如图 6-9 所示。

列平衡方程

$$\sum X = 0, \qquad F_S - G\sin\alpha = 0$$

$$\sum Y = 0, \qquad F_N - G\cos\alpha = 0$$

由此解得

$$F_S = G\sin\alpha = 342\text{N}, \qquad F_N = G\cos\alpha = 940\text{N}$$

此 $\boldsymbol{F}_S$ 为箱体保持相对静止需要的摩擦力(大小及方向)，而接触面上能提供的最大静摩擦力 $F_{max}=f_S F_N=0.5\times940=470(\text{N})$，由于所求得的 $F_S<F_{max}$，说明维持箱体在胶带上相对

静止需要的摩擦力，小于接触面所能提供的最大静摩擦力，故箱体不会滑动。因而可以肯定相应的静摩擦力确为 $F_S=342\text{N}$，方向沿胶带斜面向上。

例 6-4　在倾角为 α 的斜面上，放一重为 $\boldsymbol{G}$ 的物块 A，如图 6-10(a)所示。物块与斜面的摩擦角为 φ，且知 $\alpha>\varphi$。试求维持物块 A 静止于斜面上的向右水平推力 $\boldsymbol{P}$ 的大小。

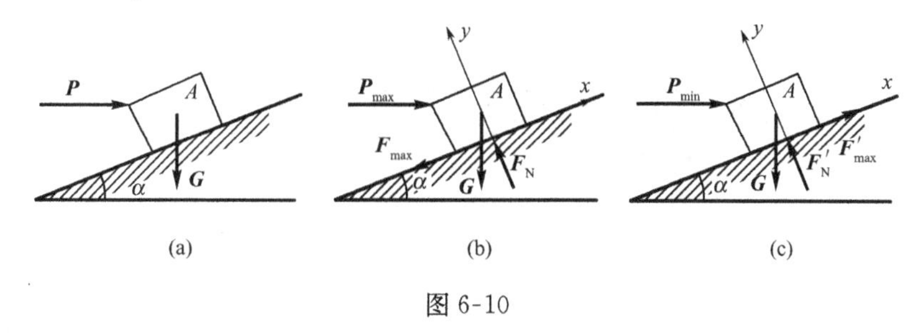

图 6-10

解　由题意 $\alpha>\varphi$，即说明如果不作用水平推力 $\boldsymbol{P}$，物块 A 将向下滑动。有了 $\boldsymbol{P}$ 才能维持平衡，当 $\boldsymbol{P}$ 增大到一定值时，物块将处于沿斜面向上滑动的临界状态；而当 $\boldsymbol{P}$ 减小到一定值时，物块又将处于沿斜面向下滑动的临界状态。必有 $\boldsymbol{P}$ 的大小在这两种临界状态所需值之间时，物块在斜面上可以处于静止状态。现按上述两种临界状态分别进行分析，最后求出所需 $\boldsymbol{P}$ 的范围。

1) 假定物块 A 处于沿斜面向上滑动的临界状态，求出保持物块平衡的 $\boldsymbol{P}$ 的最大值，其受力图如图 6-10(b)所示。物块受的力有水平推力 $\boldsymbol{P}_{\max}$、重力 $\boldsymbol{G}$、法向反力 $\boldsymbol{F}_N$ 和方向沿斜面向下最大静摩擦力 $\boldsymbol{F}_{\max}$。取坐标轴如图 6-10(b)所示，列出平衡方程及补充方程，即

$$\sum X=0,\qquad P_{\max}\cos\alpha-G\sin\alpha-F_{\max}=0$$

$$\sum Y=0,\qquad F_N-P_{\max}\sin\alpha-G\cos\alpha=0$$

$$F_{\max}=f_SF_N=\tan\varphi F_N$$

解得

$$P_{\max}=G\frac{\tan\alpha+\tan\varphi}{1-\tan\alpha\tan\varphi}=G\tan(\alpha+\varphi)$$

2) 假定物块 A 将开始沿斜面向下滑动，求出保持物块平衡的 $\boldsymbol{P}$ 的最小值，其受力图如图 6-10(c)所示。物块受的力有水平推力 $\boldsymbol{P}_{\min}$、重力 $\boldsymbol{G}$、法向反力 $\boldsymbol{F}'_N$ 以及方向沿斜面向上最大静摩擦力 $F'_{\max}$。取坐标轴如图 6-10(c)所示，列出平衡方程及补充方程，即

$$\sum X=0,\qquad P_{\min}\cos\alpha-G\sin\alpha+F'_{\max}=0$$

$$\sum Y=0,\qquad F'_N-P_{\min}\sin\alpha-G\cos\alpha=0$$

$$F'_{\max}=f_SF'_N=\tan\varphi F'_N$$

解得

$$P_{\min}=G\frac{\tan\alpha-\tan\varphi}{1+\tan\alpha\tan\varphi}=G\tan(\alpha-\varphi)$$

所以维持物块 A 静止于斜面上的向右水平推力 $\boldsymbol{P}$ 的大小可在一个区间内变化，变化范围为

$$G\tan(\alpha-\varphi)\leqslant P\leqslant G\tan(\alpha+\varphi)$$

例 6-5 起重绞车的制动器由带制动块的手柄和制动轮组成，如图 6-11(a)所示。已知制动轮半径 R 为 50cm，鼓轮半径 r 为 30cm，制动轮与制动块间的静摩擦因数 $f_S=0.4$，动滑动摩擦因数 $f_d=0.3$，被提升的重物受重力 $\boldsymbol{G}$ 为 1000N，手柄长 $L=300$cm，$a=60$cm，$b=10$cm。不计手柄和制动轮受重力，求在 B 处作用铅垂力 $P=200$N 时铰链 A 处的约束反力。

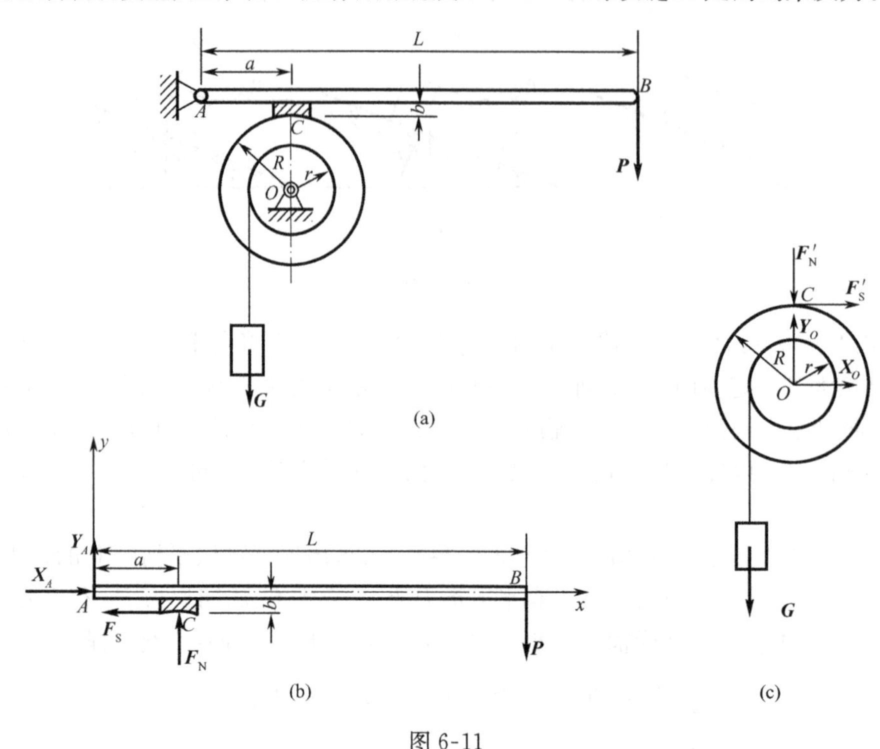

图 6-11

解 制动器的作用是依靠 C 处的摩擦使鼓轮停止转动。但是，制动器在大小为 200N 的铅垂力 $\boldsymbol{P}$ 作用下，是否能使鼓轮静止是首先要解决的问题，因为鼓轮在静止或转动两种不同的情况下，铰链 O 处的约束反力是不同的。

分别以制动轮(包括鼓轮)和手柄为研究对象，它们的受力图如图 6-11(b)、(c)所示。共有六个未知量：$\boldsymbol{F}_N$、$\boldsymbol{F}_S$、$\boldsymbol{X}_O$、$\boldsymbol{Y}_O$、$\boldsymbol{X}_A$、$\boldsymbol{Y}_A$。力 $\boldsymbol{F}_S$ 是使制动轮静止所需的摩擦力，它不一定等于制动轮所能产生的最大静摩擦力。若制动轮保持静止，力 $\boldsymbol{F}_S$ 必须满足不等式 $F_S \leqslant f_S F_N$。

由对制动轮列平衡方程

$$\sum M_O = 0,\qquad G \cdot r - F'_S \cdot R = 0$$

$$1000 \times 0.3 - F'_S \times 0.5 = 0$$

解得

$$F'_S = 600\text{N}$$

由对手柄列平衡方程，此时摩擦力达到最大值，即 $F_S=F_{max}$，得

$$\sum M_A = 0,\qquad F_N \cdot a - F_{max} \cdot b - P \cdot L = 0$$

补充方程 $$F_{max} = f_S F_N$$

解得 $$F_N = 1071.4\text{N}$$

在 C 处能够产生的最大静摩擦力为

$$F_{max} = f_S F_N = 0.4 \times 1071.4 = 428.6(\text{N})$$

由于 $F_S > F_{max}$，所以制动轮不可能静止，而是绕 O 轴逆时针方向转动。制动器在 C 处实际产生的摩擦力为动摩擦力 $\boldsymbol{F}_d$，其大小应由动摩擦定律 $F_d = f_d F_N$ 定出。

仍以手柄为研究对象，如图 6-11(b)所示，因手柄静止，列出平衡方程，即

$$\sum M_A = 0, \qquad F_N \cdot a - F_d \cdot b - P \cdot L = 0$$

$$\sum X = 0, \qquad X_A - F_d = 0$$

$$\sum Y = 0, \qquad Y_A + F_N - P = 0$$

补充方程

$$F_d = f_d F_N = 0.3F_N$$

解得

$$F_N = 1052.6\text{N}$$

$$X_A = F_d = f_d F_N = 315.8\text{N}$$

$$Y_A = -852.6\text{N}$$

负号说明 A 处铅垂反力的指向与图中假设的方向相反，为向下。

6.2.3　滚动摩阻简介

滚动摩阻是一物体沿另一物体表面作相对滚动或有相对滚动趋势时的滚动摩擦阻力偶，它是由于相互接触的物体发生变形而引起的。

设轮子重为 $\boldsymbol{G}$，半径为 r。轮子在重力 $\boldsymbol{G}$、支承面法向反力 $\boldsymbol{F}_N$ 的作用下处于静止状态，由平衡条件可知，$G = F_N$，如图 6-12(a)。若在轮心 C 作用一水平力 $\boldsymbol{F}$，则轮子上与支承面的接触点 A 处产生一静摩擦力 $\boldsymbol{F}_S$，如图 6-12(b)。

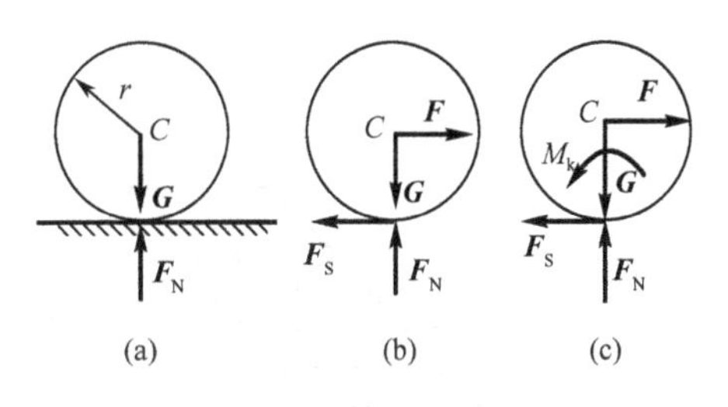

图 6-12

当 $\boldsymbol{P}$ 不大时，轮子既不滑动也不滚动，仍能保持平衡。由平衡条件可知，$F_S = F$，静摩擦力 $\boldsymbol{F}_S$ 阻止了轮子的滑动。但是，力 $\boldsymbol{F}$ 和 $\boldsymbol{F}_S$ 却构成了一个使轮子转动(即沿支承面滚动)的力偶$(\boldsymbol{F}, \boldsymbol{F}_S)$，其力偶矩的大小为 Fr。实际上轮子是静止的。由此可见支承面对圆轮的作用，除了法向反力 $\boldsymbol{F}_N$ 和摩擦力 $\boldsymbol{F}_S$ 外，还应有一个阻碍轮子滚动的反力偶 M_k(图 6-12(c))，该反力偶称为**静滚动摩阻力偶**。静滚动摩阻力偶的转向与轮子的滚动趋势相反，其力偶矩以 M_k 表示。

平衡条件可知

$$M_k = Fr \tag{6-12}$$

与滑动摩擦相似，滚动摩阻力偶的力偶矩 M_k 随主动力偶矩 Fr 的增加而增加。但是有一个极限值 $M_{k,max}$，$M_{k,max}$称为**最大滚动摩阻力偶矩**。当 M_k 达到极限值时，若 F 再增加，轮子就会滚动。因此，滚动摩阻力偶矩 M_k 的大小介于零与最大值之间，即 $0 \leqslant M_k \leqslant M_{k,max}$。

实验证明，最大滚动摩阻力偶矩 $M_{k,max}$与轮子半径无关，而与支承面的正压力 $\boldsymbol{F}_N$ 的大小成正比，即

$$M_{k,max} = \delta F_N \tag{6-13}$$

其中，δ 为比例系数，称为**滚动摩阻因数**，其单位为 mm 或 cm。

滚动摩阻因数由实验测定，它与滚子和支承面的材料的硬度和湿度等有关，与滚子的半径无关；也可在工程手册上查到。

习　题

6-1　工字钢截面尺寸如题 6-1 图所示，求此截面的几何中心。

6-2　在半径为 r_1 的均质圆盘上，开有一半径为 r_2 的圆孔和一半径为 r_3 的圆孔如题 6-2 图所示，两孔中心距离圆盘中心的距离均为 $\frac{r_1}{2}$，试求此圆盘重心的位置。

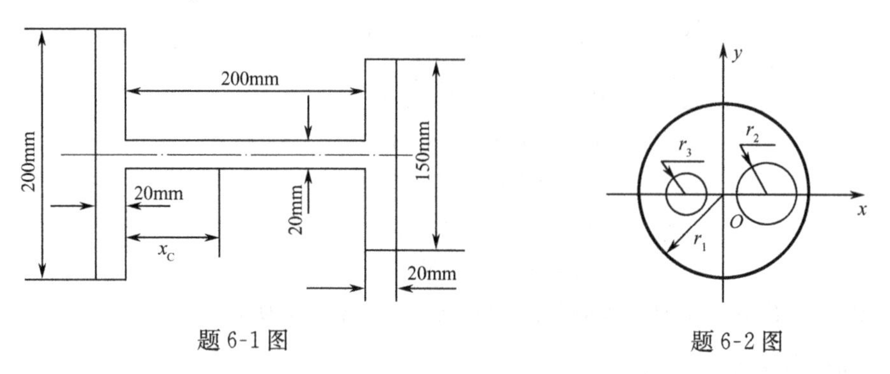

题 6-1 图　　　　题 6-2 图

6-3　如题 6-3 图所示，求其重心的位置。

6-4　试求题 6-4 图所示组合实体的重心位置。锥体 A 的重力密度 $\rho_1=50\mathrm{MN/m^3}$，半球体 B 的重力密度 $\rho_2=30\mathrm{MN/m^3}$。

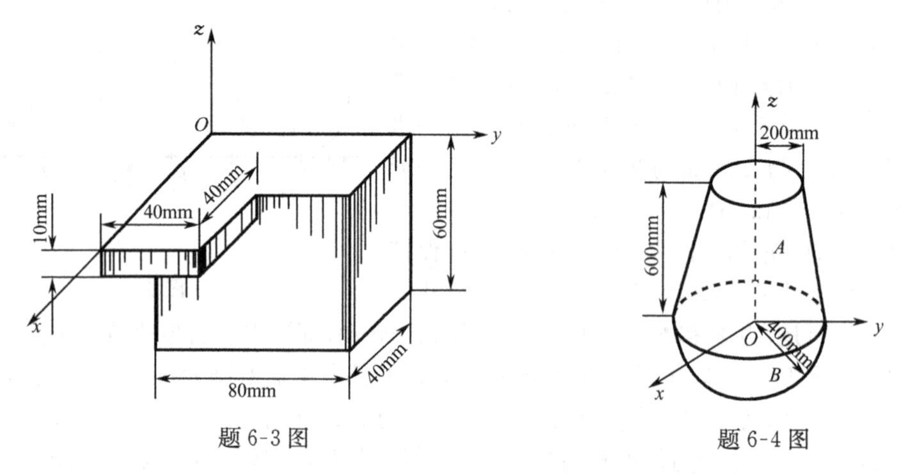

题 6-3 图　　　　题 6-4 图

6-5　一物块受重力 $G=1000\mathrm{N}$，置于水平面上，接触面间的静摩擦因数 $f_S=0.2$，今在物体上作用一个力 $F=250\mathrm{N}$，试指出题 6-5 图所示三种情况下，物体处于静止还是发生滑动。图中 $\alpha=\arcsin\frac{3}{5}$。

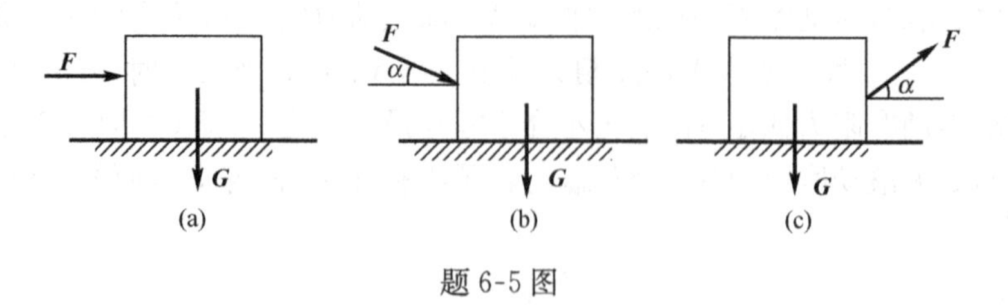

题 6-5 图

6-6　简易升降混凝土料斗装置如题 6-6 图所示，混凝土和料斗共重 25kN，料斗与滑道间的静滑动与动滑动摩擦因数均为 0.3。① 若绳子拉力分别为 22kN 与 25kN 时，料斗处于静止状态，求料斗与滑道间的摩擦力；② 求料斗匀速上升和下降时绳子的拉力。

6-7　如题 6-7 图所示，均质厚板 AB 重 500N，板长 $AB=4.8\text{m}$，各接触处的静摩擦因数均为 $f_S=0.5$，今沿 AB 方向作用一推力 $\boldsymbol{F}$，使其从图示位置由静止开始运动，求 $\boldsymbol{F}$ 力的最小值。

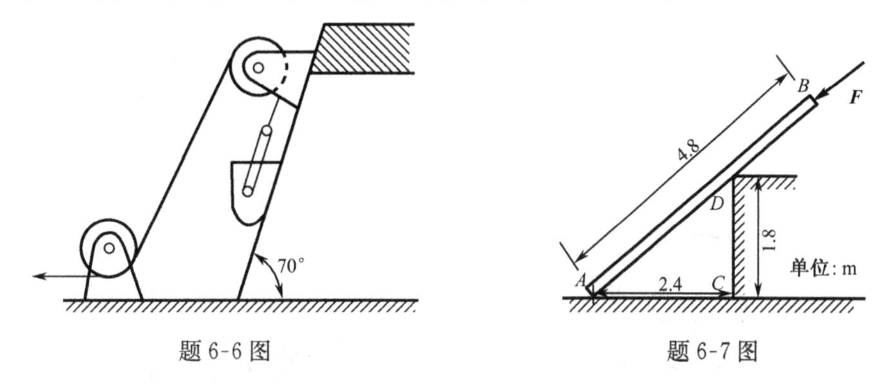

题 6-6 图　　　　题 6-7 图

6-8　如题 6-8 图所示，均质厚板重 200N，搁在 A、B 水平导轨上，其间静摩擦因数均为 0.5，今在板边 C 点连一绳索，从与水平线成 $\theta=30°$ 角的方向拉此板，求厚板开始运动时的拉力 $\boldsymbol{F}$。

6-9　如题 6-9 图所示，均质梁 DAB 的自重为 100N，支持在 A、B 两点处，设人受重力为 530N，自 B 点缓慢向上走去，试求当梁出现滑动以前，她所能行走的最大距离 x。A、B 处的静摩擦因数均为 0.2。

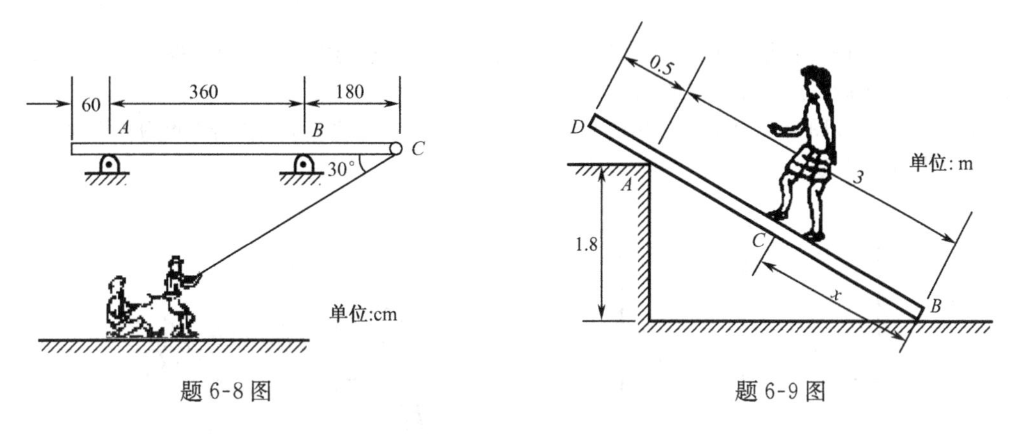

题 6-8 图　　　　题 6-9 图

6-10　如题 6-10 图所示，物体重 $G_B=80\text{N}$，$G_A=140\text{N}$，A、B 间及 A 与水平面间的静摩擦因数分别为 $\frac{1}{4}$ 与 $\frac{1}{3}$，绳子 BC 水平，求 A 物开始运动时的拉力 $\boldsymbol{F}$ 及此时绳中的张力。

6-11　如题 6-11 图所示，砖夹宽度为 250mm，曲杆 AHB 与曲杆 $HCED$ 用铰链连接于 H 点。砖重 $\boldsymbol{G}$，工人施力于 B 点，该点位于 AD 的中心线上，图示尺寸的单位为 mm，砖夹与砖之静摩擦因数 $f_S=0.5$，试求尺寸 b 不超过多少才能把砖夹起来？

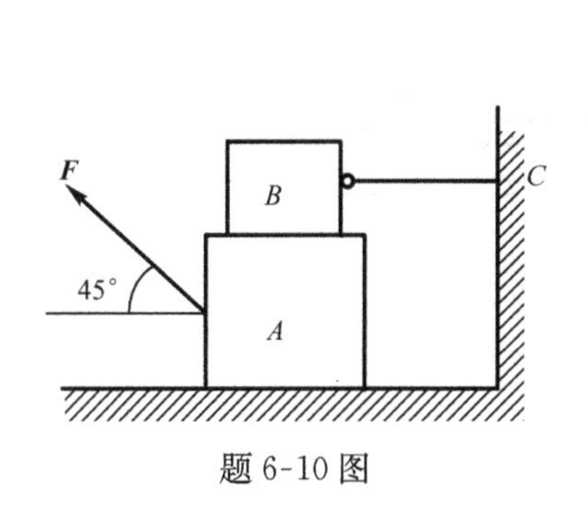

题 6-10 图

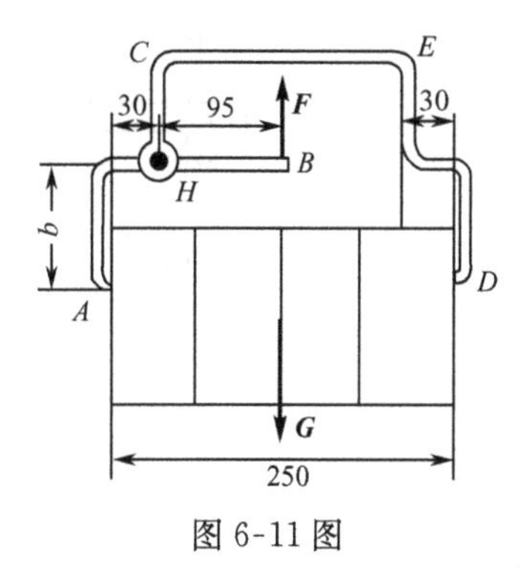

图 6-11 图

6-12　鼓轮 B 重 500N，放在墙角里，如题 6-12 图所示。已知鼓轮与水平地板间的静摩擦因数为 0.25，铅垂墙壁面假定是绝对光滑的。鼓轮上的绳索下端挂着重物。设半径 $R=200\text{mm}$，$r=100\text{mm}$，求平衡时重物 A 受最大重力。

6-13　鼓轮利用双闸块制动器制动，设在杠杆的末端作用有大小为 200N 的力 $\boldsymbol{F}$，方向与杠杆相垂直，如题 6-13 图所示。已知闸块与鼓轮的静摩擦因数 $f_S=0.5$，又 $2R=O_1O_2=KD=DC=O_1A=KL=O_2L=0.5\text{m}$，$O_1B=0.75\text{m}$，$AC=O_1D=1\text{m}$，$ED=0.25\text{m}$，自重不计。试求作用于鼓轮上的制动力矩。

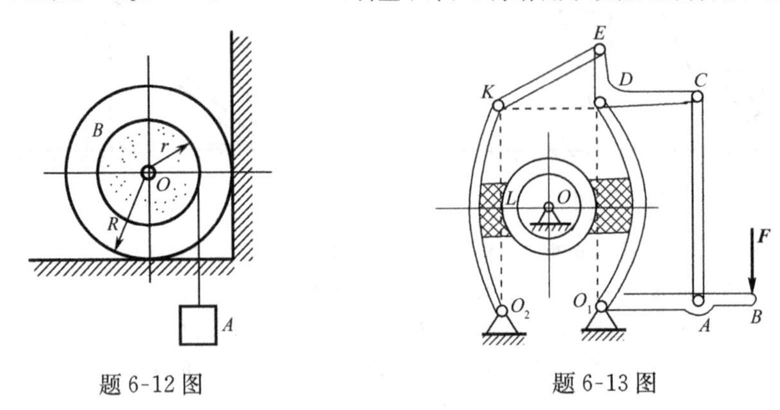

题 6-12 图　　　　题 6-13 图

6-14　题 6-14 图所示为升降机安全装置的计算简图。已知墙壁与滑块间的静摩擦因数 $f_S=0.5$，问机构的尺寸比例应为多少方能确保安全制动？

6-15　如题 6-15 图所示，块 C 上作用铅垂力 $\boldsymbol{F}$ 大小为 100N，C 与各接触面的静摩擦因数均为 0.3，不计 B 处摩擦。求 A 处压力。

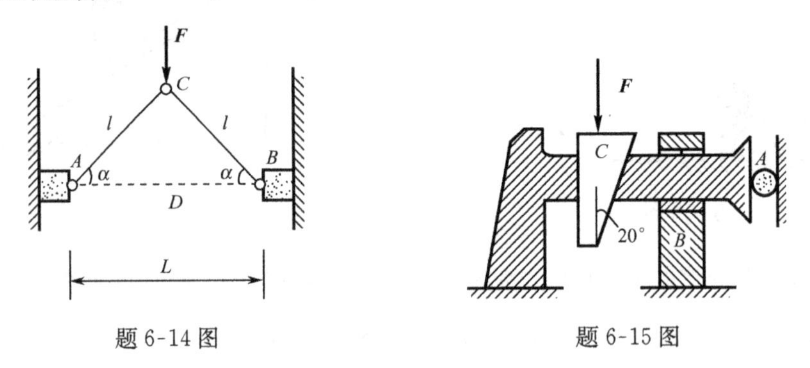

题 6-14 图　　　　题 6-15 图

6-16　如题 6-16 图所示，CD 梁的右端放在楔块上，楔块各接触面的静摩擦因数均为 0.25，梁水平，梁重不计，铅垂力 $F=10\text{kN}$。求推动楔块向上所需之最小水平力 $\boldsymbol{P}$。设 $b=300\text{cm}$。

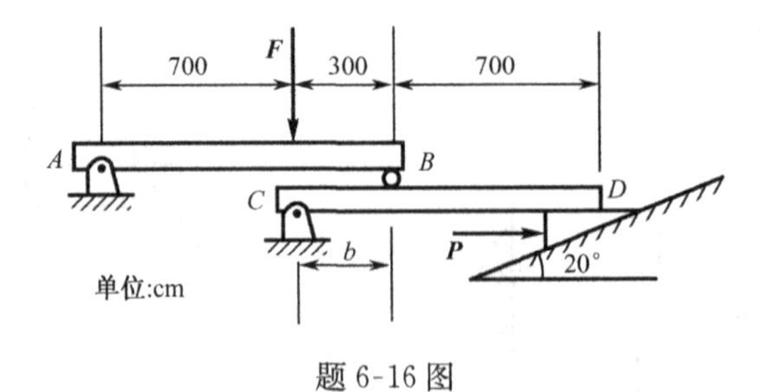

题 6-16 图

第二篇　材料力学

在本篇中，研究工程构件受力后的力学行为，如变形、失效等，并建立相应的设计计算法则。

第 7 章　材料力学基本概念

7.1　材料力学的任务与基本假设

7.1.1　材料力学的任务

各种机器、设备和结构物(如桁架)都是由许多不可再拆分的基本单元如杆、板、块等组成的,它们统称为**构件**。构件在工作时承受一定的载荷,并发生一定的变形。显然,只有保证机器、设备和结构物中的每一个构件在载荷作用下都能正常工作,才能保证机器、设备和结构物的正常使用。在静力学中已研究了用力系的平衡条件来分析在载荷作用下构件的受力情况。材料力学则研究如何对处于各种受力状态的构件进行合理设计。

构件的正常工作通常是指构件在设计载荷的作用下能满足下述三方面的要求:

1) 构件必须不致破坏。例如,起吊重物的钢丝绳和吊钩不应在起吊额定重量时拉断;搅拌桨叶片不应在正常搅拌时折断。构件抵抗破坏的能力称为**强度**。

2) 构件发生的变形必须在允许的范围内。某些情形下构件承载后材料并未破坏但变形过大,致使构件失去正常工作能力。例如,机床主轴的过大弯曲变形(图 7-1)会导致加工精度大大降低并导致轴承和齿轮的磨损。构件抵抗变形的能力称为**刚度**。

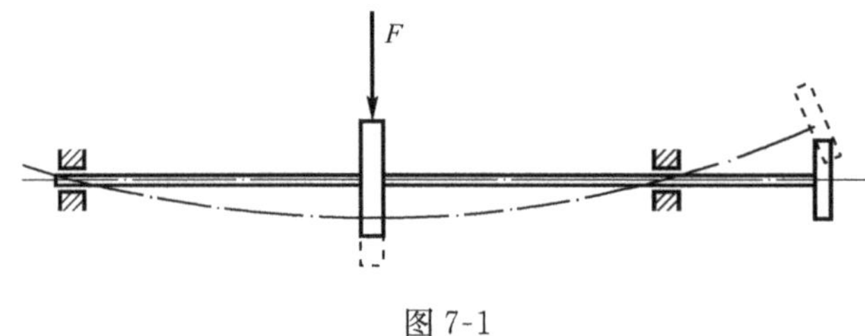

图 7-1

3)构件必须能保持其原有的平衡形态。某些构件如细长直杆、薄壁壳体在承受压力时,一定条件下会突然弯折失去原有的平衡形态(图 7-2 中的 AB 杆),造成结构毁坏。构件保持其原有的平衡形态的能力称为**稳定性**。

设计构件时,必须保证构件具有一定的强度、一定的刚度和一定的稳定性。

在保证构件满足上述三方面要求的同时,还应考虑**经济原则**。只有既能保证构件安全工作,又能经济地使用材料的设计才是合理的设计。安全和经济往往是矛盾的,因为强调安全则势必倾向于多用材料和选用优质材料(一般较贵),强调经济则要求少用材料和使用价格低的材料。合理的设计要把矛盾的两方面统一起来,这就需要依据科学理论和对材料力学性能的了解。

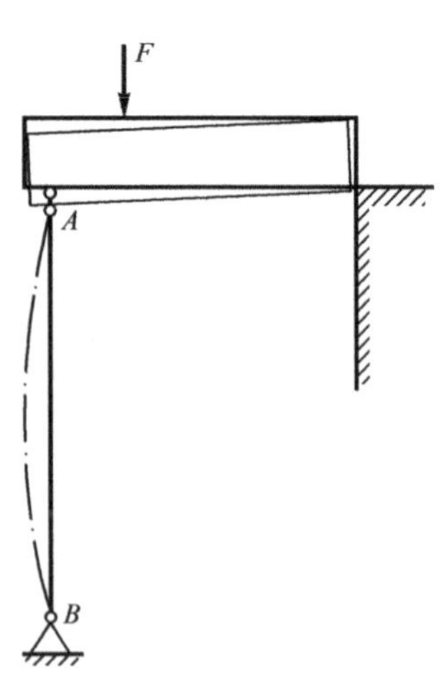

图 7-2

因此,材料力学的任务是:研究构件受力、变形的规律以及材料的力学性能,进而建立构件强度、刚度和稳定性所需的条件,为设计既安全又经济的构件提供必要的理论基础和科学的计算方法。

7.1.2　材料力学的基本假设

材料力学所研究的强度、刚度和稳定性问题都与构件受外力作用后发生的变形有关,因此材料力学不再把研究对象看作刚体,而把它看作可变形的固体,简称**变形固体**。事实上,任何物体在外力作用下都会发生变形,绝对不发生变形的物体(即刚体)是不存在的。构件受力后的微小变形对于静力平衡分析是次要因素,可以不加考虑;但对于强度、刚度和稳定性问题却是主要因素,必须加以考虑而不能忽略。从刚体模型转变到变形体模型,是随研究目的的转移而作的相应转变。

变形固体包含各种工程材料,如钢、铁、塑料、木材、混凝土等。其具体组成和微观结构多种多样,非常复杂。为了便于进行强度、刚度和稳定性分析,需对其性质作一些简化。材料力学对所研究的构件的材料作如下假设:

(1) 连续性假设

假设构成构件的物质是毫无间隙地充满了构件所占有的空间。根据这个假设,我们可以用坐标的连续函数来表示构件内各处的变形、位移及其他力学量,用研究连续函数的数学方法进行研究。

实际材料从微观上看,组成它的微粒(如晶粒、分子)之间是有间隙的,但构件的宏观尺度总是远远大于这种间隙的尺度,且宏观力学性能测试的结果与基于连续性假设的理论计算的结果十分一致,所以可认为实际材料是连续的。当然,对于存在宏观意义上的缺陷(如裂纹、孔洞)的构件,需要用专门的方法来研究。

(2) 均匀性假设

认为构件内部各处材料的力学性能完全相同,即材料的力学性能与坐标无关。据此假设,可在构件内任何位置处取出微小单元体进行研究,并将研究结果用于整个构件;也可将由宏观试件的实验测试得到的材料力学性能应用到这种单元体上去。

(3) 各向同性假设

认为构件内部材料的力学性能在各个方向上是相同的。具有这种性能的材料称为**各向同性材料**。

均匀性假设和各向同性假设对于金属材料和绝大部分非金属材料是适用的。这些材料的微观结构为由无数微粒(晶粒或分子)随机地、错综复杂地排列而成,尽管单个微粒的力学性能不尽相同且有方向性,但其宏观力学性能即大量微粒力学性能的统计平均值却呈现各处相同、各方向上相同的特点,在材料力学中对这些材料采用均匀性假设和各向同性假设可以使研究工作大大简化。另有一些材料由于其特殊的构造而不适用上述假设,如木材、竹材、纤维增强的复合材料的力学性能有明显的方向性,设计计算时在不同方向上需使用不同的力学性能参数;钢丝和轧制钢的力学性能也有方向性;而钢筋混凝土则是非均匀的,一般也不是各向同性的,需用专门方法进行研究。

除上述关于材料性质的假设外,材料力学研究中还假设构件受外力后产生的变形与它本身的原始尺寸相比是很小的,这就是**小变形假设**。实际工程构件在正常载荷下的变形量一般

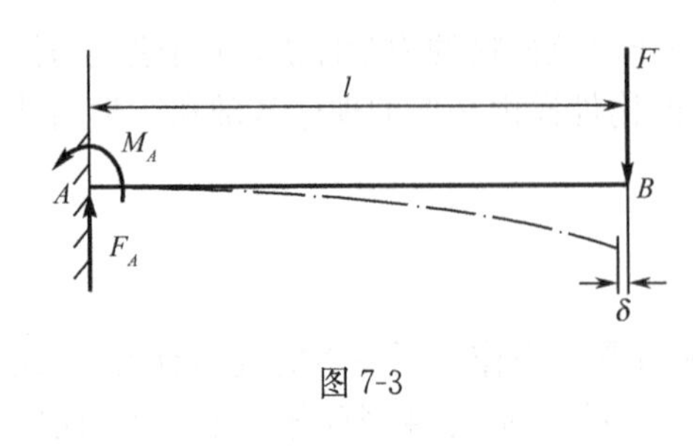

图 7-3

为本身原始尺寸的千分之一量级，这就是小变形假设的依据。根据这个假设，可忽略构件的变形对平衡和运动的影响，因此在用静力平衡条件求构件的受力时，可按构件的原始尺寸和原始几何位置进行计算。例如，对于如图 7-3 所示的梁在计算支座反力时，只需按变形前的几何状态由静力平衡方程得 $M_A=Fl$，而不必考虑因弯曲变形使 B 点已发生的位移 δ，这样处理引起的误差是微小的。

实验测试证实，变形固体受外力后产生的变形是由两部分组成的：一部分随着卸载而自动消失，这部分变形称为**弹性变形**；另一部分在卸载后仍保留下来，这部分变形称为**塑性变形**，也叫**残余变形**。材料在卸除外力后恢复原来的形状和尺寸的能力称为**弹性**；而在外力作用下发生较大塑性变形的能力称为**塑性**。材料的弹性和塑性性能与材料本身有关，还与温度和外力的大小等因素有关。例如，在常温下外力不超过一定限度时，金属材料主要发生弹性变形，外力超过该限度后才有明显的塑性变形；而在高温下受同样的外力时，主要发生塑性变形。工程构件一般是设计在弹性变形范围内工作。所以，材料力学计算中假定构件在外力作用下发生的变形都是弹性变形。

在材料力学中，力不再用黑体英文字母表示，而改用白体英文字母表示。

7.2　杆件变形的基本形式

工程结构中的构件按其几何特征，主要可分为杆件、板壳件和块件(见图 7-4)。

(a) 体育场看台

(b) 高架道路

图 7-4

杆件是指一个方向的尺寸远大于其他两个方向的尺寸的构件(图 7-5)。杆件是工程中最常见、最基本的构件。建筑物的柱、梁，机器的轴、连杆，安装设备用的螺栓等都属于杆件。

板壳件是指一个方向的尺寸远小于其他两个方向的尺寸的构件，中面为平面的称为板，如图 7-6(a)所示建筑物的楼板；中面为曲面的称为壳，如图 7-6(b)所示化工容器。

块件是指三个方向的尺寸属于同一量级的构件。

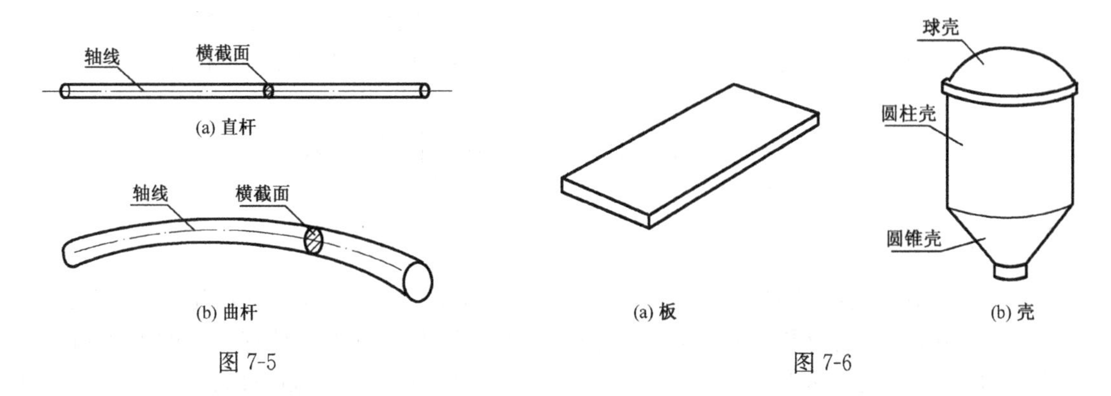

图 7-5　　图 7-6

材料力学主要研究杆件。杆件横截面形心的连线，称为**轴线**。轴线为直线的杆称为**直杆**，否则称为**曲杆**。横截面沿轴线不变的杆称为**等截面杆**，否则称为**变截面杆**。

本教程中只研究等截面的直杆。

杆件在不同的载荷作用下，会发生不同的变形。可从中归纳出四种基本变形，它们是：

(1) 轴向拉伸和压缩

这种变形是由作用线与轴线重合的外力作用引起的，表现为杆件轴向长度的改变。拉伸时，杆件伸长；压缩时，杆件缩短(图 7-7(a)、(b))。

(2) 剪切

这种变形是由一对大小相等、方向相反的横向外力引起的，表现为两力作用线之间杆件的横截面发生沿外力作用线方向的相对错动(图 7-7(c))。

(3) 扭转

这种变形是由大小相等、方向相反、作用于与杆轴线垂直的两个平面内的力偶引起的，表现为杆件的任意两个横截面发生绕杆轴线的相对转动，若是圆截面杆则其表面的纵向线变成螺旋线(图 7-7(d))。

(4) 弯曲

这种变形是由作用于包含杆轴线的纵向平面内的一对大小相等、转向相反的力偶引起的，表现为杆的轴线由直线变成曲线(图 7-7(e))。工程中杆件也常因受横向外力作用而发生弯曲变形(图 7-7(f))。

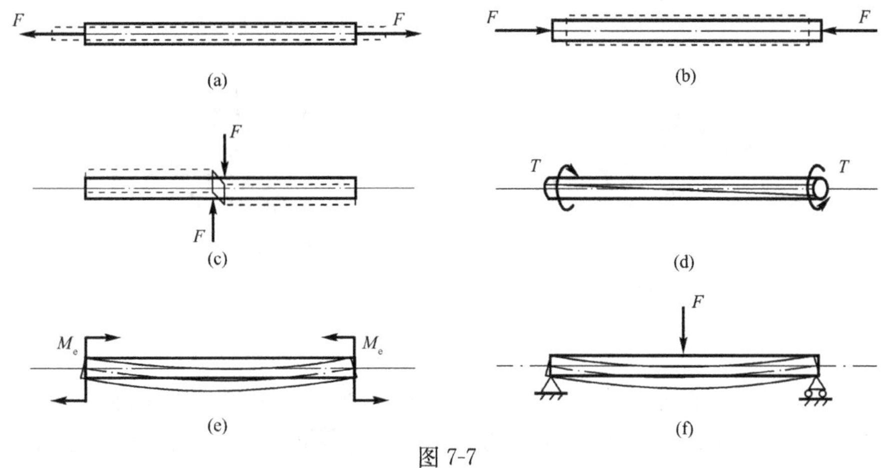

图 7-7

当一根杆件上同时发生两种或两种以上基本变形时，则称此情形为**组合变形**。例如，钻杆在工作时，发生轴向压缩与扭转的组合变形。机器的传动轴一般发生扭转与弯曲的组合变形。

7.3 杆件的内力及其计算方法

7.3.1 内力的概念

变形固体在一定的外力作用下，能够维持一定的形状和体积，这是因为组成它的各质点之间有相互作用的力(引力和斥力)，称为**内力**。内力系的平衡使物体具有一定的形状和体积。当无外力作用时，变形固体内已经存在一定的内力，这种内力称为**固有内力**。当受外力作用时，变形固体的形状和体积发生改变，说明内力发生了改变。由外力作用引起的内力改变量称为**附加内力**。构件承载时发生的变形、破坏、失稳等现象都与附加内力密切相关，所以我们将只研究附加内力，并将其简称为**内力**。

7.3.2 用截面法计算杆件的内力

(1) 截面法

内力存在于构件内部，而且总是以作用力和反作用力的形式同时存在于质点之间。要研究它与外力之间的关系，必须首先将内力暴露出来。为此，在需要计算内力的截面处假想把构件切开，使该截面上的内力像外力一样显示出来。例如，为求图 7-8(a)所示截面 m-m 的内力，用平面 m-m 假想把构件切开，分成Ⅰ、Ⅱ两部分，任取一部分(如部分Ⅰ)作为研究对象，并将Ⅱ对Ⅰ的作用以截面上的内力代替，如图 7-8(b)所示。

由于假设构件材料是均匀连续的，所以内力在截面上是连续分布的分布力系。这个分布内力系向截面的形心 C 简化可得到一个力 $\boldsymbol{F}'_{\mathrm{R}}$(主矢)和一个力偶 $\boldsymbol{M}_C$(主矩)，如图 7-8(c)中所示。

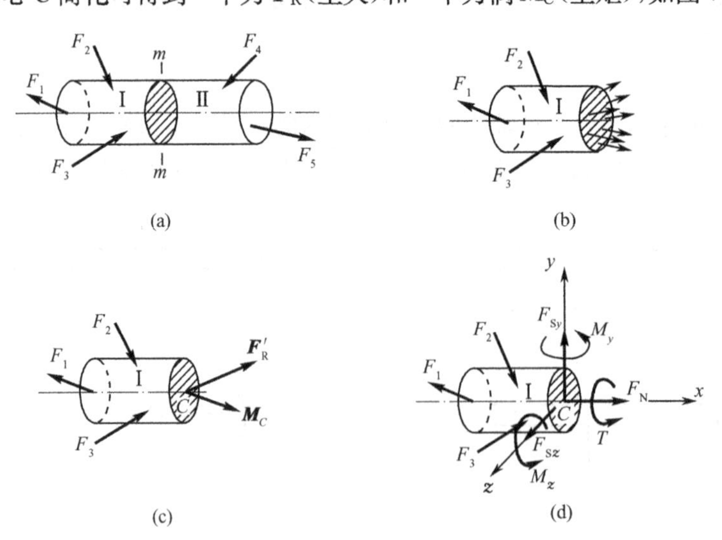

图 7-8

由于原构件是平衡的，它的任一部分也是平衡的，所以对部分Ⅰ应用静力平衡方程式，就可以求出截面 m-m 上的内力。这样求内力的方法称为**截面法**，是求内力的基本方法。

(2) 杆件的内力分量

对于杆件,为方便对其变形的研究,所作截面为杆的横截面,在横截面的形心处建立直角坐标系 $C\text{-}xyz$ 并使 x 轴与杆的轴线重合。将横截面上的内力系向该截面形心简化得到的力和力偶向坐标系的三轴进行分解,成为六个内力分量:主矢的三个分量 F_N、F_{Sy}、F_{Sz},主矩的三个分量 T、M_y、M_z(图 7-8(d))。其中,F_N 的作用线与杆的轴线重合,称为**轴力**。它的作用使杆产生轴向伸长或缩短的变形。F_{Sy}、F_{Sz}均切于横截面内,称为**剪力**。它们的作用分别使杆的相邻横截面产生沿 y 轴方向和沿 z 轴方向的相对错动。T 为绕 x 轴的力偶,称为**扭矩**。它的作用使杆的横截面产生绕 x 轴的相对转动。M_y、M_z 分别为绕 y 轴和 z 绕轴的力偶,称为**弯矩**。它们的作用分别使杆产生 xz 平面内和 xy 平面内的弯曲变形。

当直杆受简单载荷作用时,上述六个内力分量 F_N、F_{Sy}、F_{Sz}、T、M_y、M_z 中某些可能为零。例如,若作用在直杆上的外力只是与轴线重合的拉力或压力,则根据力系平衡条件可知,与外力平衡的内力仅有轴向分量,即仅有轴力 F_N。在其他几种简单载荷作用下的内力将在相应各章中分别研究。

当用一个假想平面把杆截开成Ⅰ、Ⅱ两部分时,根据作用与反作用定律,这两部分上的同一截面上的内力是方向相反的。为了使从Ⅰ、Ⅱ上求出的同一截面上内力的正负号相同,材料力学中按杆的变形情况来规定内力的正负号。具体法则也将在相应各章中分别介绍。

(3) 内力计算示例

例 7-1　计算如图 7-9(a)所示结构中杆 AB 的 1-1 截面上的内力。已知载荷 $F_P=10\text{kN}$,1-1 截面位于 F_P 作用点的左侧,各杆自重不计。

解　杆 AB 所受的外力如图 7-9(b)所示。先用静力学方法求出:

$$F_{Ax}=8.66\text{kN}\qquad F_{Ay}=5\text{kN},\qquad F_B=10\text{kN}$$

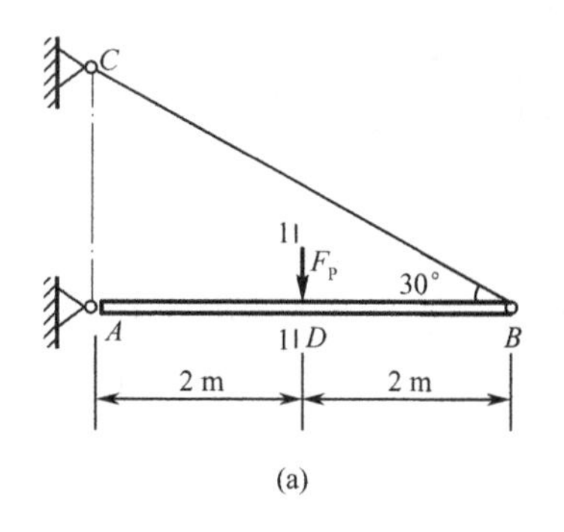

(a)

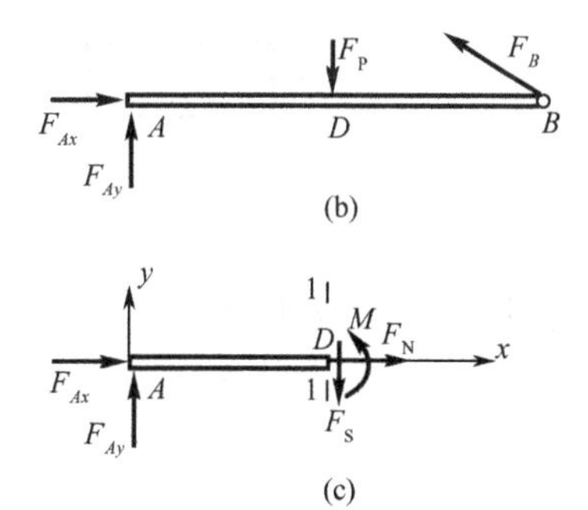

(b)
(c)

图 7-9

假想沿 1-1 截面将杆截开,取 1-1 截面以左部分为分离体。由于各外力都作用在结构所在平面内,故截面上的内力也只有该平面内的分量,以 F_N、F_S 和 M 表示,并在截面上画出,如图 7-9(c)所示。列出该分离体的三个平衡方程:

$$\sum X=0,\qquad F_{Ax}+F_N=0$$

$$\sum Y=0,\qquad F_{Ay}-F_S=0$$

$$\sum M_D=0,\qquad M-F_{Ay}\times 2=0$$

解得　$$F_N=-F_{Ax}=-8.66\text{kN},\qquad F_S=F_{Ay}=5\text{kN}$$

$$M = F_{Ay} \times 2 = 5 \times 2 = 10(\mathrm{kN \cdot m})$$

其中的负值表示方向与假设相反。可验证：该分离体在1-1截面上的轴力是压力，剪力的方向向下，弯矩为反时针转向。

本例所示的计算内力的过程具有一般性。现将步骤归纳如下：

1）欲求某一截面上的内力时，就沿该截面假想地把构件分为两部分，任取其中的一部分作为研究对象。

2）用作用在截面上的内力，代替另一部分对该部分的作用。

3）建立该研究对象的平衡条件，确定未知内力。

当受更复杂的载荷作用时，内力计算按同样的过程进行，此时内力分量会多一些，平衡方程也相应增多。各种变形情况下杆件内力的具体计算和图示，将在相应的章节中作进一步的研究。

7.4 应力和应变的概念，胡克定律

7.4.1 应力

上节中求出的内力是在一个截面上连续分布的内力系的总和。要了解杆件的承载能力，仅知道内力是不够的。如图7-10所示的杆件在承受轴向拉力时，截面 a-a 和截面 b-b 上的内力是一样大的，但我们知道 b-b 截面比 a-a 截面更容易发生破坏。为什么？是因为 b-b 截面的面积比 a-a 截面小，因此 b-b 截面上的内力集度即单位面积上的内力比 a-a 截面上的大。由此可见材料的破坏或变形是与内力集度直接相关的。截面上内力的分布集度称为**应力**。

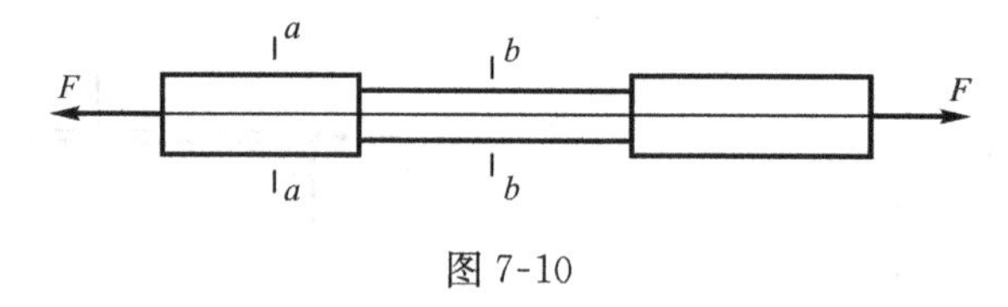

图 7-10

考察构件的截面 m-m 上某一点 K 处的内力集度，可在该截面上围绕 K 点取一微小面积 ΔA，设作用在该微小面积上的内力合力为 $\Delta \boldsymbol{F}$，如图7-11(a)所示，则 ΔA 上的平均内力集度为

$$\boldsymbol{p}_{\mathrm{m}} = \frac{\Delta \boldsymbol{F}}{\Delta A}$$

$\boldsymbol{p}_{\mathrm{m}}$ 称为 ΔA 上的平均应力。一般地说，截面 m-m 上的内力并不是均匀的，所以 ΔA 上的平均内力集度还不能代表 K 点处的真实内力集度。为精确表示 K 点处的真实内力集度，应令 ΔA 趋近于零，此时平均应力 $\boldsymbol{p}_{\mathrm{m}}$ 将趋向于一极限值：

$$\boldsymbol{p} = \lim_{\Delta A \to 0} \frac{\Delta \boldsymbol{F}}{\Delta A} \tag{7-1}$$

其中，$\boldsymbol{p}$ 代表截面上 K 点处的真实内力集度，称为 K 点的**总应力**。

总应力 $\boldsymbol{p}$ 是矢量，一般情况下它既不与截面垂直也不与截面相切。为便于研究，通常把它分解成垂直于截面的分量 $\boldsymbol{\sigma}$ 和相切于截面的分量 $\boldsymbol{\tau}$，如图7-11(b)所示。其中，垂直于截面的分量 $\boldsymbol{\sigma}$ 称为**正应力**，以受拉为正；相切于截面的分量 $\boldsymbol{\tau}$ 称为**切应力**，以产生绕所研究的截面顺时针转力矩的为正。显然

$$p^2 = \sigma^2 + \tau^2 \tag{7-2}$$

在国际单位制中，应力的单位为 Pa（帕），1Pa＝1N/m²。工程中常采用较大的应力单位 MPa（兆帕），1MPa＝10^6Pa＝10^6N/m²＝1N/mm²。

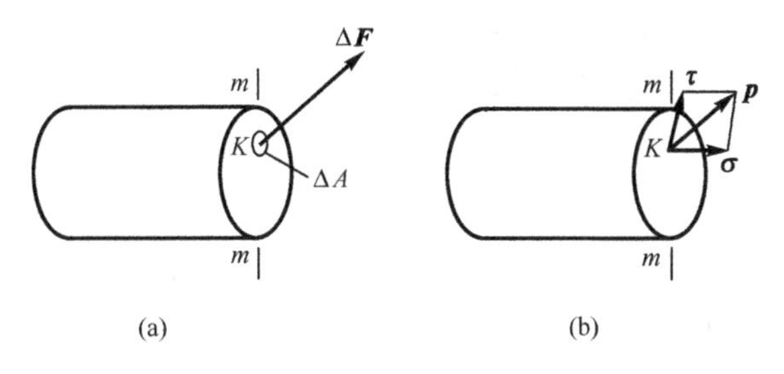

图 7-11

7.4.2　应变

式(7-1)定义了截面上一点处的应力，但要计算出该点应力的数值，仅知道截面上的内力是不够的，还必须知道内力在截面上是按什么规律分布的。例如，当截面上的内力分量为弯矩 M 时，截面上有的点有最大拉应力，有的点有最大压应力，有的点应力为零(图 7-12)。材料力学通过对截面上各点处变形情况的研究，来了解截面上应力的分布规律。

设想将构件划分成许多微小的正六面体，构件变形时，各正六面体都有相应的变形，不同位置处的变形情况一般不相同。为了研究一点 K 处的变形情况，可在该处取出如图 7-13(a)所示的微小正六面体。构件变形时，该微小六面体的棱边 ab 由原长 Δx 变为$(\Delta x+\Delta u)$，如图 7-13(b)所示。Δu 为 Δx 内的 x 方向长度改变量，是该点处 x 方向的绝对变形。绝对变形还不能说明变形的程度，因为它与 Δx 的长度有关。为度量变形程度，取每单位长的伸长或缩短，称之为**正应变或线应变**。ab 长度内的 x 方向平均正应变为

$$\bar{\varepsilon} = \frac{\Delta u}{\Delta x}$$

当微小正六面体的边长无限缩小时，上述平均正应变的极限值定义为点 K 处沿 x 方向的正应变：

$$\varepsilon = \lim_{\Delta x \to 0} \frac{\Delta u}{\Delta x} = \frac{\mathrm{d}u}{\mathrm{d}x} \tag{7-3}$$

正应变 ε 是无量纲的量。

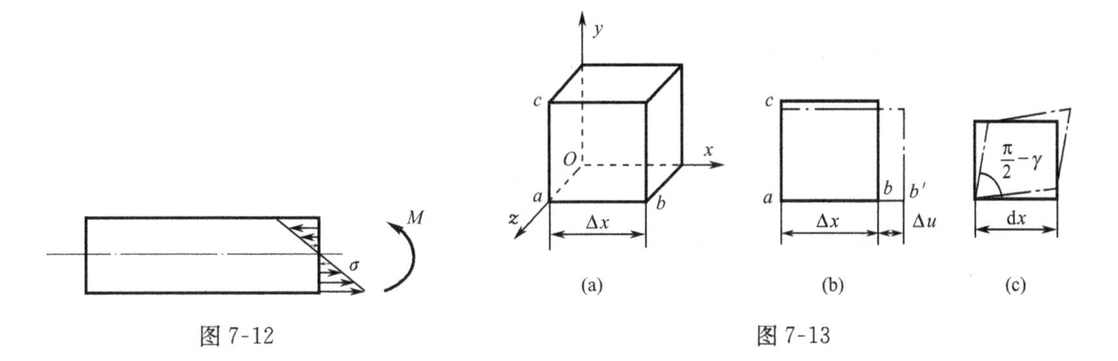

图 7-12　　图 7-13

上述棱边长度趋于零的微小正六面体称为**单元体**。在杆件变形过程中，单元体除棱边长度变化外，相互垂直的棱边的夹角一般也发生变化，如图 7-13(c)所示。将该夹角的改变量 γ 定义为点 K 处的**切应变**或称**角应变**。切应变用弧度来度量，它也是无量纲的量。

杆件受载时产生宏观变形现象，如伸长缩短、剪切、扭转、弯曲等，可理解为杆件内各微小部分发生的线变形和角变形积累组合的结果。

7.4.3　胡克定律

既然截面上有正应力与切应力这样两种形式的应力，又有正应变和切应变这样两种形式的应变，而变形是力作用的结果，那么，应力和应变之间必相互关联。它们之间的关系是材料的固有性质，由材料的力学性能试验研究得到。

现介绍其结果：单向受拉或受压时(图 7-14(a))，单元体只有一对面上作用正应力 σ，沿正应力作用方向产生正应变 ε。试验表明，如果正应力不超过一定限度，则正应力与正应变成正比，即

$$\sigma \propto \varepsilon$$

引进比例常数 E，于是得到

$$\sigma = E\varepsilon \tag{7-4}$$

上述关系称为**胡克定律**，比例常数 E 称为**弹性模量**。

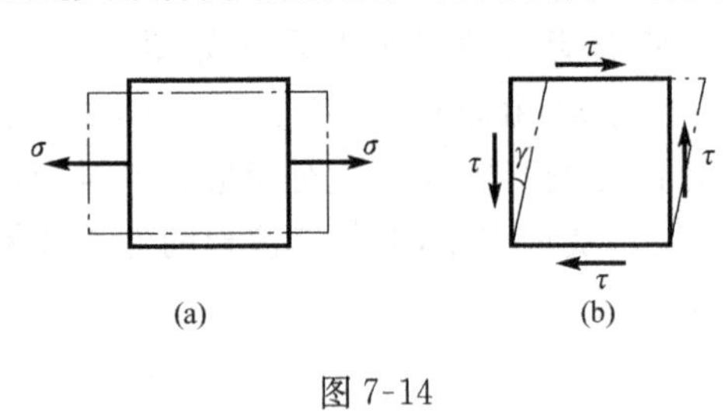

图 7-14

纯剪切时(图 7-14(b))，单元体上无正应力而按图示方式作用有两对切应力 τ，沿切应力作用方向产生切应变 γ。试验表明，如果切应力不超过一定限度，则切应力与切应变成正比，即

$$\tau \propto \gamma$$

引进比例常数 G，于是得到

$$\tau = G\gamma \tag{7-5}$$

上述关系称为**剪切胡克定律**，比例常数 G 称为**切变模量**或**剪切弹性模量**。

由式(7-4)和式(7-5)可看出，弹性模量和切变模量都与应力具有相同的量纲。在国际单位制中，弹性模量和切变模量的常用单位为 GPa(吉帕)，其值为

$$1\text{GPa}=10^9\text{Pa}=10^3\text{MPa}$$

材料的弹性模量和切变模量值由实验测定，工程中常用的钢材，弹性模量 E 一般为 200～220GPa，切变模量 G 一般为 75～80GPa。

思　考　题

7-1　什么是构件的强度、刚度和稳定性?

7-2　材料力学的任务是什么?

7-3　材料力学对研究对象作了哪些基本假设? 这些假设的工程背景如何? 举例说明。

7-4　什么是材料的弹性和塑性?

7-5　工程构件主要划分为哪些类型，它们各有什么几何特征?

7-6　杆件有哪些主要变形形式？各由何种载荷产生？

7-7　什么是内力？一般情形下杆件横截面上有哪些内力分量？

7-8　求杆件内力的基本方法是什么？试述其主要步骤。

7-9　什么是应力？什么是正应力和切应力？应力的常用单位是什么？

7-10　什么是正应变和切应变？应变有量纲吗？

7-11　什么是胡克定律？什么是剪切胡克定律？它们在什么条件下成立？

7-12　什么是弹性模量和切变模量？

第 8 章　轴向拉伸与压缩

8.1　直杆轴向拉伸和压缩时的内力、应力和强度条件

承受轴向载荷的拉(压)杆在工程中的应用非常广泛。例如,一些机械中所用的各种紧固螺栓,在紧固时,要对螺栓施加预紧力,螺栓承受轴向拉力,发生拉伸变形。在图 8-1 所示由汽缸、活塞、连杆所组成的机构中,气缸和气缸盖间的螺栓承受轴向载荷,带动活塞运动的连杆也承受轴向载荷。在图 8-2 所示的悬臂式吊车中,BC 杆是根拉杆,承受轴向拉伸变形。此外,起吊重物的钢索、桥梁桁架结构中的杆件等,也是承受拉伸或压缩的杆件。

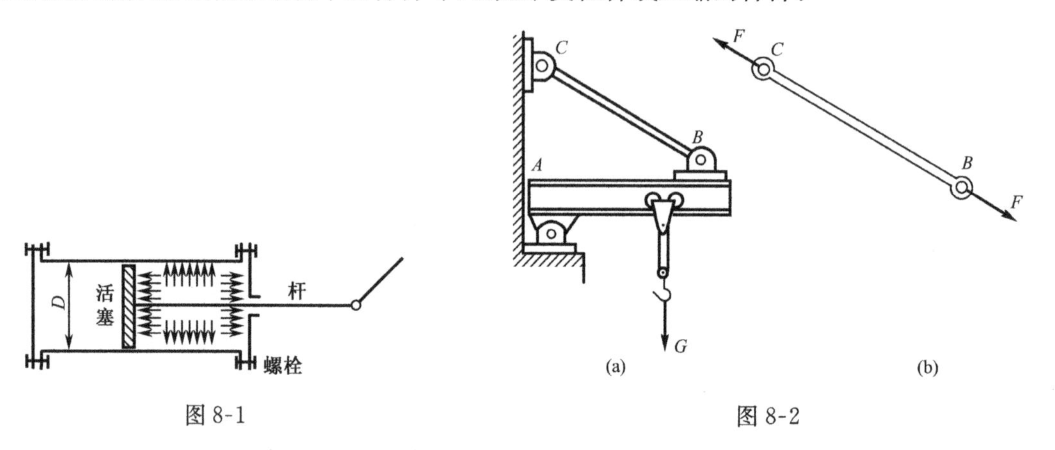

图 8-1　　图 8-2

这些杆件的形状各有差异,加载方式也各不相同,但它们在受力方面的共同特点是:作用于杆件上的外力合力的作用线与杆件轴线重合。杆件的变形是沿轴线方向的伸长或缩短,如图 8-3 所示。因此,它们都可归入轴向拉伸或压缩变形的直杆。

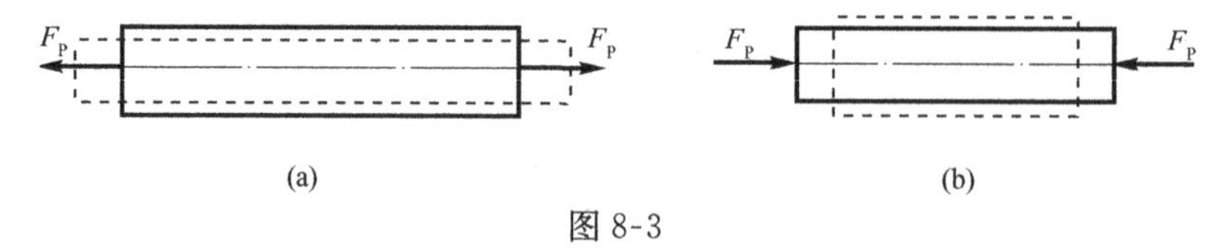

图 8-3

8.1.1　直杆轴向拉伸和压缩时的内力

为了对拉(压)杆进行强度计算,首先需确定其内力。确定内力的截面法已在第 7 章中做了介绍。对于承受压缩(或拉伸)变形的直杆,如图 8-4,为显示其内力,用假想横截面 m-m 将杆截分为Ⅰ、Ⅱ两段,如图 8-4(a)所示。两段在横截面 m-m 上的内力是分布力,其合力可以由平衡方程计算。因杆件上的外力与杆的轴线重合,内力的合力作用线也必然与杆的轴线重合,故 m-m 截面上的内力只有轴力 F_N 。轴力的正负是按杆件的变形情况来规定的。习惯上,把拉伸时的轴力规定为正,压缩时的轴力规定为负。图 8-5 所示为正的轴力。而图 8-4 中的轴力为负。

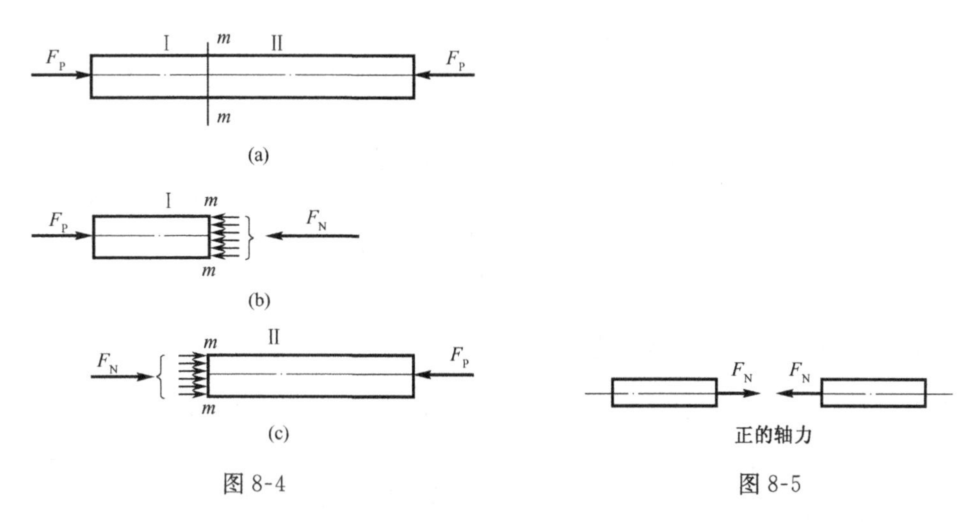

图 8-4　　　　图 8-5

若沿杆件轴线作用的外力多于两个，则杆件各部分的横截面上的轴力不尽相同。这时往往用轴力图表示轴力沿杆件轴线变化的情况。

例 8-1　图 8-6 为一厂房的立柱，受有屋架传来的力 $F_{P1}=100kN$ 及两边吊车梁传来的力 $F_{P2}=80kN$。求立柱 1-1、2-2 横截面上的轴力。

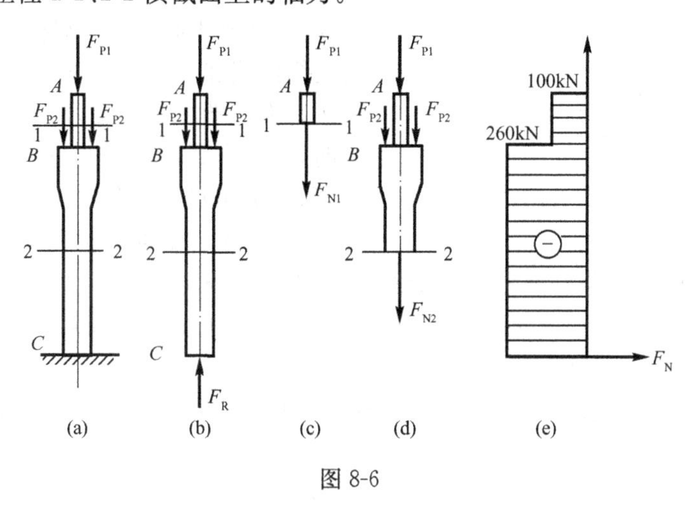

图 8-6

解　求横截面 1-1 的轴力。用截面将柱沿 1-1 横截面截开，取上段为分离体，受力图如图 8-6(c)所示，由平衡方程

$$\sum Y=0,\qquad -F_{N1}-F_P=0$$

得
$$F_{N1}=-F_{P1}=-100kN$$

显然，立柱 AB 段各横截面上的轴力都相同，为 100kN 的压力。

同理，求横截面 2-2 的轴力，用截面将柱沿 2-2 横截面截开，仍取上段为分离体，受力图如图 8-6(d)所示，由平衡方程

$$\sum Y=0,\qquad -F_{N2}-F_{P1}-2F_{P2}=0$$

得
$$F_{N2}=-F_{P1}-2F_{P2}=-260kN$$

柱 BC 段横截面上的轴力均为 260kN 的压力。作立柱轴力图(图 8-6(e)),很明显,轴力 F_{N2} 也可以取立柱的底段为分离体求得,但需先求得立柱的约束反力 F_R(图 8-6(b))。

由此例题可以看出,应用截面法研究留下部分的平衡时,建议对未知轴力按拉力假设。因为这样可使答案中的正负号具有双重含义,即既表明对轴力所设指向的正确与否,又表明该轴力是拉力还是压力。如果轴力的指向假设为压力,则答案中的正负便不具有这样的双重含义。例如,在求 1-1 和 2-2 上的轴力时,若假设其均为压力,则最后答案是 $F_{N1}=+100\text{kN}$,$F_{N2}=+260\text{kN}$。答案中的正号只表明所设的指向是正确的,并不表明轴力是拉力。

8.1.2　直杆轴向拉伸和压缩时的应力

在确定了拉(压)杆的轴力以后,单凭它还不能判断杆是否会因强度不足而破坏,因为材料的破坏或变形是与内力集度即应力直接相关的,故在求出横截面上的轴力之后,还必须计算横截面上的应力与轴力 F_N 对应的应力是正应力 σ。为计算横截面上的应力,必须研究轴力在横截面上的分布规律。材料的变形和受力之间总有一定的关系,而变形是可以通过实验观察的。取一等直杆,在其表面上距杆端稍远处画出与轴线平行的纵向线和与轴线相垂直的横向线,如图 8-7 所示。在杆端加轴向拉力 F_P,杆发生拉伸变形,此时,可以看到:两条相邻的横向线仍垂直于轴线,只作了相对的平移。根据这一现象,可以假设:变形前原为平面的横截面,变形后仍保持为平面且垂直于轴线,这个假设称为**平面假设**。如设想杆由无数纵向纤维组成,根据平面假设则所有纤维的伸长是相同的。由此可知每一根纤维所受的内力相等,即横截面上的内力均匀分布,因而横截面上各点的正应力 σ 相等。

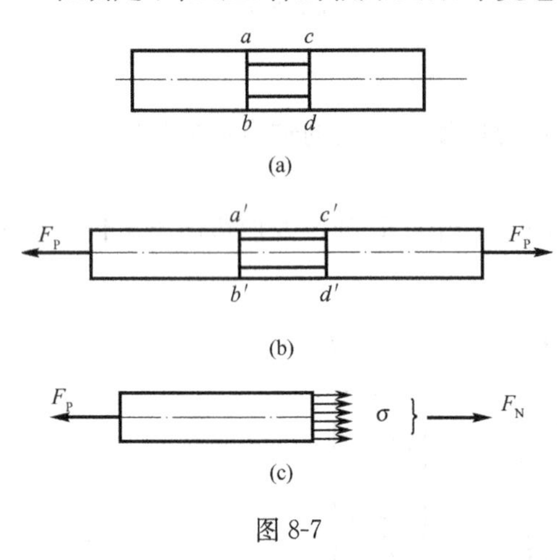

图 8-7

根据应力的定义和横截面上应力分布的规律,可以得到轴向拉伸和压缩杆件横截面上正应力的计算公式为

$$\sigma=\frac{F_N}{A} \tag{8-1}$$

其中,F_N 为横截面上的轴力;A 为横截面面积。通常规定拉应力为正,压应力为负。需要指出,细长杆受压时容易被压弯,属于稳定性问题,将在后面章节中讨论。这里所指的是受压杆未被压弯的情况。

承受轴向载荷的杆件在不同部分的横截面尺寸和轴力值都可能不同,因此正应力也会不同。一般将杆件在工作中产生的应力称为工作应力。全杆中工作应力的最大值称为**最大工作应力**。

8.1.3　拉伸与压缩时的强度条件

在工程应用中,确定应力很少是最终的目的,而只是完成杆件强度计算的中间过程。为了保证杆件正常工作,不仅不发生强度失效,而且还具有一定的安全裕度。那么应将杆件中的最

大工作应力限制在允许的范围内。对于拉伸与压缩杆件，则杆中的最大正应力

$$\sigma_{\max} = \frac{F_N}{A} \leqslant [\sigma] \tag{8-2}$$

这就是拉伸与压缩杆件的强度条件。其中，$[\sigma]$称为**许用应力**，与杆件材料的力学性能及工程实际对杆件安全裕度的要求有关，由下式确定：

$$[\sigma] = \frac{\sigma^0}{n} \tag{8-3}$$

其中，σ^0 为材料的**极限应力**或**危险应力**，由实验获得；n 为**安全因数**，是一个大于 1 的数，对于不同的机械或结构有不同的规定。

应用强度条件，可以解决杆件三类强度问题：

(1) 强度校核

已知杆件的几何尺寸、所受载荷及材料的许用应力，校核杆件能否满足由式(8-2)表达的强度条件，称为强度校核。强度校核的结论是安全或不安全。

(2) 截面设计

已知杆件所受载荷及所用材料的许用应力，根据强度条件，可由下式计算杆件的横截面面积

$$A \geqslant \frac{F_N}{[\sigma]} \tag{8-4}$$

然后按照杆件的性质和用途，进而设计出合理的截面形状和尺寸。如选用型钢或标准件，则可以根据所计算的截面面积查阅型钢规格表或标准件表，选取适当的型号。

(3) 确定杆件或结构所能承受的许可载荷

已知杆件的材料及尺寸，可用下式确定杆件所能承受的最大轴力

$$F_N \leqslant [\sigma]A \tag{8-5}$$

然后根据杆件或结构的受力情况，求得所能承受的外加许可载荷$[F_P]$。

下面用例题来说明拉压杆的强度计算。

例 8-2　一钢制阶梯状杆如图 8-8 所示。各段杆的横截面面积为 $A_{AB}=1600\text{mm}^2$，$A_{BC}=625\text{mm}^2$ 和 $A_{CD}=900\text{mm}^2$；载荷 $F_1=120\text{kN}$，$F_2=220\text{kN}$，$F_3=260\text{kN}$，$F_4=160\text{kN}$。求：1)各段杆内的轴力；2)杆的最大工作应力。

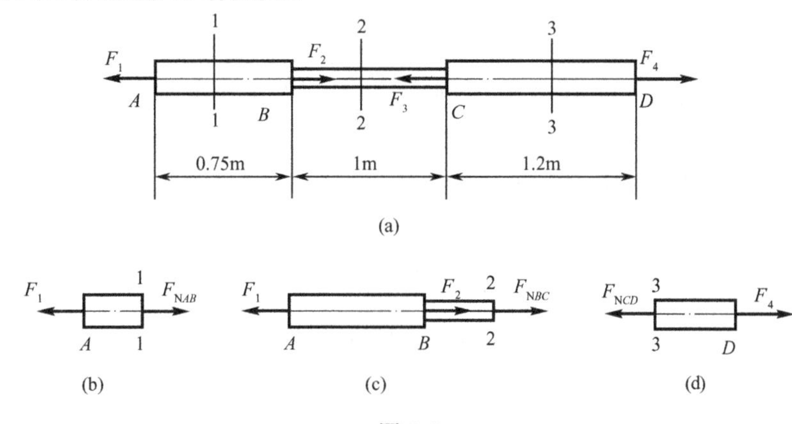

图 8-8

解 1）求轴力。

首先求 AB 段任一截面上的轴力。应用截面法，将杆沿 AB 段内任一横截面 1-1 截开，研究左段杆的平衡。由平衡方程

$$\sum X=0,\qquad F_{NAB}-F_1=0$$

得
$$F_{NAB}=F_1=120\text{kN}$$

同理，截开各段杆可求得 BC 段和 CD 段内任一横截面的轴力

$$F_{NBC}=-100\text{kN},\qquad F_{NCD}=160\text{kN}$$

2）求最大工作应力。

由于杆是阶梯状的，各段的横截面面积不相等：

$$\sigma_{AB}=\frac{F_{NAB}}{A_{AB}}=\frac{120\times10^3}{1600\times10^{-6}}=75(\text{MPa})$$

$$\sigma_{BC}=\frac{F_{NBC}}{A_{BC}}=\frac{-100\times10^3}{625\times10^{-6}}=-160(\text{MPa})$$

$$\sigma_{CD}=\frac{F_{NCD}}{A_{CD}}=\frac{160\times10^3}{900\times10^{-6}}=178(\text{MPa})$$

由此可见，杆的最大工作应力在 CD 段内，其值为 $\sigma_{max}=178\text{MPa}$。

例 8-3 图 8-9 为一钢木结构。AB 为木杆，其横截面面积 $A_{AB}=10\times10^3\text{mm}^2$，许用应力$[\sigma]_{AB}=7\text{MPa}$；杆 BC 为钢杆，其横截面面积 $A_{BC}=600\text{mm}^2$，许用应力$[\sigma]_{BC}=160\text{MPa}$。求 B 处可吊的最大许可载荷$[F_P]$。

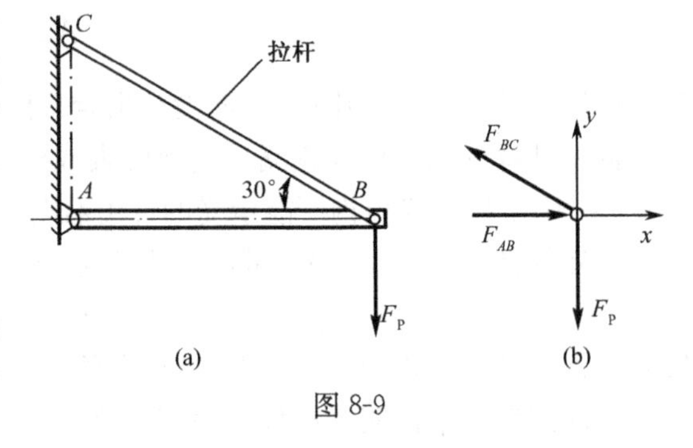

图 8-9

解 1）求 AB、BC 轴力。

取铰链 B 为研究对象进行受力分析，如图 8-9(b)所示，AB、BC 均为二力杆，其轴力等于杆所受的力。由平衡方程

$$\sum X=0,\qquad F_{AB}-F_{BC}\cos30^\circ=0$$

$$\sum Y=0,\qquad F_{BC}\sin30^\circ-F_P=0$$

由此可解得

$$F_{BC}=\frac{F_P}{\sin30^\circ}=2F_P,\qquad F_{AB}=F_{BC}\cos30^\circ=2F_P\cdot\frac{\sqrt{3}}{2}=\sqrt{3}F_P$$

2）确定许可载荷。

根据强度条件，木杆内的许可轴力为

$$F_{AB}\leqslant A_{AB}[\sigma]_{AB}$$

即
$$\sqrt{3}F_P\leqslant10\times10^3\times10^{-6}\times7\times10^6$$

解得
$$F_P\leqslant40.4\text{kN}$$

钢杆内的许可轴力为

$$F_{BC}\leqslant A_{BC}[\sigma]_{BC}$$

即
$$2F_P\leqslant600\times10^{-6}\times160\times10^6$$

解得

$$F_P \leqslant 48\text{kN}$$

因此，保证结构安全的最大许可载荷为

$$[F_P] = 40.4\text{kN} \approx 40\text{kN}$$

本例讨论：如 B 点承受载荷 40kN，这时木杆的应力恰好等于材料的许用应力，但钢杆的强度则有富余。为了节省材料，同时减轻结构的质量，可重新设计，减小钢杆的横截面尺寸。

例 8-4　气动夹具如图 8-10 所示，已知气缸内径 D=140mm，缸内气压 p=0.6MPa。活塞杆材料的许用应力$[\sigma]$=80MPa，试设计活塞杆的直径 d。

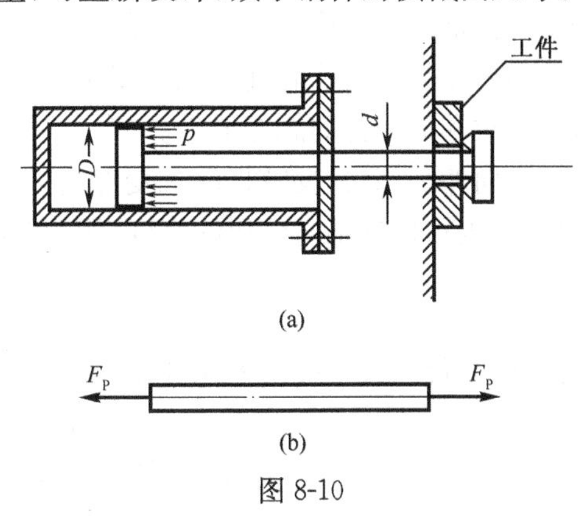

图 8-10

解　1) 求轴力。

活塞杆左端承受活塞上的气体压力，右端承受工件的反作用力，将发生轴向拉伸变形。拉力 F_P 可由气压乘活塞的受压面积求得。在尚未确定活塞杆的横截面面积前，计算活塞的受压面积时，可将活塞杆横截面面积略去不计，这样的计算偏于安全。

$$F_P = p \times \frac{\pi}{4}D^2 = 0.6 \times 10^6 \times \frac{\pi}{4} \times 140^2 \times 10^{-6} = 9.24(\text{kN})$$

活塞杆的轴力为

$$F_N = F_P = 9.24\text{kN}$$

2) 确定活塞杆直径。

根据强度条件，活塞杆的横截面面积应满足

$$A = \frac{\pi}{4}d^2 \geqslant \frac{F_N}{[\sigma]} = \frac{9.24 \times 10^3}{80 \times 10^6} = 1.16 \times 10^{-4}(\text{m}^2)$$

由此可解出

$$d \geqslant 0.0122\text{m}$$

最后将活塞杆的直径取为 d=0.012m=12mm。

8.2　直杆轴向拉伸和压缩时的变形

直杆在轴向载荷的作用下，会发生轴向的伸长或缩短，通常称为**纵向变形**。此外，其横向尺寸也会有缩小或增大，称为**横向变形**。

8.2.1　纵向变形

设一长度为 l、横截面面积为 A 的等直杆，承受轴向拉力后，其长度变为 $l+\Delta l$(图 8-11)。

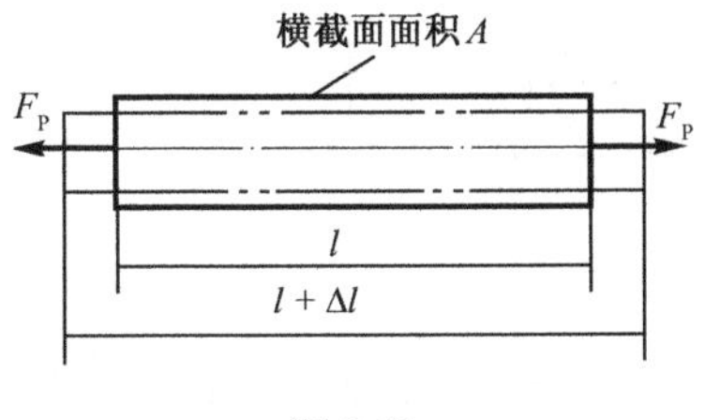

图 8-11

其中 Δl 为杆的伸长量，称为杆件的**绝对变形**。实验结果表明：如果所施加的载荷不超过某一限度时，杆件的变形是弹性的，即载荷除去后，变形消失，杆件恢复原状；而且杆的伸长量 Δl 与杆所承受的轴向载荷、杆件的长度成正比，与杆件横截面面积成反比。写成关系式为

$$\Delta l = \frac{F_N l}{EA} \tag{8-6}$$

这就是描述弹性范围内杆件承受轴向载荷时力与变形的胡克定律。其中,F_N 为杆横截面上的轴力,当杆只在两端承受轴向拉力 F_P 时,$F_N = F_P$;E 为杆材料的弹性模量,它反映了材料抵抗弹性变形的能力,是衡量材料抵抗弹性变形能力的一个指标。

由式(8-6)可以看出,对于长度相等、受力相同的杆,EA 越大,杆的变形越小,所以 EA 代表了杆件抵抗拉伸或压缩变形的能力,称为杆件的**抗拉(抗压)刚度**。

当拉压杆有两个以上的外力作用时,则根据各段轴力,按式(8-6)分段计算变形,各段变形的代数和即为杆的总变形量。

纵向伸长 Δl 只反映杆的总变形量,无法说明杆件变形程度。将 Δl 除以 l 得杆件的相对伸长量,表示杆件轴向变形的程度,用 ε 表示,称为杆件的纵向正应变或线应变。

$$\varepsilon = \frac{\Delta l}{l} \tag{8-7}$$

将式(8-6)代入式(8-7),考虑到 $\sigma = F_N/A$,可得胡克定律的另一表达形式:

$$\varepsilon = \frac{\Delta l}{l} = \frac{\frac{F_N l}{EA}}{l} = \frac{\sigma}{E} \quad \text{或} \quad \sigma = E\varepsilon \tag{8-8}$$

此式即为第 7 章中的式(7-4)。从该式看出,弹性模量与正应力 σ 具有相同的单位。

需要指出的是,正应变的表达式(8-7)只适用于杆件各处均匀变形的情况。如各处变形不均匀,如一等直杆在自重作用下的变形,则需考虑沿轴向微段的变形,以微段的相对变形表示杆件局部的变形程度。无论变形均匀还是不均匀,正应力和正应变的关系都是相同的。

8.2.2 横向变形

杆件承受轴向载荷时,除了纵向变形外,在垂直于杆件轴线方向也同时产生变形,称为横向变形(图 8-12)。实验结果表明,对于同一种材料,在弹性范围内加载,其横向应变 ε' 与纵向应变 ε 的绝对值之比为一常数:

$$\left|\frac{\varepsilon'}{\varepsilon}\right| = \mu \tag{8-9}$$

比值 μ 称为横向变形因数或**泊松比**,为无量纲量,是材料的另一个弹性常数。利用这一比例关系,可进行杆纵、横向应变之间的互算:

$$\varepsilon' = -\mu\varepsilon$$

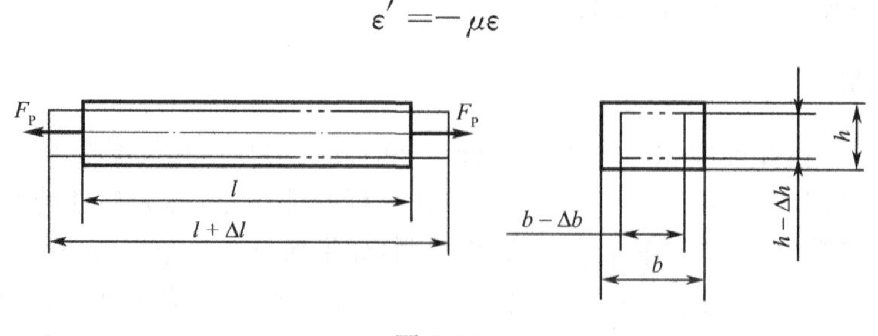

图 8-12

弹性模量 E 和泊松比 μ 是材料固有的弹性常数,可由实验测得,表 8-1 给出了一些常用材料 E 和 μ 的大约数值。

表 8-1　常用金属材料的 E、μ 的数值

材料	E/GPa	μ
低碳钢	196～216	0.25～0.33
合金钢	186～216	0.24～0.33
灰铸铁	78.5～157	0.23～0.27
铜及其合金	72.6～128	0.31～0.42
铝合金	70	0.33

例 8-5　若杆件材料的弹性模量 $E=200\text{GPa}$，求例 8-2 中阶梯状杆的总长度改变。

解　因杆各段的轴力不同，横截面面积也不同，需分段计算变形。由胡克定律：

$$\Delta l_{AB}=\frac{F_{NAB}l_{AB}}{EA_{AB}}=\frac{120\times10^3\times0.75}{200\times10^9\times1600\times10^{-6}}=2.81\times10^{-4}(\text{m})$$

$$\Delta l_{BC}=\frac{F_{NBC}l_{BC}}{EA_{BC}}=\frac{-100\times10^3\times1}{200\times10^9\times625\times10^{-6}}=-8\times10^{-4}(\text{m})$$

$$\Delta l_{CD}=\frac{F_{NCD}l_{CD}}{EA_{CD}}=\frac{160\times10^3\times1.2}{200\times10^9\times900\times10^{-6}}=1.066\times10^{-3}(\text{m})$$

由此可算得杆的总长度改变为

$$\Delta l=\Delta l_{AB}+\Delta l_{BC}+\Delta l_{CD}=0.547\text{mm}$$

8.3　材料在拉伸和压缩时的力学性能

构件的强度和变形不仅与应力有关，还与材料本身的性能有关。如前面介绍的强度条件中的许用应力 $[\sigma]=\frac{\sigma^0}{n}$，其中，$\sigma^0$ 为材料的极限应力或危险应力，它反映了材料本身的一种性能。这里把材料受力作用后发生变形、失效等行为统称为**材料的力学性能**。材料的力学性能是通过实验方法来测定的。其中，常温、静载条件下的拉伸实验是最基本最主要的一种。所谓常温，就是室温；所谓静载，就是加载的速度要平稳缓慢。材料的许多性能指标都是由这一实验测出的。

工程中常用的材料很多，一般分为塑性材料、脆性材料两大类。下面以低碳钢和铸铁作为塑性材料和脆性材料主要代表，介绍材料的力学性能。

8.3.1　低碳钢拉伸时的力学性能

首先将试验的低碳钢材料按国家标准制成标准试样，在试样上取长为 l 的一段(图 8-13)作为试验段。对于圆截面试样，标距 l 与直径 d 有两种比例，即

$$l=5d,\qquad l=10d$$

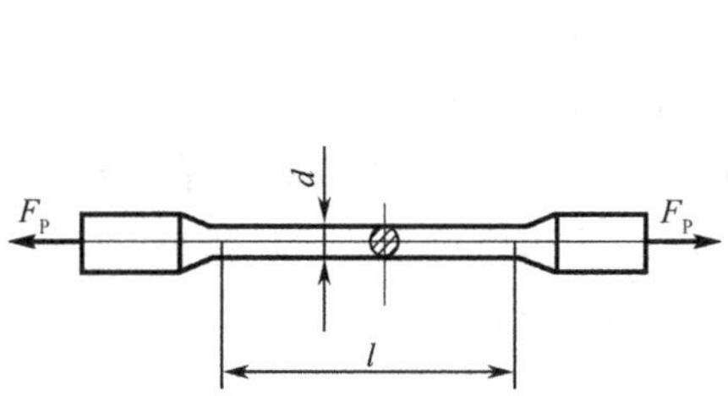

图 8-13

将试样安装在试验机上，然后缓慢加载。对应着拉力 F_P 的每一个值，试样标距有一个伸长量 Δl，试验机会自动记录下所受的载荷和变形，得到拉力与变形的关系曲线，称为**拉伸图**，如图 8-14 所示。为消除试样尺寸的影响，将拉力除

以试样横截面的原始面积，得正应力 σ；将伸长量 Δl 除以标距的原始尺寸 l，得到正应变 ε。以 σ 为纵坐标，ε 为横坐标，可得应力 σ 与应变的关系曲线，称为**应力-应变曲线**，如图 8-15 所示。

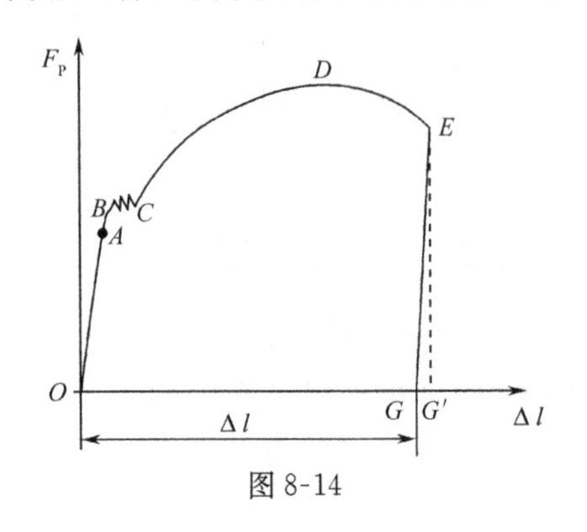

图 8-14

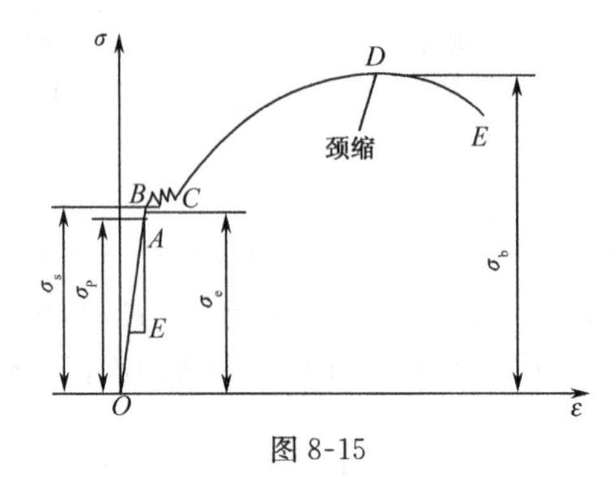

图 8-15

通过分析应力-应变曲线，低碳钢拉伸实验的整个过程，大致可分为四个阶段。

(1) 弹性阶段

如图 8-15 中的 OB 段称为弹性阶段。此阶段材料的变形是弹性的，即当杆中的应力小于 B 点的应力时，如除去外力，相应的应变 ε 也随之完全消失。图中相应于 B 点的应力称为**弹性极限**，用 σ_e 表示。应力-应变曲线中的直线段 OA 表示应力与应变成线性关系，即胡克定律所描述的 $\sigma=E\varepsilon$。该阶段称为**线弹性阶段**，比例常数 E 为材料的弹性模量，$E=\dfrac{\sigma}{\varepsilon}$。线弹性阶段的应力最高限（$A$ 点相应的应力）称为**比例极限**，用 σ_p 表示。大部分塑性材料比例极限与弹性极限极为接近，只有通过精密测量才能加以区分，所以实际应用中常将两者视为相等。

(2)屈服阶段

在弹性阶段之后，出现近似的水平段，这一阶段中的应力几乎不变，而变形急剧增加，材料暂时失去了抵抗变形的能力。这一现象称为屈服或流动，这一阶段称为屈服阶段，如图 8-15 所示的 BC 段。屈服阶段内的最高应力为上屈服点应力，屈服阶段内的最低应力为下屈服点应力，下屈服应力有比较稳定的数值，能反映材料的性能。通常就把下屈服应力称为材料的**屈服极限**或**屈服强度**，用 σ_s 表示。

屈服阶段里材料的变形主要是塑性变形，若试样的表面经过抛光，则试样表面会出现一系列与轴线大致成 45°倾角的迹线，称为**滑移线**，它是材料内部晶格间发生滑移的结果。

(3)强化阶段

过屈服阶段后，材料又恢复了抵抗变形的能力，应力又随应变增加而增大。这种现象称为材料的强化。这一阶段称为强化阶段。在 σ-ε 曲线上最高点 D 的应力是材料所能承受的最大应力，称为**强度极限**或**抗拉强度**，用 σ_b 表示。它是衡量材料强度的另一重要指标。

(4)颈缩阶段

在应力达到最大值 σ_b 后，σ-ε 曲线开始向下。试样的某一局部突然急剧变细，出现所谓**颈缩现象**（图 8-16(a)）。由于颈缩部分的横截面面积迅速减小，使试样继续伸长的拉力相应减少。σ-ε 曲线也明显下降，降到 E 点时，试样被拉断。

试样断裂以后，弹性变形消失，其工作段的残余变形 Δl 与原长比值的百分比称为材料的**伸长率**，用 δ 表示：

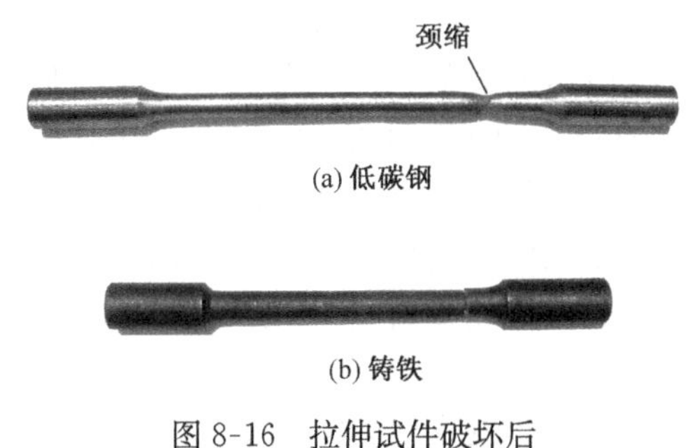

(a) 低碳钢

(b) 铸铁

图 8-16　拉伸试件破坏后

$$\delta=\frac{l_1-l}{l}\times 100\% \tag{8-10}$$

其中，l 为试样的原长(规定标距)，l_1 为拉断后标距的长度。伸长率是衡量材料塑性变形程度的塑性指标，另一个塑性指标为**断面收缩率**，用 ψ 表示。若试样的原始横截面面积为 A，拉断后断口的最小横截面面积为 A_1，则

$$\psi=\frac{A-A_1}{A}\times 100\% \tag{8-11}$$

伸长率和断面收缩率大的材料在冷加工时不易断裂，具有良好的抗冲击韧性。工程中一般认为 $\delta\geqslant 5\%$的材料为塑性材料，$\delta<5\%$的材料为脆性材料。

工程中常用塑性材料中的有些材料，它们没有明显的屈服阶段，通常以产生 0.2%塑性应变时的应力值作为材料的屈服极限，称为**条件屈服极限**，用 $\sigma_{0.2}$ 表示。

8.3.2　铸铁拉伸时的力学性能

铸铁试样从开始加载直至拉断，试样的变形很小，不出现屈服和颈缩现象(图 8-16(b))。在拉伸时的 σ-ε 曲线是一条微弯的曲线，因而只有断裂时的应力值-强度极限 σ_b(图 8-17)，它是衡量材料强度的唯一指标。由于铸铁的 σ-ε 曲线没有明显的直线部分，弹性模量的数值随应力的大小而改变。但在工程中铸铁的拉应力不能很高，而在较低的拉应力下，则可近似认为服从胡克定律。因铸铁的抗拉强度很低，所以不宜作为抗拉构件的材料。

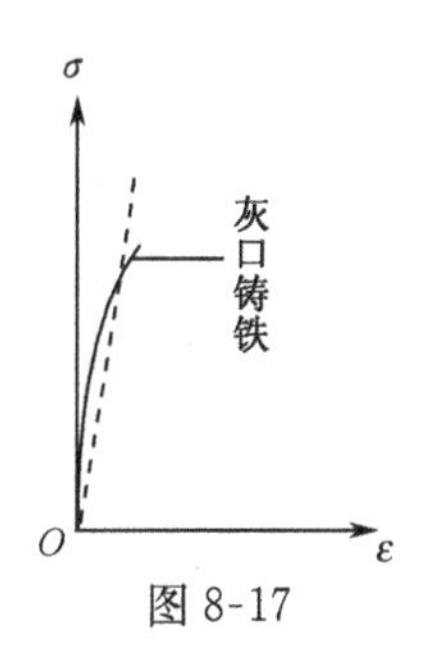

图 8-17

8.3.3　材料压缩时的力学性能

压缩实验是在压缩试验机或全能试验机上进行的。为避免压弯，试样通常做成短圆柱形。采用与拉伸实验类似的方法，可得材料在压缩时的 σ-ε 曲线。

低碳钢压缩时的 σ-ε 曲线(图 8-18)与拉伸时的 σ-ε 曲线相比较，拉伸和压缩屈服前的曲线基本重合，拉伸、压缩时的弹性模量及屈服应力相同。但屈服后，试样出现显著的塑性变形，愈压愈扁，直至压成薄饼状而不断裂(图 8-19(a))，故测不出抗压强度极限。其他塑性材料也有这个特点。

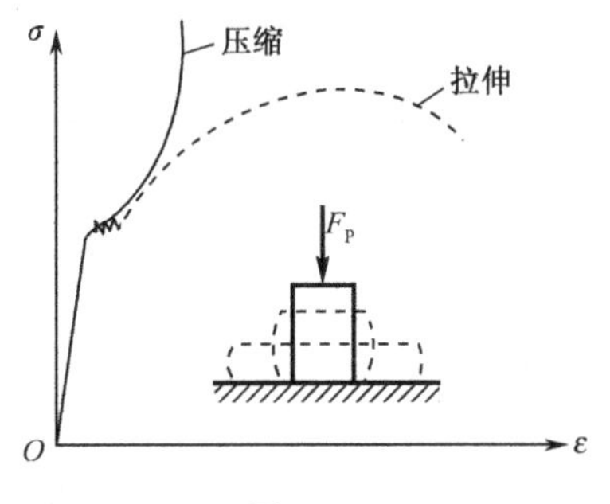

图 8-18

(a) 低碳钢

(b) 铸铁

图 8-19　压缩试件失效后

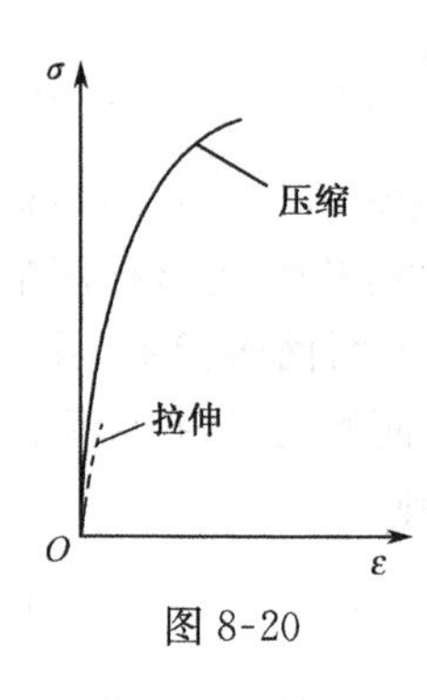

图 8-20

脆性材料压缩时的力学性能与拉伸时有较大的区别。铸铁在压缩时的 σ-ε 曲线与拉伸时类似，但压缩时的强度极限远远大于拉伸时的数值，大约是抗拉强度极限的4～5 倍(图 8-20)。当应力达到抗压强度极限时，试件沿 45°斜面破裂(图 8-19(b))对于抗拉强度和抗压强度不等的材料，抗拉强度和抗压强度分别用 σ_b^+ 和 σ_b^- 表示。像铸铁这一类的脆性材料抗拉强度低，塑性性能差，但抗压能力强，适宜作承压的构件。

表 8-2 中所列为几种常用工程材料的主要力学性能。

表 8-2　常用工程材料的主要力学性能

材料名称	牌号	屈服点 σ_s/MPa	抗拉强度 σ_b/MPa	δ_5/%
普通碳素钢	Q216 Q235 Q274	186～216 216～235 255～274	333～412 373～461 490～608	31 25～27 19～21
优质碳素结构钢	15 40 45	225 333 353	373 569 598	27 19 16
普通低合金结构钢	12Mn 16Mn 15MnV 18MnMoNb	274～294 274～343 333～412 441～510	432～441 471～510 490～549 588～637	19～21 19～21 17～19 16～17
合金结构钢	40Cr 50Mn2	785 785	981 932	9 9
碳素铸钢	ZG200-400 ZG270-500	196 274	392 490	25 16
可锻铸铁	KTZ45-5 KTZ70-2	274 539	441 687	5 2
球墨铸铁	QT40-10 QT45-5 QT60-2	294 324 412	392 441 588	10 5 2
灰铸铁	HT150 HT300		98.1～274(压) 255～294(压)	98.1～274(压) 255～294(压)

注：表中 δ_5 是指 $l=5d$ 时标准试样的延伸率。

8.4　安全因数和许用应力

如果构件发生断裂，构件就完全丧失了工作能力，这是强度失效最明显的形式。如果构件没有发生断裂而是产生显著塑性变形，构件将不能保持原有的形状和尺寸，不能正常工作，这在很多工程中也是不允许的。因此，构件发生屈服，发生显著塑性变形也是一种强度失效形式。这样，构件断裂或屈服时的应力就是材料的失效应力，也就是强度条件中的极限应力。根据材料失效形式的不同，塑性材料的极限应力为屈服极限 σ_s（或条件屈服极限 $\sigma_{0.2}$）。脆性材料的极限应力为强度极限 σ_b。

在建立拉、压杆件的强度条件时已指出，为了保证杆件有足够的强度，载荷作用下杆件的最大工作应力应小于或等于材料的许用应力。常温、静载的情况下，材料的许用应力由下式确定：

$$[\sigma]=\frac{\sigma^0}{n}$$

其中，σ^0 表示材料的极限应力；n 为安全因数。

对于塑性材料，其失效形式为屈服，故许用应力为

$$[\sigma]=\frac{\sigma^0}{n}=\frac{\sigma_s(\sigma_{0.2})}{n_s}$$

对于脆性材料，失效形式为断裂，则许用应力为

$$[\sigma]=\frac{\sigma^0}{n}=\frac{\sigma_b}{n_b}$$

上两式中的 n_s 和 n_b 分别为对应于屈服极限和强度极限的安全因数。从构件的安全程度来看，断裂比屈服更为危险，所以 n_b 取得比 n_s 大。必须指出：对同一种脆性材料，因其抗拉和抗压强度极限不同，定出的许用拉应力和许用压应力的数值也不同。

安全因数的确定是一件复杂的工作，它受构件工作情况的影响很大，而且还需考虑经济问题。因此，对一种材料规定统一的安全因数，从而得到统一的许用应力，并把它用于各种工作条件下构件的强度计算，这是不科学的。目前，在机械设计和建筑设计中，均倾向于根据构件的材料和具体工作条件选取安全因数，一般考虑以下主要因素：①材料性质的均匀性。例如，铸铁的均匀性不如碳钢，砖石和混凝土的均匀性更差。②载荷的准确性和平稳性。是静载还是动载荷，如起重机因操作失当引起起吊速度变化，会引起冲击性载荷。③实际构件简化过程和计算方法的精确程度。④构件在设备中的重要性。工作条件，损坏后造成后果的严重程度，制造和修配的难易程度等。对于那些因损坏会造成严重后果的构件，应选用足够的安全因数。

在工业设计中，可参照有关规范或手册选取安全因数。在一般强度计算中，塑性材料可取屈服安全因数 $n_s=1.5\sim2.5$，脆性材料可取强度安全因数 $n_b=2.5\sim3.5$。应当指出，随着科学技术的不断发展，人们对影响构件强度和刚度的因素的认识也越来越接近客观实际，选取的安全因数也会更加合理。

8.5　应力集中的概念

等截面或截面变化缓慢的拉、压杆件，其横截面上的正应力是均匀分布的。但在工程实际中，常需要在杆件上钻孔、开键槽、车螺纹或加工成阶梯形杆。这些杆件在轴向加载时，截面突变处的应力不再均匀分布，而是急剧增大，距该处相当距离后，应力又迅速降低而趋于均匀，如图 8-21 所示。这种因杆件外形突然变化，而引起局部应力急剧增大的现象，称为**应力集中现象**。

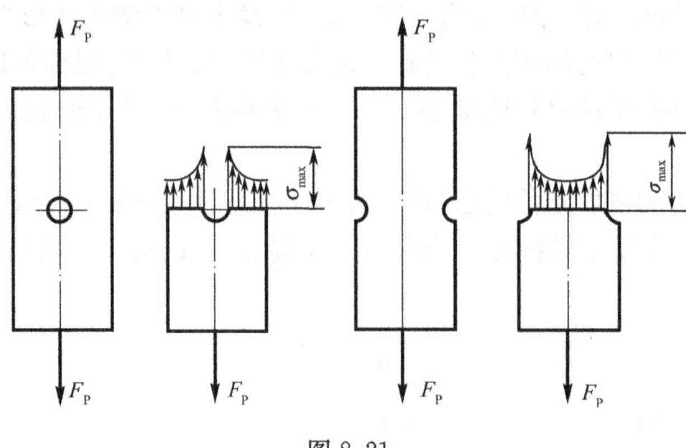

图 8-21

应力集中的程度用应力集中因子描述。设发生应力集中处的最大应力为 σ_{max}，同一截面上的平均应力为 σ_m，其比值称为**理论应力集中因子**：

$$K=\frac{\sigma_{max}}{\sigma_m} \tag{8-12}$$

K 是一个大于 1 的数。对于各种典型的应力集中情形，其 K 值可查阅有关的机械设计手册。

各种材料对应力集中的敏感程度并不相同。在承受静载荷时，应力集中现象对塑性材料没有明显影响。这是因为当局部的最大应力达到屈服极限时，该处的塑性变形可以继续增加，而该处应力却不再加大。如果外力继续增大，增大的力只是使截面上尚未屈服区域的应力增加，这样截面上的应力逐渐趋于平均，也限制了最大应力的数值。因此，用塑性材料制成的构件可以不考虑应力集中。但是，应力集中对脆性材料的危害很大。脆性材料没有屈服阶段，当载荷增加时，应力集中处的最大应力率先达到强度极限，构件就会在该处开裂，而裂缝尖端又是高度应力集中区，这样裂缝会扩大以致构件断裂。所以，脆性材料制成的构件必须考虑应力集中的影响。当构件承受的是周期性变化的应力或冲击载荷，无论是塑性材料还是脆性材料，应力集中对构件的破坏都是显著的，往往是其破坏的根源。

8.6 拉伸和压缩的超静定问题

在前面几节讨论的问题中，作用在杆件上的外力和杆件横截面上的内力，都可以用静力平衡方程直接确定，这类问题称为静定问题，相应的结构为静定结构。

在工程实际中，为了提高构件或结构的强度、刚度，常常在静定的结构中再增加构件或约束。如图 8-22(a)所示的杆 AB 有两个未知反力，只有一个静力平衡方程。又如图 8-22(b)所示结构的静力平衡方程只有两个，而未知反力有三 个。这两种情形都不能仅由静力平衡条件求出全部未知内力。这类问题就是超静定问题。

未知力的个数与独立平衡方程数之差，称为**超静定次数**。在静定结构上增加的约束称为**多余约束**。多余约束一方面使结构由静力平衡可解变为静力平衡不可解；另一方面，多余约束所起的作用一点不多余。多余约束可以提高结构的强度、刚度，对结构或构件的变形起到一定的限制作用。结构或构件的变形与受力密切相关，这就为求解超静定问题提供了补充条件。

为了求解超静定问题，除应建立静力平衡方程外，还必须寻求各构件变形或构件各部分变形之间的关系，以建立足够数量的补充方程。这种变形之间的关系称为**变形的协调关系或变形的协调条件**。现举例说明求解超静定问题的一般过程。

考察如图 8-23(a)所示结构，刚性横梁铰接于 A，在 B、C 处与两铅垂直杆 CD、BE 连接。设两杆的弹性模量和横截面面积为 E_1、E_2 和 A_1、A_2，在 B 端作用一载荷 F_P，求拉杆 CD 和 BE 的轴力。

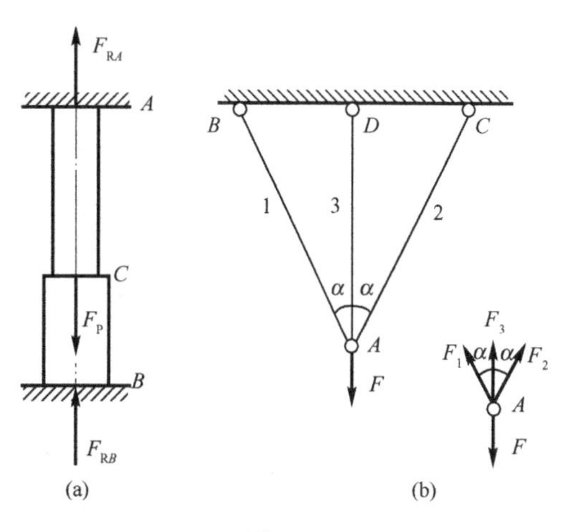

图 8-22

取如图 8-23(b)所示的研究对象，设两杆的轴力为 F_{N1}、F_{N2}。由受力图可知，这是一个平面一般力系，可列出三个独立平衡方程，而未知力有四个，是一个一次超静定问题。求解时，可利用的方程为

$$\sum M_A = 0, \qquad aF_{N1} + 2aF_{N2} - 2aF_P = 0$$

即

$$F_{N1} + 2F_{N2} - 2F_P = 0 \tag{1}$$

虽然还可以列出 $\sum X=0$ 和 $\sum Y=0$ 两个方程，但又出现两个未知量 F_{xA}、F_{yA}，这不是所要求的，故可不列出。

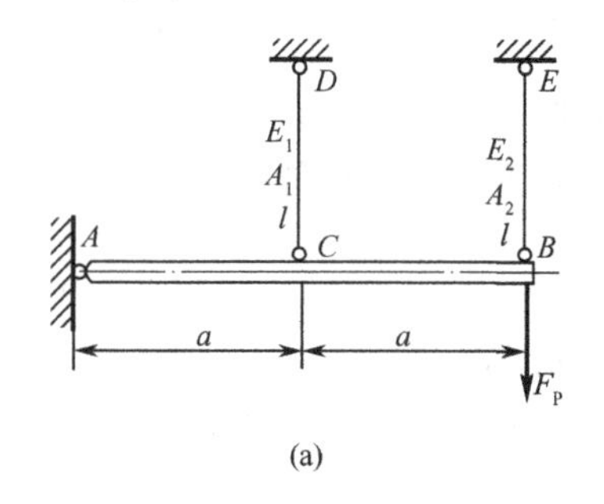

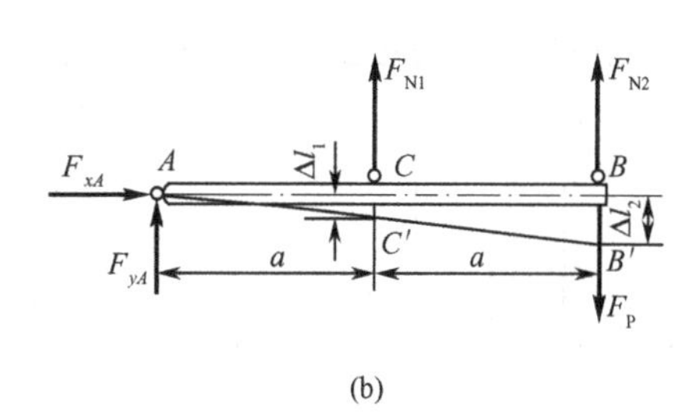

图 8-23

现在寻求补充方程。杆受力后要变形，各杆的变形不是任意的，必须与其所受的约束相适应，它们之间必须互相协调，保持一定的几何关系。而杆件的变形与其内力有关，如果找出各杆件变形间的关系，由各杆件之间内力应保持的关系就可得到补充方程。

由于横梁 AB 是刚性的，可以设想在力 F_P 的作用下，AB 仍为一条直线，仅倾斜一个角度，如图 8-23(b)所示。设两杆的伸长变形为 Δl_1 和 Δl_2，由变形后的位置可见，它们之间的关系为

$$\frac{\Delta l_1}{a} = \frac{\Delta l_2}{2a}$$

即

$$2\Delta l_1 = \Delta l_2 \tag{2}$$

当应力不超过比例极限时，由胡克定律得到

$$\Delta l_1 = \frac{F_{N1} l_1}{E_1 A_1}, \qquad \Delta l_2 = \frac{F_{N2} l_2}{E_2 A_2} \tag{3}$$

这两个表示变形与轴力关系的式子称为物理方程，将其代入式(2)得

$$2\frac{F_{N1}l_1}{E_1A_1}=\frac{F_{N2}l_2}{E_2A_2} \tag{4}$$

这样，在静力平衡方程之外得到了所需要的补充方程。由式(1)、式(4)很容易解出：

$$F_{N1}=\frac{2F_P}{1+4\dfrac{E_2A_2}{E_1A_1}},\qquad F_{N2}=\frac{4F_P}{4+\dfrac{E_1A_1}{E_2A_2}}$$

若 $E_1=E_2$，$A_1=A_2$，则

$$F_{N1}=\frac{2}{5}F_P,\qquad F_{N2}=\frac{4}{5}F_P$$

由上述分析可以看出，超静定问题是综合了静力平衡方程、变形协调方程(几何关系)和物理方程等三方面的关系求解的。在超静定杆系中，每根杆的内力不仅与载荷有关，而且与该杆的刚度和其他杆的刚度比值有关，任一杆件刚度的改变，将会引起杆系中所有各杆内力的重新分配。这是超静定问题区别于静定问题的特点之一。

例 8-6　两端固定的等直杆，杆件沿轴线方向承受一对大小相等，方向相反的集中力 $F_P=F'_P$(图 8-24)，假设拉压刚度为 EA，其中 E 为材料的弹性模量，A 为杆件的横截面面积。求各杆横截面上的轴力，并画出轴力图。

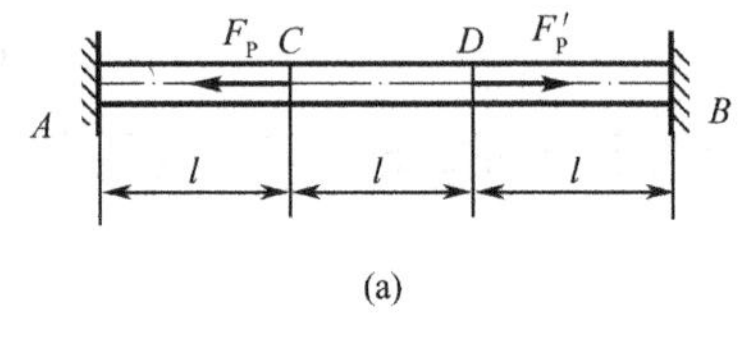

(a)

(b)

图 8-24

解　取整体研究，在轴向载荷作用下，固定端 A、B 两处各有一个沿轴线方向的约束反力 F_A、F_B(图 8-24(b))，而独立平衡方程仅有 $\sum X=0$，即

$$F_A-F_P+F'_P-F_B=0$$

因此，还需要建立一个补充方程。杆件在载荷和约束力作用下，各段都要发生轴向变形，但杆件的总变形量为零：

$$\Delta l_{AB}=\Delta l_{AC}+\Delta l_{CD}+\Delta l_{DB}=0$$

这就是变形的协调方程。

杆件各段的轴力与变形的物理关系为

$$\Delta l_{AC}=\frac{F_{NAC}l}{EA},\qquad \Delta l_{CD}=\frac{F_{NCD}l}{EA},\qquad \Delta l_{DB}=\frac{F_{NDB}l}{EA}$$

应用截面法，上式中的轴力分别为

$$F_{NAC}=-F_A,\qquad F_{NCD}=F_P-F_A,\qquad F_{NDB}=-F_B$$

联立求解各式，即可解出两固定端的约束力

$$F_A=F_B=\frac{F_P}{3}$$

据此即可求出直杆各段的轴力，作直杆的轴力图，如图 8-24(b)所示。

在工程实际中，许多构件或结构还会遇到温度变化的情况(如工作环境温度的改变或季节的更替)，根据热胀冷缩的规律，整个结构就会发生变形。在静定结构中，由于各构件的变形未受到限制，不会在构件内引起应力。但在超静定结构中，由于约束增加，因温度变化引起的变形受到阻碍，会在构件内引起应力。这种应力称为**温度应力**。

构件的温度应力可按超静定问题的解法求得，其关键在于变形协调方程的建立。

例 8-7　两端固定的 AB 杆(图 8-25(a)),其长度为 l,杆横截面面积为 A,材料的弹性模量为 E,线膨胀系数为 a。试求温度升高 ΔT 时,杆内的温度应力。

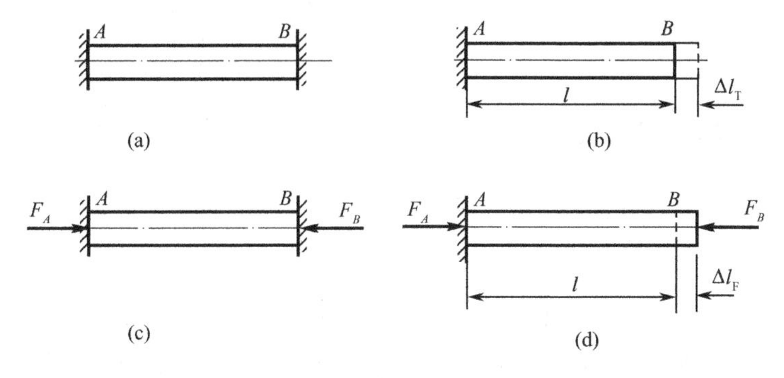

图 8-25

解　温度升高 ΔT,杆将伸长 Δl_T,因固定端约束的抵挡,杆不能自由伸长,这相当于在杆的两端各加一个压力,把这段伸长压缩回去。

由静力平衡方程 $\sum X=0$,得

$$F_A - F_B = 0$$

且令

$$F_A = F_B = F$$

此式不能确定 F 的数值,故是超静定问题,需要建立一个补充方程。由于 AB 杆的总长度没有变化,如果用 Δl_F 表示 AB 杆受到压力 F 后的缩短,则得变形协调条件:

$$\Delta l_T = \Delta l_F$$

而

$$\Delta l_T = a\Delta T l$$

变形与力间的物理关系

$$\Delta l_F = \frac{Fl}{EA}$$

将其代入变形协调关系,得

$$a\Delta T l = \frac{Fl}{EA}$$

解得

$$F = aEA\Delta T$$

由此可得杆中的温度应力

$$\sigma = \frac{F}{A} = aE\Delta T$$

若杆的材料为碳钢,其 $a=12.5\times10^{-6}/℃$,$E=200\times10^9\text{N/m}^2$,当温度升高 $\Delta T=40°\text{C}$ 时,杆内的温度应力为

$$\sigma = aE\Delta T = 12.5\times10^{-6}\times200\times10^9\times40 = 100\times10^6(\text{N/m}^2) = 100(\text{MPa})$$

可见,当 ΔT 较大时,温度应力的数值非常可观,不能忽视。为避免过高的温度应力,常在化工厂高温输送管道间插入膨胀节(图 8-26),使管道有自由伸缩的可能,以减小温度应力。

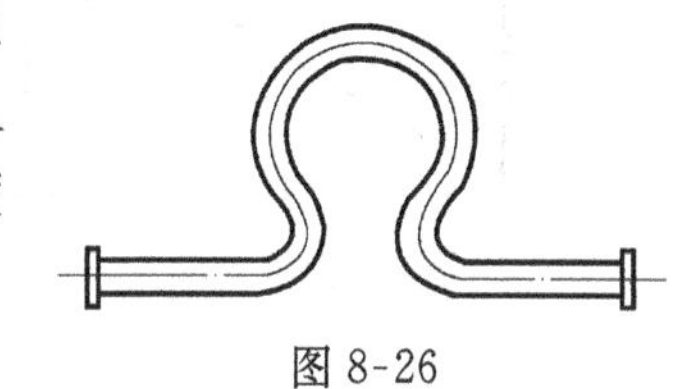

图 8-26

习　　题

8-1　如题 8-1 图所示,用截面法求下列各杆指定截面的内力。

8-2　一长为 30cm 的钢杆,其受力情况如题 8-2 图所示,已知杆横截面面积 $A=10\text{cm}^2$,材料的弹性模量 $E=200\text{GPa}$,求:①AC、CD、DB 各段的应力和变形;②AB 杆的总变形。

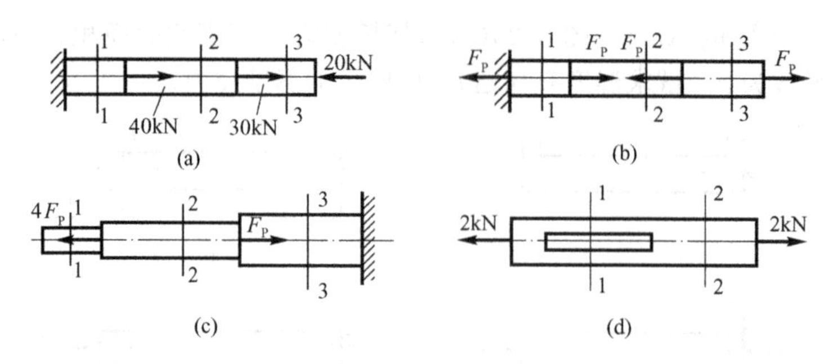

题 8-1 图

8-3　一圆截面阶梯杆受力如题 8-3 图所示，已知材料的弹性模量 E=200GPa，试求各段的应力和应变。

8-4　作用于题 8-4 图所示零件上的拉力 F=40kN，试问零件内哪个截面上的拉应力最大？其值为多少？

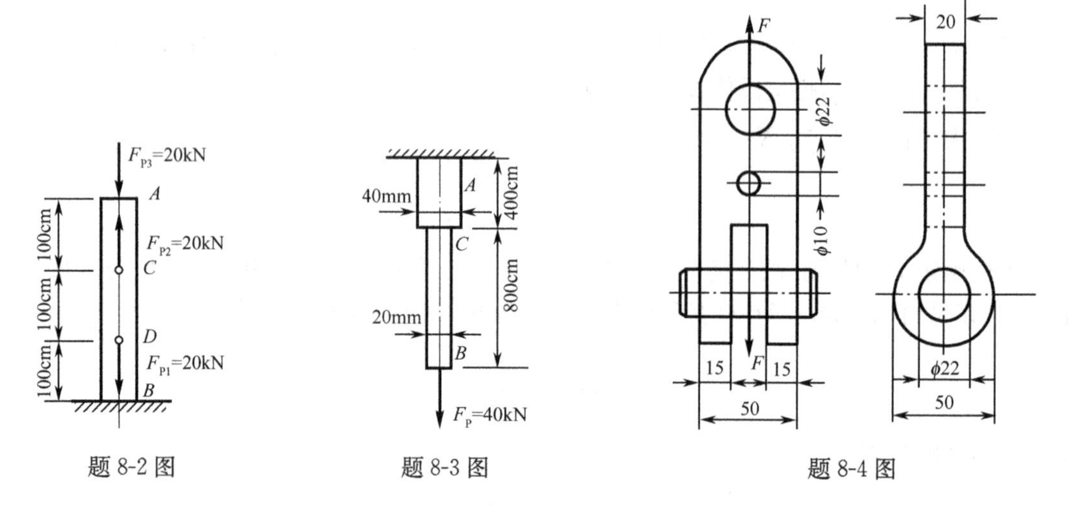

题 8-2 图　　题 8-3 图　　题 8-4 图

8-5　如题 8-5 图示三角形支架，杆 AB 和 BC 都是圆截面杆，杆 AB 直径 d_{AB}=20mm，杆 BC 直径 d_{BC}=40mm，两杆都由 Q235 钢制成。设重物受重力 G=20kN，Q235 钢的[σ]=160MPa。问支架是否安全。

8-6　一汽缸如题 8-6 图所示，其内径 D=560mm，汽缸内的气体压强 p=250N/cm^2，活塞杆直径 d=100mm，所用材料的屈服极限 σ_s=300MPa。①求活塞杆的正应力和工作的安全因数；②若连接汽缸与汽缸盖的螺栓直径 d_1=30mm，螺栓所用材料的许用应力[σ]=60MPa，求所需的螺栓数。

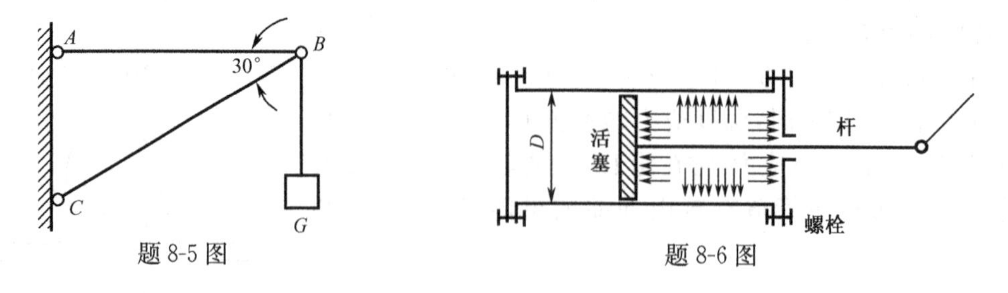

题 8-5 图　　题 8-6 图

8-7　如题 8-7 图所示结构中 BC 和 AC 都是圆截面直杆，直径均为 d=20mm，材料都是 Q235 钢，其许用应力[σ]=157MPa。求该结构的许用载荷。

8-8　如题 8-8 图所示结构的 AB 杆为钢杆，其横截面面积 A_1=6cm^2，许用应力[σ]=140MPa；BC 杆为木杆，横截面面积 A_2=300cm^2，许用压应力[σ_c]=3.5MPa。试求最大许可载荷 F_P。

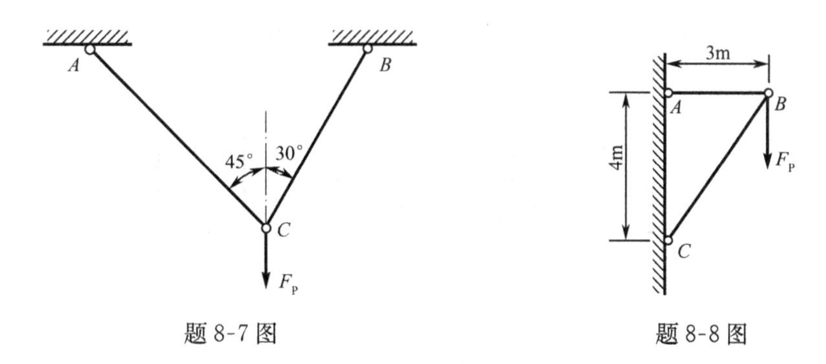

题 8-7 图　　　　题 8-8 图

8-9　如题 8-9 图所示，用一板状试样进行拉伸试验，在试样表面贴上纵向和横向的电阻丝片来测定试样的应变。已知 $b=30\text{mm}$，$h=4\text{mm}$；每增加 3000N 的拉力时，测得试样的纵向应变 $\varepsilon_1=120\times10^{-6}$，横向应变 $\varepsilon_2=-38\times10^{-6}$。求试样材料的弹性模量 E 和泊松比 μ。

8-10　如题 8-10 图所示为一水塔的结构简图，水塔重 $G=400\text{kN}$，支承于杆 AB 及 CD 上，并受到水平方向的风力 $F_P=100\text{kN}$ 作用。设各杆材料为钢，许用应力为 $[\sigma]=100\text{MPa}$。求各杆所需的横截面面积。

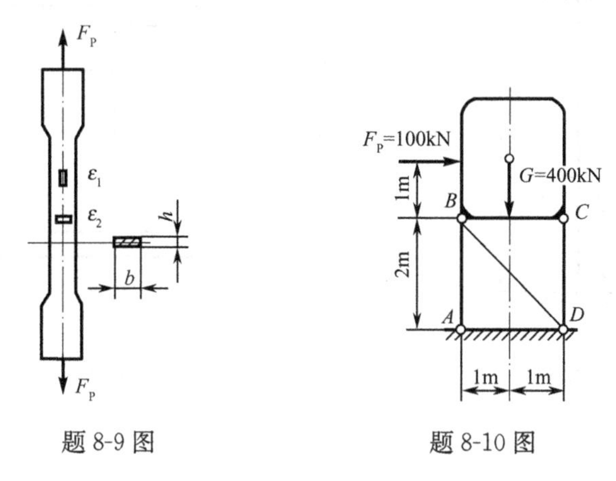

题 8-9 图　　　　题 8-10 图

8-11　如题 8-11 图所示结构中梁 AB 的变形及质量可忽略不计。杆 1 为钢质圆杆，直径 $d_1=20\text{mm}$，$E_{钢}=200\text{GPa}$；杆 2 为铜质圆杆，直径 $d_2=25\text{mm}$，$E_{铜}=100\text{GPa}$。问：①载荷 F_P 加在何处，才能使钢梁 AB 受力后仍保持水平；②若此时 $F_P=30\text{kN}$，求两杆内横截面上的正应力。

8-12　如题 8-12 图所示结构，假设梁 AB 为刚体，杆 1 及杆 2 由同一材料做成，其$[\sigma]=160\text{MPa}$，$F_P=40\text{kN}$，$E=210\times10^9\text{N/m}^2$。求：①两杆所需要的横截面面积；②使刚梁 AB 受力后保持水平，两杆应需的横截面面积。

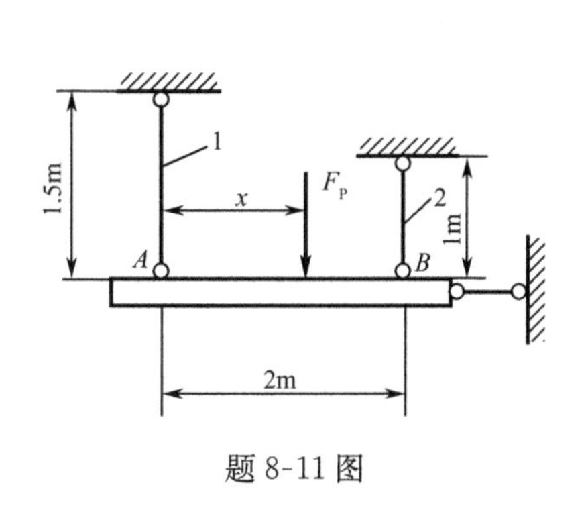

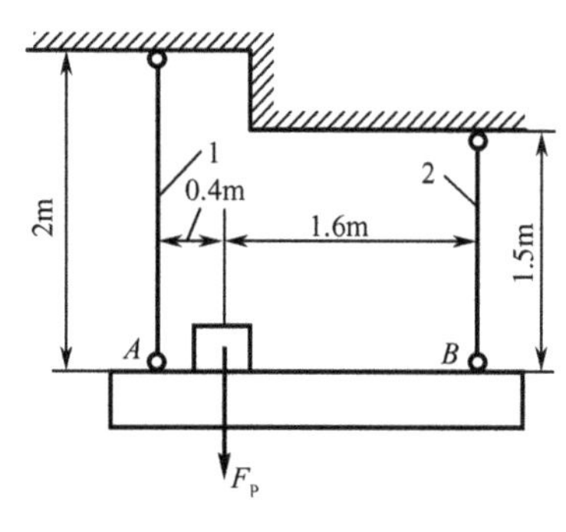

题 8-11 图　　　　题 8-12 图

8-13　如题 8-13 图所示，两根材料不同但截面尺寸相同的杆件，同时固定连接于两端的刚性板上，且 $E_1>E_2$，若使两杆都为均匀拉伸，求拉力 F_P 的偏心距 e。

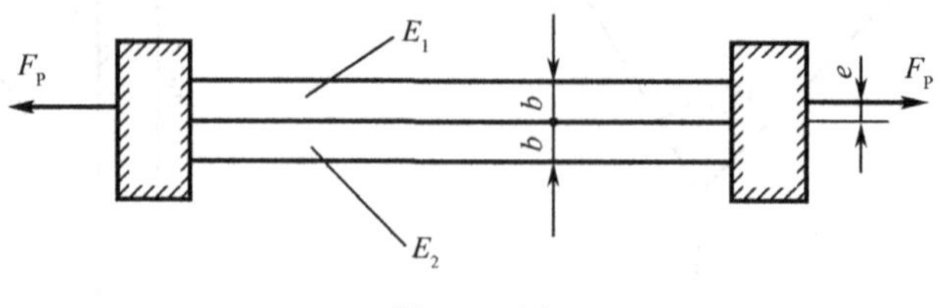

题 8-13 图

8-14　如题 8-14 图所示，上段由铜下段由钢所做成的杆，其两端固定，在两段连接的地方受到力 $F_P=100\text{kN}$ 的作用，设杆的横截面面积都为 $A=20\text{cm}^2$。求杆各段内横截面上的应力。

8-15　两钢杆如题 8-15 图所示，已知截面面积 $A_1=1\text{cm}^2$，$A_2=2\text{cm}^2$；材料的弹性模量 $E=210\text{GPa}$，线膨胀系数 $a=12.5\times10^{-6}$℃。当温度升 30℃时，试求两杆内的最大应力。

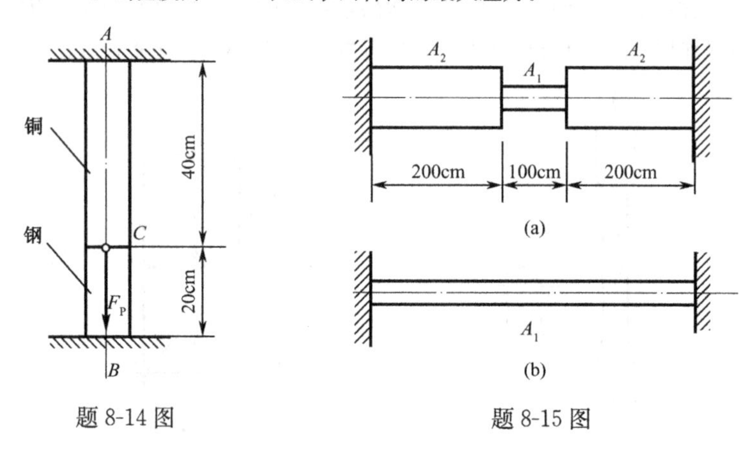

题 8-14 图　　　　题 8-15 图

第9章　扭　　转

9.1　扭转外力和内力的计算

9.1.1　概述

工程中有些杆件工作时处于受扭的状态。例如，搅拌器的主轴(图 9-1(a))，上端受驱动力偶 M_e 作用，下端受作用在桨叶上的一对阻力 F_P 形成的阻力偶作用。这两个力偶都作用在垂直于杆轴线的平面内，使杆的横截面发生绕轴线的相对转动(图 9-1(b))。这就是扭转变形。显然，杆的横截面上的内力合成为绕轴线转的力偶，即扭矩 T (图 9-1(c))。

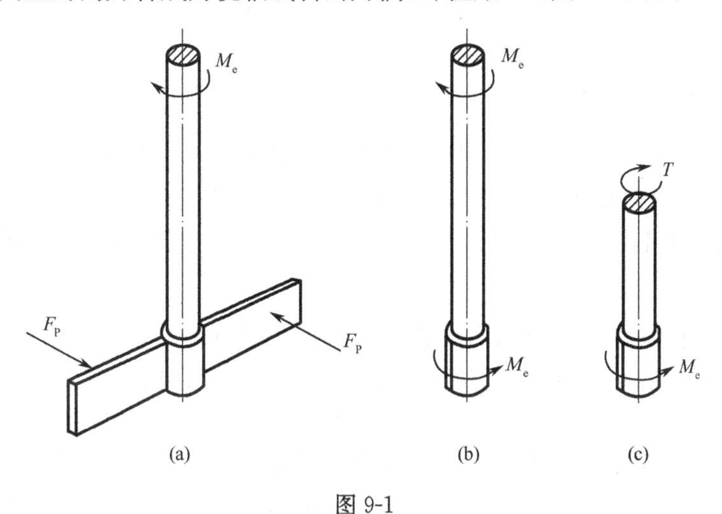

图 9-1

机器上的传动轴(图 9-2)，作用于齿轮上或皮带轮上的外力向轴线平移后产生绕轴线转的驱动力偶及阻力偶，它们的转向相反，因此使传动轴发生扭转变形。由于传动轴上作用的力除力偶外还有横向力，所以传动轴除了扭转变形外还有其他变形，但扭转变形是其主要变形。

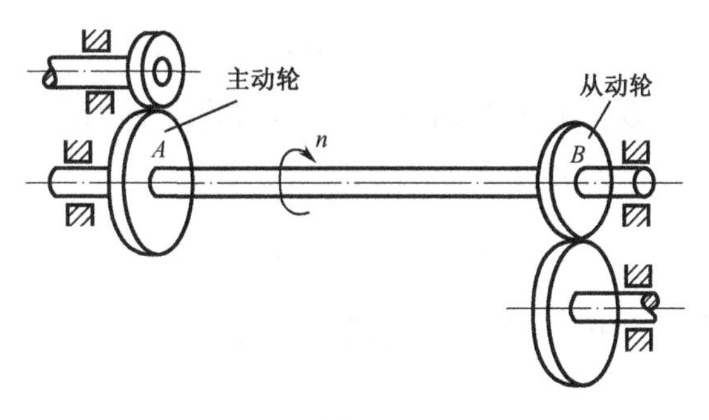

图 9-2

习惯上把以发生扭转变形为主的杆件称为轴。本章只介绍工程中最常用到的等截面圆轴的单纯扭转问题。

9.1.2　扭转外力偶矩的计算

在工程计算中，作用于轴上的外力偶矩往往不直接给出，而给出轴传递的功率 P(kW)和轴的转速 n(r/min)，换算出作用于轴上的外力偶矩 M_e 的大小。考虑1min内外力偶矩 M_e 做的功为

$$W = M_e\varphi = M_e \cdot 2\pi n$$

而由轴传递的功率 P 可计算出1min内做的功为

$$W = P \cdot 10^3 \cdot 60$$

以上两式所计算的功应该相等，因而

$$M_e = \frac{P \times 10^3 \times 60}{2\pi n} \approx 9550\,\frac{P}{n}(\mathrm{N \cdot m}) \tag{9-1}$$

9.1.3　扭矩的计算、扭矩图

给出作用在轴上的外力偶矩后，用截面法可计算轴的任一横截面上的扭矩。以图9-4(a)所示的传动轴为例，设该轴在 A 处受驱动轮驱动，在 B、C 处带动从动轮。A 处的驱动力偶矩 M_{eA} 应与轴的转向相同，B、C 处的阻力偶矩 M_{eB}、M_{eC} 应与轴的转向相反。由轴的整体平衡方程 $\sum M_x=0$，知 $M_{eA}=M_{eB}+M_{eC}$。

为求 BC 段的扭矩，在该段中作任意横截面1-1，取截面左边部分。由于外力仅有绕轴线转的力偶，故截面上的内力分量也仅有一个绕轴线转的力偶即扭矩。

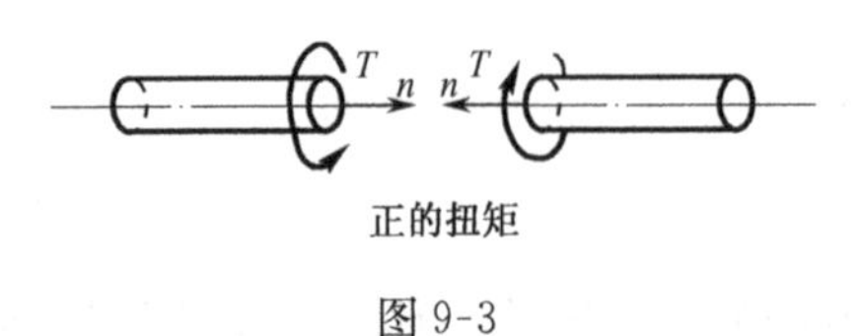

图 9-3

扭矩的正、负号规定为：

因扭转使杆件的纵向线变形成右手螺旋线时，相应截面上的扭矩为正，反之为负。按此规定，当扭矩矢量的方向与横截面的外法线 n 方向一致时，该扭矩为正，反之为负。图9-3所示为正的扭矩。

按正方向假设该截面上的扭矩 T_1 (图9-4(b))，由平衡方程 $\sum M_x=0$ 得

$$T_1 = M_{eB}$$

再求 AC 段的扭矩，在该段中作任意横截面2-2，取截面左边部分，按正方向假设该截面上的扭矩 T_2(图9-4(c))。由平衡方程 $\sum M_x=0$ 得

$$T_2 = M_{eB} - M_{eA} = -M_{eC}$$

也可取2-2截面右边部分，仍按正方向假设扭矩 T_2(图9-4(d))，由平衡方程 $\sum M_x=0$，同样得到 $T_2=-M_{eC}$。

最后，以与轴线平行的轴为 x 轴，画出扭矩 T 随横截面坐标变化的函数图像(图9-4(e))，该图称为扭矩图。

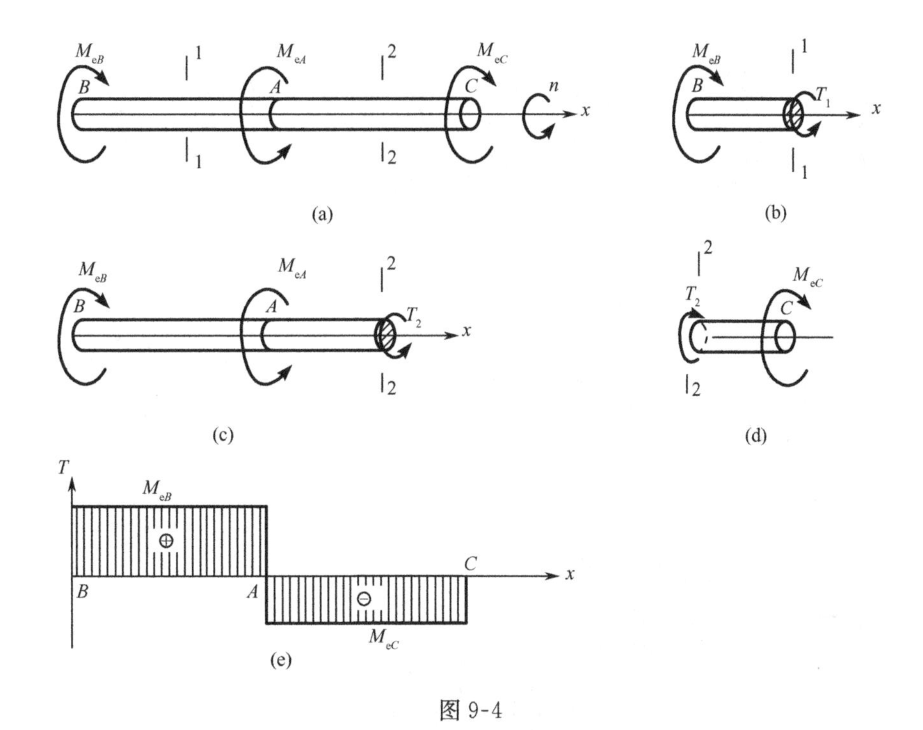

图 9-4

例 9-1 图 9-5(a)所示传动轴，在轮 C 处输入功率，在轮 A、B、D 处分别输出功率 2kW、3kW 和 4kW。轴的转速 n=180r/min。作该轴的扭矩图。

解 1）先计算外力偶矩。由于轴在稳定运转时，总输入功率等于各输出功率之和，于是

$$P_C = P_A + P_B + P_D = 2 + 3 + 4 = 9(\text{kW})$$

由式(9-1)计算出外力偶矩为

$$M_{eA} = 9550 \times \frac{2}{180} = 106.1(\text{N}\cdot\text{m}), \qquad M_{eB} = 9550 \times \frac{3}{180} = 159.2(\text{N}\cdot\text{m})$$

$$M_{eC} = 9550 \times \frac{9}{180} = 477.5(\text{N}\cdot\text{m}), \qquad M_{eD} = 9550 \times \frac{4}{180} = 212.2(\text{N}\cdot\text{m})$$

2）分别作横截面 1-1、2-2、3-3，切出截面某一边的轴段为研究对象，如图 9-5(b)、(c)、(d)所示，在截面上分别按正方向假设未知扭矩 T_1、T_2、T_3。由平衡方程 $\sum M_x=0$ 得以下方程：

$$T_1 - M_{eA} = 0$$

$$T_2 - M_{eA} - M_{eB} = 0$$

$$-T_3 - M_{eD} = 0$$

解得

$$T_1 = M_{eA} = 106.1(\text{N}\cdot\text{m})$$

$$T_2 = M_{eA} + M_{eB} = 106.1 + 159.2 = 265.3(\text{N}\cdot\text{m})$$

$$T_3 = -M_{eD} = -212.2(\text{N}\cdot\text{m})$$

由于假设未知扭矩时均按正方向假设，所以解出的上述代数值的正、负号已与材料力学的规定一致。

3）取 x 轴与杆轴线平行，按 T_1、T_2、T_3 的代数值画出图像，即为该轴的扭矩图(图 9-5(e))。

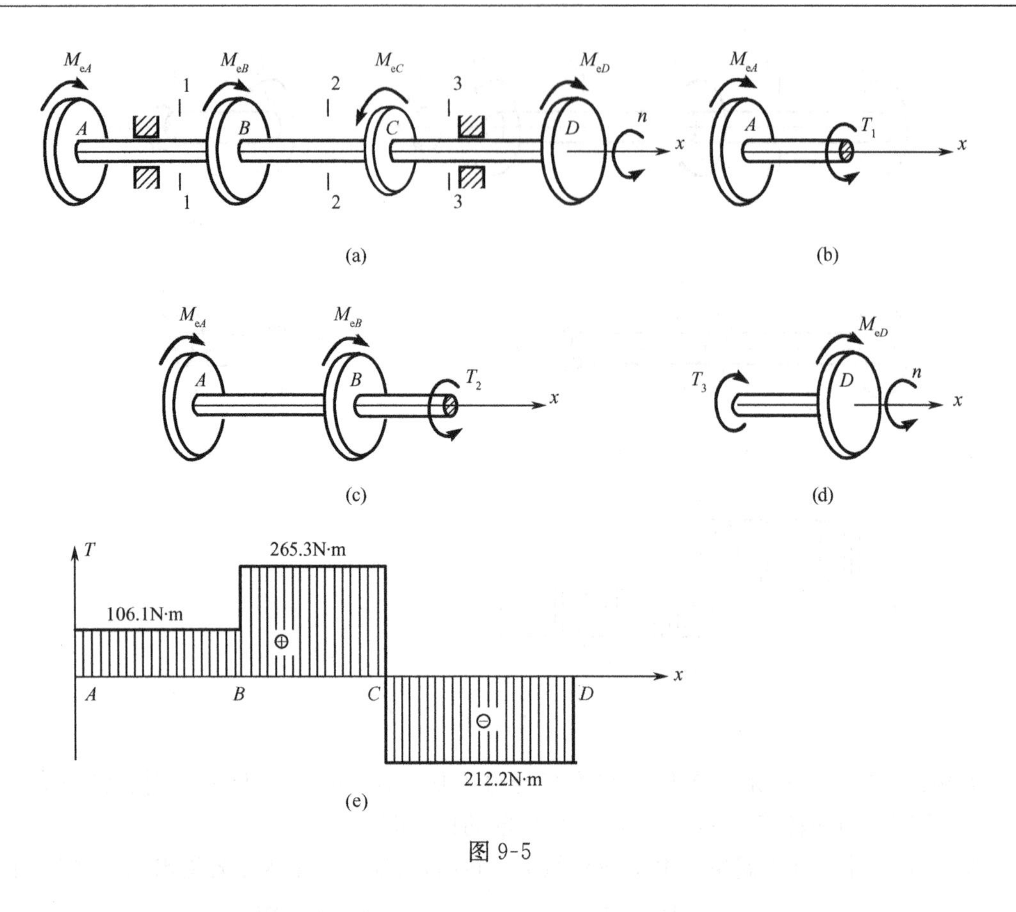

图 9-5

9.2 圆轴扭转时的应力和强度条件

9.2.1 圆轴扭转时的切应力

当圆轴承受绕轴线转动的外力偶作用时，轴将产生扭转变形。取一圆轴，在其表面画出圆周线和纵向平行线（图 9-6），再使其发生扭转变形。当变形不大时，可以看到以下现象：圆周线的形状和大小不变，两相邻圆周之间的距离不变，仅发生相对转动；纵向线仍互相平行，但都倾斜了同一个角度。这说明圆轴扭转时没有轴向拉压变形，因而可以判断，圆轴各横截面上没有正应力，只有切于横截面的切应力 τ，它组成与外加扭转力偶矩相平衡的内力系。同时，圆轴扭转后，各纵向线都倾斜同一个角度这一现象，说明横截面内同一圆周上各点的切应力 τ 大小相同。

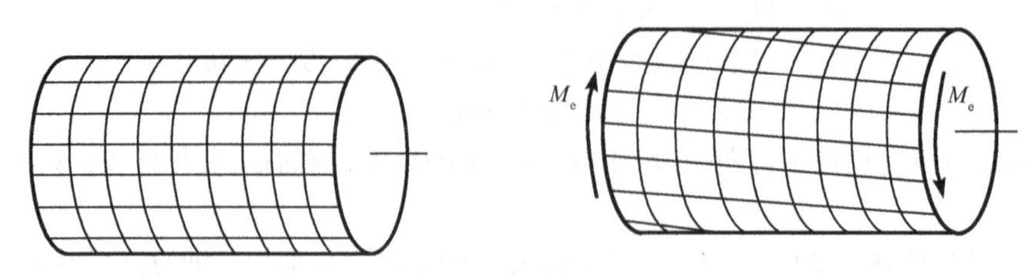

图 9-6

9.2.2 切应力互等定理

圆轴扭转时，不仅横截面上存在切应力，在通过轴线的纵向截面上也将存在切应力。这是平衡所要求的。

如果用圆轴相邻的两个横截面、两个纵向截面以及两个圆柱面，可从受扭圆轴上截取一微元，称为单元体，如图 9-7 所示。单元体的左、右两侧面是圆轴横截面的一部分，上面只有切应力 τ。两个切应力数值相等但方向相反，它们与其作用面积相乘后组成一个力偶，其矩为$(\tau\mathrm{d}y\mathrm{d}z)\mathrm{d}x$。为保持平衡，在单元体与纵向截面对应的一对面上，必然存在着数值相等但方向相反的切应力 τ'，组成力偶矩为$(\tau'\mathrm{d}x\mathrm{d}z)\mathrm{d}y$的力偶。由平衡方程 $\sum M=0$，得

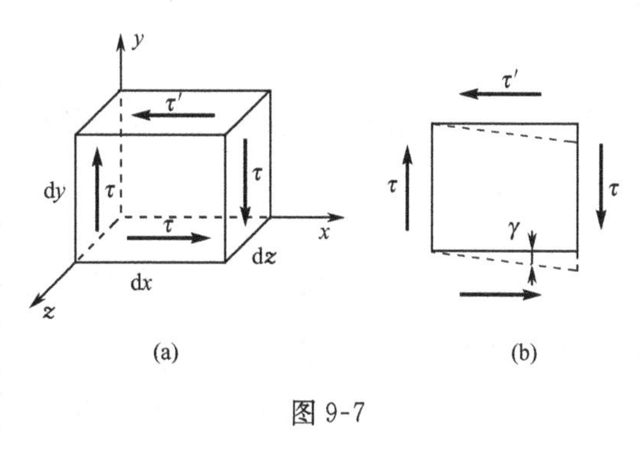

图 9-7

$$(\tau\mathrm{d}y\mathrm{d}z)\mathrm{d}x=(\tau'\mathrm{d}x\mathrm{d}z)\mathrm{d}y$$

$$\tau=\tau' \tag{9-2}$$

这一结果表明，在相互垂直的两个平面上，切应力必然成对存在，且数值相等；两者都垂直于平面交线，方向共同指向或共同背离这一交线。这就是**切应力互等定理**，或称**切应力成对定理**。

木材试样扭转的破坏现象，可以证明圆轴扭转时纵向截面上确实存在切应力。沿木材顺纹方向截取的圆截面试样，在承受扭转发生破坏时，将沿纵向截面发生破坏，这种破坏就是由切应力造成的。

在上述单元体的上、下、左、右四个侧面上，只有切应力存在，前、后两个面上无应力，这种应力状态称为**纯剪切**。其上的切应力将使单元体的直角发生变化(图 9-7(b))，直角的改变量 γ 即为**切应变** γ。实验表明，当切应力不超过材料的剪切比例极限时，切应变 γ 与切应力 τ 呈线性关系，可以写成

$$\tau=G\gamma \tag{9-3}$$

这就是第 7 章已叙述的**剪切胡克定律**。

9.2.3 圆轴扭转时的切应力分析

分析圆轴横截面上的切应力，就是要分析横截面上各点的切应力与扭矩、截面形状尺寸之间的关系。虽然横截面上的应力看不见，但可以根据圆轴的扭转变形来推知其横截面上的切应力分布。

1. 变形的几何关系

圆轴扭转的实验现象已表明，其圆柱面上的圆保持不变，只是两个相邻圆绕圆轴的轴线转过一角度。根据这一变形特征，可以假定：圆轴发生扭转变形后，其横截面仍保持为平面，且像刚性平面一样，绕轴线转过一角度，这一假设称**平面假设**。以平面假设为基础导出的应力和变形公式，符合试验结果，且与弹性力学一致，这都足以说明假设的正确性。

下面来看切应变在圆轴内的变化规律。

如图 9-8 所示，用截面 m-m 和 n-n 截出一段长为 $\mathrm{d}x$ 的轴来观察，变形后截面 n-n 相对 m-m转动了一个角度。由于截面 n-n 是做刚性转动，其上的两个半径 O_2C 和 O_2D 仍保持为一直线，它们都转动了同一角度 $\mathrm{d}\varphi$ 而到达新位置 O_2C' 和 O_2D'。这时，圆轴表面上的矩形 $ABCD$ 的直角发生改变，其改变量 γ 就是切应变。由如图 9-8(c)所示的楔形单元，可以得到

$$\gamma=\frac{CC'}{AC}=\frac{r\mathrm{d}\varphi}{\mathrm{d}x} \tag{a}$$

用同样的方法，可以求得在距离轴线为 ρ 的地方，其切应变为

$$\gamma_\rho=\frac{\rho\mathrm{d}\varphi}{\mathrm{d}x} \tag{b}$$

这就是圆轴扭转时切应变沿半径方向的变化规律。对于一个给定的截面，式中的$\frac{\mathrm{d}\varphi}{\mathrm{d}x}$为一常数。所以式(b)表明，横截面上任意点的切应变 γ 与该点到圆心的距离 ρ 成正比。知道了切应变的变化规律后，根据应力、应变的物理关系，便可得到切应力的变化规律。

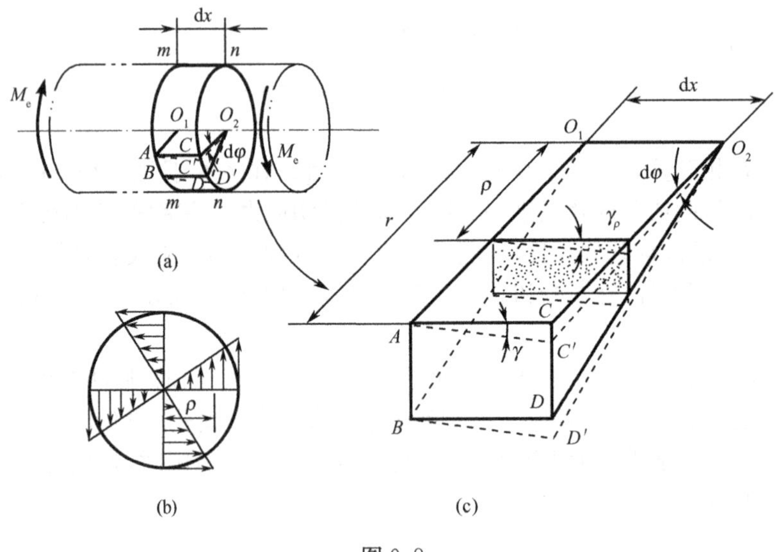

图 9-8

2. 物理关系

当切应力不超过材料的剪切比例极限时，切应力与切应变服从剪切胡克定律，即

$$\begin{aligned}\tau_\rho&=G\gamma_\rho\\ \tau_\rho&=G\rho\frac{\mathrm{d}\varphi}{\mathrm{d}x}\end{aligned} \tag{c}$$

可以看到，圆轴扭转时横截面上切应力与该点到圆心的距离成正比，所有距圆心等距的点，其切应力相同。实心圆轴横截面上的切应力分布规律，如图 9-8(c)所示。

式(c)虽然表示了切应力的分布规律，但因式中的$\frac{\mathrm{d}\varphi}{\mathrm{d}x}$尚未知道，要求得切应力，还必须借助圆轴横截面上的静力学关系。

3. 静力学关系

圆轴扭转时,平衡外力偶矩的扭矩,是由横截面上无数的微剪力组成的,如图 9-9 所示。在距圆心 ρ 的点处,取一微面积 $\mathrm{d}A$,则此微面积上的微剪力为 $\tau_\rho \mathrm{d}A$。各微剪力对轴线之矩的总和为该截面上的扭矩,即

$$\int_A \rho\, \tau_\rho \mathrm{d}A = T$$

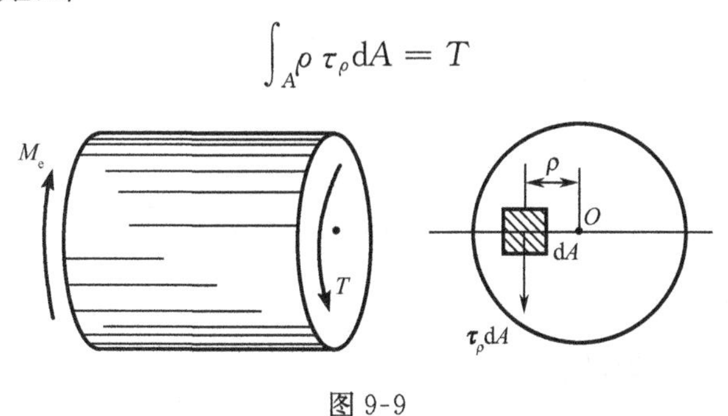

图 9-9

将式(c)代入,则
$$\int_A \rho\, \tau_\rho \mathrm{d}A = \int_A G\rho^2 \frac{\mathrm{d}\varphi}{\mathrm{d}x}\mathrm{d}A = T$$

上式中的 A 是整个横截面的面积,而 G 和$\frac{\mathrm{d}\varphi}{\mathrm{d}x}$均为常数,可以将其提到积分号外,得

$$G\frac{\mathrm{d}\varphi}{\mathrm{d}x}\int_A \rho^2 \mathrm{d}A = T \tag{d}$$

其中,$\rho^2 \mathrm{d}A$ 是一个只与横截面的几何形状、尺寸有关的量,称为横截面对形心的**极惯性矩**,用 I_P 表示,即令

$$\int_A \rho^2 \mathrm{d}A = I_P \tag{e}$$

其中,I_P 常用的单位是 cm^4,对于任一已知的截面,I_P 为常数,因此式(d)可写为

$$\frac{\mathrm{d}\varphi}{\mathrm{d}x} = \frac{T}{GI_P} \tag{f}$$

式中的$\frac{\mathrm{d}\varphi}{\mathrm{d}x}$是扭转角沿 x 轴的变化率,GI_P 称为圆轴的**抗扭刚度**,它反映了圆轴抵抗扭转变形的能力。将式(f)代入式(c),得

$$\tau_\rho = G\rho\frac{\mathrm{d}\varphi}{\mathrm{d}x} = \frac{T\rho}{I_P} \tag{9-4}$$

这就是圆轴扭转时横截面上任意点的切应力表达式。式中的 T 为该截面上的扭矩,ρ 为该点到圆心的距离。剩下的问题是 I_P 如何计算。

I_P 可由式(e)积分求得。因 $\mathrm{d}A=\rho \mathrm{d}\rho \mathrm{d}\varphi$,在横截面上积分得:

直径为 d 的实心截面圆轴

$$I_P = \frac{\pi d^4}{32} \tag{9-5}$$

内、外径分别为 d、D 的空心圆轴

$$I_P = \frac{\pi}{32}(D^4 - d^4) = \frac{\pi D^4}{32}(1-\alpha^4), \qquad \alpha = \frac{d}{D} \tag{9-6}$$

至此，圆轴扭转时横截面上任意点处的切应力便可计算了。

9.2.4　圆轴扭转时的强度条件

为了使承受扭转变形的圆轴能正常工作，要求轴内的最大切应力必须小于材料的许用切应力$[\tau]$，因此，圆轴扭转时的强度条件为

$$\tau_{\max} \leqslant [\tau] \tag{9-7}$$

显然，等截面圆轴的最大切应力发生在绝对值最大的扭矩所在截面的周边各点处，此时$\rho=r$，切应力

$$\tau_{\max} = \frac{T}{I_P}r = \frac{T}{I_P/r} = \frac{T}{W_P} \leqslant [\tau] \tag{9-8}$$

其中，$W_P=\dfrac{I_P}{r}$，称为**抗扭截面系数**。

对于直径为d的实心截面圆轴

$$W_P = \frac{\pi d^3}{16}$$

对于内、外径分别为d、D的空心圆轴

$$W_P = \frac{\pi D^3}{16}(1-\alpha^4), \qquad \alpha = \frac{d}{D}$$

必须指出，在阶梯轴的情况下，因各段的W_P不同，$\tau_{\max}$不一定发生在最大扭矩所在的截面上，须综合考虑W_P和T两个因素确定$\tau_{\max}$。

例 9-2　一钢制阶梯状轴(图 9-10(a))，若材料的许用切应力$[\tau]=60\text{MPa}$。试校核轴的强度。

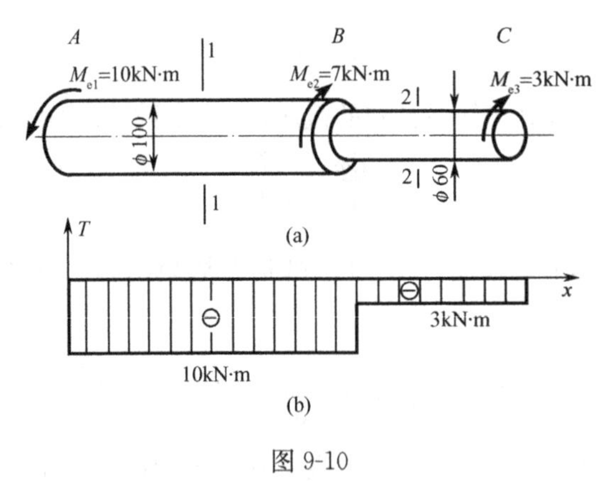

图 9-10

解　1) 计算扭矩。

用截面法并考虑扭矩的正、负号后，求得AB段和BC段内任一截面上的扭矩为

$$T_{AB}=-10\text{kN}\cdot\text{m}, \qquad T_{BC}=-3\text{kN}\cdot\text{m}$$

由此可作扭矩图(图 9-10(b))。

2) 求最大切应力。

最大扭矩在AB段内，但轴为阶梯状的，AB段的截面直径也大。因此须分别计算两段轴上的最大切应力，从而确定全轴的最大切应力作为强度校核的依据。

AB段 $$W_P=\frac{\pi d^3}{16}=\frac{\pi\times100^3}{16}\times10^{-9}=1.963\times10^{-4}(m^3)$$

$$\tau_{max}=\frac{T_{AB}}{W_P}=\frac{10\times10^3}{1.963\times10^{-4}}=50.9(MPa)$$

BC段 $$W_P=\frac{\pi d^3}{16}=\frac{\pi\times60^3}{16}\times10^{-9}=4.24\times10^{-5}(m^3)$$

$$\tau_{max}=\frac{T_{BC}}{W_P}=\frac{3\times10^3}{4.24\times10^{-5}}=70.7(MPa)$$

可见，全段最大的切应力发生在扭矩较小的 BC 段内。

3）校核强度。

$$\tau_{max}=70.7MPa>[\tau]=60(MPa)$$

轴不能满足强度要求。

例 9-3 汽车发动机将功率通过传动轴传给后桥，驱动车轮行驶。设主传动轴所能承受的最大外力偶矩为 $M_e=1.5kN\cdot m$，轴由 Q235 无缝钢管制成，外直径$D=90mm$，壁厚 $\delta=2.5mm$，$[\tau]=60MPa$。求：1)校核空心传动轴的强度；2)若改为实心轴，在具有与空心轴相同的最大切应力的前提下，试确定实心轴的直径；3)确定空心轴和实心轴的重量比。

解 1）校核空心传动轴的强度。

由截面法可求得主传动轴横截面上的扭矩为

$$T=M_e=1.5kN\cdot m$$

内、外直径之比

$$\alpha=\frac{d}{D}=\frac{D-2\delta}{D}=\frac{90-2\times2.5}{90}=0.944$$

因为轴只在两端承受外加力偶，轴各横截面的危险程度相同，其最大切应力均为

$$\tau_{max}=\frac{T}{W_P}=\frac{T}{\pi D^3(1-\alpha^4)/16}=\frac{16\times1.5\times10^3}{\pi\times90^3\times10^{-9}(1-0.944^4)}=50.9(MPa)<[\tau]$$

由此可以得出，主传动轴的强度是安全的。

2）确定实心轴的直径。

实心轴和空心轴须具有相同的最大切应力，则实心轴横截面上的最大切应力只能等于 50.9MPa。若设实心轴直径为 d_1，则

$$\tau_{max}=\frac{T}{W_P}=\frac{T}{\pi d_1^3/16}=\frac{16\times1.5\times10^3}{\pi d_1^3}=50.9\times10^6(Pa)$$

$$d_1=\sqrt[3]{\frac{16\times1.5\times10^3}{\pi\times50.9\times10^6}}=0.0531(m)$$

3）计算实心轴和空心轴的重量比。

由于两者长度相等、材料相同，所以重量比即为横截面的面积比

$$\eta=\frac{W_1}{W_2}=\frac{A_1}{A_2}=\frac{\frac{\pi(D^2-d^2)}{4}}{\frac{\pi d_1^2}{4}}=\frac{90^2-85^2}{53.1^2}=0.31$$

本例讨论：上述结果表明，在其他条件相同的情况下，空心轴比实心轴轻，材料消耗少，这是因为圆轴扭转时横截面上的应力是按直线规律分布的，中心部分的应力很小。若为实心轴，则其

中心部分的材料没有充分利用，而空心轴的材料则得到较充分的利用。因此，从充分利用材料考虑，采用空心圆轴比实心圆轴合理。当然，如将直径较小的长轴加工成空心轴，则因工艺复杂，反而增加成本，并不经济。此外，空心轴的壁厚也不能过薄，否则会发生局部皱折而丧失承载能力。

9.3 圆轴扭转时的变形和刚度条件

9.3.1 圆轴扭转时的变形

圆轴的扭转变形，是用两横截面间绕轴线转过的扭转角 φ 来反映的，扭转角的计算问题，在推导圆轴切应力公式时已近于解决，在此稍加推导即可。

由式(f)，可求得相距 $\mathrm{d}x$ 的两横截面间的相对扭转角为

$$\mathrm{d}\varphi=\frac{T}{GI_{\mathrm{P}}}\mathrm{d}x$$

故相距为 l 的两横截面间的相对扭转角则为

$$\varphi=\int_{l}\mathrm{d}\varphi=\int_{l}\frac{T}{GI_{\mathrm{P}}}\mathrm{d}x \tag{9-9}$$

若等圆截面的圆轴在两个横截面间的扭矩为常数，则轴两横截面间的扭转角为

$$\varphi=\frac{Tl}{GI_{\mathrm{P}}} \tag{9-10}$$

其中，扭转角的单位为弧度。有时，轴各段内扭矩 T 并不相同，或者各段的 I_{P} 不同，如阶梯轴，则应分段计算各段的扭转角，然后按代数相加。

9.3.2 圆轴扭转时的刚度条件

机器中的某些轴类零件，除应满足强度要求外，对其变形还有一定要求。即轴的扭转变形不得超过一定限度。例如，车床丝杆的扭转变形过大，会影响车刀进给，降低工件的加工精度。镗床的主轴或磨床的传动轴扭转角过大，将引起振动，影响工件的加工精度。对于精密机械，刚度要求往往起着主要作用。

从式(9-10)可以看出，φ 的大小与 l 的长短有关，为了消除长度的影响，工程中采用单位长度的相对扭转角 φ' 的最大值不能超过某一许用值作为扭转杆件应满足的刚度条件，即

$$\varphi'_{\max}\leqslant[\varphi'] \tag{9-11}$$

对于等直圆轴，其最大的单位长度的相对扭转角发生在扭矩最大处，可用公式(9-10)计算：

$$\varphi'_{\max}=\frac{T_{\max}}{GI_{\mathrm{P}}}\leqslant[\varphi'] \tag{9-12}$$

刚度计算中要注意单位的一致性。式中 φ' 和单位长度的许用扭转角$[\varphi']$的单位都为 rad/m (弧度/米)，但在工程实际中的常用单位是°/m(度/米)。如果把式(9-12)中的弧度换成度，得

$$\varphi'_{\max}=\frac{T_{\max}}{GI_{\mathrm{P}}}\times\frac{180}{\pi}\leqslant[\varphi'](^{\circ}/\mathrm{m}) \tag{9-13}$$

各种轴类零件的$[\varphi']$值可从有关设计手册中查到。

刚度条件可用于圆轴的刚度校核或选择截面。对于要求精密的轴，其$[\varphi']$值较小，故它的

截面尺寸常常由刚度条件所决定。

例 9-4 一等直钢制传动轴(图 9-11),材料的剪切弹性模量 $G=80\text{GPa}$。试计算扭转角 φ_{BC}、φ_{AB}、φ_{AC}。

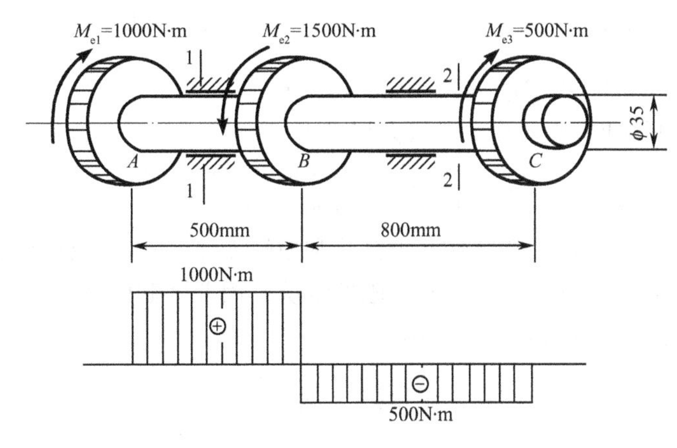

图 9-11

解 在计算 φ_{BC} 和 φ_{AB} 时,可直接应用公式(9-1),因为在 BC 段和 BA 段分别有常量的扭矩。但计算 φ_{AC} 时,就必须利用 φ_{BC}、φ_{AB} 来求得。

1) 计算扭矩。用截面法并按扭矩正、负号的规定,可算得 AB、BC 段任一横截面上的扭矩为

$$T_{AB}=+1000\text{N}\cdot\text{m},\qquad T_{BC}=-500\text{N}\cdot\text{m}$$

由此可作扭矩图(图 9-11)。

2) B 轮对 C 轮的扭转角为

$$I_{\text{P}}=\frac{\pi d^4}{32}=\frac{\pi}{32}\times 35^4\times 10^{-12}=1.47(\text{m}^4)$$

$$\varphi_{BC}=\frac{T_{BC}l_{BC}}{GI_{\text{P}}}=\frac{-500\times 800\times 10^{-3}}{80\times 10^9\times 1.47\times 10^{-7}}=-3.40\times 10^{-2}(\text{rad})$$

3) A 轮对 B 轮的扭转角为

$$\varphi_{AB}=\frac{T_{AB}l_{AB}}{GI_{\text{P}}}=\frac{1000\times 500\times 10^{-3}}{80\times 10^9\times 1.47\times 10^{-7}}=4.25\times 10^{-2}(\text{rad})$$

4) A 轮对 C 轮的扭转角。计算 φ_{AC},只需将 φ_{BC}、φ_{BA} 代数相加,即可求得 A 轮、C 轮之间的扭转角

$$\varphi_{AC}=\varphi_{AB}+\varphi_{BC}=4.25\times 10^{-2}-3.40\times 10^{-2}=8.5\times 10^{-3}(\text{rad})$$

例 9-5 钢制空心圆轴的外径 $D=100\text{mm}$,内径 $d=50\text{mm}$。若要求轴在 2m 长度内的最大相对扭转角不超过 1.5°,材料的切变模量 $G=80.4\text{GPa}$。1)求该轴所能承受的最大扭矩;2)确定此时轴内的最大切应力。

解 1) 确定轴所能承受的最大扭矩。

由已知条件,单位长度的许用扭转角为

$$[\varphi']=\frac{1.5^\circ}{2\text{m}}=\frac{1.5}{2}\times\frac{\pi}{180}(\text{rad/m})$$

空心轴横截面的极惯性矩

$$I_{\text{P}}=\frac{\pi D^4}{32}(1-\alpha^4),\qquad \alpha=\frac{d}{D}=\frac{50}{100}=0.5$$

由刚度条件

$$\varphi' = \frac{T}{GI_P} \leqslant [\varphi']$$

得　　$T \leqslant [\varphi']GI_P = \frac{1.5}{2} \times \frac{\pi}{180} \times 80.4 \times 10^9 \times \frac{\pi \times 100^4 \times 10^{-12}}{32}(1-0.5^4)$

$$T \leqslant 9.688 \times 10^3 (\text{N} \cdot \text{m}) = 9.688(\text{kN} \cdot \text{m})$$

2）轴承受最大扭矩时，横截面上的最大切应力

$$\tau_{max} = \frac{T}{W_P} = \frac{T}{\pi D^3(1-\alpha^4)/16} = \frac{16 \times 9.688 \times 10^3}{\pi \times 100^3 \times 10^{-9}(1-0.5^4)} = 52.6(\text{MPa})$$

最后特别提醒，该章导出的扭转切应力公式和扭转变形公式等，仅适用于圆形截面的受扭构件，且最大切应力不超过材料剪切比例极限的情况。因非圆截面杆扭转时，横截面发生了翘曲，平面假设不再成立，所以公式不再适用。

习　题

9-1　试求题 9-1 图所示各轴 1-1、2-2 截面上的扭矩。

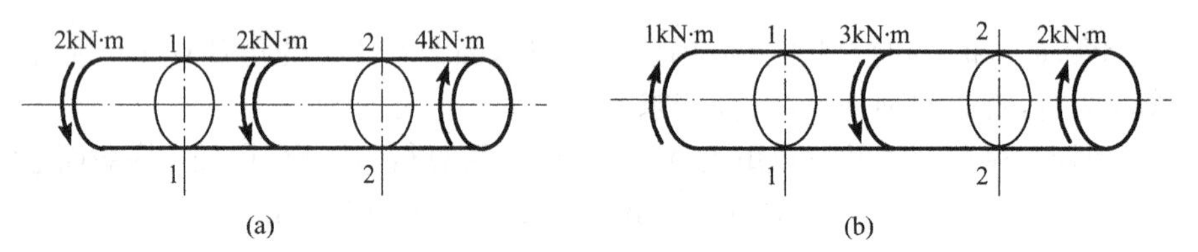

题 9-1 图

9-2　作题 9-2 图所示各轴的扭矩图。

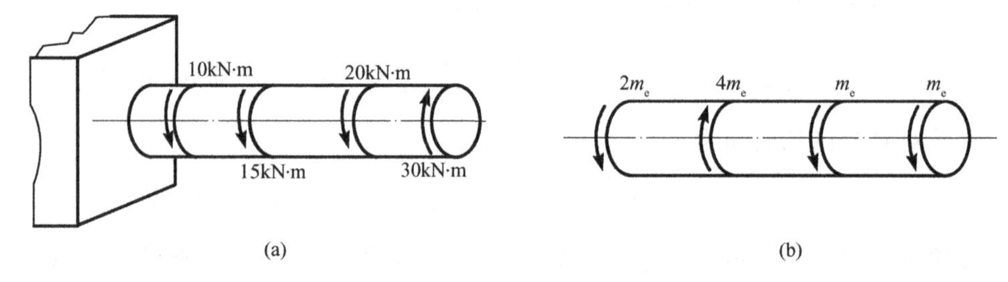

题 9-2 图

9-3　在变速箱中，何以低速轴的直径比高速轴的直径大？

9-4　如题 9-4 图所示，实心圆轴的直径 d=100mm，长 l=1m，两端受力偶矩 M_e=14kN·m 作用，设材料的剪切弹性模量 G=80GPa。求：①最大切应力 τ_{max}；②图示 1-1 截面上 A、B、C 三点切应力的数值及方向。

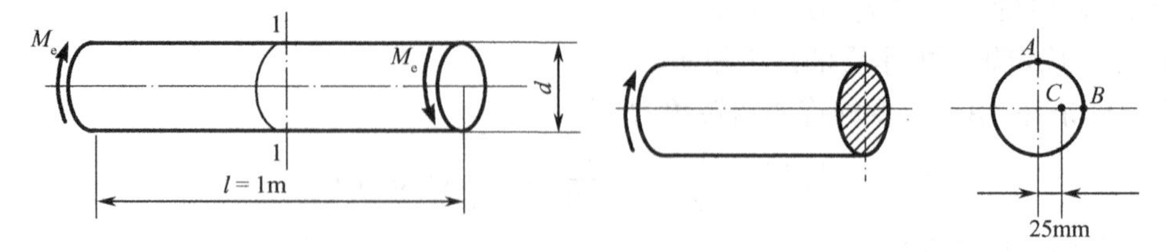

题 9-4 图

9-5　如题 9-5 图所示梯形圆轴，由转速为 600r/min 的电动机带动。在 A 轮输入动力，B、C 轮将动力输出，输入、输出功率分别是 $P_A=36\text{kW}$、$P_B=12\text{kW}$、$P_C=24\text{kW}$。AC 段直径为 $d_1=100\text{mm}$，BA 段直径为 $d_2=75\text{mm}$。求全轴上最大的切应力。

9-6　如题 9-6 图所示，实心轴通过牙嵌离合器把功率传给空心轴。传递的功率 $P=7.5\text{kW}$，轴的转速 $n=100\text{r/min}$，试选择实心轴直径 d_0 和空心轴外径 D_0。已知空心轴内、外径之比 $d/D_0=0.5$，$[\tau]=40\text{MPa}$。

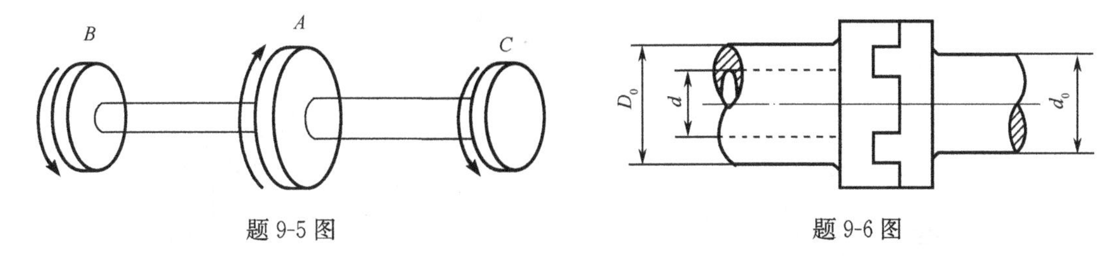

题 9-5 图　　　　题 9-6 图

9-7　一直径 $d=120\text{mm}$ 的实心圆轴以 300r/min 的转速传递 331kW 的功率。如材料的许用切应力 $[\tau]=40\text{MPa}$，许用单位长度扭转角 $[\varphi']=0.5°/\text{m}$，剪切弹性模量 $G=80\text{GPa}$，校核轴是否安全。

9-8　如题 9-8 图所示，一轴系用两段直径 $d=100\text{mm}$ 的圆轴由凸缘和螺栓连接而成。轴扭转时的最大切应力为 70MPa，螺栓的直径 $d_1=20\text{mm}$，并布置在 $D_0=200\text{mm}$ 的圆周上。设螺栓的许用应力 $[\tau]=60\text{MPa}$，求所需螺栓的个数 n。

9-9　汽车的驾驶盘，如题 9-9 图所示，驾驶盘的直径 $D_1=52\text{cm}$，驾驶员每只手作用于盘上的最大切向力 $F_P=200\text{N}$，转向轴材料的许用切应力 $[\tau]=50\text{MPa}$，试设计实心转向轴的直径。若改为 $d/D=0.8$ 的空心轴，则空心轴的内径 d 和外径 D 各为多少？并比较两者的重量。

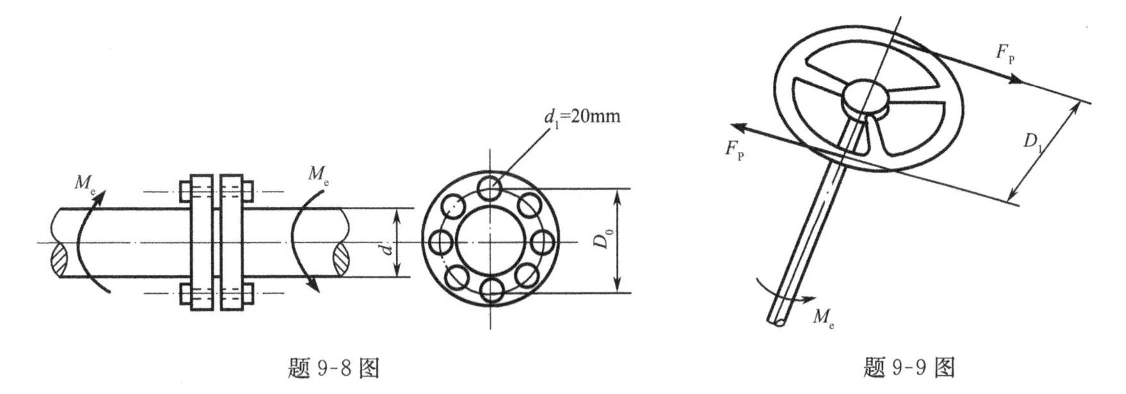

题 9-8 图　　　　题 9-9 图

9-10　如题 9-10 图所示一等直圆杆，已知直径 $d=40\text{mm}$，$a=400\text{mm}$，材料的切变模量 $G=80\text{GPa}$，B、D 截面的相对扭转角 $\varphi_{BD}=1°$。试求：①最大切应力；②截面 A 相对于截面 C 的扭转角 φ_{AC}。

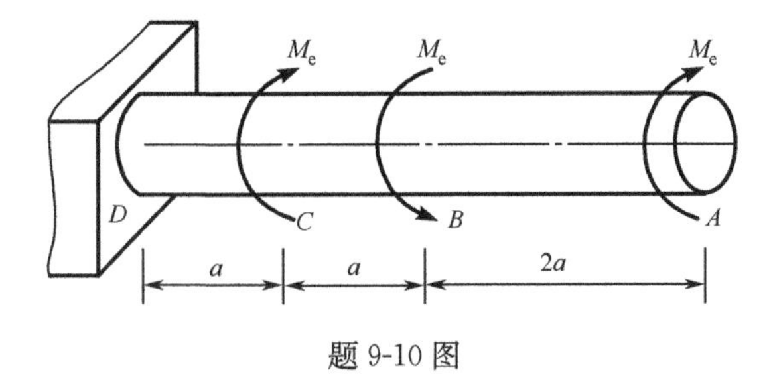

题 9-10 图

9-11　二级齿轮减速箱，如题 9-11 图所示，已知输入功率为 10kW，又知减速箱轴Ⅱ的转速为 1530r/min，轴的直径 $d=2.5\text{cm}$，许用切应力 $[\tau]=30\text{MPa}$。试校核轴Ⅱ的扭转强度。

9-12　题 9-12 图(a)所示两端固定的圆轴 AB，在截面 C 上受矩为 M_e 的扭转力偶作用。试求两固定端的约束力偶矩。

提示：轴的受力图如题 9-12 图(b)所示。若以 φ_{AC} 表示截面 C 对 A 端的扭转角，φ_{CB} 表示 B 端对截面 C 的扭转角，则变形的协调关系是：

$$\varphi_{AB} = \varphi_{AC} + \varphi_{CB} = 0$$

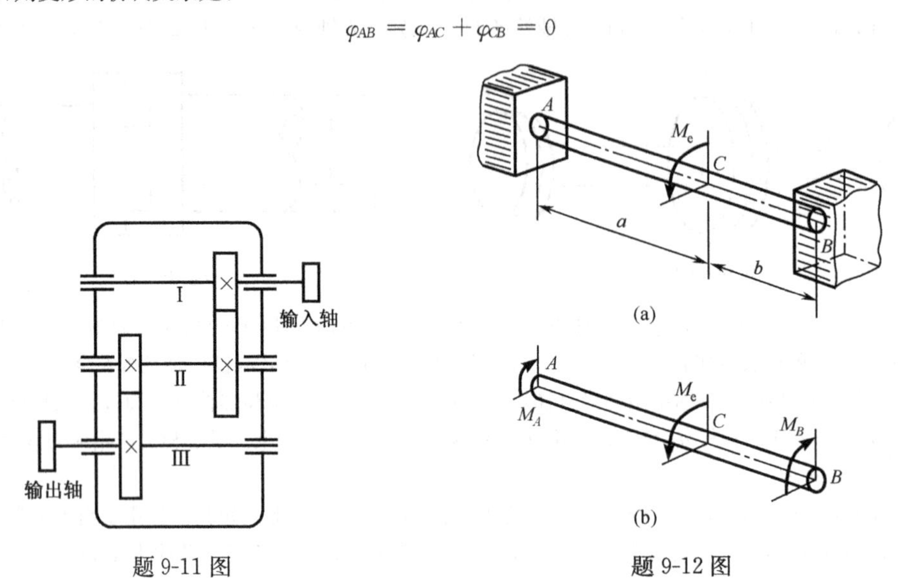

题 9-11 图　　　　题 9-12 图

第 10 章　平 面 弯 曲

10.1　平面弯曲的概念

如果一直杆在通过杆的轴线的一个纵向平面内，受到力偶，或垂直于轴线的外力（即横向力）作用，杆的轴线就变成一条曲线，杆的这种变形称为弯曲变形。在工程实际中，弯曲变形的例子很多，如行车大梁受到自重和被吊重物的重力作用（图 10-1）；高大的塔器受到水平方向风载荷的作用（图 10-2）；火车轮轴受到车厢压力的作用（图 10-3）等，都要发生弯曲变形。凡是在外力作用下产生弯曲变形的，或者以弯曲变形为主的杆件，习惯上都称为梁。

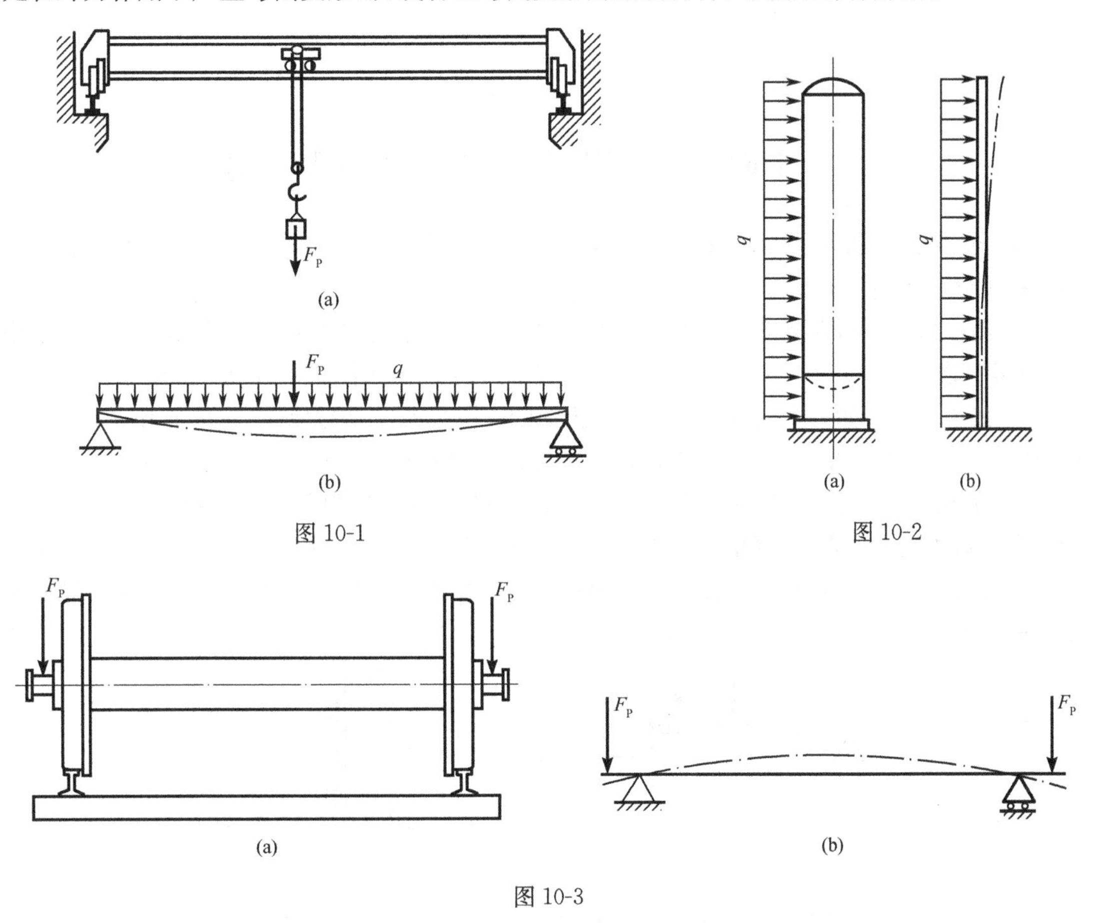

图 10-3

工程中的梁的横截面一般都有一根或几根对称轴（图 10-4(a)）。由横截面的对称轴和梁的轴线组成的平面，称为**纵向对称面**。当力偶或横向力作用在梁的纵向对称面内时（图 10-4(b)），梁的轴线就在纵向对称面内被弯成一条平面曲线，这种弯曲变形称为**平面弯曲**。本章只研究直梁在平面弯曲时的强度和刚度计算。

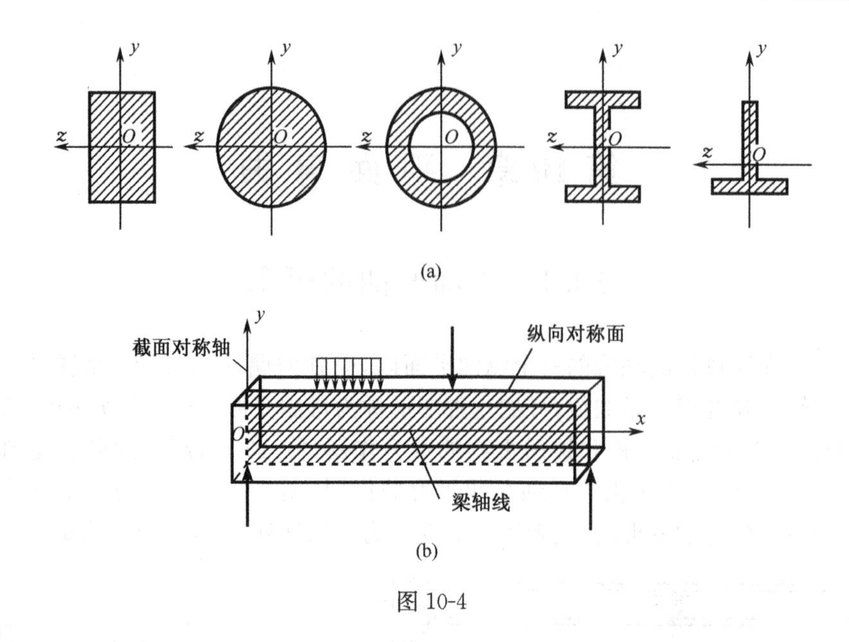

图 10-4

10.2 平面弯曲的内力——剪力和弯矩的计算

要研究梁的弯曲问题,需先确定梁所受的全部外力,即梁的载荷和约束反力。作用在梁上的载荷可分为下面三种:

1) **集中力**。分布在梁的一块极小面积上的力,一般可把它近似地当作作用在一点的集中力(或集中载荷),如图 10-5(a)所示的力 F_P。集中力的单位为牛顿(N),或千牛顿(kN)。

2) **集中力偶**。如果力偶的两力分布在很短的一段梁上,这种力偶就可看作为一个集中力偶,如图 10-5(a)所示的力偶 M_e。力偶矩的单位为牛顿·米(N·m)或千牛顿·米(kN·m)。

3) **分布力**。沿着梁的轴线分布在较长一段范围内的力,通常以沿梁轴线单位长度上所受的力即载荷集度 q 来表示,其单位为牛顿/米(N/m) 或千牛顿/米(kN/m)。图 10-5(b)表示的是均布力,如均质等截面梁的自重;图 10-5(c)表示的是非均布力,如流体对容器单位宽度侧壁上的静压力。

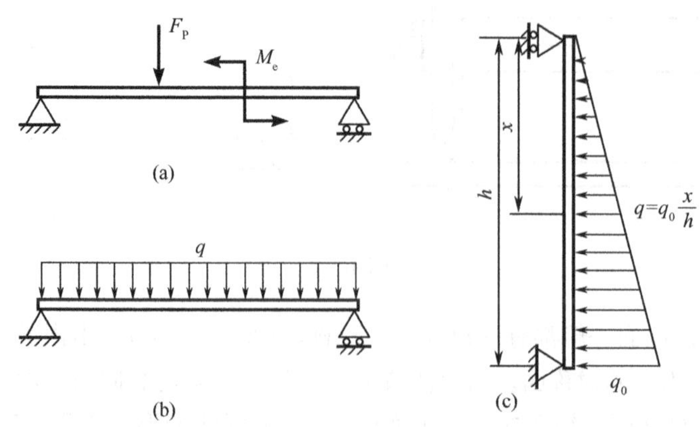

图 10-5

梁的支座可以简化为以下三种典型形式：

1) **固定铰链支座**。例如，止推轴承 A 可简化为固定铰链支座(图 10-6(a))。这种支座可阻止梁在支承处沿水平和竖直方向的移动，但不能阻止梁绕铰链中心的转动。因此固定铰链支座对梁在两个方向起约束作用，相应地就有两个未知的约束反力，即水平反力 F_{Ax} 和竖直反力 F_{Ay}。

2) **活动铰链支座**。例如，径向轴承 A 可简化为活动铰链支座(图 10-6(b))。这种支座能阻止梁沿着支承面法线方向的移动，但不能阻止梁沿着支承面的移动也不能阻止梁绕铰链中心的转动。因此，它对梁只沿支承面的法线方向起着约束作用，相应地就只有一个未知约束反力 F_{Ay}，可简记为 F_A，它通过铰链的中心，并沿着支承面的法线方向。

3) **固定端**。例如，车床卡盘对工件的约束；刀架对车刀的约束；基础对塔器的约束等都可简化为一个固定端约束(图 10-6(c))。这种约束使梁既不能沿水平方向和竖直方向移动，也不能绕某一点转动。所以固定端 A 有三个未知的约束反力，即水平反力 F_{Ax}、竖直反力 F_{Ay} 和约束力偶 M_A。

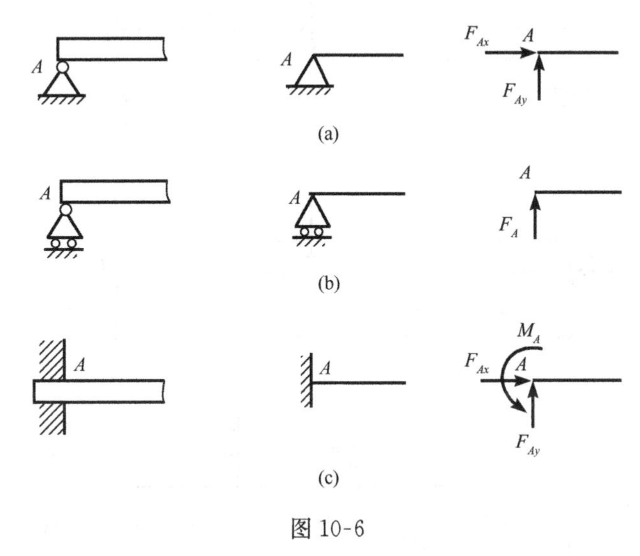

图 10-6

根据梁的支承情况，一般可把梁简化为下列三种力学模型：

1) **简支梁**。一端为固定铰链支座，另一端为活动铰链支座的梁称为简支梁。如图 10-1(a)所示的行车大梁就可简化为一简支梁。因大梁两端的轮子，除了可沿轨道滚动外，当一端的轮缘与轨道接触时，另一端的轮缘与钢轨之间就有一定的空隙，故梁可沿其轴线方向做微小的移动。这样梁的两个支座一个就可看作是固定铰链支座，另一个可看作是活动铰链支座(图 10-1(b))。

2) **外伸梁**。外伸梁的支座和简支梁的完全一样，也有一个固定铰链支座和一个活动铰链支座。所不同的是梁的一端或两端伸出在支座之外，故称为外伸梁。如图 10-3(a)所示的轮轴，就可简化为一外伸梁，其简图如图 10-3(b)所示。

3) **悬臂梁**。一端固定另一端自由的梁称为悬臂梁。如图 10-2(a)所示的高大塔器，就可简化为一悬臂梁，它的力学模型如图 10-2(b)所示。

以上三种梁的未知约束反力只有三个，根据静力平衡条件都可以求出，这种梁称为**静定梁**。

当作用在梁上的所有外力(包括载荷和支座反力)均为已知时就可用截面法求出由外力引起的内力。

设有一行车大梁,若不考虑自重可简化为一受集中力 F_P 作用的简支梁,如图 10-7(a)所示。求梁的内力。

先作梁的受力图,如图 10-7(b)所示。由静力平衡方程可求出梁的支座反力:

$$\sum X=0,\quad F_{Ax}=0$$

$$\sum M_B=0,\quad -F_{Ay}l+F_Pb=0$$

$$\sum M_A=0,\quad F_Bl-F_Pa=0$$

得

$$F_{Ax}=0,\quad F_{Ay}=F_P\frac{b}{l},\quad F_B=F_P\frac{a}{l}$$

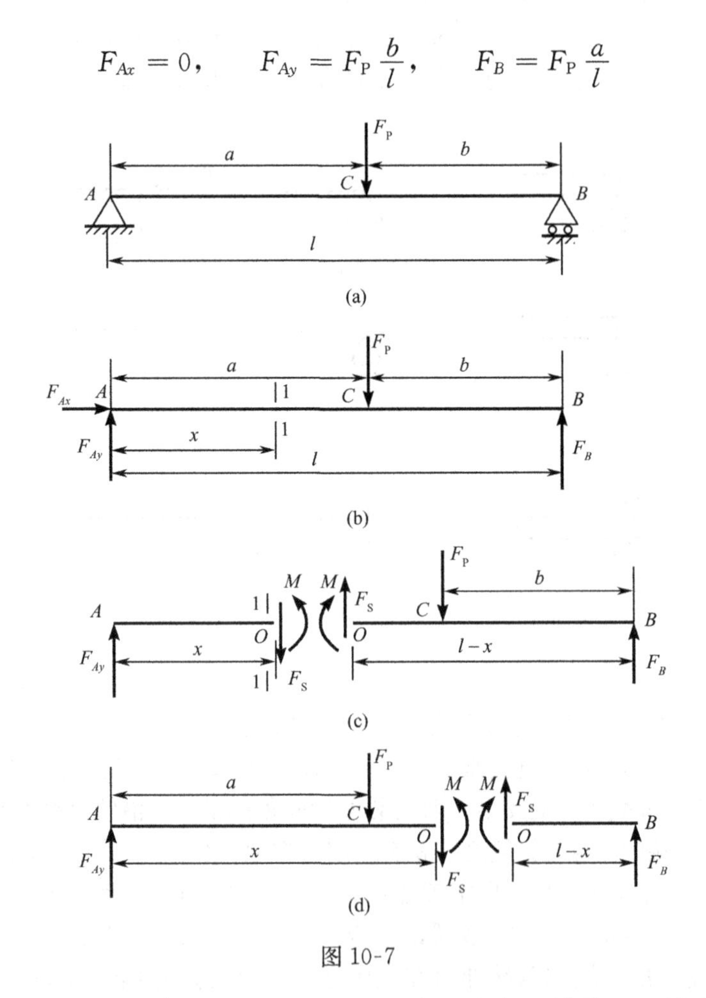

图 10-7

梁的支座反力 F_{Ay} 和 F_B 求得后,即可用截面法求梁在任一横截面上的内力。先研究 AC 段梁的内力。为此在距梁的左端为 x 处($0<x<a$)假想地用一平面沿横截面 1-1 将梁截开,取左边部分为分离体(图 10-7(c))。由于所有外力都位于纵向对称面内,故截面上的内力也在该平面内;且由于外力均垂直于梁的轴线,故截面上的内力分量只有剪力 F_{Sy} 和弯矩 M_z,简记为 F_S 和 M。剪力和弯矩的正、负号规定如下:

剪力 F_S——使杆件微段产生左端向上右端向下的相对错动时,相应横截面上的剪力规定为正,反之为负。按此规定,当剪力相对于横截面的转向为顺时针时为正,反之为负。

弯矩 M——使杆件发生上凹下凸的弯曲变形时,相应的横截面上的弯矩规定为正,反之为负。按此规定,左侧横截面上的弯矩逆时针转为正,右侧横截面上的弯矩顺时针转为正;反之则皆为负。图 10-8 中所示为正的剪力和正的弯矩。

(a) 正的剪力　　(b) 正的弯矩

图 10-8

按正方向假设 1-1 截面上的剪力和弯矩如图 10-7(c)所示。由静力平衡方程

$$\sum Y = 0, \qquad F_{Ay} - F_S = 0$$

得
$$F_S = F_{Ay} = F_P \frac{b}{l} \qquad (0 < x < a)$$

求弯矩 M 时,取横截面形心 O 为矩心,由静力平衡方程

$$\sum M_O = 0, \qquad M - F_{Ay}x = 0$$

得
$$M = F_{Ay}x = F_P \frac{b}{l}x \qquad (0 < x < a)$$

如取横截面 1-1 右边部分来计算,则由静力平衡方程

$$\sum Y = 0, \qquad F_S - F_P + F_B = 0$$

得
$$F_S = F_P - F_B = F_P - F_P \frac{a}{l} = F_P \frac{b}{l} \qquad (0 < x < a)$$

$$\sum M_O = 0, \qquad -M - F_P(l - x - b) + F_B(l - x) = 0$$

得
$$M = F_B(l - x) - F_P(l - x - b) = F_P \frac{b}{l}x \qquad (0 \leqslant x \leqslant a)$$

所得横截面上的剪力和弯矩的大小和前面的结果相同。

从上面的分析可知:**梁的任一横截面上的剪力,在数值上等于作用在该横截面左边或右边梁上所有横向外力的代数和;梁的任一横截面上的弯矩,在数值上等于作用在该横截面左边或右边梁上的所有外力(包括力偶)对该截面形心之矩的代数和。**运用以上规则,可直接按照作用在横截面任意一边梁上的外力,来计算该横截面上的剪力和弯矩。

再研究 CB 段梁的内力。对于 $a<x<l$ 范围内的横截面,以取梁的右边部分来计算较为方便,并假定横截面上的剪力 F_S 和弯矩 M 都是正的,如图 10-7(d)所示。由静力平衡方程

$$\sum Y = 0, \qquad F_S + F_B = 0$$

得
$$F_S = -F_B = -F_P \frac{a}{l} \qquad (a < x < l)$$

$$\sum M_O = 0, \qquad -M + F_B(l - x) = 0$$

得
$$M = F_B(l - x) = F_P \frac{a}{l}(l - x) \qquad (a \leqslant x \leqslant l)$$

所得结果,CB 段横截面上的剪力是负的,弯矩是正的。可以验证,当假设截面上的内力时是按正方向假设,上述计算结果的正、负号自动地与材料力学关于内力正、负号的规定一致。

10.3 剪力图和弯矩图

梁横截面上的剪力和弯矩一般随横截面的位置而变化。为此,需要建立一个坐标系。通常选取梁的左端为坐标原点;有时为了计算方便,也可取梁的右端为坐标原点。于是,剪力和弯矩,都可表示为位置坐标 x 的函数,即

$$F_S=F_S(x)$$

$$M=M(x)$$

以上两式分别称为**剪力方程**和**弯矩方程**。

为了全面了解剪力和弯矩沿着梁轴的变化情况,可根据剪力方程和弯矩方程用图线把它们表示出来。作图时,要选择一个适当的比例尺,以横截面位置 x 为横坐标,剪力 F_S 值或弯矩 M 值为纵坐标,此外,一般将正的剪力或弯矩画在 x 轴的上边,负的画在下边。这样所得的图线,分别称为**剪力图**和**弯矩图**。

根据剪力图和弯矩图,就很容易找出梁内最大剪力和最大弯矩(包括最大正弯矩和最大负弯矩)所在的横截面及数值。只有知道了这些数据之后,才能进行梁的强度计算。

现仍以前节所述的行车大梁作为例(图 10-9(a)),来作剪力图和弯矩图。先作剪力图,AC 段梁的剪力方程为

$$F_S = F_P\frac{b}{l} \qquad (0<x<a)$$

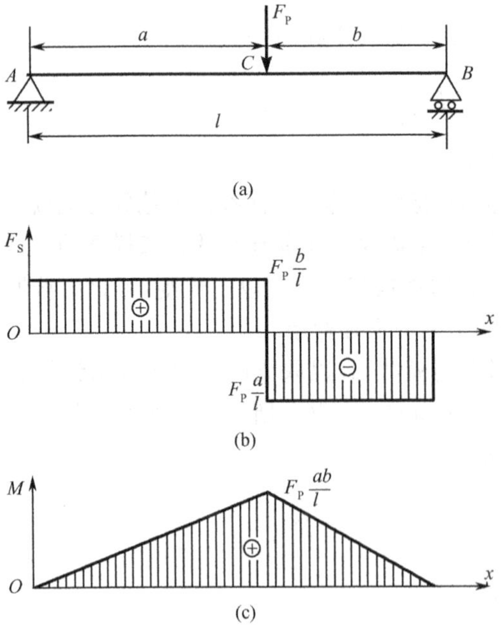

即 F_S 是一正的常数,因此可用一水平直线表示,画在横坐标轴的上边。CB 段梁的剪力方程为

$$F_S =- F_P\frac{a}{l} \qquad (a<x<l)$$

即 F_S 是一负的常数,也可用一水平直线表示,应画在横坐标轴的下边。这样,所得整个梁的剪力图是由两个矩形所组成(图 10-9(b))。如果 $a>b$,则最大剪力(指绝对值)将发生在 CB 段,梁的横截面上数值为

$$|F_S|_{\max} = F_P\frac{a}{l}$$

再作弯矩图。AC 段梁的弯矩方程为

$$M = F_P\frac{b}{l}x \qquad (0\leqslant x\leqslant a)$$

这是一直线方程,只要求出该直线上的两点,就可作图。在 $x=0$ 处,$M=0$;在$x=a$处,$M=F_P\frac{ab}{l}$。由此即可画出 AC 段梁的弯矩图。

(a)

(b)

(c)

图 10-9

CB 段梁的弯矩方程为

$$M = F_{\mathrm{P}} \frac{a}{l}(l-x) \qquad (a \leqslant x \leqslant l)$$

这也是一直线方程。在 $x=a$ 处，$M=F_{\mathrm{P}}\frac{ab}{l}$；在 $x=l$ 处，$M=0$。由此即可画出 CB 段梁的弯矩图。

所得整个梁的弯矩图为一个三角形(图 10-9(c))。最大弯矩发生在集中力 F_{P} 的作用点处的横截面上，其值为

$$M_{\max} = \frac{F_{\mathrm{P}}ab}{l}$$

如果 $a=b=\frac{l}{2}$，则 $M_{\max}=\frac{F_{\mathrm{P}}l}{4}$。

例 10-1 一承受均布载荷的简支梁(图 10-10(a))，已知梁所受均布载荷的集度为 q，跨长为 l，试绘梁的剪力图和弯矩图。

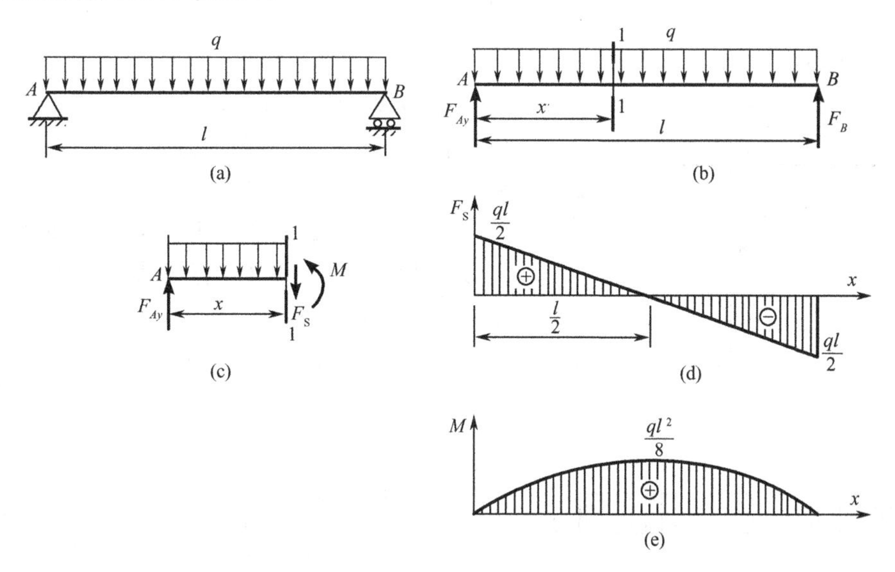

图 10-10

解 由于梁受力对称(图 10-10(b))，反力很容易求得，即

$$F_{Ay} = F_B = \frac{ql}{2}$$

在图 10-10(b)中，以点 A 为坐标原点，距 A 为 x 处，取横截面 1-1 左边一段梁为分离体(图 10-10(c))，由静力平衡方程可分别求得剪力方程和弯矩方程为

$$F_{\mathrm{S}}=F_{Ay}-qx=\frac{ql}{2}-qx \qquad (0<x<l)$$

$$M=F_{Ay}x-qx\frac{x}{2}=\frac{ql}{2}x-\frac{qx^2}{2} \qquad (0\leqslant x\leqslant l)$$

由剪力方程可知，剪力图是一倾斜直线(图 10-10(d))，在 $x=0$ 处，$F_{\mathrm{S}}=\frac{ql}{2}$；在 $x=l$ 处，$F_{\mathrm{S}}=$

$-\frac{ql}{2}$。由图可知，在靠近梁支座的横截面上，剪力的数值最大，即

$$|F_S|_{max}=\frac{ql}{2}$$

而在梁跨中点横截面上的剪力为零。

由弯矩方程可知，弯矩图是一抛物线(图 10-10(e))，作图时至少要求出曲线上三个点的弯矩值，即

$$x=0,\qquad M=0$$

$$x=\frac{l}{2},\qquad M=\frac{ql}{2}l-\frac{q}{2}\left(\frac{l}{2}\right)^2=\frac{1}{8}ql^2$$

$$x=l,\qquad M=\frac{ql}{2}l-\frac{q}{2}l^2=0$$

通过这三点作成的 M 图指出，在梁跨中点横截面上的弯矩最大，即

$$M_{max}=\frac{ql^2}{8}$$

在该横截面上，剪力 $F_S=0$。

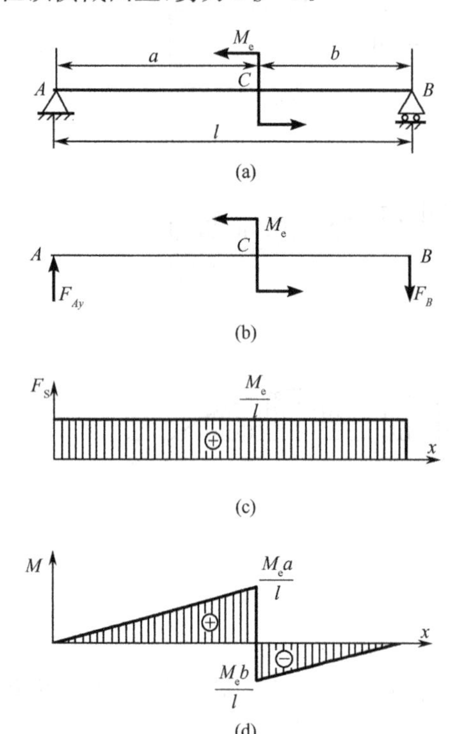

图 10-11

例 10-2　图 10-11(a)所示为一简支梁。在 C 点有一集中力偶作用，力偶矩为 M_e，尺寸 a、b 和 l 如图所示，试绘剪力图和弯矩图。

解　先求梁的支座反力。梁在已知外力偶作用下，其支座反力 F_{Ay} 和 F_B 将组成一反力偶与之平衡(图 10-11(b))。由

$$\sum M=0,\qquad M_e-F_{Ay}l=0$$

$$F_{Ay}=\frac{M_e}{l},\qquad F_B=F_{Ay}=\frac{M_e}{l}$$

再求梁的内力。在 AC 段梁上有

$$F_S=F_{Ay}=\frac{M_e}{l}\qquad(0<x\leqslant a)$$

$$M=F_{Ay}x=\frac{M_e}{l}x\qquad(0\leqslant x<a)$$

在 CB 段梁上有

$$F_S=F_B=\frac{M_e}{l}\qquad(a\leqslant x<l)$$

$$M=-F_B(l-x)=-\frac{M_e}{l}(l-x)\qquad(a<x\leqslant l)$$

图 10-11(c)和(d)分别为梁的剪力图和弯矩图。从以上内力方程可知，改变力偶的作用位置，弯矩图图形随之改变，而剪力图图形不变。

从以上例子可看出：当梁上某处受集中力作用时，该处的剪力图发生跳跃，跳跃值等于该集中力大小，而弯矩图不受影响(图 10-9)。当梁上某处受集中力偶作用时，该处的弯矩图发生跳跃，跳跃值等于该集中力偶矩大小，而剪力图不受影响(图 10-11)。

可以证明：梁的弯矩 $M(x)$、剪力 $F_S(x)$和分布载荷集度 $q(x)$(分布载荷以向上为正)存在

以下关系：

$$\frac{dM(x)}{dx}=F_S(x) \tag{10-1}$$

$$\frac{dF_S(x)}{dx}=q(x) \tag{10-2}$$

事实上，考虑用截面1-1、2-2从梁上坐标为x处切出的微段的平衡（图10-12）。该微段左侧截面上的剪力为F_S、弯矩为M，右侧截面上的剪力为F_S+dF_S、弯矩为$M+dM$。梁段上的分布载荷为$q(x)$，由于是微段，在该微段上可忽略q的变化而看成均布。由平衡方程

$$\sum Y=0,\qquad F_S-(F_S+dF_S)+qdx=0$$

得

$$\frac{dF_S}{dx}=q$$

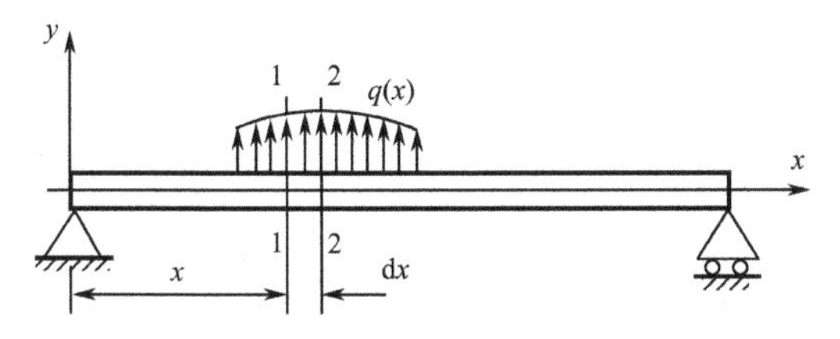

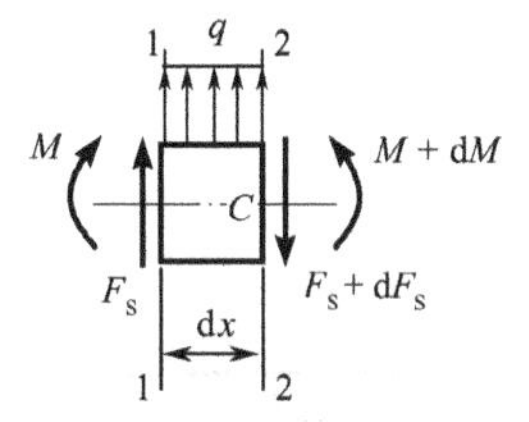

图10-12

再以截面2-2的形心C为矩心，由平衡方程

$$\sum M_C=0,\qquad (M+dM)-M-F_Sdx-qdx\cdot\frac{dx}{2}=0$$

略去二阶微量，得

$$\frac{dM}{dx}=F_S$$

将式(10-1)代入式(10-2)还可得到

$$\frac{d^2M(x)}{dx^2}=q(x) \tag{10-3}$$

根据式(10-1)～式(10-3)我们可以定性校核或定性绘制剪力图和弯矩图。例如，当某一段梁上无分布载荷($q=0$)时，该段剪力为常数，剪力图必为水平线，而弯矩图为倾斜直线，如图10-9、图10-11所示。当某一段梁上作用向下的均布载荷(q为负常数)时，该段剪力为一次函数，剪力图为向下倾斜的直线，弯矩为二次函数，弯矩图为上凸的抛物线（图10-10）。而弯矩图的极值点，对应着剪力图的零点。

10.4 梁的纯弯曲正应力及正应力强度条件

10.4.1 纯弯曲正应力计算公式推导

梁在载荷作用下，横截面上一般都有弯矩M和剪力F_S。在推导弯曲正应力公式时，通常先就横截面上只有弯矩而无剪力的状态进行研究。梁的这种受力状态称为**纯弯曲**。例如，在图10-13所示的载荷作用下，梁的中间段各截面均只有弯矩而剪力为零，该

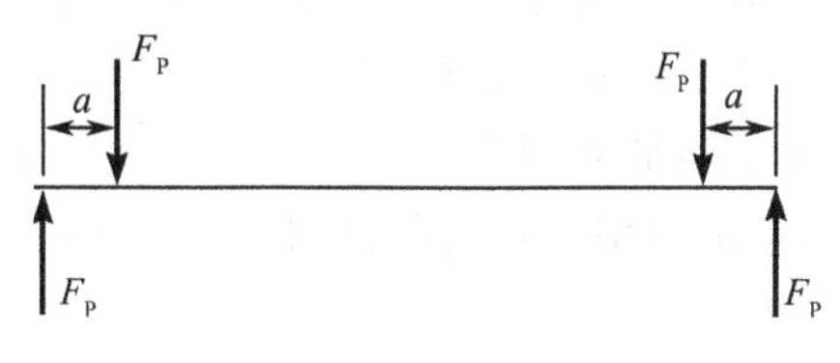

图10-13

段即处于纯弯曲状态。同推导圆轴扭转切应力公式相似，也要从变形的几何关系、物理关系和静力关系三个方面来考虑。

1. 变形的几何关系

要找出梁在纯弯曲时横截面上的正应力分布规律，必须先研究梁在纯弯曲变形时的几何关系。这可通过实验来确定。如图 10-14(a)所示，未加载荷以前，先在梁的侧面分别画上与梁轴相垂直的横线 mn 和 m_1n_1 以及与梁轴相平行的纵线 ab 和 a_1b_1，前者代表梁的横截面，后者各代表梁的纵向纤维。梁在纯弯曲变形后(图 10-14(b))，观察到以下现象：

1) 两条横线仍是直线，但已相互倾斜，与纵线仍垂直。

2) 梁上纵线(包括轴线)都变成了圆弧线，近凹边的纵线 ab 缩短，而近凸边的纵线 a_1b_1 伸长了。

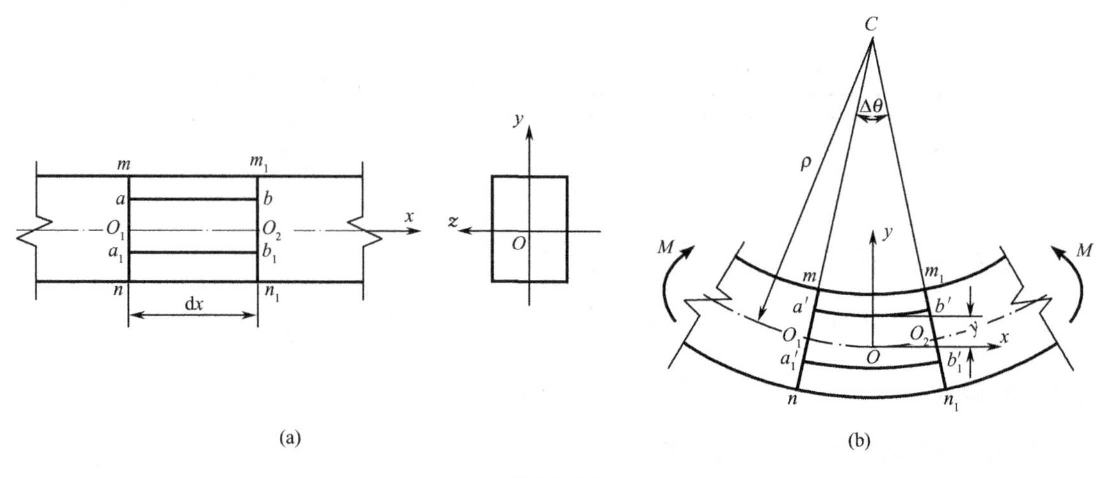

图 10-14

根据上述观察到的现象，可作下面的假设：梁在纯弯曲时各横截面始终保持为平面，并垂直于梁轴，即梁弯曲变形时其横截面只是绕该截面内某一轴线转一角度。这个假设称为**平面截面假设**。

设想梁是由无穷多根纵向纤维组成的。由平面截面假设可知，梁在变形时，相邻两横截面 mn 和 m_1n_1 分别绕垂直于 xy 平面的一个轴做相对转动，于是近凹边的纤维缩短，近凸边的纤维伸长(图 10-14(b))。由于变形的连续性，沿梁的高度一定有一层纵向纤维长度没有改变，这一纤维层称为**中性层**(图 10-14(b)中用点画线 O_1O_2 表示)。中性层与横截面的交线称为**中性轴**。梁纯弯曲时，横截面就是绕中性轴转动的。横截面作这样的相对转动时，梁的纵向纤维只受到简单拉伸或压缩，所以在横截面上只有正应力，而没有切应力。

设置坐标系使 x 轴与梁的中性层重合，y 轴为横截面的对称轴，z 轴与横截面的中性轴重合(中性轴的位置尚待确定)。将表示两相邻横截面的线段 mn 和 m_1n_1 延长，相交于 C 点，该点就是梁轴在纯弯曲时的曲率中心。若用 $\Delta\theta$ 表示这两个横截面所形成的夹角，ρ 表示中性层 O_1O_2 的曲率半径，则因中性层的纤维长度是不改变的，故有

$$O_1O_2 = \rho\Delta\theta$$

距中性层为 y 的任一纵向纤维 ab，变形后的长度为

$$a'b' = (\rho - y)\Delta\theta$$

其线应变为

$$\varepsilon = \frac{a'b' - O_1O_2}{O_1O_2} = \frac{(\rho - y)\Delta\theta - \rho\Delta\theta}{\rho\Delta\theta} = -\frac{y}{\rho} \tag{a}$$

这就是横截面上各点线应变沿截面高度的变化规律，它说明梁内任一纵向纤维的线应变 ε 与该层到中性层的距离 y 成正比，与中性层的曲率半径 ρ 成反比。

2. 物理关系

梁纯弯曲时，纵向纤维只受到简单拉伸或压缩，在正应力没有超过材料的比例极限时，由胡克定律和式(a)得

$$\sigma = E\varepsilon = -E\frac{y}{\rho} \tag{b}$$

这就是横截面上弯曲正应力的分布规律。它说明，梁纯弯曲时横截面上任一点的正应力与该点到中性轴的距离成正比；距中性轴同一高度上各点的正应力相等。显然在中性轴上各点的正应力为零，而在中性轴的一边是拉应力，另一边是压应力；横截面上、下边缘各点正应力的数值最大(图 10-15)。

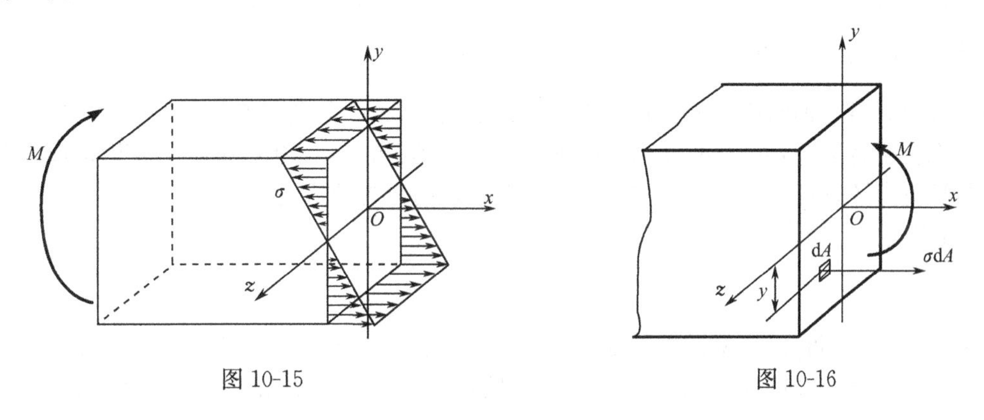

图 10-15　　　　图 10-16

3. 静力关系

由于中性轴的位置和曲率$\frac{1}{\rho}$都还不知道，故式(b)还不能计算弯曲正应力的数值，这要从静力学方面来解决。

在梁的横截面上任取一微面积 $\mathrm{d}A$(图 10-16)，作用在这微面积上的力为 $\sigma\mathrm{d}A$，因为横截面上没有轴向内力，所以作用在各微面积 $\mathrm{d}A$ 上的力 $\sigma\mathrm{d}A$ 的合力应等于零，即

$$F_{\mathrm{N}} = \int_A \sigma\mathrm{d}A = 0$$

其中，积分号下面的 A 是表示对整个横截面面积的积分，将式(b)代入上式，得

$$-\frac{E}{\rho}\int_A y\mathrm{d}A = 0$$

因为$\dfrac{E}{\rho}\neq 0$，所以只能

$$\int_A y\mathrm{d}A = 0$$

由平面图形形心坐标公式知$\int_A y\mathrm{d}A = y_C A$，$y_C$ 为截面形心坐标。因 $A\neq 0$，则$y_C=0$，即中性轴 z 必通过横截面的形心。这样，中性轴的位置就确定了。

再有，微面积上的力 $\sigma\mathrm{d}A$ 对中性轴之矩不为零，故应合成一个力偶，其矩就是该横截面上的弯矩 M，即

$$-\int_A (\sigma\mathrm{d}A)y = M$$

将式(b)代入上式，得

$$\frac{E}{\rho}\int_A y^2\mathrm{d}A = M$$

其中，定积分$\int_A y^2\mathrm{d}A$ 称为横截面对中性轴 z 的**轴惯矩**(简称**惯矩**)。以 I_z 表示，其单位为 m^4 或 mm^4，其计算式可查附录 A 中表 A-1。于是上式可改写为

$$\frac{1}{\rho} = \frac{M}{EI_z} \tag{10-4}$$

这是研究梁弯曲变形的一个基本公式。它说明梁轴曲线的曲率$\dfrac{1}{\rho}$与弯矩M 成正比，与 EI_z 成反比。EI_z 称为梁的**抗弯刚度**。

将式(10-4)代入式(b)，得

$$\sigma = -\frac{My}{I_z} \tag{10-5a}$$

这就是计算梁纯弯曲时横截面上正应力的公式。式(10-5a)的负号与所取坐标系中 y 轴方向有关。在实际计算中，通常用 M 和 y 的绝对值来计算 σ 的大小，再根据梁的变形情况，直接判断 σ 是拉应力还是压应力。梁弯曲变形后，凸边的应力为拉应力，凹边的应力为压应力。这样，即可把式(10-5)中的负号去掉，改写为

$$\sigma = \frac{My}{I_z} \tag{10-5b}$$

从式(10-5b)可知，在横截面上最外边缘处弯曲正应力最大。如果横截面对称于中性轴，如矩形，以 $y_{\max}$表示最外边缘处的一个点到中性轴的距离，则横截面上的最大弯曲正应力为

$$\sigma_{\max} = \frac{My_{\max}}{I_z}$$

令

$$W_z = \frac{I_z}{y_{\max}} \tag{10-6}$$

得

$$\sigma_{\max} = \frac{M}{W_z} \tag{10-7}$$

其中，W_z 称为横截面对中性轴 z 的**抗弯截面系数**，单位是 m^3 或 mm^3。

典型截面图形的惯性矩和抗弯截面系数的计算参看附录 A. 1。

如果横截面不对称于中性轴，如槽形截面和 T 形截面(图 10-17)，令 y_1 和 y_2 分别表示该横截面上、下边缘到中性轴的距离，则相应的最大弯曲正应力(不考虑符号)分别为

$$\left.\begin{aligned}\sigma_{\max1} &= \frac{My_1}{I_z} = \frac{M}{W_1}\\ \sigma_{\max2} &= \frac{My_2}{I_z} = \frac{M}{W_2}\end{aligned}\right\} \tag{10-8}$$

其中，抗弯截面系数 W_1 和 W_2 分别为

$$\left.\begin{aligned} W_1 &= \frac{I_z}{y_1} \\ W_2 &= \frac{I_z}{y_2} \end{aligned}\right\} \tag{10-9}$$

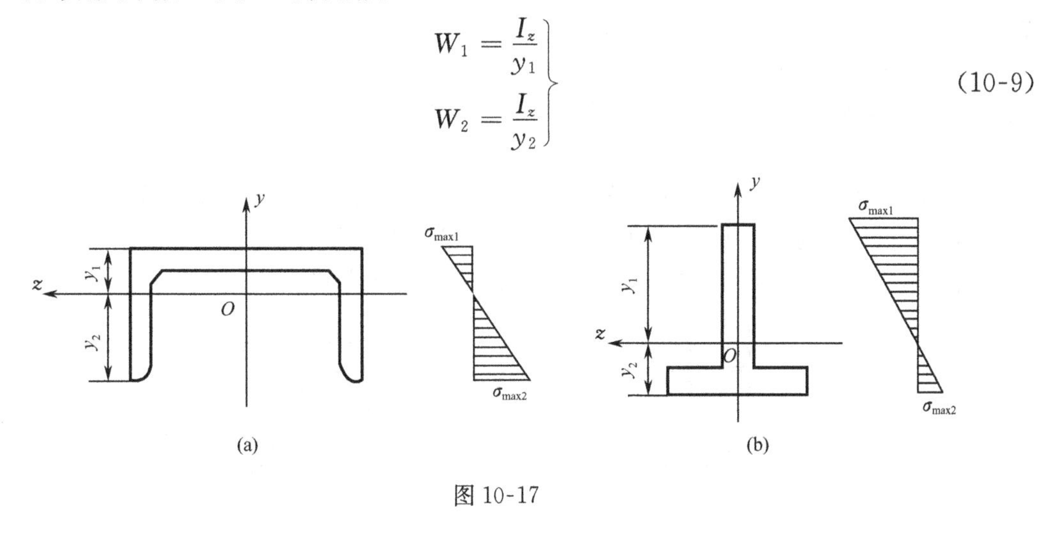

图 10-17

10.4.2 纯弯曲正应力公式的应用范围

以上所述的弯曲正应力公式，是在纯弯曲的情况下推导的。当梁受到横向外力作用时，一般在其横截面上既有弯矩，又有剪力，这种弯曲称为**剪切弯曲**(或**横力弯曲**)，由于剪力的存在，梁的横截面将发生翘曲；同时横向力将使梁的纵向纤维间产生局部的挤压应力。这时，梁的变形较为复杂，推导纯弯曲正应力时所作的假设从精确意义上已不成立。但根据弹性力学分析和实验证实，当梁的跨度 l 与横截面高度 h 之比 $\frac{l}{h}>5$ 时，梁在横截面上正应力分布与纯弯曲时很接近，也就是说，剪力的影响很小，所以纯弯曲正应力公式对剪切弯曲仍可适用。必须指出，梁纯弯曲的正应力公式，只有当梁的材料服从胡克定律，而且在拉伸与压缩时的弹性模量相等的条件下才能应用。

10.4.3 弯曲正应力强度条件

一般等截面直梁在弯曲时，弯矩最大(包括最大正弯矩和最大负弯矩)的横截面是梁的危险截面。如梁的材料的拉伸和压缩许用应力相等，则选取绝对值最大的弯矩所在的横截面为危险截面，最大弯曲正应力 σ_{max} 就在危险截面上、下边缘处。为了保证梁能安全工作，最大工作应力 σ_{max} 就不得超过材料的许用弯曲应力$[\sigma]$，于是梁弯曲正应力的强度条件为

$$\sigma_{max} = \frac{M_{max}}{W_z} \leqslant [\sigma] \tag{10-10}$$

如果横截面不对称于中性轴，则按式(10-6)，W_1 和 W_2 不相等，在此应取较小的抗弯截面系数。

如果梁的材料是铸铁、陶瓷等脆性材料，其拉伸和压缩许用应力不相等，则应分别求出最大正弯矩和最大负弯矩所在横截面上的最大拉应力和最大压应力，并相应列出抗拉强度条件和抗压强度条件为

$$\sigma_{max,t} = \frac{M_{max}}{W_1} \leqslant [\sigma_t] \tag{10-11a}$$

$$\sigma_{max,c} = \frac{M_{max}}{W_2} \leqslant [\sigma_c] \tag{10-11b}$$

其中，W_1 和 W_2 分别是相应于最大拉应力 $\sigma_{\max,t}$ 和最大压应力 $\sigma_{\max,c}$ 的抗弯截面系数；$[\sigma_t]$ 为材料的许用拉应力；$[\sigma_c]$ 为材料的许用压应力。

按梁的正应力强度条件，可对梁进行强度校核，或选择梁的截面，或确定梁的许可载荷。在工程上，如果实际工作应力略大于材料的许用应力，只要不超过许用应力的 5%，也是可以允许的。

例 10-3　如图 10-18(a)所示为轧机上的轧辊，可简化为一变截面简支梁，在中部所受轧制压力可看作集度为 $q=6\text{kN/m}$ 的均布载荷。辊身的直径 $D=100\text{mm}$，辊颈直径 $d=80\text{mm}$，材料的许用弯曲应力 $[\sigma]=80\text{MPa}$，试按正应力校核轧辊的强度。

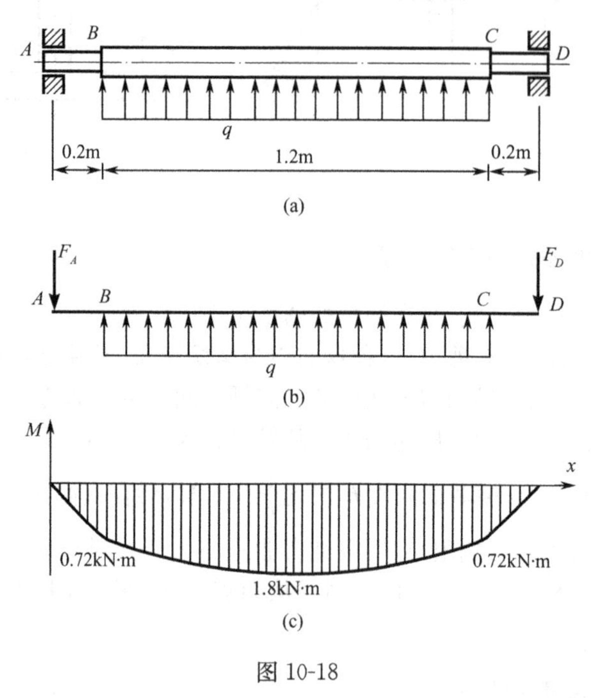

图 10-18

解　这是强度校核的问题。由静力平衡方程得支座反力

$$F_A = F_D = \frac{6\times 1.2}{2} = 3.6(\text{kN})$$

作弯矩图，如图 10-18(c)所示。在梁跨中点横截面上的弯矩最大，其数值为 $M_{\max}=1.8\text{kN}\cdot\text{m}$，可能是危险截面，最大弯曲正应力为

$$\sigma_{\max} = \frac{M_{\max}}{W_z} = \frac{1.8\times 10^3}{\dfrac{\pi\times(0.1)^3}{32}} = 18.33\times 10^6(\text{N/m}^2) = 18.33(\text{MPa}) < 80(\text{MPa})$$

故知该截面安全。在辊颈截面 B，虽然弯矩数值不是最大的，但截面尺寸较小，也可能是危险截面，故也要进行强度校核。在该处的最大弯曲正应力为

$$\sigma_{\max} = \frac{M_B}{W_z} = \frac{0.72\times 10^3}{\dfrac{\pi\times(0.08)^3}{32}} = 14.32\times 10^6(\text{N/m}^2) = 14.32(\text{MPa}) < 80(\text{MPa})$$

即辊颈处的强度也是足够的。

例 10-4　某冷却塔内支承填料用的梁，可简化为承受均布载荷的简支梁(图 10-19)。已

知梁的跨长为 3m,所受均布载荷的集度为 $q=22\text{kN/m}$。材料为 A3F 钢。许用弯曲应力 $[\sigma]=140\text{MPa}$,试为该梁选择工字钢的型号,并就考虑梁自重的情形进行校核。

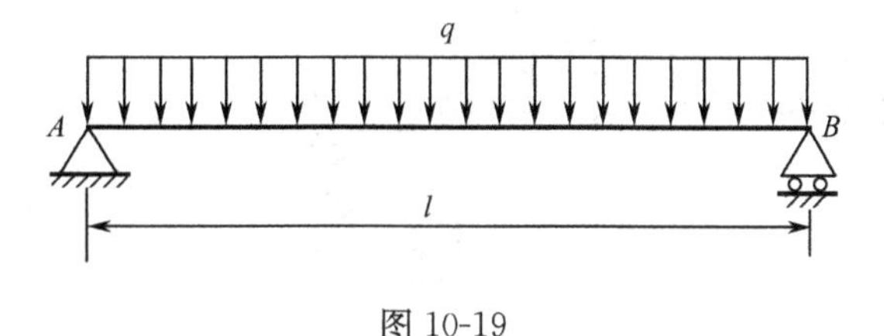

图 10-19

解 这是设计梁的截面的问题。先不考虑梁的自重,计算在载荷作用下梁的最大弯矩(位于跨中点横截面上):

$$M_{\max}=\frac{ql^2}{8}=\frac{22\times 3^2}{8}=24.75(\text{kN}\cdot\text{m})$$

所需抗弯截面系数为 $W_z\geqslant\frac{M_{\max}}{[\sigma]}=\frac{24.75\times 10^3}{140\times 10^6}=177\times 10^{-6}(\text{m}^3)=177(\text{cm}^3)$。

查型钢规格表,选用 18 号工字钢,$W_z=185\text{cm}^3$。

再就考虑梁自重的情形进行校核。由型钢规格表查得,18 号工字钢每米重量为 0.24kN,将其加入均布载荷中,即取 $q=22+0.24=22.24\text{kN/m}$,计算得最大弯矩

$$M_{\max}=\frac{1}{8}\times 22.24\times 3^2=25.02(\text{kN}\cdot\text{m})$$

最大正应力

$$\sigma_{\max}=\frac{M_{\max}}{W_z}=\frac{25.02\times 10^3}{185\times 10^{-6}}=135.24\times 10^6(\text{Pa})=135.24(\text{MPa})<140(\text{MPa})$$

所以该梁是安全的。

从本例可看出,用薄壁型钢制作的梁,其自重对承载能力的影响很小,工程计算常可忽略这类梁的自重。

例 10-5 一螺旋压板夹紧装置(图 10-20(a)),$a=50\text{mm}$,材料的许用弯曲应力为 $[\sigma]=150\text{MPa}$,试求其强度所允许的最大压紧力 F_C。

解 压板相当于一简支梁,受力如图 10-20(b)所示,这是确定其许用载荷的问题。画出弯矩图(图 10-20(c)),最大弯矩在截面 B 上,且该截面因开孔而削弱,显然应由该截面的安全来确定最大压紧力 F_C。

B 截面对其中性轴的惯矩

$$I_z=\frac{30\times 20^3}{12}-\frac{14\times 20^3}{12}=10.67\times 10^3(\text{mm}^4)=10.67\times 10^{-9}(\text{m}^4)$$

抗弯截面系数 $$W_z=\frac{I_z}{y_{\max}}=\frac{10.67\times 10^{-9}}{0.01}=1.067\times 10^{-6}(\text{m}^3)$$

强度条件为 $$\sigma_{\max}=\frac{M_B}{W_z}\leqslant[\sigma]$$

即 $$M_B=F_C a\leqslant[\sigma]W_z$$

故 $$F_C\leqslant\frac{[\sigma]W_z}{a}=\frac{150\times 10^6\times 1.067\times 10^{-6}}{50\times 10^{-3}}=3200(\text{N})=3.2(\text{kN})$$

即最大压紧力 F_C 为 3.2kN。

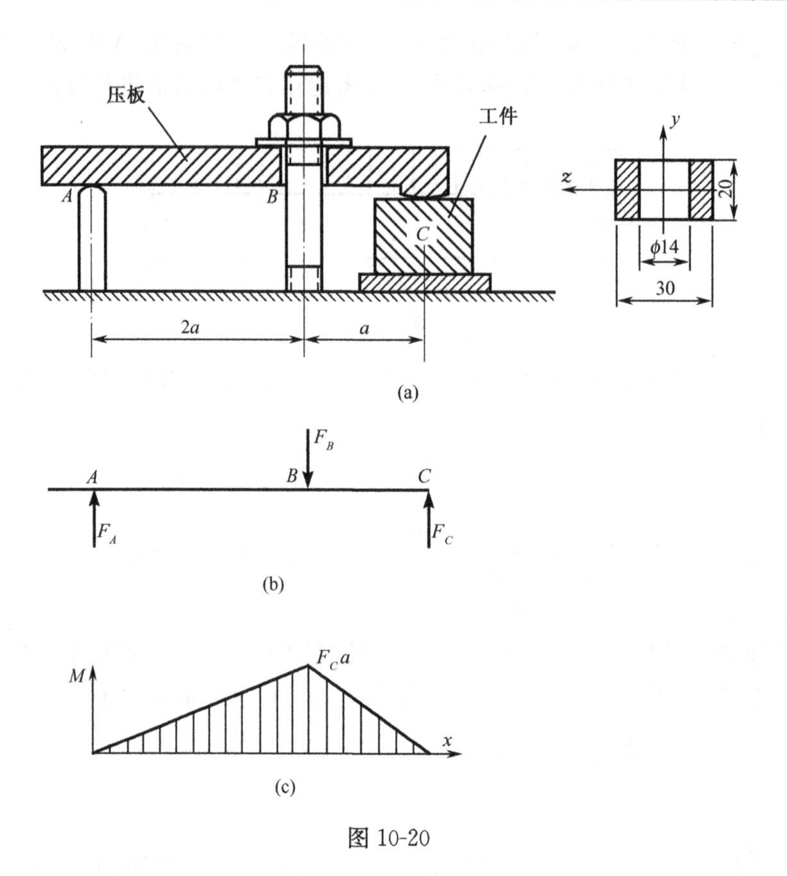

图 10-20

例 10-6　如图 10-21(a)所示铸铁梁,其横截面为 T 字形,z 轴为其形心轴,$I_z=5.33\times10^{-6}\mathrm{m}^4$;载荷 $F_{P1}=8\mathrm{kN}$,$F_{P2}=20\mathrm{kN}$。材料的许用拉应力$[\sigma_t]=60\mathrm{MPa}$,许用压应力$[\sigma_c]=150\mathrm{MPa}$。试按正应力校核其强度。

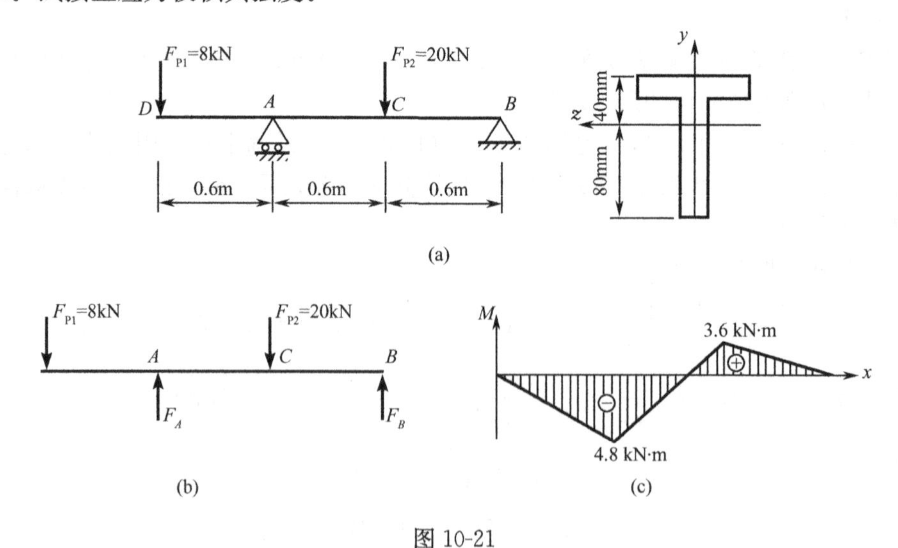

图 10-21

解　先由静力平衡方程求出梁的支座反力为

$$F_A=22\mathrm{kN},\qquad F_B=6\mathrm{kN}$$

绘出梁的弯矩图(图 10-21(c))。由图可知,最大正弯矩在截面 C, $M_C=3.6\text{kN}\cdot\text{m}$;最大负弯矩在截面 A, $M_A=-4.8\text{kN}\cdot\text{m}$。因为 T 字形不对称于中性轴 z,且材料的拉、压许用应力不相等,所以截面 C 和 A 都有可能是危险截面,要分别校核。在截面 C:

受拉边应力 $\sigma_{\max,t}=\dfrac{3.6\times10^3\times80\times10^{-3}}{5.33\times10^{-6}}=54\times10^6(\text{Pa})=54(\text{MPa})<60(\text{MPa})$

受压边应力 $\sigma_{\max,c}=\dfrac{3.6\times10^3\times40\times10^{-3}}{5.33\times10^{-6}}=27\times10^6(\text{Pa})=27(\text{MPa})<150(\text{MPa})$

即 C 截面是安全的。

在截面 A:

受拉边应力 $\sigma_{\max,t}=\dfrac{4.8\times10^3\times40\times10^{-3}}{5.33\times10^{-6}}=36\times10^6(\text{Pa})=36(\text{MPa})<60(\text{MPa})$

受压边应力 $\sigma_{\max,c}=\dfrac{4.8\times10^3\times80\times10^{-3}}{5.33\times10^{-6}}=72\times10^6(\text{Pa})=72(\text{MPa})<150(\text{MPa})$

即 A 截面也是安全的。故知铸铁梁的强度是足够的。

*10.5 直梁弯曲时的切应力及切应力强度校核

直梁在剪切弯曲时,在横截面上不仅有弯矩 M,而且还有剪力 F_S。因此相应地在横截面上有正应力 σ 和切应力 τ。根据切应力互等定理,梁内在平行于中性层的纵向平面上,也有切应力存在。如果切应力的数值较大,而制成梁的材料抗剪强度又较差时,也可能发生剪切破坏。本节对几种常见的、截面较简单的梁介绍其切应力在横截面上分布情形及最大切应力。

1) 矩形截面。设矩形截面梁的截面宽度为 b,高度为 h,且 $h>b$。横截面上的剪力为 F_S。对于狭长矩形截面的梁,可以假设:①横截面上任意一点的切应力,其方向与剪力 F_S 平行。②距中性轴 z 等高的各点切应力 τ 大小相等。

在上述假设下,经过理论分析可得矩形截面直梁的弯曲切应力公式:

$$\tau=\frac{F_S S_z^*}{I_z b} \tag{10-12}$$

其中,I_z 为横截面对中性轴 z 的惯矩;S_z^* 表示距中性轴为 y 的纤维层以上或以下部分横截面面积 A_1 对中性轴 z 的静矩。如果要求距中性轴为 y 的一点上的切应力,就要先计算图 10-22(a)中阴影面积 A_1 对中性轴 z 的静矩,即

$$\begin{aligned}S_z&=A_1 y_{1C}\\&=b\left(\frac{h}{2}-y\right)\left[y+\frac{1}{2}\left(\frac{h}{2}-y\right)\right]\\&=\frac{b}{2}\left(\frac{h^2}{4}-y^2\right)\end{aligned}$$

代入式(10-12),就得距中性轴 y 处的切应力

$$\tau=\frac{F_S}{2I_z}\left(\frac{h^2}{4}-y^2\right) \tag{10-13}$$

由式(10-13)可知,矩形截面梁的切应力是沿着截面高度按抛物线规律分布的,如图 10-22(b)所示。

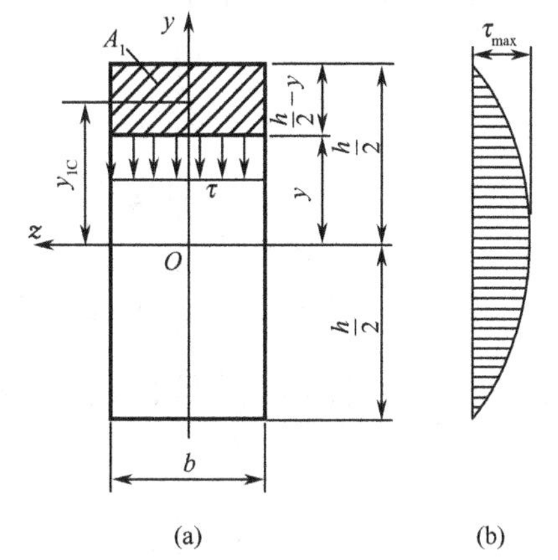

图 10-22

当 $y=\pm h/2$ 时，即在横截面的上、下边缘上，$\tau=0$；当 $y=0$ 时，即在中性轴上，τ 最大，其值为

$$\tau_{\max}=\frac{F_S}{2I_z}\left(\frac{h^2}{4}\right)=\frac{F_S}{2\frac{bh^3}{12}}\left(\frac{h^2}{4}\right)=\frac{3}{2}\frac{F_S}{bh}=\frac{3}{2}\frac{F_S}{A} \tag{10-14}$$

其中，$A=bh$ 为横截面面积。可见矩形截面梁的最大切应力为截面上平均切应力的 1.5 倍。

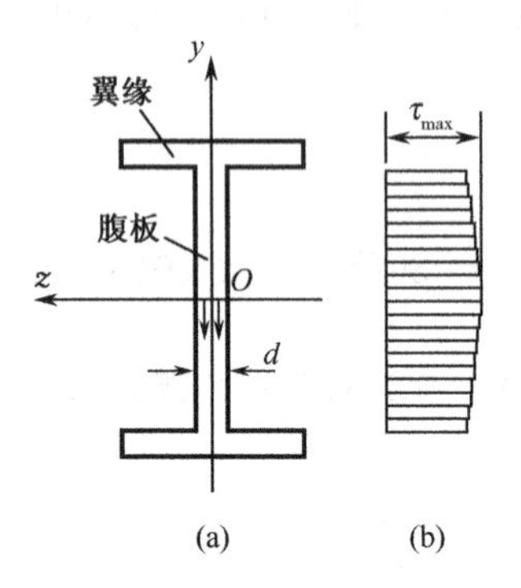

图 10-23

2) 工字形截面。工字形截面梁由腹板和翼缘组成，如图 10-23(a)所示。经研究，绝大部分剪力是由腹板承担的。腹板截面为狭长矩形，对腹板上切应力的分布可作与矩形截面梁同样的假设。于是可用式(10-12)来计算腹板上的切应力，但其中的 b 应为腹板宽度 d。腹板上切应力也是沿着截面高度按抛物线规律分布(图 10-23(b))，最大切应力也是在中性轴上，其值为

$$\tau_{\max}=\frac{F_S S_{z\max}^*}{I_z d} \tag{10-15}$$

其中，d 为腹板宽度；$S_{z\max}^*$ 为中性轴任一侧的截面面积对中性轴的静矩。对于工字形的型钢截面，由型钢表直接给出比值 $I_z:S_z$，该比值即为 $I_z:S_{z\max}^*$。从图 10-23(b)还可看出腹板上切应力的最小值与最大值相差不大，所以在腹板与翼缘相接处切应力也可能达到较大的数值。

3) 圆形和圆环形截面。对于圆形截面，假设在距中性轴 y 处 m-n 线上各点的切应力均通过 m、n 两点处的切线的交点 K，并假设 m-n 线上各点的切应力的 y 方向分量 τ_y 相等(图 10-24)。在此假设下可用式(10-13)计算 τ_y 然后计算 τ。经计算，可得出最大切应力(位于中性轴处)为

$$\tau_{\max}=\frac{4F_S}{3\pi r^2}=\frac{4}{3}\frac{F_S}{A} \tag{10-16}$$

其中，$A=\pi r^2$ 为圆形截面的面积。

对于薄壁圆环形截面(图 10-25)，可类似地得出最大切应力(位于中性轴处)为

$$\tau_{\max}=2\frac{F_S}{A} \tag{10-17}$$

其中，A 为圆环形截面的面积。

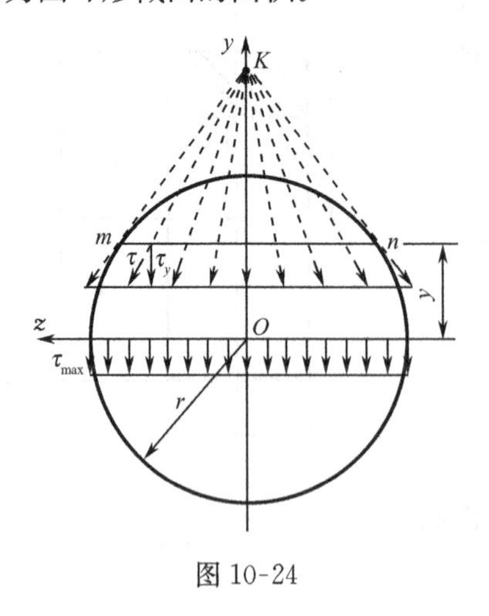

图 10-24

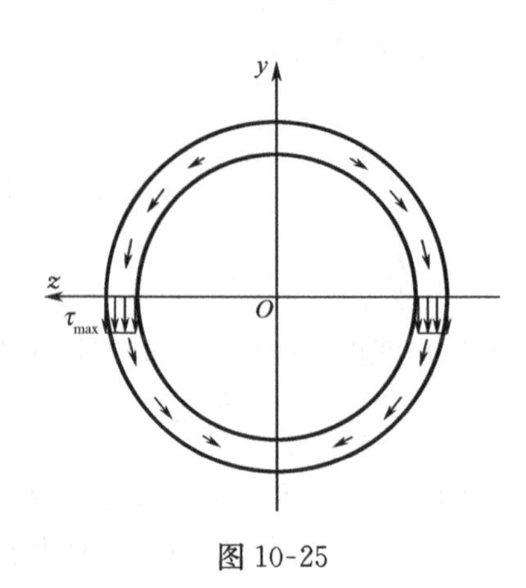

图 10-25

梁的**切应力强度条件**为

$$\tau_{max} \leqslant [\tau] \tag{10-18}$$

其中，τ_{max}为全梁的最大切应力，一般发生在承受最大剪力的截面上的中性轴处，由上述各式计算；$[\tau]$为材料的许用切应力。

在设计梁的截面时，必须同时满足正应力强度条件和切应力强度条件。在一般情形下，梁的强度是受正应力强度条件控制的。因此，通常是按正应力强度条件来选择截面。但在下列情形之一时，应按切应力强度条件进行校核：①短跨梁或在支座附近作用着较大载荷的梁，这种梁内弯矩较小而剪力较大，按正应力强度条件设计的截面可能达不到必需的抗剪强度。②组合截面梁，如其腹板宽度相对于截面高度很小，则腹板上可能产生较大的切应力。③具有铆接或焊接的组合截面梁，应校核其接缝的抗剪强度。

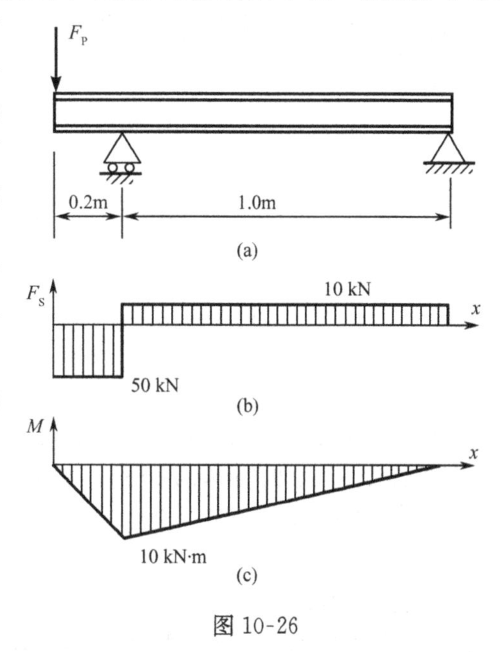

图 10-26

例 10-7 试计算图 10-26(a)所示梁的最大切应力。梁由 12.6 号工字钢制成，载荷 $F_P=50kN$。

解 该梁的内力图如图 10-26(b)、(c)所示。从剪力图看到最大剪力为

$$F_{Smax} = 50kN$$

查型钢规格表得 12.6 号工字钢的 $I_z : S_z = 10.85cm$，$d=5mm$。代入式 (10-15) 得

$$\tau_{max} = \frac{F_{Smax}S_z}{I_z d} = \frac{50 \times 10^3}{10.85 \times 10^{-2} \times 5 \times 10^{-3}} = 92.2 \times 10^6(Pa) = 92.2(MPa)$$

10.6 梁的弯曲变形及刚度条件

为了保证梁在受载时正常工作，一般来说，不但要求它有足够的强度，在某些情形下还要求它有足够的刚度。否则，尽管强度足够，也可能因变形过大而不能正常工作。例如，行车大梁若在起吊重物时弯曲变形过大，就会引起振动，影响行车运行的稳定性。机床主轴如弯曲变形超过一定程度，不但会大大降低机床的加工精度，还会使轴颈和轴承产生不均匀磨损。化工管道如发生过大的弯曲变形，会造成管道内物料积淀而影响正常输送，还会造成法兰连接的松脱。桥梁和建筑物大梁的弯曲变形不能过大则是显而易见的。

对梁进行刚度计算需要研究梁的变形。此外，在求解静不定梁时，需要用变形协调条件来建立补充方程，也需要计算梁的变形。本节讨论平面弯曲情形下梁的变形计算。

10.6.1 梁的挠曲线近似微分方程

1. 梁的挠度和转角

设有一梁 AB，轴线原为直线，受载荷作用后轴线弯曲变形成一条在其纵向对称面内的光滑连续的平面曲线 AB'(图 10-27)，称为梁的**挠曲线**。梁的截面将产生两种形式的位移：

1) 线位移。梁变形后，任一横截面的形心 C 移到了 C'，因而有位移 CC'。由于梁的变形很微小，可忽略 C 点沿变形前梁轴线 AB 方向的位移分量，而认为 CC' 垂直于 AB。梁的任一横截面的形心（即该处梁轴线上的点）在垂直于变形前梁轴线方向的线位移称为梁在该横截面的**挠度**，用 w 表示。

2) 角位移。梁变形后，横截面仍垂直于弯曲变形后的轴线，因而相对于其原方位绕其中性轴转过一个角度 θ，这个角度 θ 称为该截面的**转角**。

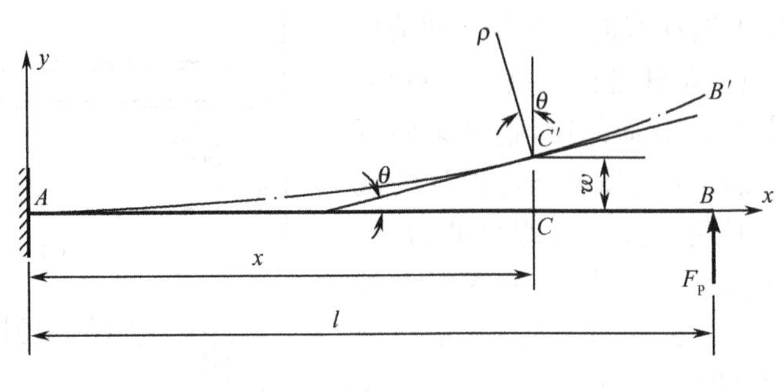

图 10-27

建立图 10-27 所示的直角坐标系，其 x 轴与变形前梁的轴线重合，x 为任一横截面的坐标，显然挠度 w 和转角 θ 都是坐标 x 的函数。挠度 w 以与 y 轴正方向一致的为正，则变形后轴线 AB' 可表示为

$$w = f(x) \tag{10-19}$$

该式称为**挠曲线方程**。

任一截面 C 的转角 θ 也等于挠曲线 AB' 上 C' 点的切线对 x 轴的倾角，以从 x 轴的正向按逆时针量至切线为正。在小变形时 θ 很微小，故

$$\theta \approx \tan\theta = \frac{\mathrm{d}w}{\mathrm{d}x} = w' \tag{10-20}$$

式(10-20)表示梁的任一横截面的转角 θ，等于该截面处挠度 ω 对坐标 x 的一阶导数。因此，只要求得梁的挠曲线方程，就可以确定梁轴上任意一点的挠度和任一横截面的转角。

2. 挠曲线的近似微分方程

在推导纯弯曲正应力公式时，已经得到直梁弯曲后的曲率与抗弯刚度之间的关系式(10-4)为

$$\frac{1}{\rho} = \frac{M}{EI_z}$$

一般情形下梁的弯曲并非纯弯曲，但研究表明，工程中常用的细长梁其剪力对弯曲变形的影响可忽略不计，于是可将该式推广应用于一般非纯弯曲的梁。但此时弯矩和曲率都随横截面的位置而变，是横截面坐标 x 的函数，该式应写为

$$\frac{1}{\rho(x)} = \frac{M(x)}{EI_z} \tag{a}$$

由微积分学知，平面曲线 $w=f(x)$ 上任一点处的曲率为

$$\frac{1}{\rho(x)} = \pm \frac{\dfrac{\mathrm{d}^2 w}{\mathrm{d}x^2}}{\left[1+\left(\dfrac{\mathrm{d}w}{\mathrm{d}x}\right)^2\right]^{3/2}} \tag{b}$$

并将 I_z 简记为 I，得

$$\pm \frac{\dfrac{d^2w}{dx^2}}{\left[1+\left(\dfrac{dw}{dx}\right)^2\right]^{3/2}} = \frac{M(x)}{EI} \tag{c}$$

这就是梁的挠曲线微分方程。工程中的梁横截面的转角一般都很微小，即 $\frac{dw}{dx}$ 很微小，式(c)分母中的 $\left(\frac{dw}{dx}\right)^2$ 远小于1，故可略去，式(c)简化为

$$\pm \frac{d^2w}{dx^2} = \frac{M(x)}{EI} \tag{d}$$

式(d)中左边的正、负号取决于弯矩正负号的规定和 y 轴正方向的选取。当弯矩正负号按10.2节的规定，且 y 轴向上时，若弯矩 $M(x)$ 为正，将使梁轴线呈凹形，此时 $\frac{d^2w}{dx^2}>0$（图10-28(a)）；若弯矩 $M(x)$ 为负，将使梁轴线呈凸形，此时 $\frac{d^2w}{dx^2}<0$（图10-28(b)）。因此，式(d)应写为

$$\frac{d^2w}{dx^2} = \frac{M(x)}{EI} \tag{10-21}$$

式(10-21)称为梁的**挠曲线近似微分方程**。

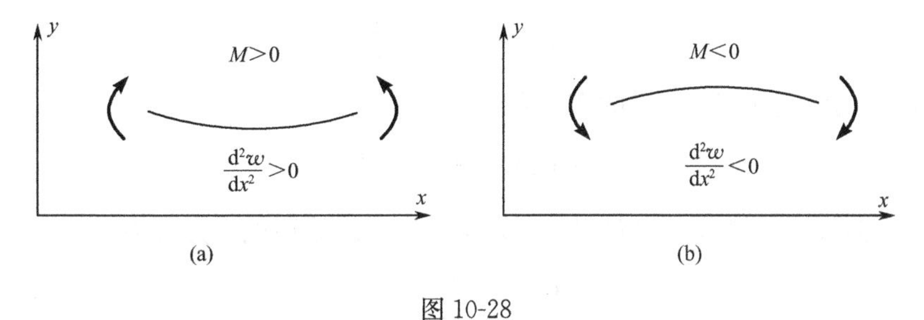

图10-28

10.6.2 用积分法求弯曲变形

为求得挠曲线的方程，须将挠曲线近似微分方程进行积分。记 $w''=\frac{d^2w}{dx^2}$，$w'=\frac{dw}{dx}$。对于等截面梁，EI 为常数，上式改写为

$$EIw'' = M(x)$$

在等号两边各乘以 dx 后进行一次积分，可得

$$EIw' = EI\theta = \int M(x)dx + C \tag{10-22}$$

式(10-22)为梁的转角方程。再积分一次，得

$$EIw = \iint M(x)dxdx + Cx + D \tag{10-23}$$

式(10-23)即为梁的挠曲线方程。式中尚有两个积分常数 C 和 D 待定，它们可由梁的边界条件来确定。常见的边界条件为：对于悬臂梁，其固定端处挠度 $w=0$ 且转角 $\theta=0$；对于简支梁或外伸梁，两个铰支座处挠度 $w=0$。按边界条件列出方程，解出 C 和 D，代回式(10-23)中，梁的挠曲线方程就完全确定了。

在工程计算中，习惯上以 f 表示梁在指定截面处的挠度。

很多情形下梁的弯矩是分段以不同的式子表示的，如梁上有集中力或集中力偶作用时，在载荷作用的截面两侧的梁段上弯矩表达式是不同的。这时需在每段梁上分别积分，每段的积分都产生两个积分常数。确定这些积分常数，除了利用边界条件外，还要用变形连续条件，即两段梁在交界面上挠度相等、转角相等。

上述通过两次积分求梁的挠度的方法，通常称为积分法。

例 10-8　设有一跨度为 l 的简支梁(图 10-29)，其抗弯刚度为 EI，受集度为 q 的均布载荷作用，试求此梁的挠曲线方程和转角方程，并求最大挠度和最大转角。

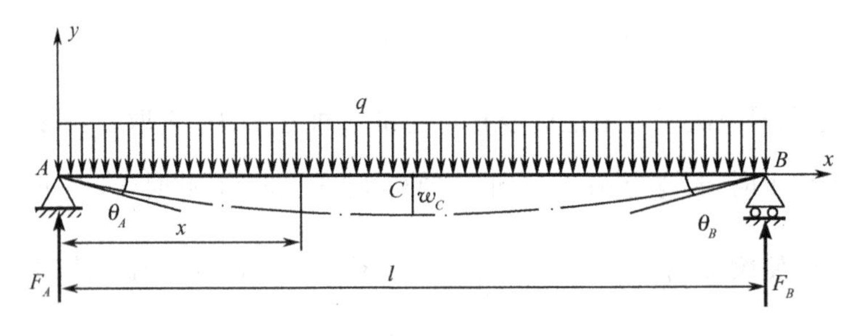

图 10-29

解　1) 列出弯矩方程。由静力计算得梁的两个支座反力为

$$F_A = F_B = \frac{ql}{2}$$

设置图 10-29 所示的坐标系，则梁的弯矩方程为

$$M(x) = \frac{qlx}{2} - \frac{qx^2}{2}$$

2) 列出挠曲线近似微分方程并积分。该梁的挠曲线近似微分方程为

$$EIw'' = \frac{qlx}{2} - \frac{qx^2}{2} \tag{1}$$

将其积分两次，可得

$$EIw' = \frac{qlx^2}{4} - \frac{qx^3}{6} + C \tag{2}$$

$$EIw = \frac{ql}{12}x^3 - \frac{q}{24}x^4 + Cx + D \tag{3}$$

3) 确定积分常数。该梁的边界条件为：在 $x=0$ 处，$w=0$；在 $x=l$ 处，$w=0$。分别代入式(3)，得关于 C 和 D 的两个方程，解得

$$D = 0, \qquad C = -\frac{ql^3}{24}$$

将 C 和 D 代回式(2) 和式(3)，得该梁的转角方程和挠度方程为

$$\theta = w' = \frac{1}{EI}\left(\frac{qlx^2}{4} - \frac{qx^3}{6} - \frac{ql^3}{24}\right) = \frac{q}{24EI}(6lx^2 - 4x^3 - l^3) \tag{4}$$

和

$$w = \frac{1}{EI}\left(\frac{ql}{12}x^3 - \frac{q}{24}x^4 - \frac{ql^3}{24}x\right) = \frac{q}{24EI}(2lx^3 - x^4 - l^3x) \tag{5}$$

4) 计算最大挠度和最大转角。由于该梁所受的全部外力关于其中央截面对称，所以变形也关于中央截面对称，变形曲线如图 10-29 所示。最大挠度应在梁跨中点 C 处，将 $x=l/2$ 代

入式(5),得

$$w_C = -\frac{5ql^4}{384EI}$$

负值表示该处挠度是向下的。故

$$f = |w|_{\max} = \frac{5ql^4}{384EI} \tag{6}$$

最大转角应在两支座处。将 $x=0$ 及 $x=l$ 分别代入式(4),得

$$\theta_A = -\frac{ql^3}{24EI}, \qquad \theta_B = +\frac{ql^3}{24EI}$$

正值表示逆时针转动,负值表示顺时针转动。故

$$|\theta|_{\max} = \frac{ql^3}{24EI} \tag{7}$$

10.6.3 用叠加法求弯曲变形

当梁上有多个载荷时,用积分法求梁的变形要经过较繁琐的计算,工程计算中常采用叠加法。研究表明,当梁的材料服从胡克定律,并且梁的变形在小变形范围内时,变形与载荷呈线性关系,这时由一载荷引起的变形不受其他载荷影响,而多个载荷共同作用引起的变形等于各个载荷单独作用引起的变形的总和。这就是叠加原理。叠加原理不仅适用于梁,而且普遍适用于线性弹性结构。根据叠加原理,只要分别计算梁在每个载荷单独作用下的挠度和转角,或直接从梁的挠度和转角表(表10-1)中查出每个载荷单独作用下的挠度和转角,将同一截面处的挠度和转角分别相加,即得多个载荷作用下该截面的挠度和转角。这在工程计算时十分方便。

表 10-1 梁在简单载荷作用下的挠度和转角

序号	梁的简图	挠曲轴方程	挠度和转角
1	w, A, B, F, x, l	$w=\frac{Fx^2}{6EI}(x-3l)$	$w_B=-\frac{Fl^3}{3EI}$ $\theta_B=-\frac{Fl^2}{2EI}$
2	w, a, F, A, B, x, l	$w=\frac{Fx^2}{6EI}(x-3a)\quad(0\leqslant x\leqslant a)$ $w=\frac{Fa^2}{6EI}(a-3x)\quad(a\leqslant x\leqslant l)$	$w_B=-\frac{Fa^2}{6EI}(3l-a)$ $\theta_B=-\frac{Fa^2}{2EI}$
3	w, q, x, A, l, B	$w=\frac{qx^2}{24EI}(4lx-6l^2-x^2)$	$w_B=-\frac{ql^4}{8EI}$ $\theta_B=-\frac{ql^3}{6EI}$
4	w, M_e, x, A, l, B	$w=-\frac{M_ex^2}{2EI}$	$w_B=-\frac{M_el^2}{2EI}$ $\theta_B=-\frac{M_el}{EI}$

续表

序号	梁的简图	挠曲轴方程	挠度和转角
5	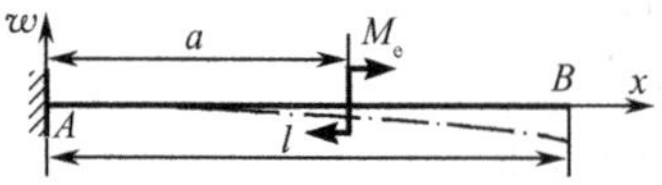	$w=-\dfrac{M_e x^2}{2EI}$ $(0\leqslant x\leqslant a)$ $w=-\dfrac{M_e a}{EI}\left(\dfrac{a}{2}-x\right)$ $(a\leqslant x\leqslant l)$	$w_B=-\dfrac{M_e a}{EI}\left(l-\dfrac{a}{2}\right)$ $\theta_B=-\dfrac{M_e a}{EI}$
6	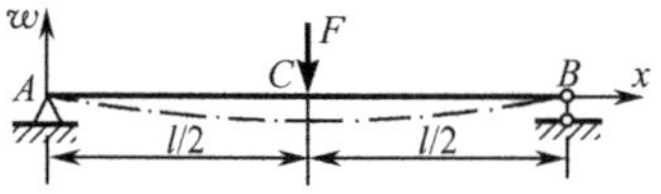	$w=\dfrac{Fx}{12EI}\left(x^2-\dfrac{3l^2}{4}\right)$ $\left(0\leqslant x\leqslant \dfrac{l}{2}\right)$	$w_C=-\dfrac{Fl^3}{48EI}$ $\theta_A=-\theta_B=-\dfrac{Fl^2}{16EI}$
7	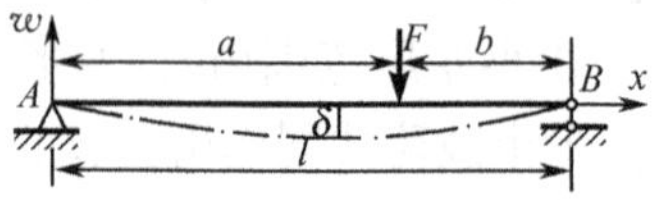	$w=\dfrac{Fbx}{6lEI}(x^2-l^2+b^2)$ $(0\leqslant x\leqslant a)$ $w=\dfrac{Fa(l-x)}{6lEI}(x^2+a^2-2lx)$ $(a\leqslant x\leqslant l)$	$\delta=-\dfrac{Fb(l^2-a^2)^{3/2}}{9\sqrt{3}lEI}$ (位于 $x=\sqrt{\dfrac{l^2-b^2}{3}}$ 处) $\theta_A=-\dfrac{Fb(l^2-b^2)}{6lEI}$ $\theta_B=\dfrac{Fa(l^2-a^2)}{6lEI}$
8	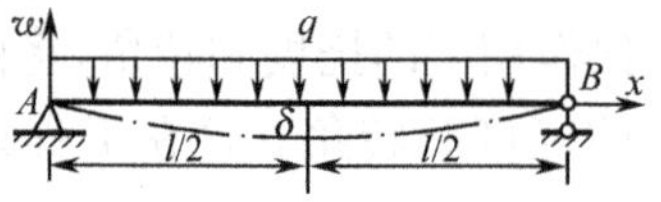	$w=\dfrac{qx}{24EI}(2lx^2-x^3-l^3)$	$\delta=-\dfrac{5ql^4}{384EI}$ $\theta_A=-\theta_B=-\dfrac{ql^3}{24EI}$
9	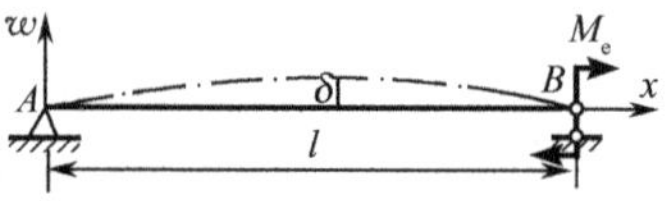	$w=\dfrac{M_e x}{6lEI}(l^2-x^2)$	$\delta=\dfrac{M_e l^2}{9\sqrt{3}EI}$ (位于 $x=l/\sqrt{3}$ 处) $\theta_A=\dfrac{M_e l}{6EI}$ $\theta_B=-\dfrac{M_e l}{3EI}$
10	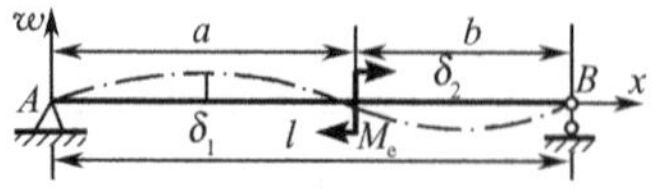	$w=\dfrac{M_e x}{6lEI}(l^2-3b^2-x^2)$ $(0\leqslant x\leqslant a)$ $w=\dfrac{M_e(l-x)}{6lEI}(3a^2-2lx+x^2)$ $(a\leqslant x\leqslant l)$	$\delta_1=\dfrac{M_e(l^2-3b^2)^{3/2}}{9\sqrt{3}lEI}$ (位于 $x=\sqrt{l^2-3b^2}/\sqrt{3}$ 处) $\delta_2=-\dfrac{M_e(l^2-3a^2)^{3/2}}{9\sqrt{3}lEI}$ (位于距 B 端 $\overline{x}=\sqrt{l^2-3a^2}/\sqrt{3}$ 处) $\theta_A=\dfrac{M_e(l^2-3b^2)}{6lEI}$ $\theta_B=\dfrac{M_e(l^2-3a^2)}{6lEI}$ $\theta_C=\dfrac{M_e(l^2-3a^2-3b^2)}{6lEI}$

例 10-9 桥式起重机大梁(图 10-30),起重时最不利状态为吊重 F_P 作用于梁跨中点 C。自重可看作集度为 q 的均布载荷,梁的抗弯刚度为 EI,求梁的最大挠度。

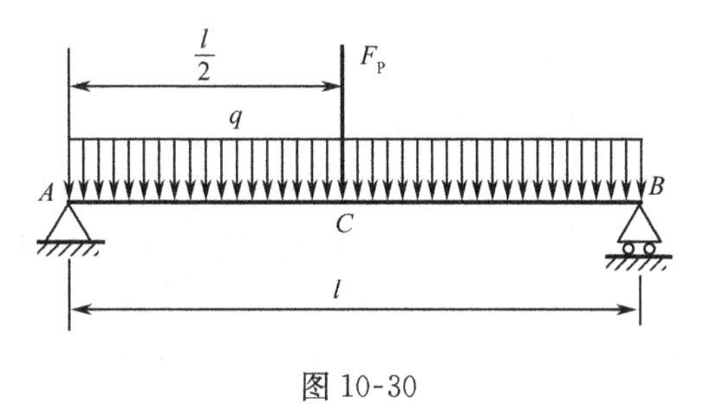

图 10-30

解 由受力的对称性可判断最大挠度发生在跨度的中点 C。从表 10-1 分别查出在集中力 F_P 单独作用下和在均布载荷 q 单独作用下的 C 点的挠度

$$w_{CF}=-\frac{F_P l^3}{48EI},\qquad w_{Cq}=-\frac{5ql^4}{384EI}$$

将 w_{CF} 和 w_{Cq} 叠加起来,就得到在 F_P 和 q 共同作用下跨度的中点 C 的挠度为

$$w_C=w_{CF}+w_{Cq}=-\frac{F_P l^3}{48EI}-\frac{5ql^4}{384EI}$$

其绝对值即为该梁的最大挠度。

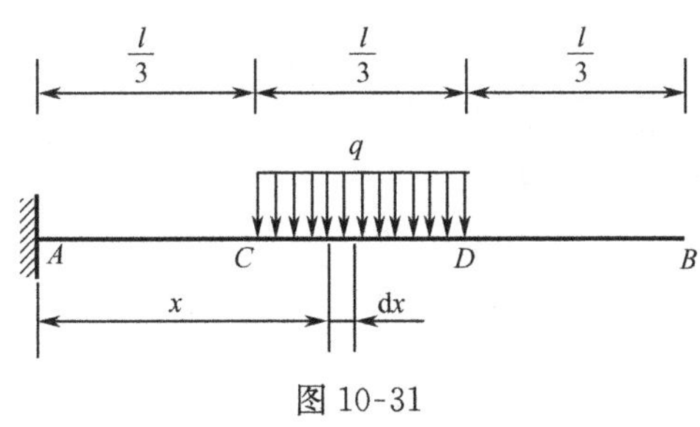

图 10-31

例 10-10 悬臂梁 AB 在中间 1/3 段上受集度为 q 的均布载荷(图 10-31),求梁的自由端 B 的挠度和转角。

解 在 CD 段内坐标为 x 处取一长为 $\mathrm{d}x$ 的微段,该微段上的载荷 $q\mathrm{d}x$ 可看作一个微小的集中力,从表 10-1 查得该集中力产生的 B 端的挠度和转角分别为

$$\mathrm{d}w_B=-\frac{(q\mathrm{d}x)x^2(3l-x)}{6EI}\quad 和\quad \mathrm{d}\theta_B=-\frac{(q\mathrm{d}x)x^2}{2EI}$$

在 CD 段上对 x 积分,得

$$w_B=\int\mathrm{d}w_B=\int_{l/3}^{2l/3}-\frac{(q\mathrm{d}x)x^2(3l-x)}{6EI}=-\frac{23ql^4}{648EI}$$

和

$$\theta_B=\int\mathrm{d}\theta_B=\int_{l/3}^{2l/3}-\frac{(q\mathrm{d}x)x^2}{2EI}=-\frac{7ql^3}{162EI}$$

本例实质上是用无限多个微小集中力代替分布力,然后用叠加法计算。显然,当梁受按任意规律分布的载荷 $q(x)$ 作用时,也可按此方法计算变形。

10.6.4 梁的刚度校核

工程中对梁的刚度要求一般是:在设计载荷作用下,梁的最大挠度或最大转角不超过某一规定限度。故梁的刚度条件为

$$f=|w|_{\max}\leqslant[f]\tag{10-24}$$

$$|\theta|_{\max}\leqslant[\theta]\tag{10-25}$$

其中,$[f]$和$[\theta]$分别为构件的许用挠度和许用转角,对不同的构件有不同的规定,可查阅有关的设计规范。常用数值有:

吊车梁 $[f]=\frac{1}{500}l\sim\frac{1}{400}l$

架空管道 $[f]=\frac{1}{500}l$

一般塔器　　$[f]=\frac{1}{1000}h\sim\frac{1}{500}h$

一般用途的转轴　　$[f]=(0.0003\sim0.0005)l$

转轴在装有齿轮处　　$[\theta]=0.001\text{rad}$

转轴在滚动轴承处　　$[\theta]=(0.0016\sim0.0075)\text{rad}$

其中，l 为梁的支承间的跨距；h 为塔器高度。

设计梁时，通常是先按强度条件选择梁的截面尺寸，然后再对梁进行刚度校核。

例 10-11　试为例 10-9 中的桥式起重机大梁进行刚度校核，设起重量为 50kN，跨度 $l=$ 10m，已根据强度条件初步选择截面为 45b 工字钢，材料的弹性模量 $E=210\text{GPa}$。大梁的许用挠度为$[f]=\frac{l}{500}$。

解　由型钢表查得：45b 工字钢的自重和横截面的惯性矩分别为

$$q=875\text{N/m},\qquad I=33800\text{cm}^4=33800\times10^{-8}\text{m}^4$$

在该例中已求出，大梁的最大挠度为

$$f=|w|_{\max}=|w_C|=\frac{F_Pl^3}{48EI}+\frac{5ql^4}{384EI}=\frac{l^3}{48EI}\left(F_P+\frac{5ql}{8}\right)$$

将 $F_P=50\text{kN}$，$E=210\text{GPa}$，$l=10\text{m}$ 及 q、I 的数值代入，计算得

$$f=\frac{10^3}{48\times210\times10^9\times33800\times10^{-8}}\left(50\times10^3+\frac{5\times875\times10}{8}\right)$$
$$=0.0163(\text{m})=16.3(\text{mm})$$

该梁的许用挠度值为

$$[f]=\frac{l}{500}=\frac{10}{500}=0.02(\text{m})=20(\text{mm})$$

因 $f=16.3\text{mm}<[f]=20\text{mm}$，故该梁满足刚度要求。

10.7　用变形比较法解简单超静定梁

以前研究的简支梁、外伸梁和悬臂梁都是静定梁，即它们的支座反力可以用静力平衡方程完全确定。但工程中也经常使用有“多余”约束的梁，以减少梁的内力和变形。例如，较长的管道、卧式贮槽等除两端的支座外，常设置中间支座。图 10-32(a)所示的则是在一悬臂梁 AB 的自由端增加了活动铰支座 B。给梁增加这些额外的支座后，也就增加了未知约束反力个数，但梁的独立平衡方程个数并未增加，仅用平衡方程就不能解出全部约束反力，这样的梁称为**超静定梁**或**静不定梁**。超静定次数则等于与多余约束相应的约束反力(称为“多余约束反力”)的个数。

与其他超静定问题一样，静定梁的求解需要用到静力平衡和变形协调两方面的条件，还要用到力和变形之间的物理关系，才能求出全部未知约束反力。现用图 10-32(a)所示的超静定梁为例来说明超静定梁求解方法。

该梁可看成是在静定梁(悬臂梁)上增加了一个多余约束(支座 B)。现将它解除，而代之以多余约束反力 F_B，将原系统在形式上转化为静定系统(图 10-32(b))。该系统是与原系统等价的，称为原系统对应的**基本静定系**。当然多余约束反力 F_B 还是未知的。为了求出 F_B，考虑

梁的变形协调条件。由于梁在支座 B 处实际挠度 w_B 为零，而在基本静定系上，由叠加原理知 B 截面的挠度为载荷引起的挠度 $(w_B)_F$ 与多余约束反力引起的挠度 $(w_B)_B$ 之和，故有

$$w_B=(w_B)_F+(w_B)_B=0$$

这就是该梁的变形协调条件。

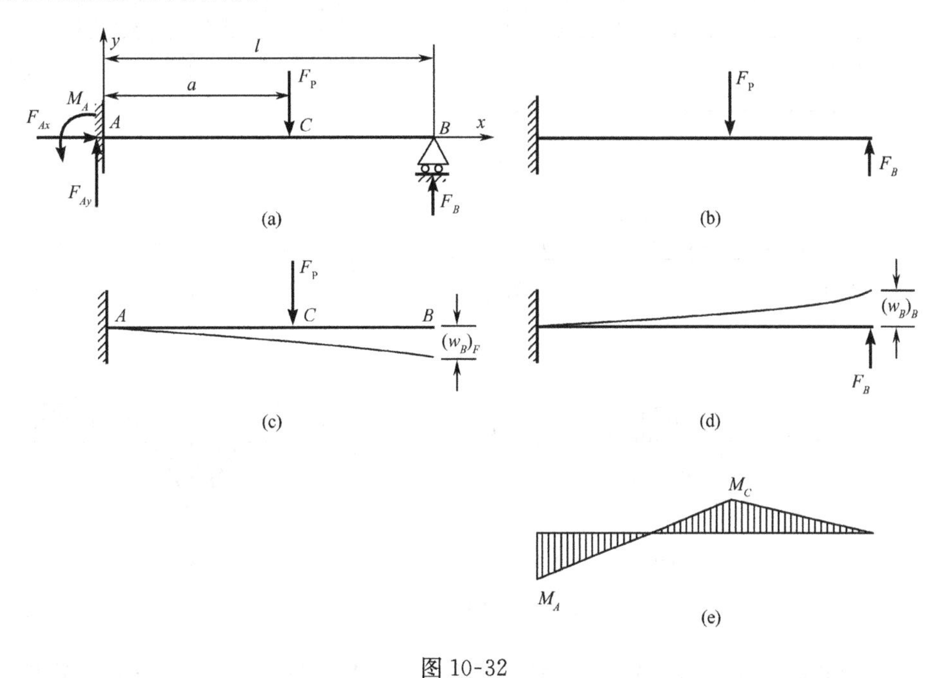

图 10-32

利用梁的挠度和转角图表(表 10-1)，得出力和变形之间的物理关系：

$$(w_B)_F=-\frac{F_Pa^2}{6EI}(3l-a),\qquad (w_B)_B=\frac{F_Bl^3}{3EI}$$

代入上式，得到一补充方程

$$-\frac{F_Pa^2}{6EI}(3l-a)+\frac{F_Bl^3}{3EI}=0$$

解出

$$F_B=\frac{F_P}{2}\left(3\frac{a^2}{l^2}-\frac{a^3}{l^3}\right)$$

解出 F_B 后，原来的超静定梁就与在 F_P 和 F_B 共同作用下的悬臂梁完全相同，可按静力平衡方程求出其他的支座反力为

$$F_{Ax}=0,\qquad F_{Ay}=F_P\left[1-\frac{1}{2}\left(3\frac{a^2}{l^2}-\frac{a^3}{l^3}\right)\right]$$

$$M_A=\frac{F_Pl}{2}\left(2\frac{a}{l}-3\frac{a^2}{l^2}+\frac{a^3}{l^3}\right)$$

可画出弯矩图，如图 10-32(e)所示。截面 C 处的弯矩为

$$M_C=\frac{F_P}{2}\left(3\frac{a^2}{l^2}-\frac{a^3}{l^3}\right)(l-a)$$

这种通过比较在多余约束处的变形来求解简单超静定梁的方法称为**变形比较法**。复杂的高次超静定梁则需用有限单元法等计算机方法来求解。

例 10-12 某管道可简化为有三个支座的连续梁(图 10-33(a)),受均布载荷 q 作用。已知跨度为 l,求支座反力,并绘剪力图和弯矩图。

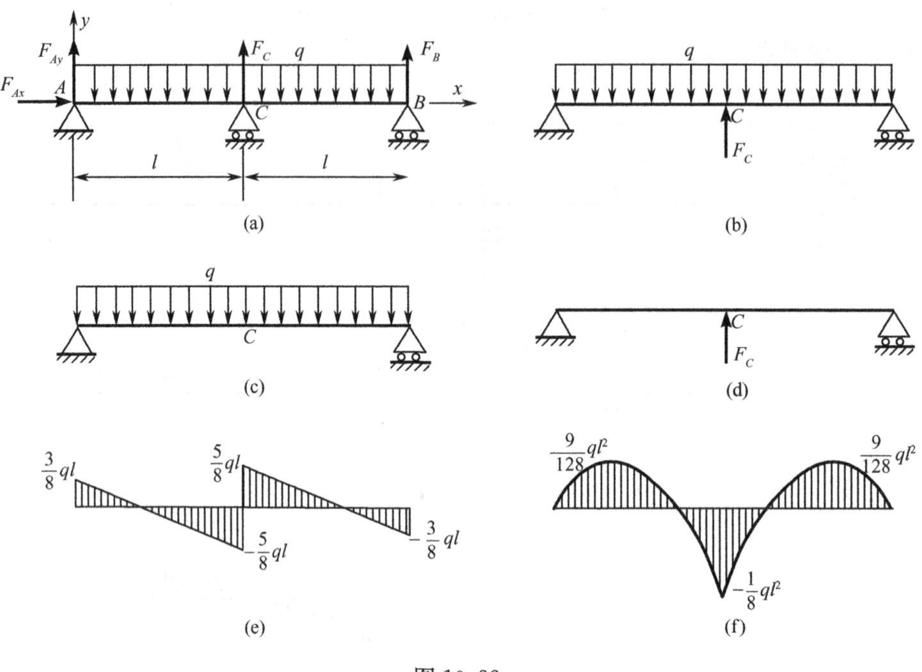

图 10-33

解 该梁可看作在简支梁 AB 上增加一个活动铰支座 C,这样就有一个多余约束反力 F_C,因此是一次静不定问题。解除支座 C 并用约束反力 F_C 代之,得到基本静定系如图 10-33(b)所示。变形协调条件为:在载荷 q 和多余约束反力 F_C 的共同作用下,基本静定系上 C 截面处的挠度为零。根据叠加原理,C 截面挠度为 q 单独作用下的挠度 w_{Cq} 与多余约束反力 F_C 单独作用下挠度 w_{CC} 之和。故变形协调条件为

$$w_C = w_{Cq} + w_{CC} = 0$$

由表 10-1 查得
$$w_{Cq} = -\frac{5q(2l)^4}{384EI}, \qquad w_{CC} = +\frac{F_C(2l)^3}{48EI}$$

代入上式解得
$$F_C = \frac{5}{4}ql$$

再由平衡方程,求得其余反力

$$F_{Ax} = 0, \qquad F_{Ay} = F_{By} = \frac{3}{8}ql$$

剪力图和弯矩图如图 10-33(e)、(f)所示。

10.8 提高梁的承载能力的措施

提高梁的承载能力是指使用料相同的梁能具有较大的强度和刚度,或者说在载荷作用下梁的最大应力、最大变形都较小。从梁的最大弯曲正应力公式 $\sigma_{max}=\frac{M_{max}}{W}$ 和弯曲变形基本关

系式$\frac{1}{\rho}=\frac{M}{EI}$可看出，梁的最大应力和变形都与弯矩和横截面的几何性质有关。其中最大正应力与最大弯矩$M_{\max}$直接相关；而最大变形则是弯矩在梁长上积分的结果，从表10-1看到最大挠度和最大转角一般与梁长的若干次方成正比，与弯曲刚度EI成反比。由于各种钢材的E基本相同，且优质钢价格较贵，所以提高梁的承载能力主要从减小弯矩、减小跨度和增大截面的惯性矩I(同时增大了抗弯截面系数W)入手。

10.8.1 减小弯矩

1. 合理地安排载荷

一般地，将较大的集中力分散成几个较小的力，可明显减小梁中的最大弯矩。如简支梁在跨中点承受一个集中力F_P时(图10-34(a))，最大弯矩为$\frac{1}{4}F_Pl$。若将该集中力分为两个大小为$\frac{F_P}{2}$的力对称地作用在梁的$\frac{1}{3}$跨度处，则最大弯矩减小为$\frac{1}{6}F_Pl$(图10-34(b))。工程中常用在梁上增加辅梁的方法来分散较大的集中力。

将较大的集中力安排在靠近梁的支座处，也可减小梁中的最大弯矩。如将图10-34(a)中的集中力F_P移至距支座$\frac{1}{5}l$处，则最大弯矩减小为$\frac{4}{25}F_Pl$(图10-34(c))。设计传动轴时，有较大横向力作用的传动轮，一般应安排在支座(轴承)附近。

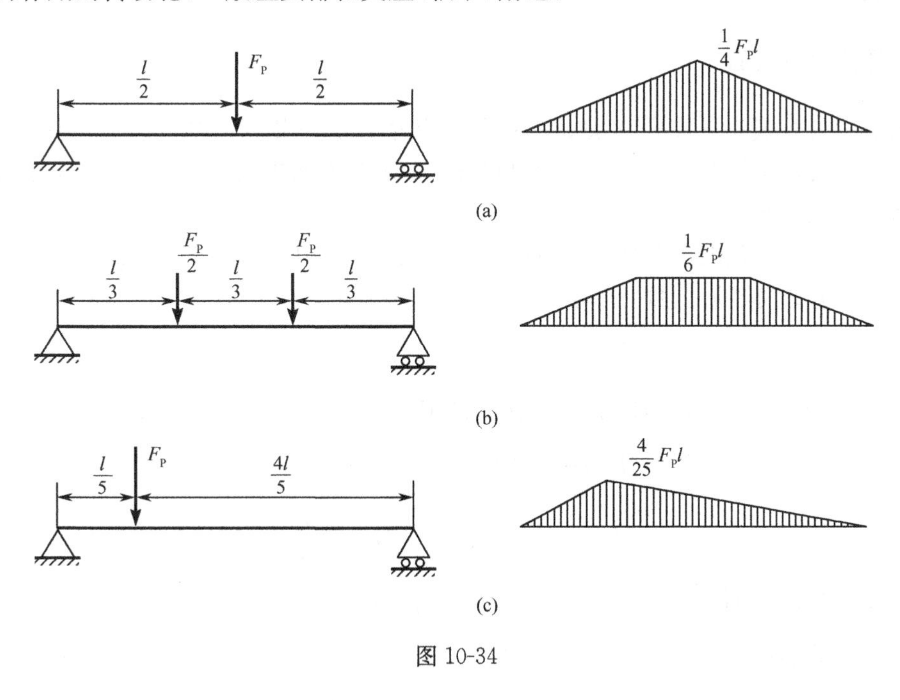

图10-34

2. 合理地安排支座

图10-35(a)所示的承受均布载荷的简支梁，如能将两端支座向内移进，成为两端外伸的外伸梁(图10-35(b))，则最大弯矩、最大挠度都大为降低。

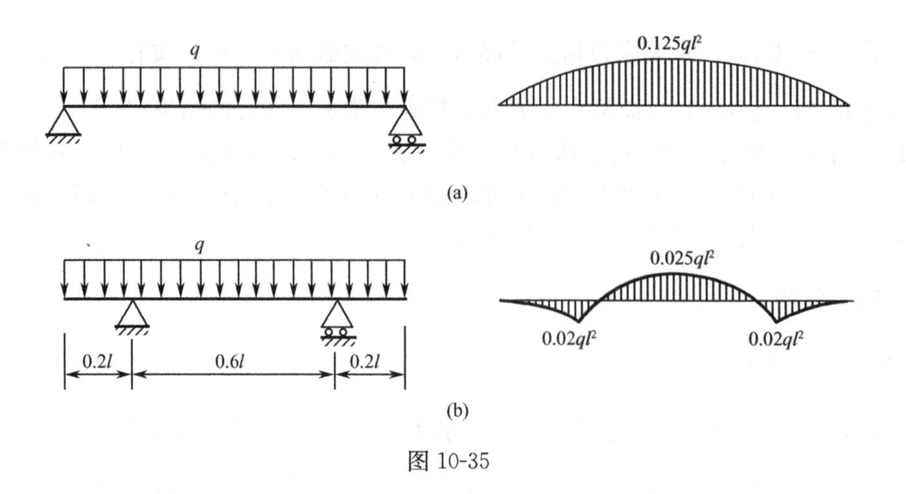

图 10-35

10.8.2 减小梁的跨度

减小梁的跨度可以减小最大弯矩。如图 10-34(a)和图 10-35(a)中的梁的跨度缩小一半，则最大弯矩分别减小为原来的$\frac{1}{2}$和$\frac{1}{4}$。减小跨度对提高刚度的作用尤其明显，如图 10-34(a)和图 10-35(a)中的梁的跨度缩小一半后的最大挠度分别只有原来的$\frac{1}{8}$和$\frac{1}{16}$。当然减小跨度应为结构布局所允许。

10.8.3 选用合理截面

横截面的抗弯截面系数 W 大则最大弯曲正应力小，惯性矩 I 大则弯曲变形小。它们与横截面的尺寸和几何形状有关。显然，在用料相同(即横截面面积相同)的前提下，应选择惯性矩和截面系数大的几何形状。

先研究一个矩形截面。设矩形截面边长分别为 b 和 $h(h>b)$，载荷为铅垂方向。若按图 10-36(a)所示方式将矩形截面平放承载，则

$$I_{1z}=\frac{1}{12}hb^3,\qquad W_{1z}=\frac{1}{6}hb^2$$

若按图 10-36(b)所示方式将矩形截面竖放承载，则

$$I_{2z}=\frac{1}{12}bh^3,\qquad W_{2z}=\frac{1}{6}bh^2$$

故
$$\frac{I_{2z}}{I_{1z}}=\left(\frac{h}{b}\right)^2,\qquad \frac{W_{2z}}{W_{1z}}=\frac{h}{b}$$

由于 $h>b$，这两个比值都大于 1。可见对于承受铅垂载荷，矩形截面竖放比平放合理。

再研究竖放的矩形截面(图 10-37(a))。由惯性矩公式 $I_z=\int y^2\mathrm{d}A$ 看出，中性轴附近的面积其 y 坐标较小，对积分值的贡献也较小。如果将它移到距中性轴较远处(图 10-37(b))，就能使同样的面积有较大的惯性矩。因此，在截面面积相同时，图 10-37(c)所示的工字形截面和箱形截面的惯性矩比矩形截面大得多，所做成的梁的强度和刚度也有明显提高。在工程中，钢梁大多采用工字形截面和箱形截面；钢筋混凝土梁多采用竖放的矩形截面以兼顾制作简单。

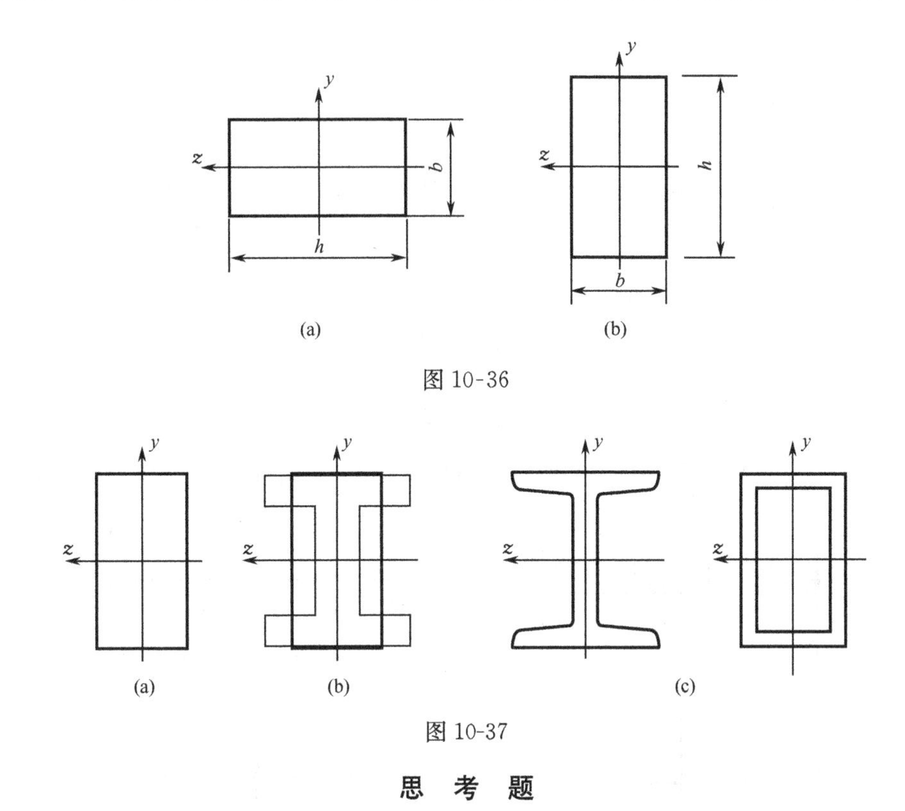

图 10-36

图 10-37

思　考　题

10-1　不经计算，从图形形状定性指出以下各梁的剪力图、弯矩图中的错误。

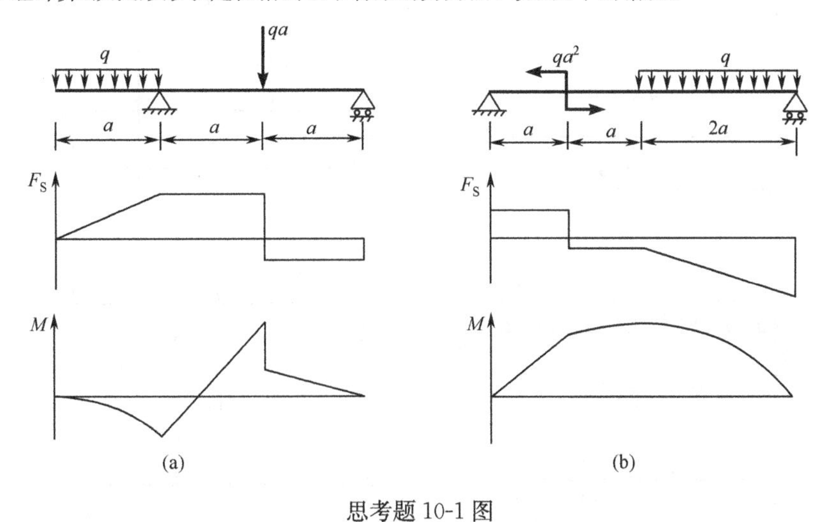

思考题 10-1 图

10-2　如何判断梁受弯曲时的受拉边和受压边？

10-3　梁的弯曲应力与其材料有关吗？弯曲变形与其材料有关吗？同样截面的钢梁比木梁强度高、刚度大，是什么原因？

10-4　图示悬臂梁在力 F 作用下的挠曲线，(a)和(b)哪条正确？为什么？

10-5　观察乔木的干、枝、叶脉的形态及截面尺寸变化，从力学上分析其合理性。

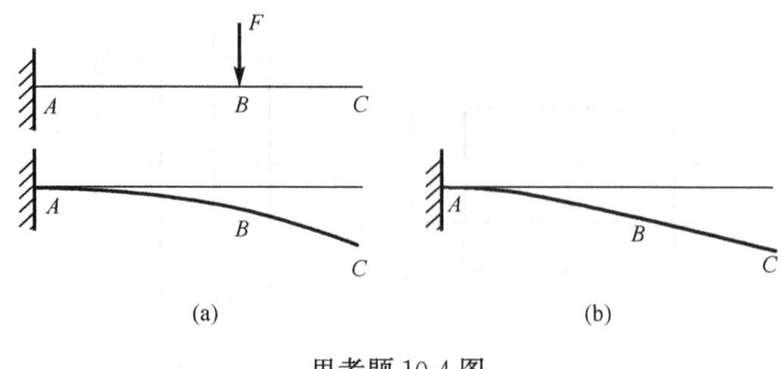

思考题 10-4 图

习　题

10-1　试列出题 10-1 图所示各梁的剪力和弯矩方程。并作出剪力图和弯矩图，求出 F_{Smax} 和 M_{max}。

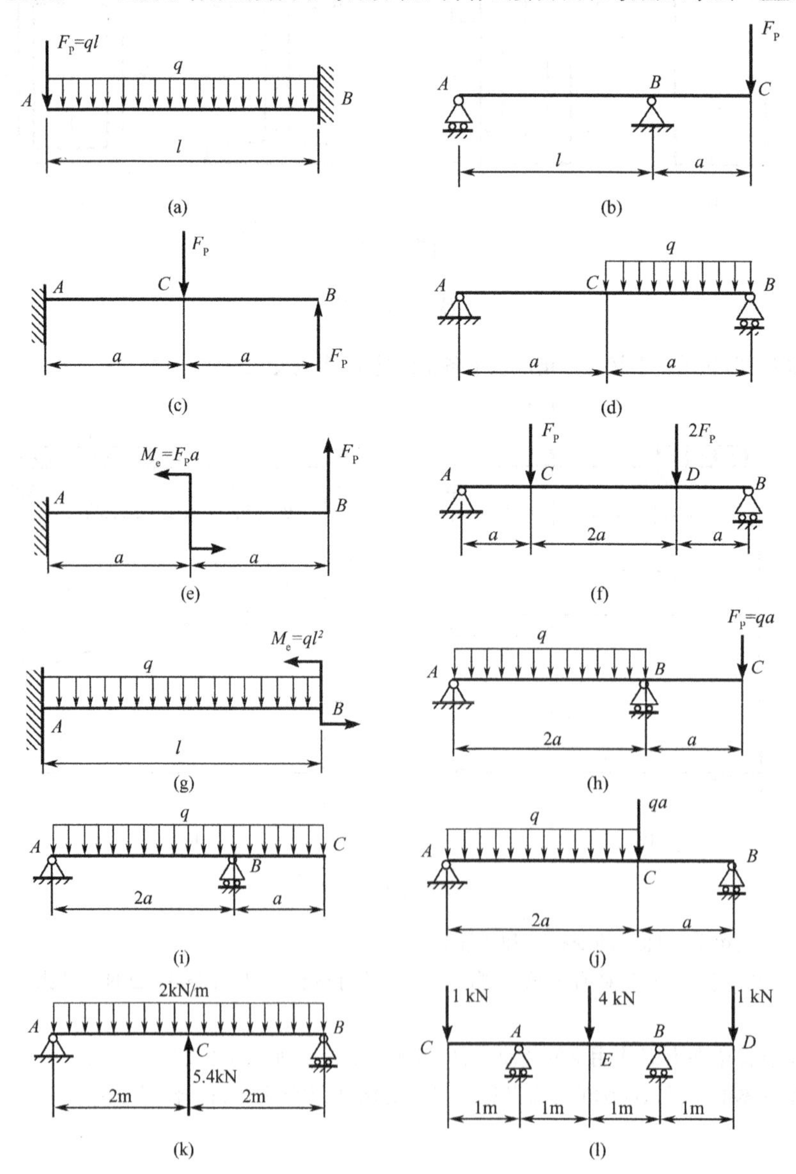

题 10-1 图

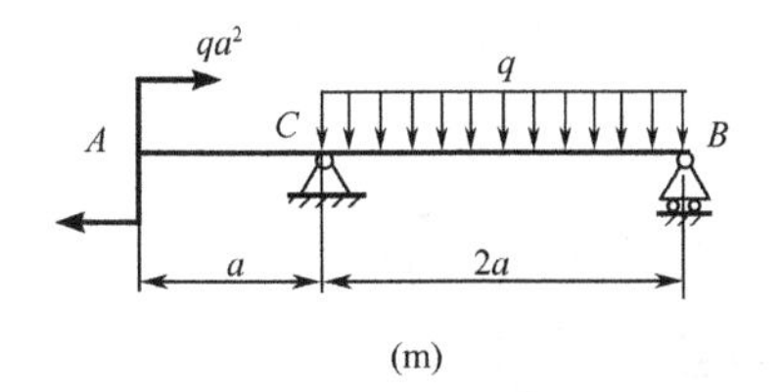

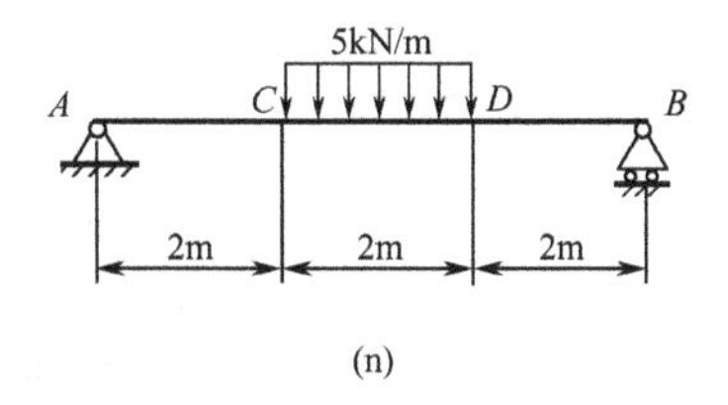

题10-1图

10-2 如题10-2图所示，梁受均布载荷作用，问 a 取何值时，梁的最大弯矩最小？

10-3 如题10-3图所示，空气泵的操纵杆，系一曲臂杠杆，用销钉和支座相连接。右端受力为8.5kN，截面Ⅰ-Ⅰ及Ⅱ-Ⅱ相同，均为 $h/b=3$ 的矩形。图中尺寸单位均为mm。①若$[\sigma]=50\text{MPa}$，试设计截面Ⅰ-Ⅰ的尺寸；②试求截面Ⅱ-Ⅱ上的最大切应力。

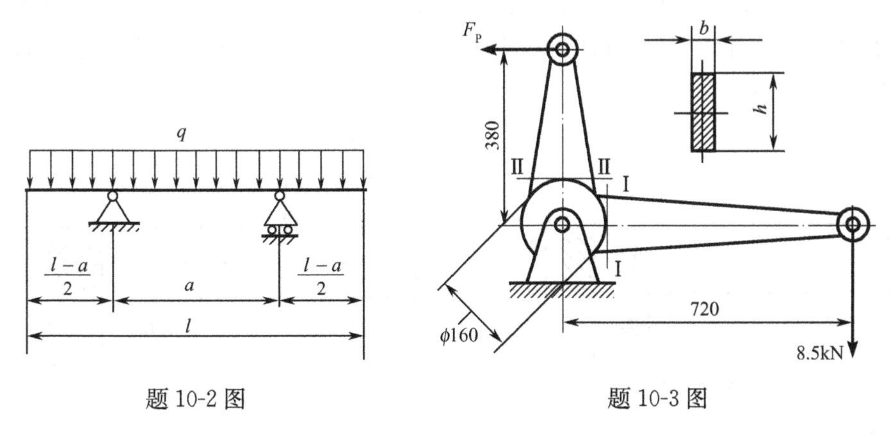

题10-2图　　题10-3图

10-4 如题10-4图所示，制动装置的杠杆，用直径 $d=30\text{mm}$ 的销钉支承在 B 处。若杠杆材料的许用应力为 $[\sigma]=137\text{MPa}$，试求许可载荷 F_{P1} 和 F_{P2}。（图中长度单位：mm）

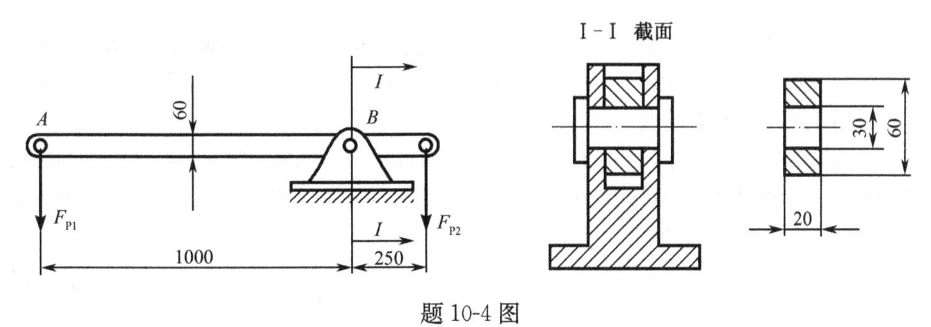

题10-4图

10-5 如题10-5图所示，矩形截面外伸梁，已知 $q=10\text{kN/m}$，$l=4\text{m}$，$h=2b$，$[\sigma]=160\text{MPa}$。试确定梁截面尺寸。

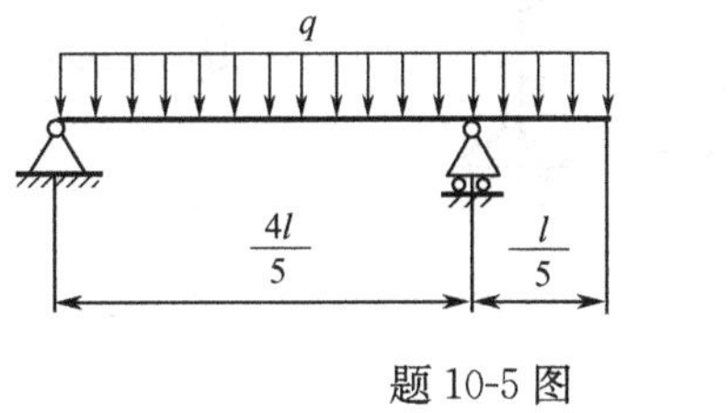

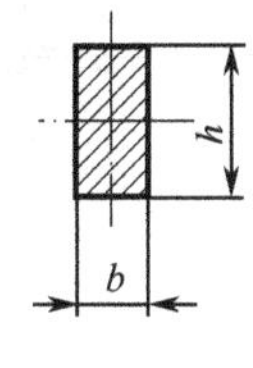

题10-5图

10-6　题 10-6 图为一铸铁梁，其惯性矩 $I_z=7.63\times10^{-6}\mathrm{m}^4$，若许用拉应力为$[\sigma_t]=30\mathrm{MPa}$，许用压应力为$[\sigma_c]=60\mathrm{MPa}$，试校核此梁的强度。

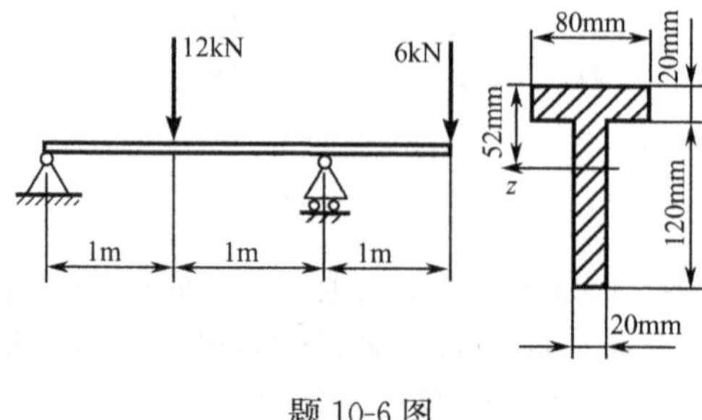

题 10-6 图

10-7　如题 10-7 图所示，两根材料相同、横截面面积相等的简支梁，一根是整体的矩形截面梁，另一根是矩形截面的叠合梁，若不计叠合梁之间的摩擦，试问：①这两种梁横截面上的正应力是怎样分布的？②这两种梁能承受的载荷相差多少？

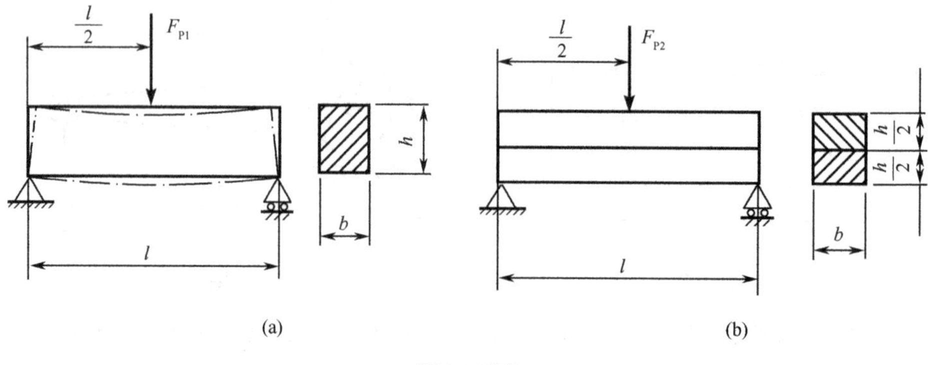

题 10-7 图

10-8　如题 10-8 图所示，单梁吊车由 40a 号工字钢制成，在梁中段的上下翼缘上各焊了一块 120mm×10mm 的盖板。已知梁跨长 $l=8\mathrm{m}$，$a=5.2\mathrm{m}$，材料的弯曲许用应力$[\sigma]=140\mathrm{MPa}$，许用切应力$[\tau]=80\mathrm{MPa}$。试按正应力强度条件确定梁的许可载荷$[F_P]$。梁的自重暂不考虑。

10-9　如题 10-9 图所示，某车间用一台 150kN 的吊车和一台 200kN 的吊车，借一辅助梁共同起吊一重 $F_P=300\mathrm{kN}$ 的设备。①重力距 150kN 吊车的距离 x 应在什么范围内，才能保证两台吊车都不致超载；②若用工字钢作辅助梁，试选择工字钢的型号。已知许用应力$[\sigma]=160\mathrm{MPa}$。

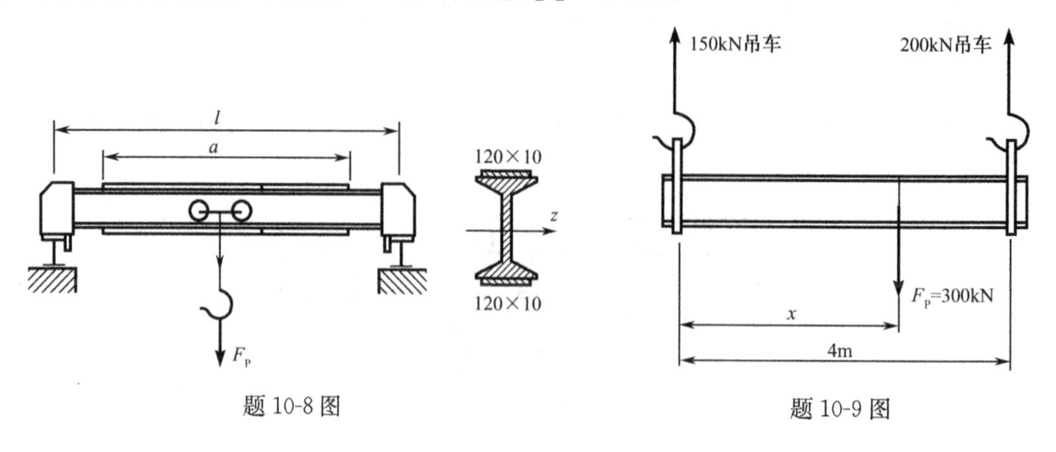

题 10-8 图　　题 10-9 图

10-10 如题10-10图所示，当 F_P 力直接作用在梁中点时，梁内的最大正应力超过许用应力30%，为了消除此过载现象，配置了如题10-10图所示的辅助梁 CD，试求此辅助梁所需的跨度 a，已知 $l=6$m。

10-11 如题10-11图所示，有一承受管道的悬臂梁，用两根槽钢组成，两根管道作用在悬臂梁上的重力各为 $G=5.39$kN，尺寸如图所示，单位为mm。求：①绘悬臂梁的弯矩图；②选择槽钢的型号。设材料的许用应力为 $[\sigma]=130$MPa。

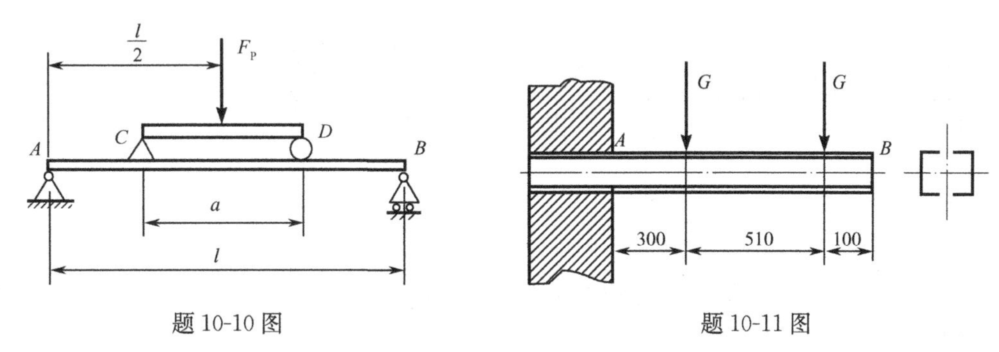

题10-10图　　　　题10-11图

10-12 如题10-12图所示，用积分法求以下各梁的转角方程、挠曲线方程及指定的转角和挠度。已知抗弯刚度 EI 为常数。

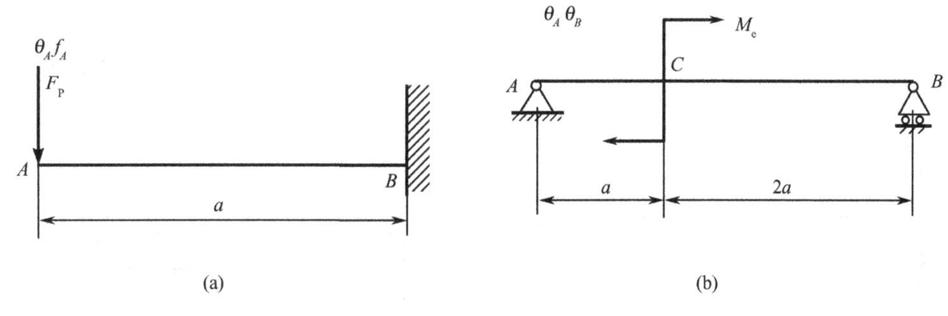

题10-12图

10-13 如题10-13图所示，简化后的齿轮轴 AB，试求轴承处截面的转角。已知 $E=196$GPa。

10-14 一直角拐如题10-14图所示。AB 段横截面为圆形，BC 段为矩形；A 端固定，B 端为一滑动轴承，C 端作用一集中力 $F_P=60$N；有关尺寸如图所示，单位为mm。已知材料的弹性模量 $E=210$GPa，切变模量 $G=0.4E$。试求 C 端的挠度。

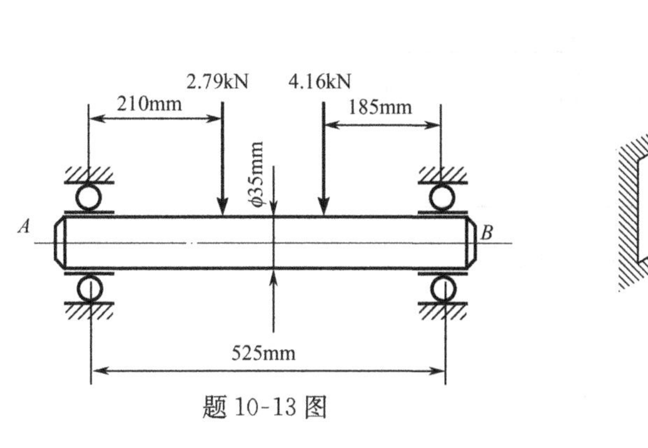

题10-13图

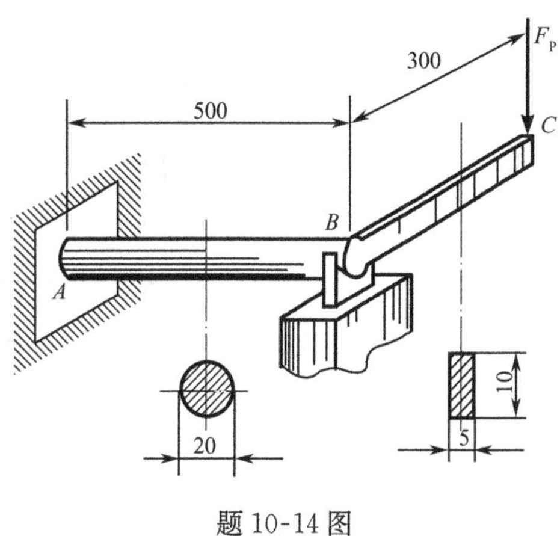

题10-14图

10-15　简支梁如题 10-15 图所示。已知 $l=4\text{m}$，$q=9.8\text{kN/m}$，$[\sigma]=100\text{MPa}$，$E=206\times10^9\text{N/m}^2$，若许用挠度 $[f]=\frac{l}{1000}$，截面为由两根槽钢组成的组合截面，试选定槽钢的型号，并对自重影响进行校核。

10-16　钢轴如题 10-16 图所示，已知 $E=200\times10^9\text{N/m}^2$，左端轮上受力 $F_P=20\text{kN}$。若规定支座 A 处截面的许用转角 $[\theta]=0.5°$，试选定此轴的直径。

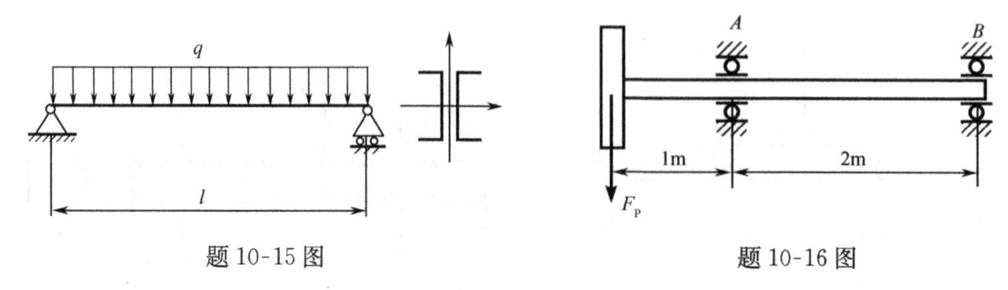

题 10-15 图　　题 10-16 图

10-17　如题 10-17 图所示，梁的 A 端固定，B 端安放在活动铰链支座上。已知外力 F_P 及尺寸 a 及 l。试求支座 B 处反力。

10-18　如题 10-18 图所示，受有均布载荷 $q=10\text{kN/m}$ 的 16 号工字钢梁，一端固定，另一端用钢拉杆系住。已知拉杆直径 $d=10\text{mm}$，两者均为 Q235 钢(A3 钢)，弹性模量 $E=200\text{GPa}$，尺寸 $h=5\text{m}$，$l=4\text{m}$。求梁及拉杆内的最大正应力。

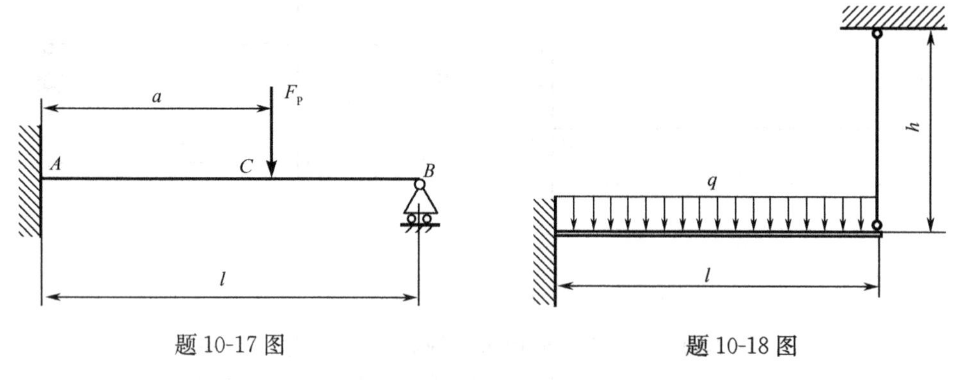

题 10-17 图　　题 10-18 图

10-19　如题 10-19 图所示，悬臂梁 AB 因强度和刚度不足，用同材料同截面的一根短梁 AC 加固。问：①支座 C 处的反力 F_{RC} 为多少？②梁 AB 的最大弯矩和 B 点的挠度比没有梁 AC 支承时减少多少？

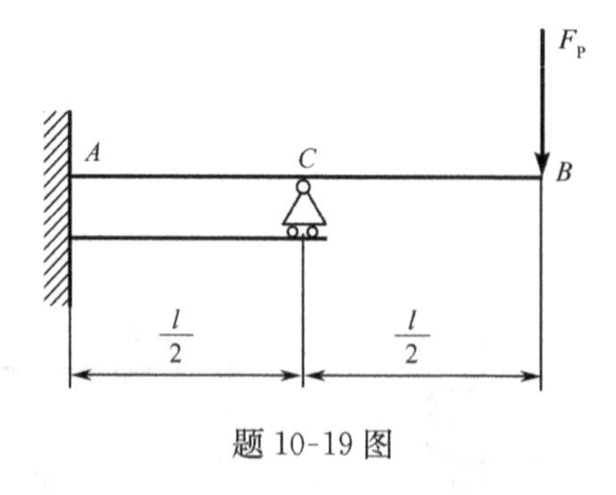

题 10-19 图

第 11 章　复杂应力状态下的强度条件

在前面三章中，我们已经分别对直杆在发生轴向拉伸压缩、扭转和平面弯曲这三种基本变形时的强度计算进行了研究，建立了相应的强度条件。这三种情形由于载荷单一，失效判据（即构件发生断裂或屈服时危险点的某种应力值）可通过模拟加载试验获得，如轴向拉伸试验和扭转试验。然而，当杆件受较复杂的载荷作用时，如既受轴向拉力又受扭转力偶作用，便发生被称为**组合变形**的较复杂的变形。这时载荷可由基本载荷任意组合形成，由于不同比例的载荷可有无穷多种组合，用模拟加载试验来一一获取每种载荷组合下的失效判据是不现实的。同时，当杆件受较复杂的载荷作用时，横截面上常常不是只有某种单一的应力，而是同时有正应力和切应力，纵截面上也可能有应力，显然不能仅以横截面上的最大正应力或最大切应力作为判断是否发生失效的依据。因此，在本章中，我们将分析一点的应力状态，建立普遍意义上的强度条件，以便在下一章中解决杆件组合变形时的强度计算问题。

11.1　一点的应力状态

11.1.1　引例

构件受载时，其内部任一点的应力不仅与该点的位置有关，而且与截面的方位有关。下面以受轴向拉伸的直杆为例进行说明。

图 11-1(a)所示直杆的横截面面积为 A，受轴向拉力 F 作用。如作横截面 m-m，则 m-m 上一点 C 处的应力为：正应力 $\sigma=F/A$，切应 $\tau=0$(图 11-1(b))。现通过 C 点另作一斜截面 m_1-m_1，该截面的外法线与杆轴线的夹角为 α。则该斜截面面积为 $A_\alpha=A/\cos\alpha$。根据分离体的平衡条件，斜截面上的总内力仍等于 F 且为轴向(图 11-1(c))。由于轴向拉伸时直杆是均匀变形的，所以该内力在斜截面上均匀分布，斜截面上单位面积的内力即应力为

$$P_\alpha=\frac{F}{A_\alpha}=\frac{F}{A}\cos\alpha=\sigma\cos\alpha$$

其中，$\sigma=F/A$ 为横截面上的应力。

P_α 是沿杆的轴线方向的，现将它分解为斜截面上的正应力 σ_α 和切应力 τ_α(图 11-1(d))，即

$$\sigma_\alpha=P_\alpha\cos\alpha=\sigma\cos^2\alpha=\frac{\sigma}{2}(1+\cos2\alpha)$$

$$\tau_\alpha=P_\alpha\sin\alpha=\sigma\cos\alpha\sin\alpha=\frac{\sigma}{2}\sin2\alpha \qquad (11\text{-}1)$$

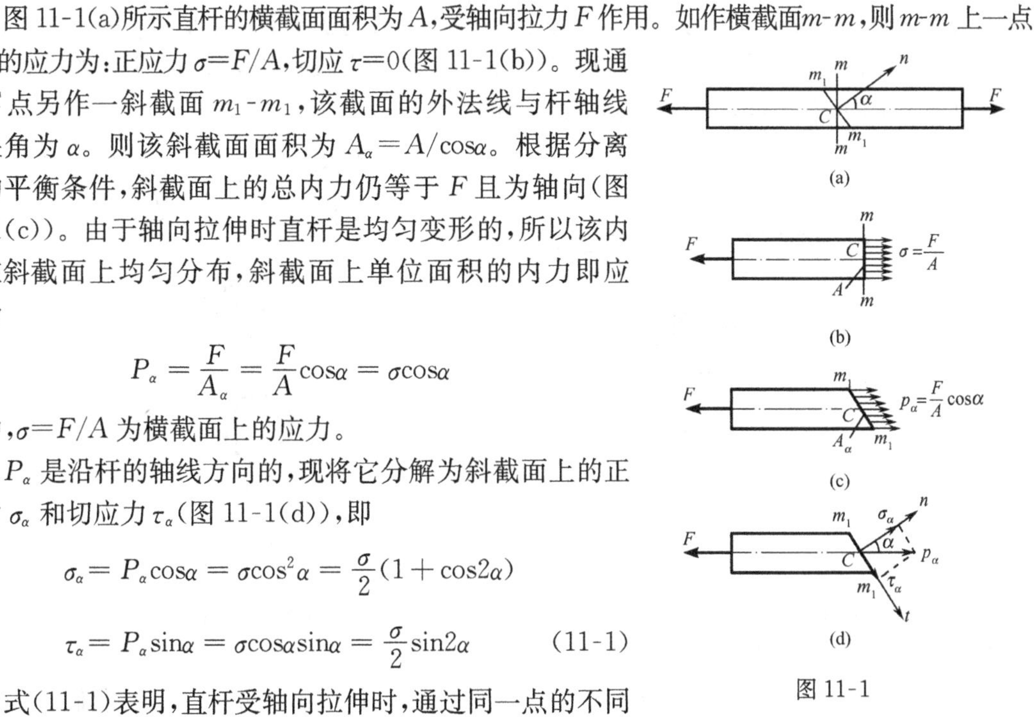

图 11-1

式(11-1)表明，直杆受轴向拉伸时，通过同一点的不同

方位截面上的应力是不同的，它们是截面方位角 α 的函数。其中，横截面($\alpha=0$)上正应力为最大值$\frac{F}{A}$，切应力为零；与轴线成 45°的斜截面($\alpha=\pm\pi/4$)上切应力为最大值$\frac{F}{2A}$，同时正应力值也为$\frac{F}{2A}$。

由此看来，判断受力构件某一点处是否危险，不能仅看通过该点的某一个截面上的应力，而应全面考察通过该点的所有方位的截面上的应力。**通过构件内一点的各个不同方位截面上的应力情况称为一点的应力状态。**

11.1.2 一点应力状态的表示

为了表示受力构件内某一点的应力状态，设想围绕该点切出一个微小的正六面体，称为**单元体**。由于单元体各边的长度实际上是无穷小的，所以认为其各个面上的应力是均匀分布的，而且其任一对平行平面上的应力是相等的。这样，在单元体的三个互相垂直的平面上的应力，就表示了该点的应力状态。后面将证明，通过该点的任何方位截面上的应力，都可用这三个互相垂直的平面上的应力及截面方位角来表示。

例如，在受轴向拉伸的杆件中的 A 点(图 11-2(a))的应力状态可以这样来表示：围绕 A 点沿杆的横向及纵向截取一单元体，如图 11-2(b)所示，作用在单元体各个面上的应力，就说明了该点的应力状态。又如，圆轴受扭转时，在靠近轴的表面处任选一点(图 11-3(a))。围绕着该点，沿轴的横截面、径向截面以及与表面同轴线的圆柱面截出一单元体，如图 11-3(b)所示。单元体各个面上的应力，就表示了圆轴扭转时该点的应力状态。由于这两个单元体都有一对平行平面上没有应力，故可用其投影图来表示，如图 11-2(c)和图 11-3(c)所示。

图 11-2(b)所示的应力状态，在单元体的一对平面上有正应力而没有切应力；另两对平面上既没有正应力也没有切应力。切应力等于零的平面，称为**主平面**。主平面上的正应力，称为**主应力**。直杆在受到轴向拉伸或压缩时，通过杆内一点的横截面以及与轴线平行的纵截面，都是该点的主平面，横截面上的正应力就是该点的一个主应力。

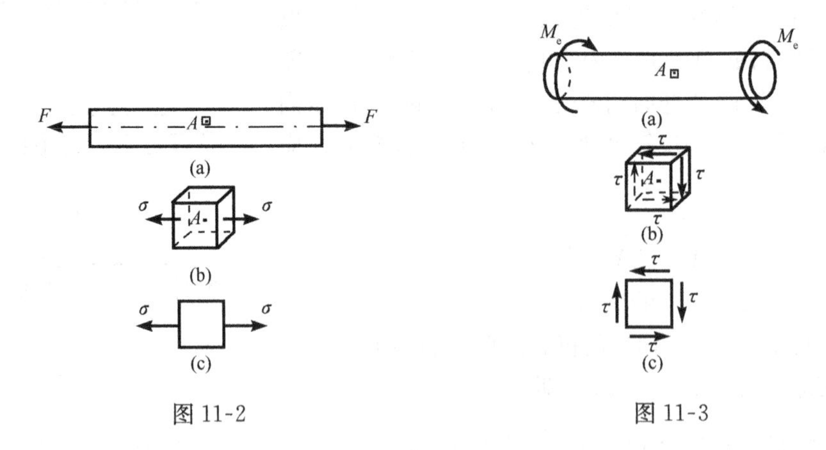

图 11-2　　图 11-3

由弹性理论可以证明，在受力构件内围绕任一点，总可切出一个单元体，它的三个互相垂直的平面全为主平面，而且在这三个主平面上的主应力中，有一个是通过该点所有各截面上最大的正应力，有一个是最小的正应力。三个主应力通常记为 σ_1、σ_2、σ_3，它们是按代数值(受拉为正)的大小排序的,即 $\sigma_1 \geqslant \sigma_2 \geqslant \sigma_3$。一点的应力状态可以用该点处的三个主应力来表示(图 11-4)。

若三个主应力中只有一个数值不为零、其余两个为零(图 11-5(a)),这种应力状态称为**单向应力状态**。例如,直杆受轴向拉伸压缩或受纯弯曲载荷时,杆中各点的应力情况都属于单向应力状态。

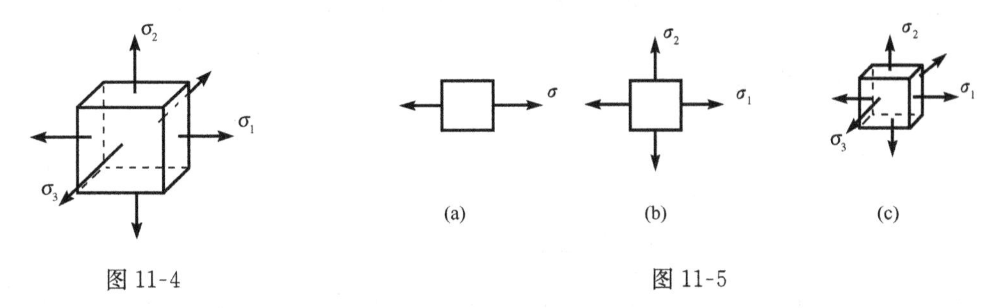

图 11-4　　图 11-5

若三个主应力中有两个数值不为零、其余一个为零(图 11-5(b)),这种应力状态称为**平面应力状态**(或**二向应力状态**)。储存有压流体的封闭薄壁圆筒在内压作用下,其周向和轴向都受拉力,而外表面无分布力,外表面上的点即处于平面应力状态。此外,梁在剪切弯曲时横截面上除上、下边缘以外的各点,以及圆轴扭转时除轴线以外的各点,也都处于平面应力状态。

若三个主应力全不为零,这种应力状态称为**三向应力状态**(图 11-5(c))。承受高压的厚壁容器器壁内的各点、两齿轮啮合时的接触点等都是三向应力状态的例子。

平面应力状态和三向应力状态统称为**复杂应力状态**。

11.1.3　平面应力状态的分析

在复杂应力状态下,为了研究一点处的强度,需要了解通过该点的任意方向截面上的应力,并求出最大(最小)正应力、最大(最小)切应力等。这个工作叫做应力状态分析。我们先进行平面应力状态的分析。图 11-6(a)所示单元体为平面应力状态的一般情况,在外法线分别与 x 轴和 y 轴重合的两对平面上,应力 σ_x、τ_x 和 σ_y、τ_y 都是已知的。约定正应力以受拉为正,切应力以对单元体产生顺时针力矩的为正。

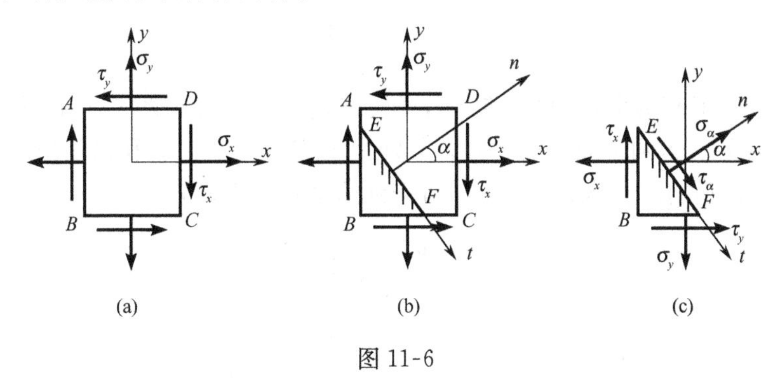

图 11-6

1. 斜截面上的应力

以一斜截面 EF 去截此单元体(图 11-6(b)),该斜截面垂直于纸面,其外法线 n 与 x 轴正向夹角为 α,约定从 x 轴逆时针转到外法线 n 的 α 角为正。取楔形体 EBF 为研究对象(图 11-6(c))。设

斜截面面积为 dA,则 BE 和 BF 的相应面积分别为 $dA\cos\alpha$ 和 $dA\sin\alpha$。由平衡条件 $\sum F_n=0$ 及 $\sum F_t=0$ 得

$$\sigma_\alpha dA-(\sigma_x dA\cos\alpha)\cos\alpha+(\tau_x dA\cos\alpha)\sin-(\sigma_y dA\sin\alpha)\sin\alpha+(|\tau_y|dA\sin\alpha)\cos\alpha=0$$

$$\tau_\alpha dA-(\sigma_x dA\cos\alpha)\sin\alpha-(\tau_x dA\cos\alpha)\cos\alpha+(\sigma_y dA\sin\alpha)\cos\alpha+(|\tau_y|dA\sin\alpha)\sin\alpha=0$$

由切应力互等定理知 $\tau_x=|\tau_y|$,并利用三角公式 $2\sin\alpha\cos\alpha=\sin2\alpha$, $\cos^2\alpha=\frac{1+\cos\alpha}{2}$ 和 $\sin^2\alpha=\frac{1-\cos2\alpha}{2}$,将上两式化简为

$$\sigma_\alpha=\frac{\sigma_x+\sigma_y}{2}+\frac{\sigma_x-\sigma_y}{2}\cos2\alpha-\tau_x\sin2\alpha \tag{11-1a}$$

$$\tau_\alpha=\frac{\sigma_x-\sigma_y}{2}\sin2\alpha+\tau_x\cos2\alpha \tag{11-1b}$$

式(11-1a)和式(11-1b)即为计算平面应力状态下通过一点的任意斜截面上正应力和切应力的公式。使用时,需遵守前面的正负号约定,即正应力 σ_x、σ_y 以受拉为正、受压为负;切应力 τ_x、τ_y 以对单元体产生顺时针力矩的为正、反之为负;角 α 以从 x 轴逆时针转到外法线 n 的为正,反之为负。

2. 极值正应力及其所在平面方位

式(11-1a)和式(11-1b)表明斜截面上的正应力和切应力都是随斜截面的方位角 α 而变的,为求正应力的极值,令 $\frac{d\sigma_\alpha}{d\alpha}=0$,得

$$\frac{d\sigma_\alpha}{d\alpha}=\frac{\sigma_x-\sigma_y}{2}(-2\sin2\alpha)-\tau_x\cos2\alpha=0$$

即

$$\frac{\sigma_x-\sigma_y}{2}\sin2\alpha+\tau_x\cos2\alpha=0$$

将上式与式(11-1b)比较,可知极值正应力所在的平面,就是切应力 τ_α 等于零的平面,也就是主平面。所以极值正应力就是主应力。设该平面的外法线与 x 轴所成的角为 α_0,由上式可得

$$\tan2\alpha_0=-\frac{2\tau_x}{\sigma_x-\sigma_y} \tag{11-2}$$

满足式(11-2)的 α_0 值有两个,它们相差 $90°$,说明通过一点可确定两个主平面,且这两个主平面相互垂直。实际上,这两个面上的主应力分别为正应力的最大值和最小值。从式(11-2)求出 $\cos2\alpha_0$ 和 $\sin2\alpha_0$ 后将之代入式(11-1 a)可得到两个主应力,即

$$\sigma'=\sigma_{max}=\frac{\sigma_x+\sigma_y}{2}+\sqrt{\left(\frac{\sigma_x-\sigma_y}{2}\right)^2+\tau_x^2} \tag{11-3a}$$

$$\sigma''=\sigma_{min}=\frac{\sigma_x+\sigma_y}{2}+\sqrt{\left(\frac{\sigma_x-\sigma_y}{2}\right)^2+\tau_x^2} \tag{11-3b}$$

这两个主应力在该点的三个主应力中的排序,则应考虑平面应力状态有一个主应力为零,将三个主应力按照代数值从大到小的顺序给以标号。例如,若 $\sigma_{max}=30MPa$,$\sigma_{min}=-20MPa$,则该点的 $\sigma_1=\sigma'=30MPa$,$\sigma_2=0$,$\sigma_3=\sigma''=-20MPa$。

3. 极值切应力及其所在平面方位

令$\frac{d\tau\alpha}{d\alpha}=0$，由式(11-1b)得

$$\frac{d\tau_\alpha}{d\alpha}=(\sigma_x-\sigma_y)\cos 2\alpha-2\tau_x\sin 2\alpha=0$$

设满足该式的角为α_1，由上式可得

$$\tan 2\alpha_1=\frac{\sigma_x-\sigma_y}{2\tau_x} \tag{11-4}$$

满足该式的α_1也有两个，它们相差90°，说明切应力为极值的平面有两个，它们是互相垂直的。两个极值切应力分别为最大切应力和最小切应力。从上式求出$\cos 2\alpha_1$和$\sin 2\alpha_1$代入式(11-1b)，可得最大切应力和最小切应力为

$$\left.\begin{matrix}\tau_{max}\\ \tau_{min}\end{matrix}\right\}=\pm\sqrt{\left(\frac{\sigma_x-\sigma_y}{2}\right)+\tau_x^2} \tag{11-5}$$

或

$$\left.\begin{matrix}\tau_{max}\\ \tau_{min}\end{matrix}\right\}=\pm\frac{1}{2}(\sigma'-\sigma'') \tag{11-6}$$

由式(11-2)和式(11-4)可知，$\tan 2\alpha_0\cdot\tan 2\alpha_1=-1$，说明$2\alpha_0$与$2\alpha_1$相差±90°角，因此，最大、最小切应力所在平面与主平面各相差45°角。应说明的是，此处所说的最大、最小切应力特指平面应力状态下，与零应力面垂直的各斜截面上的切应力的最大值和最小值，而非三向应力状态下一点处的最大切应力。

例11-1　已知构件内一点为平面应力状态，其单元体如图11-7所示。求图中指定的斜截面上的应力。

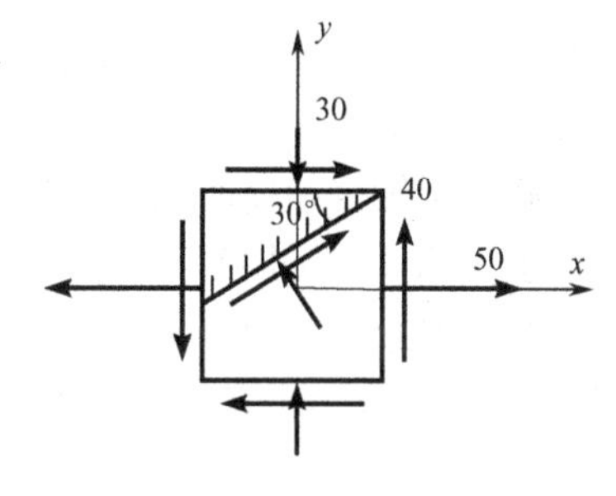

图11-7

解　由图中数值知：$\sigma_x=50\text{MPa}$，$\sigma_y=-30\text{MPa}$，$\tau_x=-40\text{MPa}$，$\alpha=-60°$。代入式(11-1a)和式(11-1b)，得

$$\sigma_\alpha=\frac{50+(-30)}{2}+\frac{50-(-30)}{2}\cdot\cos(-2\times 60°)-(-40)\sin(-2\times 60°)$$
$$=-44.64(\text{MPa})$$

$$\tau_\alpha=\frac{50-(-30)}{2}\sin(-2\times 60°)+(-40)\cos(-2\times 60°)$$
$$=-14.64(\text{MPa})$$

σ_α和σ_α为负值，表明该斜截面上的正应力和切应力的方向都与约定的正方向相反，其实际方向如图11-7所示。

例11-2　如图11-8所示为围绕构件内一点切出的平面应力状态单元体。求该点处的主应力其所在平面方位，并求极值切应力。

解　由图中数值知：$\sigma_x=50\text{MPa}$，$\sigma_y=10\text{MPa}$，$\tau_x=30\text{MPa}$。代入式(11-3a)、式(11-3b)得

$$\left.\begin{matrix}\sigma' \\ \sigma''\end{matrix}\right\} = \frac{50+10}{2} \pm \sqrt{\left(\frac{50-10}{2}\right)^2 + 30^2} = \begin{cases}66.06\text{MPa} \\ -6.06\text{MPa}\end{cases}$$

故主应力为

$$\sigma_1 = \sigma' = 66.06\text{MPa}, \quad \sigma_2 = 0, \quad \sigma_3 = \sigma'' = -6.06\text{MPa}$$

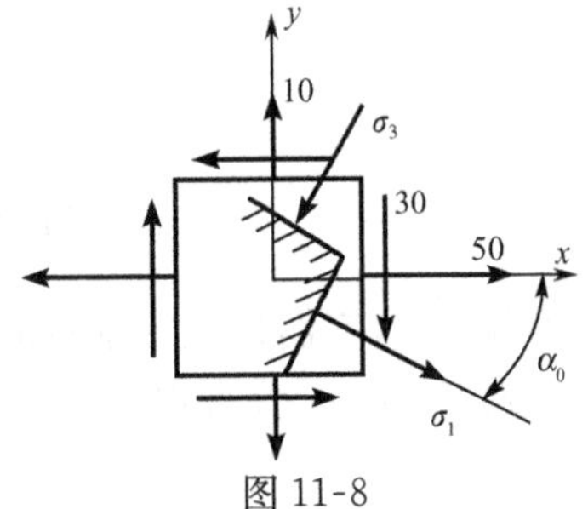

图 11-8

两个主应力所在平面方位角由式(11-2)确定：

$$\tan 2\alpha_0 = -\frac{2\times 30}{50-10} = -1.5$$

$$2\alpha_0 = -56.3°$$

$$\alpha_0 = -28.15°$$

$$\alpha_0 + 90° = 61.85$$

主应力及主平面如图 11-8 所示。

根据式(11-6)，该点的极值切应力为

$$\left.\begin{matrix}\tau_{max} \\ \tau_{min}\end{matrix}\right\} = \pm\frac{1}{2}(66.06+6.06) = \pm 36.06(\text{MPa})$$

其作用平面与主平面成 45°角。

应注意，当 $\sigma_x > \sigma_y$ 时，与 $2\alpha_0$ 主值对应的是 σ'；当 $\sigma_x < \sigma_y$ 时，与 $2\alpha_0$ 主值对应的是 σ''。

例 11-3　分析圆轴扭转时的应力状态，并解释为什么低碳钢制的试件扭转破坏面是与轴线垂直的平面(图 11-9(a))，而铸铁制的试件扭转破坏面是一个螺旋面(图 11-9(b))。

解　圆轴受扭转时最大切应力发生在表面处。在表面上点 K 处按图 11-9(c)方向切出一单元体，则单元体上的切应力 $\tau = T/W_t$，单元体上下及两侧表面上均无正应力。图 11-9(d)是切出的单元体图。将 $\sigma_x = 0, \sigma_y = 0, \tau_x = \tau$ 代入公式(11-3a)、(11-3b)得

$$\left.\begin{matrix}\sigma_1 = \sigma' \\ \sigma_3 = \sigma''\end{matrix}\right\} = 0 \pm \sqrt{0+\tau^2} = \begin{cases}\tau \\ -\tau\end{cases}$$

$$\tan 2\alpha_0 = -\frac{2\tau}{0-0} = -\infty$$

$$\alpha_0 = -45°$$

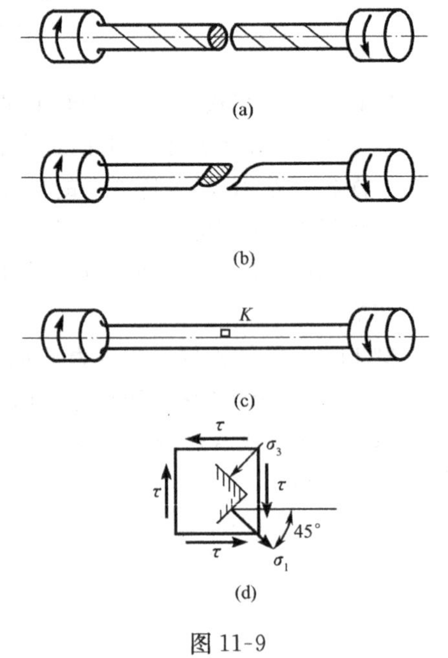

图 11-9

以上两式表明与轴线成 45°角方向为主应力方向，在该方向作用着大小等于 τ 的最大拉应力(图 11-9(d))，同时也说明横截面是最大切应力作用的平面。低碳钢的抗拉强度较高而抗剪强度较低，所以沿横截面发生剪切破坏；铸铁的抗拉强度较低而抗剪强度较高，所以沿与主应力垂直的方向发生断裂破坏，断裂面成为与轴线成 45°的螺旋面。

11.1.4　三向应力状态中的最大应力

在三向应力状态时，原则上也可用上述方法分析任意斜截面上的应力，而计算要繁复得多。这里只对三向应力状态下一点的最大应力的研究结果作一简介。

1)在三向应力状态下,一点处存在三个极值正应力,它们分别是第一主应力 σ_1、第二主应力 σ_2、第三主应力 σ_3。因此三向应力状态下的最大正应力就是第一主应力 σ_1,最小正应力就是第三主应力 σ_3(指代数值)。

2)三向应力状态下,做出由三个主平面构成的单元体,并用与某一个主应力(如 σ_3)平行的平面截该单元体。研究斜截面上的应力时,由于该主应力不影响与它垂直的另两个方向上的平衡,故平衡方程形式与平面状态相同。于是可像平面应力状态一样计算与该主应力平行的各斜截面上的应力,以及极值切应力及其作用平面方位。例如,在与主应力 σ_3 平行的各截面中,极值切应力为 $\tau_{1,2}=\pm\frac{1}{2}(\sigma_1-\sigma_2)$,其所在平面与 σ_1、σ_2 所在平面各成 45°角。同理,在与主应力 σ_1 平行的各截面中,极值切应力为 $\tau_{2,3}=\pm\frac{1}{2}(\sigma_2-\sigma_3)$,在与主应力 σ_2 平行的各截面中,极值切应力为 $\tau_{1,3}=\pm\frac{1}{2}(\sigma_1-\sigma_3)$,其所在平面分别与 σ_2、σ_3 及 σ_1、σ_3 所在平面各成 45°角。

三向应力状态下通过一点的所有各截面上的切应力中最大的一个值则为

$$\tau_{\max}=\tau_{1,3}=\frac{1}{2}(\sigma_1-\sigma_3) \tag{11-7}$$

其所在平面与 σ_1、σ_3 所在的两个主平面各成 45°角。

11.2　广义胡克定律与应变能密度概念

11.2.1　广义胡克定律

我们知道,在单向受拉或受压时,可用胡克定律 $\sigma=E\varepsilon$ 描述应力与应变的关系。这实际上是在三个主应力中有两个为零时,应力应变关系的特殊形式。在三向应力状态下,应力应变关系的普遍形式称为**广义胡克定律**。它可以这样导出:

设在构件内围绕一点沿三个主平面切取单元体(称为主单元体),如图 11-10 所示。单元体上三个主应力分别为 σ_1、σ_2、σ_3,此单元体沿三个主应力方向产生的应变分别为 ε_1、ε_2 和 ε_3。由于在小变形范围内讨论,根据叠加原理可将该三向应力状态看成是三个单向应力状态的叠加,如图 11-10 所示。

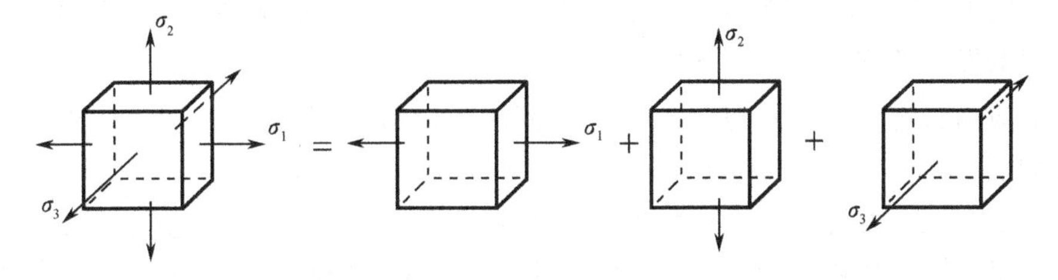

图 11-10

首先讨论 ε_1 的计算。根据单向受拉时的胡克定律可知,三个主应力各自对 ε_1 的影响分别为

$$\varepsilon_1'=\frac{\sigma_1}{E},\qquad \varepsilon_1''=-\mu\frac{\sigma_2}{E}\qquad \varepsilon_1'''=-\mu\frac{\sigma_3}{E}$$

所以

$$\varepsilon_1 = \varepsilon_1' + \varepsilon_1'' + \varepsilon_1''' = \frac{1}{E}[\sigma_1 - \mu(\sigma_2 + \sigma_3)]$$

同理可计算 ε_2 和 ε_3，由此得广义胡克定律为

$$\left.\begin{aligned} \varepsilon_1 &= \frac{1}{E}[\sigma_1 - \mu(\sigma_2 + \sigma_3)] \\ \varepsilon_2 &= \frac{1}{E}[\sigma_2 - \mu(\sigma_1 + \sigma_3)] \\ \varepsilon_3 &= \frac{1}{E}[\sigma_3 - \mu(\sigma_1 + \sigma_2)] \end{aligned}\right\} \tag{11-8}$$

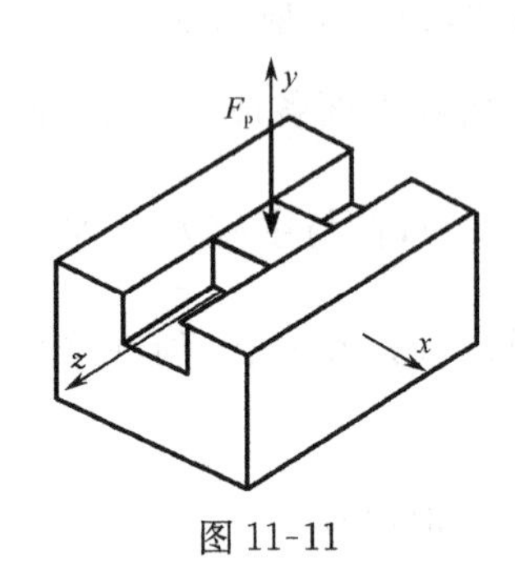

图 11-11

广义胡克定律的适用范围为各向同性材料，且应力不超过比例极限。公式中的应力和应变都是代数值(受拉为正)。

例 11-4 如图 11-11 所示刚性块体，上有一槽，其宽度和深度皆为 10mm。槽内放置边长为 10mm 的铝质立方块，二者密切接触。求当铝块受压力 $F_P=6\text{kN}$ 作用时，铝块内任意一点的主应力。已知铝的泊松比 $\mu=0.33$。

解 在图示坐标系中

$$\sigma_y = -\frac{6\times10^3}{10\times10\times10^{-6}}(\text{N/m}^2) = -60\times10^6(\text{N/m}^2) = -60(\text{MPa})$$

$$\sigma_z = 0$$

$$\varepsilon_x = \frac{1}{E}[\sigma_x - \mu(\sigma_y + \sigma_z)] = \frac{1}{E}[\sigma_x - 0.33\times(-60+0)] = 0$$

由此得

$$\sigma_x = -19.8\text{MPa}$$

铝块内任意一点的主应力即为

$$\sigma_1 = 0,\quad \sigma_2 = -19.8\text{MPa},\quad \sigma_3 = -60\text{MPa}$$

11.2.2 应变能密度概念

构件在外力作用下发生弹性变形时，外力做的功被以弹性势能的形式储存在构件内，构件因此而具有恢复原状的能力，并将这种能量转变为功。例如，被拧紧的发条在放松的过程中可带动齿轮转动。这种因变形而储存的能量称为**应变能**，用 U 表示。由于构件内各处的变形程度一般是不同的，所以应变能在构件内一般不是均匀分布。我们把某点处单位体积内的应变能称为该点的**应变能密度**，用 u 表示。

在三向应力状态下计算一点处的应变能密度，可在该处取出主单元体如图 11-12 所示。设单元体的边长分别为 Δx、Δy、Δz，在变形完成时三个主应力为 σ_1、σ_2、σ_3，相应的三个线应变为 ε_1、ε_2、ε_3。由于应变能只决定于最终变形状态，故可设想三个主应力按同一比例因子 λ 从零增加到最终值，这样三个线应变也按同一比例因子 $\lambda(0\leqslant\lambda\leqslant1)$ 从零增加到最终值。在变形过程中的某一瞬时，应力值为 $\lambda\sigma_1$、$\lambda\sigma_2$、$\lambda\sigma_3$，相应的应变值为 $\lambda\varepsilon_1$、$\lambda\varepsilon_2$、$\lambda\varepsilon_3$。当 λ 有微小增量 $d\lambda$ 时，应变值的增量为 $\varepsilon_1 d\lambda$、$\varepsilon_2 d\lambda$、$\varepsilon_3 d\lambda$。单元体上外力做元功为

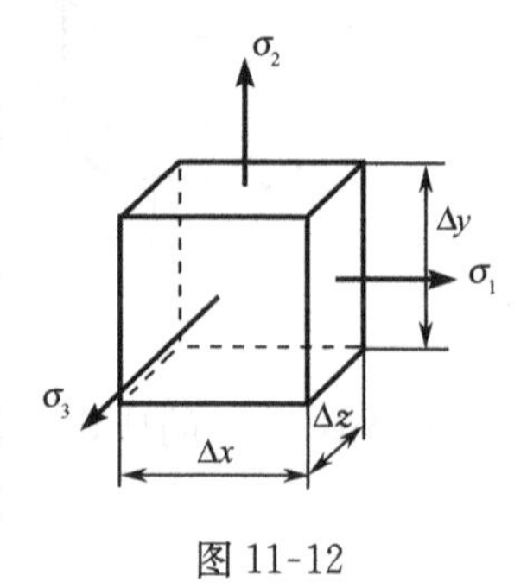

图 11-12

$$
\begin{aligned}
\mathrm{d}W &= \lambda\sigma_1\Delta y\Delta z(\varepsilon_1\mathrm{d}\lambda\Delta x)+\lambda\sigma_2\Delta x\Delta z(\varepsilon_2\mathrm{d}\lambda\Delta y)+\lambda\sigma_3\Delta x\Delta y(\varepsilon_3\mathrm{d}\lambda\Delta z)\\
&= \Delta x\Delta y\Delta z(\sigma_1\varepsilon_1+\sigma_2\varepsilon_2+\sigma_3\varepsilon_3)\lambda\mathrm{d}\lambda
\end{aligned}
$$

将 $\mathrm{d}W$ 对 λ 从 0～1 的变化范围进行积分，得应变能为

$$U=W=\frac{1}{2}(\sigma_1\varepsilon_1+\sigma_2\varepsilon_2+\sigma_3\varepsilon_3)\Delta x\Delta y\Delta z \tag{11-9}$$

应变能密度为

$$u=\frac{1}{2}(\sigma_1\varepsilon_1+\sigma_2\varepsilon_2+\sigma_3\varepsilon_3) \tag{11-10}$$

利用广义胡克定律式(11-8)消去式(11-9)中的应变，则可用主应力表示应变能密度：

$$u=\frac{1}{2E}[\sigma_1^2+\sigma_2^2+\sigma_3^2-2\mu(\sigma_1\sigma_2+\sigma_2\sigma_3+\sigma_3\sigma_1)] \tag{11-11}$$

可以将应变能密度分解为只改变单元体体积和只改变单元体形状这样两部分，前者称为**体积改变能密度**，记为 u_v，后者称为**形状改变能密度或畸变能密度**，记为 u_f。畸变能密度 u_f的表达式如下(推导见附录 A. 3)：

$$u_f=\frac{1+\mu}{6E}[(\sigma_1-\sigma_2)^2+(\sigma_2-\sigma_3)^2+(\sigma_3-\sigma_1)^2] \tag{11-12}$$

可以证明

$$u_v+u_f=u$$

在单向应力状态时(例如轴向拉伸)，$\sigma_1=\sigma$，$\sigma_2=\sigma_3=0$，代入式(11-10)得

$$u=\frac{\sigma^2}{2E} \tag{11-13}$$

此为单向应力状态时的应变能密度。

11.3　复杂应力状态时的材料失效准则与强度条件

前面已指出，在构件受复杂载荷作用时，用模拟加载试验来获取失效判据是不现实的。人们自然希望找到失效的共同原因，因为如果能找到使材料失效的共同原因，那么通过最简单的材料试验——拉伸试验确定的基于这种共同原因的失效判据，就能用于各种复杂载荷作用的情形。为了找出材料因强度失效的原因，人们进行了大量观察，发现尽管材料的破坏现象比较复杂，但基本上可归纳为两类：脆性断裂和塑性屈服。而衡量受力和变形程度的量又有应力、应变和变形能等。因而对材料失效的共同原因也就有多种不同的假说，由此建立相应的**失效准则**，这些准则也都是有一定的适用条件的。在历史上，把关于材料破坏原因的假说称为**强度理论**，并按提出的时间顺序分别称为第一、第二、第三、第四强度理论。现将在工程中常用的四种材料失效准则与相应的强度条件介绍于下。

11.3.1　适用于脆性断裂的失效准则

1. 最大拉应力准则(第一强度理论)

铸铁等脆性材料在单向拉伸时，断裂沿最大拉应力作用的横截面发生。这类材料在扭转时，断裂面为 45°螺旋面(例 11-3)，这也是最大拉应力作用的截面。人们根据这些事实，假设不论什么应力状态下，材料破坏的原因是最大拉应力达到极限值 σ^0。由于三向应力状态下的

最大拉应力是第一主应力 σ_1，故失效准则为

$$\sigma_1 = \sigma^0$$

极限值 σ^0 则可通过单向拉伸试验来测定：单向拉伸时，第一主应力 σ_1 就是横截面上的正应力，试件断裂时该应力的值为材料的强度极限 σ_b，故 $\sigma^0=\sigma_b$。因此最大拉应力准则为

$$\sigma_1 = \sigma_b \tag{11-14}$$

考虑安全因数后，得**按最大拉应力准则建立的强度条件(安全条件)**为

$$\sigma_1 \leqslant [\sigma] = \frac{\sigma_b}{n} \tag{11-15}$$

其中，n 为安全因数；$[\sigma]$为材料的许用应力。

试验表明，该准则能较好地描述脆性材料在二向或三向拉伸时的断裂失效；而当存在压应力时，只要压应力绝对值不超过最大拉应力值，该准则仍与试验结果大致符合。

2. 最大伸长线应变准则(第二强度理论)

该准则认为不论什么应力状态下，只要最大伸长线应变达到极限值 ε^0，材料就发生断裂。由应变分析可知三向应力状态下的最大线应变为第一主应力方向的线应变 ε_1，故失效准则为

$$\varepsilon_1 = \frac{1}{E}[\sigma_1 - \mu(\sigma_2 + \sigma_3)] = \varepsilon^0$$

极限值 ε^0 则可通过单向拉伸试验来测定：单向拉伸断裂时，第一主应力方向的线应变值为 $\varepsilon_1=\frac{\sigma_b}{E}$，即 $\varepsilon^0=\frac{\sigma_b}{E}$。因此最大伸长线应变准则为

$$\frac{1}{E}[\sigma_1 - \mu(\sigma_2 + \sigma_3)] = \frac{\sigma_b}{E}$$

或

$$\sigma_1 - \mu(\sigma_2 + \sigma_3) = \sigma_b \tag{11-16}$$

考虑安全因数后，得**按最大伸长线应变准则建立的强度条件**为

$$\sigma_1 - \mu(\sigma_2 + \sigma_3) \leqslant [\sigma] = \frac{\sigma_b}{n} \tag{11-17}$$

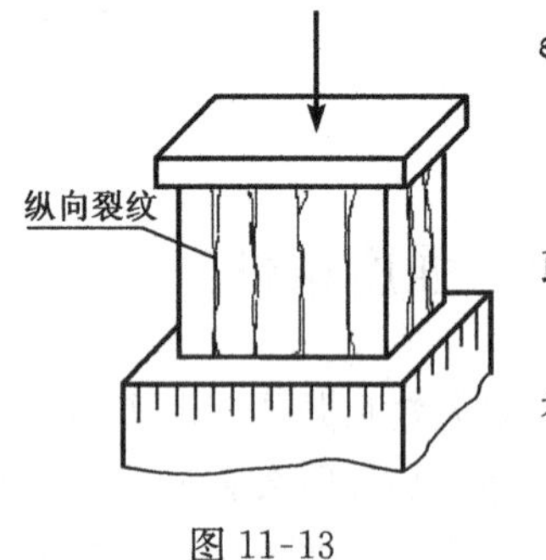

图 11-13

该准则与实验结果符合的程度不如最大拉应力准则，因此在工程中较少采用，但该准则能解释砖石、混凝土等脆性材料在受压时，会沿纵向开裂的现象(图 11-13)。

11.3.2　适用于塑性屈服的失效准则

1. 最大切应力准则(第三强度理论)

工程中大量使用的碳钢以及铜、铝等金属材料，应力超过比例极限后发生明显的塑性变形，从而使构件失去正常承载的能力。在单向拉伸试验中，如果试件表面经过磨光，那么在屈服阶段可看到表面上出现与轴线成 45°的细纹——滑移线，而单向拉伸时与轴线成 45°的截面是最大切应力所在平面。这表明塑性屈服的实质是材料沿最大切应力所在平面滑移。于是可假设不论什么应力状态下，材料破坏的原因是最大切应力达到极限值 τ^0。故失效准则为

$$\tau_{\max} = \frac{1}{2}(\sigma_1 - \sigma_3) = \tau^0$$

极限值 τ^0 则可通过单向拉伸试验来测定：单向拉伸屈服时，$\tau_{\max} = \frac{1}{2}(\sigma_1 - \sigma_3) = \frac{\sigma_s}{2}$，则 $\tau^0 = \frac{\sigma_s}{2}$。因此最大切应力准则为 $\frac{1}{2}(\sigma_1 - \sigma_3) = \frac{\sigma_s}{2}$，或

$$\sigma_1 - \sigma_3 = \sigma_s \tag{11-18}$$

考虑安全因数后，得**按最大切应力准则建立的强度条件**为

$$\sigma_1 - \sigma_3 \leqslant [\sigma] = \frac{\sigma_s}{n} \tag{11-19}$$

对于塑性材料，最大切应力准则与实验结果符合良好，因而在工程中广泛应用。但该准则未反映第二主应力对失效的影响，这是它理论上的不足。

2. 畸变能密度准则(第四强度理论)

该准则是从能量角度来解释屈服失效，认为不论什么应力状态下，畸变能密度达到某极限值 u_f^0 时材料发生屈服失效。根据式(11-12)写出失效准则为

$$u_f = \frac{1+\mu}{6E}[(\sigma_1 - \sigma_2)^2 + (\sigma_2 - \sigma_3)^2 + (\sigma_3 - \sigma_1)^2] = u_f^0$$

在单向拉伸屈服时，$u_f^0 = \frac{1+\mu}{3E}\sigma_s^2$，故上式成为

$$\frac{1+\mu}{6E}[(\sigma_1 - \sigma_2)^2 + (\sigma_2 - \sigma_3)^2 + (\sigma_3 - \sigma_1)^2] = \frac{1+\mu}{3E}\sigma_s^2$$

或

$$\sqrt{\frac{1}{2}[(\sigma_1 - \sigma_2)^2 + (\sigma_2 - \sigma_3)^2 + (\sigma_3 - \sigma_1)^2]} = \sigma_s \tag{11-20}$$

考虑安全因数后，得**按畸变能密度准则建立的强度条件**为

$$\sqrt{\frac{1}{2}[(\sigma_1 - \sigma_2)^2 + (\sigma_2 - \sigma_3)^2 + (\sigma_3 - \sigma_1)^2]} \leqslant [\sigma] = \frac{\sigma_s}{n} \tag{11-21}$$

对于大多数塑性材料，准则与实验结果符合的程度比最大切应力准则更好。

11.3.3　关于失效准则和相应强度条件的一些说明

材料失效的原因十分复杂，任何一种失效准则和相应的强度条件都有其成立的前提条件。最大拉应力准则和最大拉伸线应变准则成立的条件是脆性断裂，最大切应力准则和畸变能密度准则成立的条件是塑性屈服。一般情况下，脆性材料的抗拉能力低于抗剪能力，常因断裂而失效，故对脆性材料一般使用最大拉应力准则(最大伸长线应变准则与实验结果符合程度不如最大拉应力准则，在工程中较少采用)。塑性材料的抗剪能力低于抗拉能力，常因屈服而失效，故对塑性材料一般使用最大切应力准则或畸变能密度准则。但是，在三向受拉且三个主应力相等或接近相等时，这两个准则失效。因为此时最大切应力几乎为零，材料不会发生屈服。实验证明，在三向受均拉时，塑性材料的失效形式不是屈服而是断裂，此时应使用最大拉应力准则和相应的强度条件。

为便于应用，将上述四个屈服准则相应的强度条件写成用“相当应力”σ_{ri}表示的统一形式

$$\sigma_{ri} \leqslant [\sigma] \tag{11-22}$$

“相当应力”可理解为与复杂应力状态危险程度相当的单轴应力，$i=1、2、3、4$ 分别对应于最大拉应力准则、最大伸长线应变准则、最大切应力准则和畸变能密度准则的相当应力，简称为第一、第二、第三、第四强度理论的相当应力。式(11-22)的具体表达式如下：

$$\begin{aligned} &\sigma_{r1} = \sigma_1 \leqslant [\sigma] \\ &\sigma_{r2} = \sigma_1 - \mu(\sigma_2 + \sigma_3) \leqslant [\sigma] \\ &\sigma_{r3} = \sigma_1 - \sigma_3 \leqslant [\sigma] \\ &\sigma_{r4} = \sqrt{\frac{1}{2}[(\sigma_1 - \sigma_2)^2 + (\sigma_2 - \sigma_3)^2 + (\sigma_3 - \sigma_1)]} \leqslant [\sigma] \end{aligned} \tag{11-23}$$

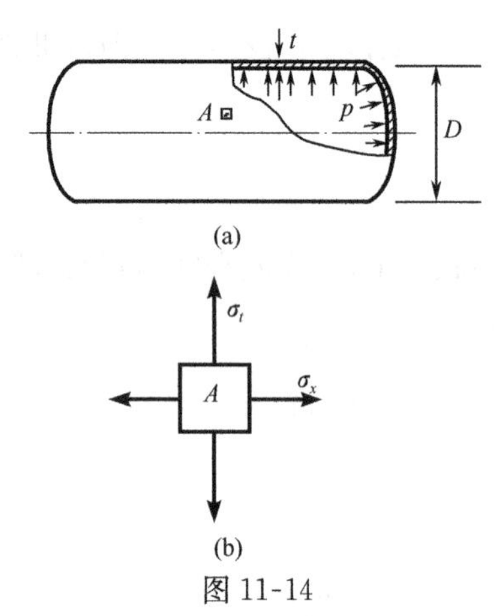

图 11-14

例 11-5　图 11-14(a)所示的圆柱形薄壁容器的壁厚为 t，平均直径为 D，受内部流体压力 p 的作用。从容器壁上切取的单元体为平面应力状态，应力情况如图 11-14(b)所示，其中轴向应力 $\sigma_x=\dfrac{pD}{4t}$，周向应力 $\sigma_t=\dfrac{pD}{2t}$(参看附录 A.2)。若 $p=1\text{MPa}$，$t=8\text{mm}$，$D=1.6\text{m}$，筒壁材料为碳钢，许用应力$[\sigma]=160\text{MPa}$，校核该容器的强度。

解　该单元体上应力已为主应力，分别为

$$\sigma_1=\sigma_t,\qquad \sigma_2=\sigma_x,\qquad \sigma_3=0$$

碳钢为塑性材料，按第三强度理论校核：

$$\sigma_{r3}=\sigma_1-\sigma_3=\frac{pD}{2t}=\frac{1.6}{2\times 0.008}=100(\text{MPa})<[\sigma]$$

故容器是安全的。

若按第四强度理论校核，则

$$\begin{aligned}\sigma_{r4}&=\sqrt{\frac{1}{2}[(\sigma_1-\sigma_2)^2+(\sigma_2-\sigma_3)^2+(\sigma_3-\sigma_1)^2]}\\ &=\frac{1}{\sqrt{2}}\sqrt{\left(\frac{pD}{2t}-\frac{pD}{4t}\right)^2+\left(\frac{pD}{4t}-0\right)^2+\left(0-\frac{pD}{2t}\right)^2}\\ &=\frac{\sqrt{3}}{4}\frac{pD}{t}=\frac{\sqrt{3}}{4}\frac{1\times 1.6}{0.008}=86.6(\text{MPa})\leqslant[\sigma]\end{aligned}$$

故也是安全的。

从本例看到，同一问题用不同的强度理论校核时，相当应力数值可能略有差异，这一般不影响结果。在一般情形下，按第三强度理论的计算结果略偏于保守。

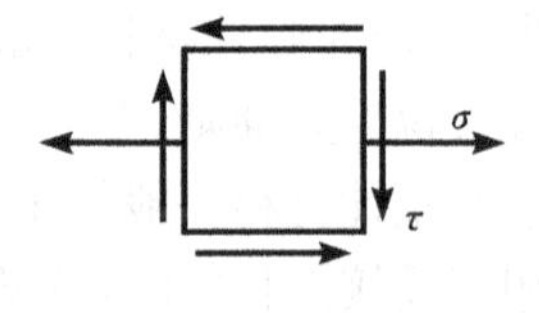

图 11-15

例 11-6　如图 11-15 所示单向与纯剪切组合应力状态，是一种常见的应力状态，试分别根据最大切应力准则和畸变能密度准则建立相应的强度条件。

解　$\sigma_x=\sigma$，$\tau_x=\tau$，$\sigma_y=0$。代入主应力公式(11-3)得

$$\left.\begin{matrix}\sigma'\\ \sigma''\end{matrix}\right\}=\frac{\sigma}{2}\pm\sqrt{\left(\frac{\sigma}{2}\right)+\tau^2}=\frac{1}{2}(\sigma\pm\sqrt{\sigma^2+4\tau^2})$$

可见主应力为

$$\sigma_1 = \frac{1}{2}(\sigma + \sqrt{\sigma^2 + 4\tau^2}), \qquad \sigma_2 = 0, \qquad \sigma_3 = \frac{1}{2}(\sigma - \sqrt{\sigma^2 + 4\tau^2})$$

根据最大切应力准则(第三强度理论)，由式(11-23)第三式得

$$\sigma_{r3} = \sqrt{\sigma^2 + 4\tau^2} \leqslant [\sigma] \tag{11-24a}$$

根据畸变能密度准则(第四强度理论)，由式(11-23)第四式得

$$\sigma_{r4} = \sqrt{\sigma^2 + 3\tau^2} \leqslant [\sigma] \tag{11-24b}$$

思　考　题

11-1　直杆受轴向拉伸，若横截面上的正应力为 σ，与轴线成 α 角的斜截面上的正应力为 σ_α，有人说 $\sigma_\alpha = \sigma\cos\alpha$，也有人说 $\sigma_\alpha = \sigma/\cos\alpha$。这两种说法对吗？为什么？

11-2　当三向应力状态的单元体有一对平面为主平面且该平面上的主应力已知时(如思考题 11-2 图所示)，则可用平面应力状态分析的公式求出另外两对主平面和主应力，从而 σ_1、σ_2、σ_3 全部确定。想想是为什么？应如何进行？

11-3　测试材料的硬度时，用硬质金属球向试件加压(如思考题 11-3 图所示)。试说明试件受压处的 A 点是处于三向应力状态。

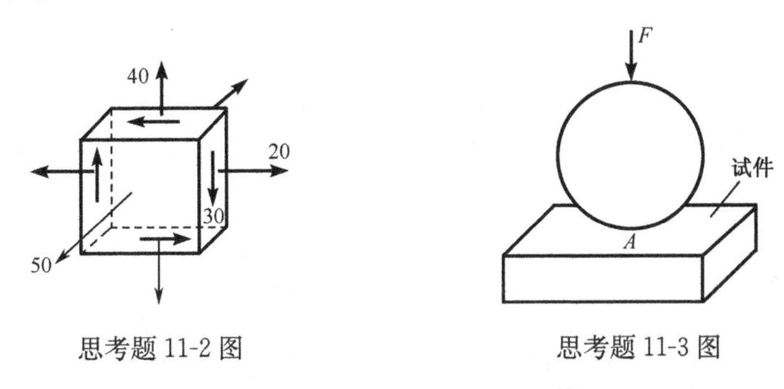

思考题 11-2 图　　　　思考题 11-3 图

11-4　对于单向应力状态，用四个强度理论计算的结果是完全相同的。试说明之。

11-5　在工程计算中应如何正确选用强度理论？

习　　题

11-1　如题 11-1 图所示圆杆受载荷，试在 A、B、C、D 处切取适当的单元体，分别表示出该四点的应力状态。

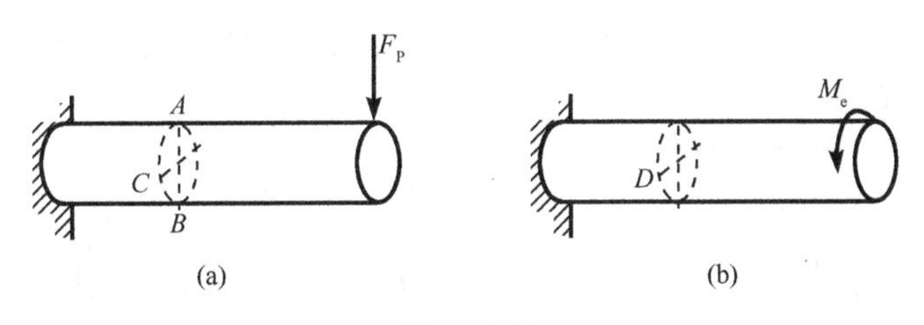

题 11-1 图

11-2　求题 11-2 图所示单元体 m-m 截面上的正应力和切应力。图中应力单位为 MPa。

11-3　如题 11-3 图所示单元体各面上应力，应力单位为 MPa。试计算主应力的大小和所在截面的方位，并在单元体中画出。

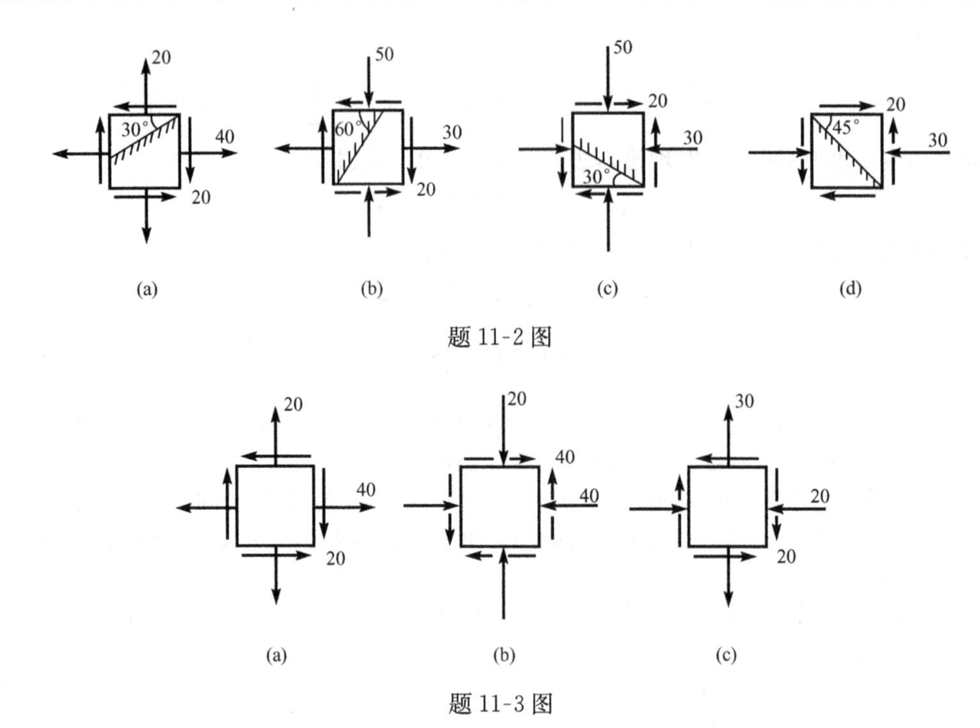

题 11-2 图

题 11-3 图

11-4　如题 11-4 图所示应力状态,应力单位为 MPa。求主应力及最大切应力。

11-5　如题 11-5 图所示某点应力状态,应力单位为 MPa。材料的弹性模量 $E=200\text{GPa}$,泊松比 $\mu=0.3$。求线应变 ε_x、ε_y。

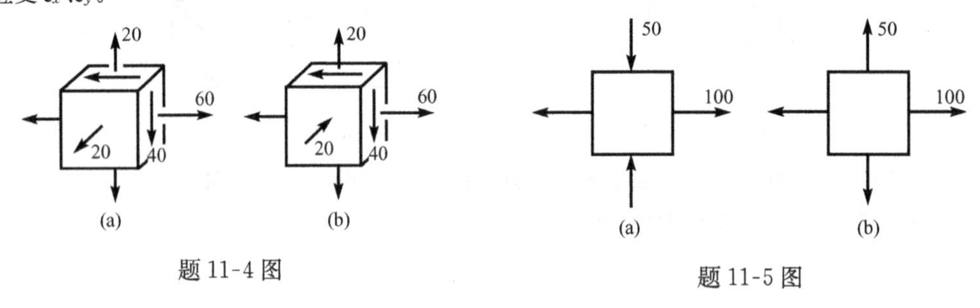

题 11-4 图

题 11-5 图

11-6　如题 11-6 图所示一薄壁容器,其平均直径为 $D=500\text{mm}$,壁厚 $t=10\text{mm}$。在容器上某点的轴向 aa 及周向 bb 贴有电阻应变片。在压强为 p 的内压力作用下,分别测得容器在轴向及周向的线应变为 $\varepsilon_{aa}=0.10\times10^{-3}$ 和 $\varepsilon_{bb}=0.35\times10^{-3}$。若 $E=200\text{MPa}$,$\mu=0.25$,试求筒壁内的轴向应力及周向应力,并求压强 P。薄壁圆筒应力公式参看附录 A.2。

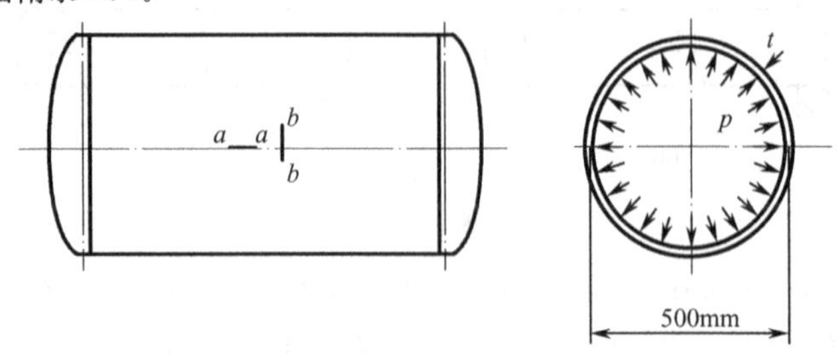

题 11-6 图

11-7　如题 11-7 图所示，圆轴直径 $d=100\text{mm}$，在轴上某点与轴的母线成 45°角的 aa 方向贴有电阻应变片。在外力偶作用下，圆轴发生纯扭转。现测得在 aa 方向的线应变为 $\varepsilon_1=500\times10^{-6}$。且知材料的 $E=206\text{GPa}$，$\mu=0.3$。求该轴所受的外力偶矩 M_e。

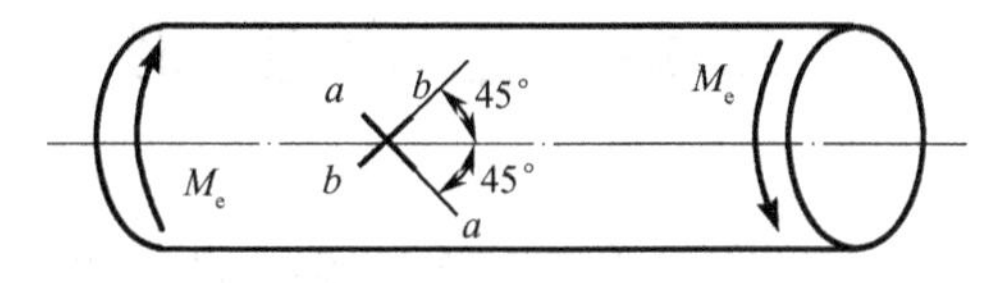

题 11-7 图

11-8　试对钢制零件进行强度校核，已知$[\sigma]=120\text{MPa}$，危险点的主应力为：①$\sigma_1=140\text{MPa}$，$\sigma_2=100\text{MPa}$，$\sigma_3=40\text{MPa}$；②$\sigma_1=60\text{MPa}$，$\sigma_2=0$，$\sigma_3=-50\text{MPa}$。

11-9　试对铸铁零件进行强度校核，已知许用拉应力$[\sigma_t]=30\text{MPa}$，$\mu=0.30$，危险点的主应力为：①$\sigma_1=30\text{MPa}$，$\sigma_2=20\text{MPa}$，$\sigma_3=15\text{MPa}$；②$\sigma_1=29\text{MPa}$，$\sigma_2=0$，$\sigma_3=-20\text{MPa}$。

11-10　如题 11-10 图所示油管，内径 $D=11\text{mm}$，壁厚 $t=0.5\text{mm}$，内压 $p=7.5\text{MPa}$，许用应力$[\sigma]=100\text{MPa}$。试校核该油管的强度。

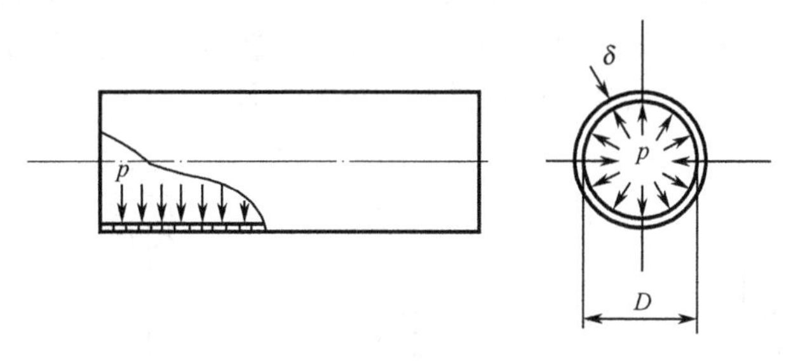

题 11-10 图

第12章　组合变形

12.1　组合变形与叠加原理

工程实际中，许多构件常常同时发生两种或两种以上的基本变形，这类变形称为组合变形。例如，图 12-1(a)所示的化工塔器，除了受到自重作用，还受到水平风压力作用，在计算其裙座强度时，简图如 12-1(b)所示，可看出是轴向压缩变形与弯曲变形的组合(图 12-1(c))。反应釜中的搅拌轴(图 12-2(a))，工作时除了受到物料作用于叶片的阻力形成的扭转力矩外，还受到桨叶和搅拌轴自重的作用，其计算简图为图 12-2(b)，可看出是轴向拉伸变形与扭转变形的组合。再如图 12-3(a)所示的传动轴，其计算简图为图 12-3(b)，可看出是扭转与弯曲的组合变形。而图 12-4(a)所示的传动轴的变形则是由扭转、水平面内弯曲、铅直面内弯曲这样三种基本变形组合而成的，这从其计算简图 12-4(b)可看出。

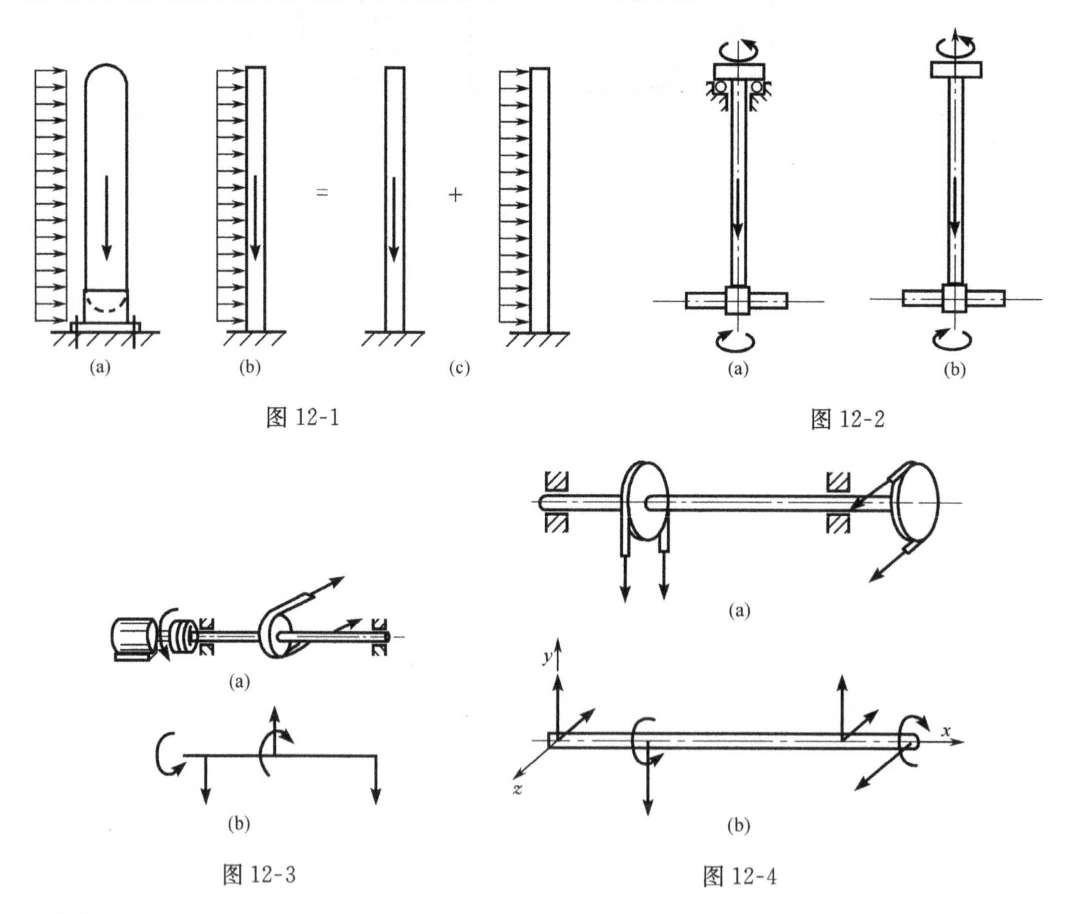

(a)　(b)　(c)

图 12-1

(a)　(b)

图 12-2

(a)　(b)

图 12-3

(a)　(b)

图 12-4

杆件在组合变形下的应力一般可用叠加原理进行计算。实践证明，如果材料服从胡克定律，并且变形是在小变形范围内，那么杆件上各个载荷的作用彼此独立，每一载荷所引起的应力或变形都不受其他载荷的影响，而杆件在几个载荷同时作用下所产生的效果，就等于每个载荷单独作用时产生的效果的总和，此即**叠加原理**。这样，当杆件在复杂载荷作用下发生组合变形时，只要把载荷分解为一系列引起基本变形的载荷，分别计算杆在各个基本变形下在同一点所产生的应力，然后叠加起来，就得到原来的载荷所引起的应力。叠加后，应力状态一般有两种可能：一种是仍为单向应力状态，本书中称之为第一类组合变形，这种情形只需按单向应力状态下的强度条件进行强度计算；另一种是成为复杂应力状态，本书中称之为第二类组合变形，这种情形必须进行应力状态分析，再按适当的强度理论进行强度计算。下面按这两种情形来研究若干种工程中常见的组合变形。

12.2 第一类组合变形——组合后仍为单向应力状态

12.2.1 杆件同时受轴向力和横向力作用

如果杆件同时受轴向力和纵向对称面 xy 平面内的横向力作用，则横截面上同时有轴力 F_N 和弯矩 M_z（简记为 M），成为拉伸（或压缩）与弯曲的组合（图 12-5）。由于轴力在横截面上仅产生正应力$\sigma'=\dfrac{F_N}{A}$，弯矩在横截面上仅产生正应力 $\sigma''=\dfrac{My}{I_z}$，所以叠加后横截面上仅有正应力，其代数值为

$$\sigma=\sigma'+\sigma''=\frac{F_N}{A}+\frac{My}{I_z} \tag{12-1}$$

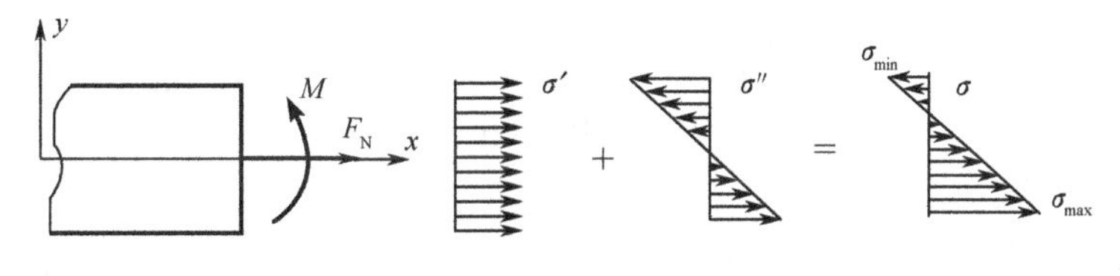

图 12-5

截面上代数值最大、最小的应力为

$$\sigma_{\substack{max\\min}}=\frac{F_N}{A}\pm\frac{M}{W} \tag{12-2}$$

纵截面上无应力。此时杆内各点处于单向应力状态，强度条件为

$$\left.\begin{aligned}&\sigma_{max}\leqslant[\sigma_t] \quad (\text{当 } \sigma_{max} \text{ 为拉应力时})\\ &|\sigma_{min}|\leqslant[\sigma_c] \quad (\text{当 } \sigma_{min} \text{ 为压应力时})\end{aligned}\right\} \tag{12-3}$$

其中，$[\sigma_t]$和$[\sigma_c]$分别为材料受拉、受压时的许用应力。

当杆件受纵向对称面内的斜向力作用时，将斜向力分解为轴向力和横向力（图 12-6），则也可归入此情形中。

例 12-1 图 12-7 所示塔器高 $H=20\text{m}$，其底部用裙座支承。裙座器壁为用 A3 钢板焊成的圆筒，平均直径为 1000mm，壁厚 8mm。已知塔及塔内物料的自重为 $G=100\text{kN}$，所受风载荷为 $q=0.64\text{kN/m}$。若 A3 钢许用应力为$[\sigma]=140\text{MPa}$，试校核裙座器壁的强度。

解 塔器在自重作用下横截面上产生轴向压缩内力，在水平风载荷作用下横截面上产生弯曲内力，故为轴向压缩与弯曲的组合变形。裙座底部所受轴向压力和弯矩都为最大，该处的

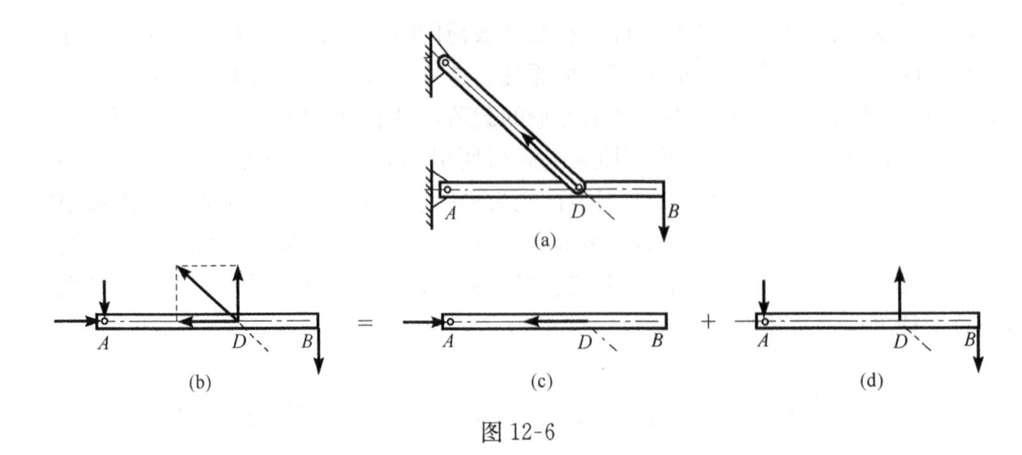

图 12-6

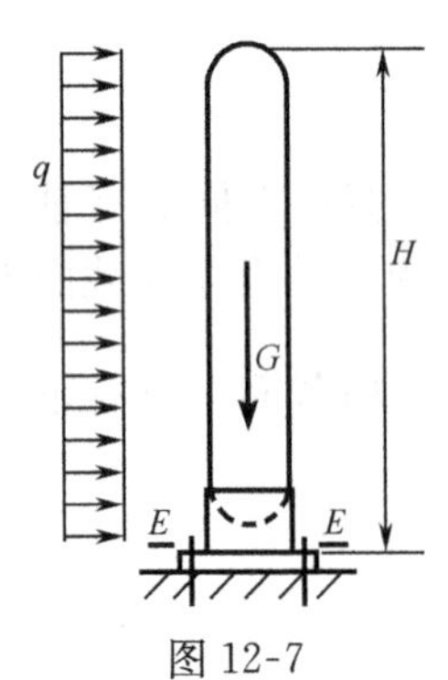

图 12-7

横截面 E-E 为塔器的危险截面。该截面上的内力为：

轴力

$$F_N = -G = -100\text{kN}$$

弯矩

$$|M| = \frac{1}{2}qH^2 = \frac{1}{2} \times 0.64 \times 20^2 = 128(\text{kN} \cdot \text{m})$$

由于裙座的壁厚远小于其平均直径，故可按薄圆环计算其横截面的面积和抗弯截面系数：

$$A \approx \pi Dt = \pi \times 1000 \times 8 \times 10^{-6} = 25.133 \times 10^{-3}(\text{m}^2)$$

$$W \approx \frac{I}{D/2} \approx \frac{\pi/8D^3 t}{D/2} = \frac{\pi}{4}D^2 t = \frac{\pi}{4} \times 1000^2 \times 8 \times 10^{-9}$$

$$= 6.283 \times 10^{-3}(\text{m}^3)$$

由轴力引起的正应力为

$$\sigma' = \frac{F_{\text{N}}}{A} = \frac{-100 \times 10^3}{25.133 \times 10^{-3}} = -3.98 \times 10^6(\text{Pa}) = -3.98(\text{MPa})$$

由弯矩引起的正应力的最大、最小代数值为

$$\sigma''_{\substack{\max \\ \min}} = \pm \frac{|M|}{W} = \pm \frac{128 \times 10^3}{6.283 \times 10^{-3}} = \pm 20.27 \times 10^6(\text{Pa}) = \pm 20.37(\text{MPa})$$

E-E 截面上的总应力 σ 为 σ' 和 σ'' 的代数和，其最大代数值为

$$\sigma_{\max} = \sigma' + \sigma''_{\max} = -3.98 + 20.37 = 16.39(\text{MPa})$$

发生于迎风面处截面边缘。

最小代数值为

$$\sigma_{\min} = \sigma' + \sigma''_{\min} = -3.98 - 20.37 = -24.35(\text{MPa})$$

发生于背风面处截面边缘。

A3 钢为低碳钢，是塑性材料，许用拉应力与许用压应力相同。故此裙座的强度条件为

$$|\sigma_{\min}| = 24.35\text{MPa} \leqslant [\sigma] = 140\text{MPa}$$

显然强度条件是满足的。但应指出，对于薄壁直立设备，还存在失稳的可能。所以除了进行上述强度校核外，还应进行稳定校核。

12.2.2 偏心拉伸或偏心压缩

偏心拉伸或偏心压缩是指杆件受到与轴线平行但不通过截面形心的力作用。现研究图 12-8(a)所示的偏心压缩情形，设力 F_P 作用在纵向对称平面内，作用点距截面形心 e，e 称为**偏心距**。将力 F_P 向杆轴线平移，就得到一个与杆轴线重合的力 $F'_P=F_P$ 和一个位于纵向对称平面内的力偶 M_e，该力偶的力偶矩为 $M_e=F_Pe$(图 12-8(b))。它们分别使杆发生轴向压缩和平面弯曲变形。由此可见，偏心拉伸(压缩)实际上是轴向拉伸(压缩)与纯弯曲的组合变形。

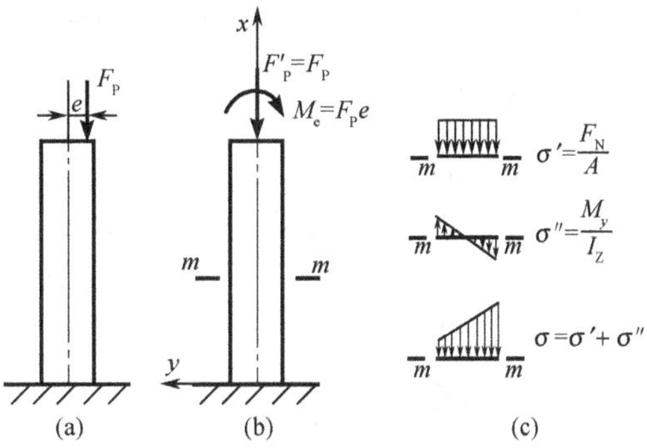

在杆的任一横截面 m-m 上，将既有轴力又有弯矩。$F_N=-F_P$，弯矩 $M_z=M_e=F_Pe$。与前面一样，轴力 F_N 在横截面上产生正应力 $\sigma'=-\dfrac{F_P}{A}$，弯矩 M_z 在横截面上产生正应力 $\sigma''=\dfrac{M_zy}{I_z}$，两者叠加后的总应力为

$$\sigma=\sigma'+\sigma''=-\frac{F_P}{A}+\frac{M_zy}{I_z}=-\frac{F_P}{A}+\frac{F_Pey}{I_z} \tag{12-4}$$

图 12-8

截面上代数值最大、最小的正应力为

$$\sigma_{\substack{max\\min}}=-\frac{F_P}{A}\pm\frac{F_Pe}{W_z} \tag{12-5}$$

式(12-5)表明，杆件受偏心压缩时，横截面上正应力的代数值与载荷作用位置有关。当偏心距 e 较大时，σ_{max} 可能为正，即截面上可能出现拉应力。在建筑工程中因砖石、混凝土等脆性材料的抗拉强度很低，故设计偏心受压的立柱时应注意避免出现拉应力。

同理，在偏心受拉杆中也可能出现压应力。

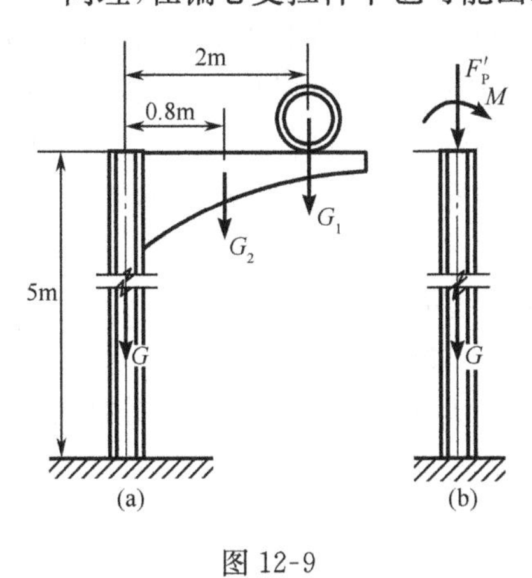

图 12-9

例 12-2 图 12-9(a)所示立柱由 20a 工字钢制成，顶端悬臂上承受管道重量 $G_1=1000$N 和悬臂自重 $G_2=400$N。若考虑立柱自重，求立柱危险截面上的最大拉应力和最大压应力。

解 1)受力分析。

载荷 G_1、G_2 对立柱来说是偏心载荷，立柱的自重 G 则为轴心载荷。将 G_1、G_2 向横截面的形心平移后得立柱的受力图如图 12-9(b)所示。其中

$$F'_P=G_1+G_2=1000+400=1400(\text{N})$$

$$M_e=G_1e_1+G_2e_2=1000\times2+400\times0.8=2320(\text{N}\cdot\text{m})$$

查型钢规格表，得 20a 工字钢每米重力为 $27.9g=273.4\text{N/m}$，故立柱的自重 $G=273.4\times5=1367$N。

2)确定危险截面和危险截面上的内力。

由 G_1、G_2 引起的轴力和弯矩在杆的各横截面上相同，但由杆的自重引起的轴力在杆底部处横截面上为最大，故底部截面是危险截面。该截面上的内力为：

轴力 $F_N = -(F'_P + G) = -(1400 + 1367) = -2767(N)$

弯矩 $M_z = M_e = 2320N \cdot m$

3)求危险截面上的最大应力。

查型钢规格表,得 20a 工字钢横截面的 $A = 35.5cm^2 = 35.5 \times 10^{-4} m^2$,$W_z = 237cm^3 = 237 \times 10^{-6} m^3$。故危险截面上代数值最大、最小的正应力为

$$\sigma_{\substack{max\\min}} = \frac{F_N}{A} \pm \frac{M_z}{W_z} = -\frac{2767}{35.5 \times 10^{-4}} \pm \frac{2320}{237 \times 10^{-6}} = \begin{cases} 9.01(MPa) \\ -10.57(MPa) \end{cases}$$

其中,σ_{max}为拉应力,大小为 9.01MPa;σ_{min}为压应力,大小为 10.57MPa。

12.2.3 斜弯曲

当作用在梁上的横向力作用线通过横截面形心但不位于梁的纵向对称面内时,梁弯曲变形后的轴线一般与外力不在同一平面内,这种弯曲变形称为斜弯曲。图 12-10 中木屋架上的矩形截面檩条就是斜弯曲的实例。下面我们只讨论具有纵向对称平面的梁发生斜弯曲时的应力计算和强度条件。

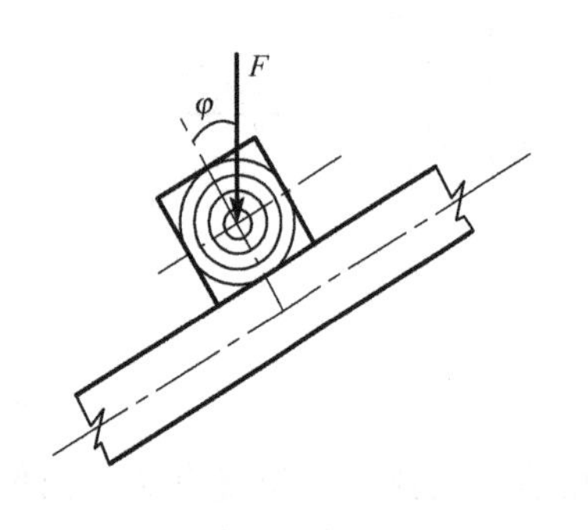

图 12-10

斜弯曲可以分解为在两个互相垂直的平面内的两个平面弯曲的叠加,即将引起斜弯曲的横向力分解为两个互相垂直的分力,其中一个位于梁的纵向对称平面内,另一个与纵向对称平面垂直。它们各自引起相应方向上的平面弯曲。将这两个平面弯曲的应力叠加即得斜弯曲时的应力。显然叠加后仍为单向应力状态,所以按单向应力状态的强度条件计算强度。下面以图 12-11 所示的矩形截面悬臂梁的斜弯曲为例说明计算过程。

图 12-11(a)中,作用于梁自由端的集中力 F 通过截面形心,且与截面的铅直对称轴的夹角为 φ。以梁的轴线为 x 轴,截面的两个对称轴分别为 y 轴和 z 轴,将 F 分解到 y 和 z 方向得

$$F_y = F\sin\varphi, \qquad F_z = F\cos\varphi \tag{a}$$

F_y 使梁在水平平面 xy 内发生平面弯曲,F_z 则使梁在铅直平面 xz 内发生平面弯曲,它们在梁的任一横截面 m-m 上产生的弯矩分别为

$$\left.\begin{aligned} M_z &= F_y(L-x) = F(L-x)\sin\varphi = M\sin\varphi \\ M_y &= F_z(l-x) = F(L-x)\cos\varphi = M\cos\varphi \end{aligned}\right\} \tag{b}$$

在横截面 m-m 上的任一点 $K(y,z)$处,与上述两弯矩 M_y 和 M_z 相应的弯曲正应力分别为

$$\sigma' = \frac{M_z y}{I_z} = \frac{M\sin\varphi}{I_z}y \quad 和 \quad \sigma'' = \frac{M_y z}{I_y} = \frac{M\cos\varphi}{I_y}z \tag{c}$$

由叠加原理得横截面 m-m 上的 $K(y,z)$点处的正应力为

$$\sigma = \sigma' + \sigma'' = M\left(\frac{\sin\varphi}{I_z}y + \frac{\cos\varphi}{I_y}z\right) \tag{d}$$

其中,σ'和σ''是拉应力或是压应力,可根据 K 点位置,由截面上的 σ'、σ''的应力分布图来确定。

确定横截面 m-m 上最大正应力点的位置,当截面形状为矩形时可直接判定:在由 F_y 引起的弯曲中,BC 边上各点出现最大拉应力;在由 F_z 引起的弯曲中,CD 边上各点出现最大拉应

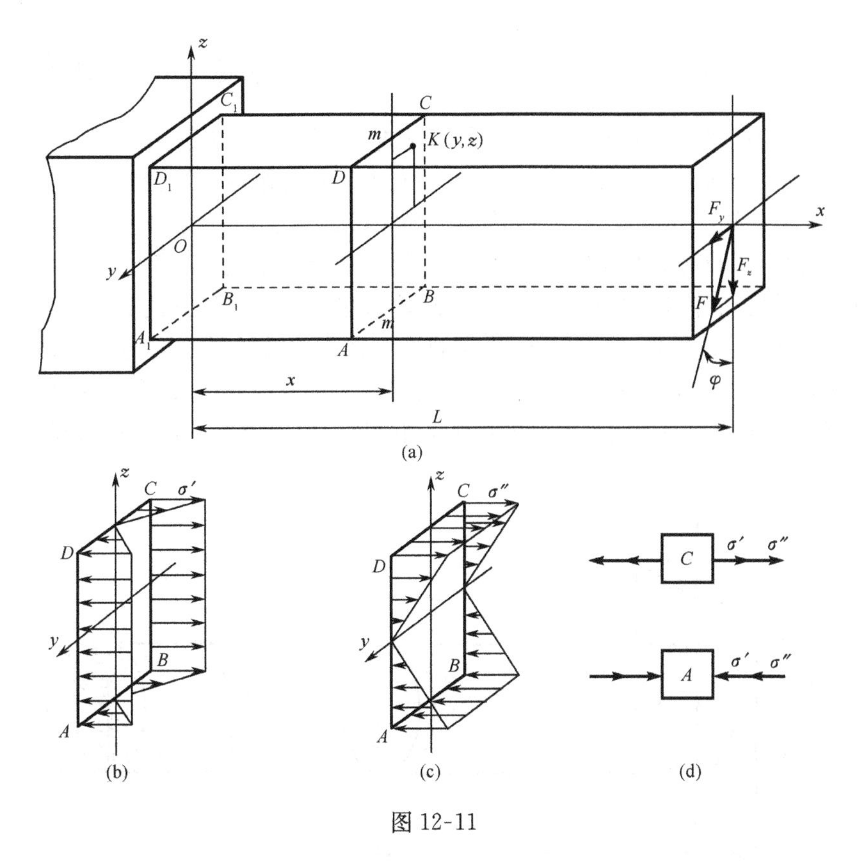

图 12-11

力。因此叠加后,C 点为横截面上最大拉应力点,拉应力值为两个平面弯曲的最大拉应力之和。同理,叠加后 A 点为横截面上最大压应力点,压应力值为两个平面弯曲的最大压应力之和。全梁的最大应力出现在固定端截面上的 C_1、A_1 点处,因该处的 M 为全梁最大。若材料的许用应力为$[\sigma]$,则强度条件为

$$\sigma_{\max}=(\sigma'+\sigma'')_{\max}\leqslant[\sigma] \tag{e}$$

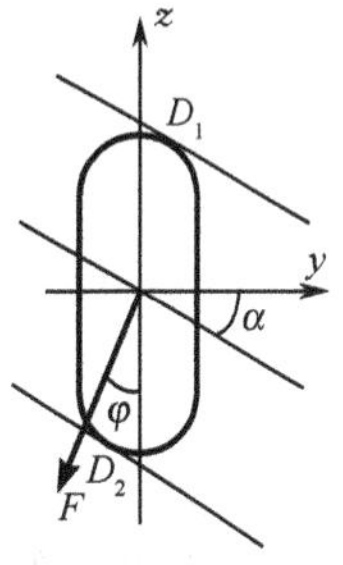

如果截面为其他形状(图 12-12)时,最大应力点位置不易直观判定。这时应先求出截面上中性轴位置,再找出截面上距中性轴最远的点,该点即为最大应力点。中性轴位置可由中性轴上的点正应力为零的条件来确定。令 y_0、z_0 为中性轴上任一点的坐标,则由式(d)得中性轴的方程为

图 12-12

$$\frac{\sin\varphi}{I_z}y_0+\frac{\cos\varphi}{I_y}z_0=0 \tag{12-6}$$

式(12-6)表示中性轴是通过截面形心的一条斜直线,且与 y 轴的夹角为

$$\tan\alpha=\frac{z_0}{y_0}=-\frac{I_y}{I_z}\tan\varphi \tag{12-7}$$

确定中性轴的位置后,作两直线平行于中性轴并与截面周边相切,切点即为最大拉应力点和最大压应力点(图 12-12 中的 D_1、D_2 点)。将其坐标代入式(d)即可得到该横截面上的最大拉应力和最大压应力。

12.3 第二类组合变形——组合后为复杂应力状态

对这类组合变形我们只研究工程中常见的弯曲与扭转组合的情形。

当杆件同时受横向力和扭转力偶作用时，便发生弯曲与扭转的组合变形，这时杆的横截面上既有弯矩，又有扭矩。工程中，机器的传动轴绝大多数属于这种受力状态。根据叠加原理，横截面上的应力为弯曲应力与扭转应力的叠加，但前者是正应力，后者是切应力，叠加后出现复杂应力状态，强度条件必须根据适当的强度理论来建立。下面举例说明。

有一圆轴(图 12-13(a))，左端固定，右端自由。在自由端的横截面内作用着一个矩为 M_e 的外力偶，和一个通过轴心的横向力 F_P。力偶矩 M_e 使轴发生扭转变形；横向力 F_P 使轴发生弯曲变形。对一般的轴，因横向力引起的剪力影响很小，可以忽略不计。这时圆轴的变形就是弯曲与扭转的组合变形。

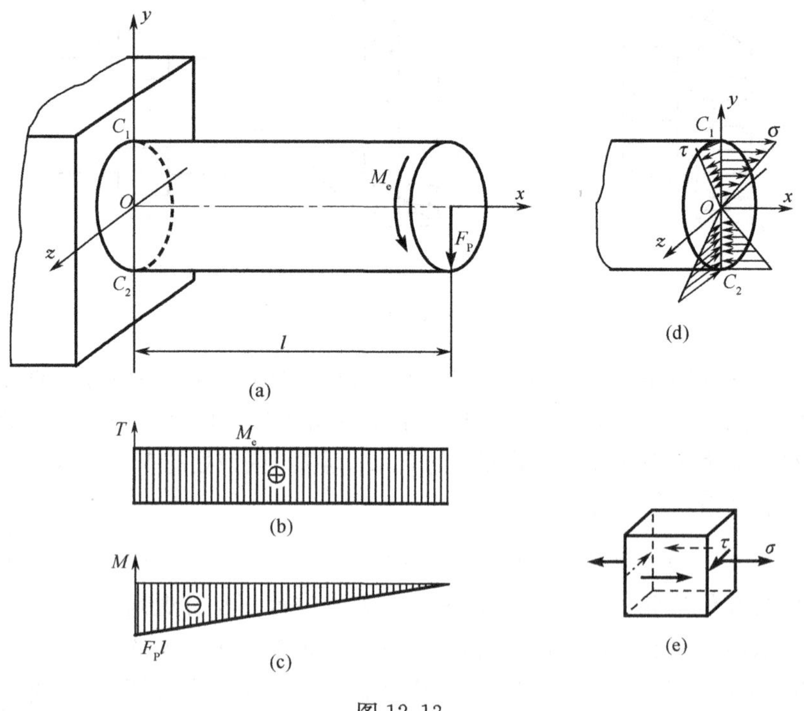

图 12-13

分别绘出轴的扭矩图和弯矩图，如图 12-13(b)、(c)所示。可以看出各横截面上的扭矩相同，其大小为 $T=M_e$；而弯矩在固定端截面上为最大，其绝对值大小为 $M=F_Pl$。综合考虑两种内力后，确定固定端截面是该圆轴的危险截面。

在危险截面上，由于扭矩产生的切应力，是沿半径按直线规律变化的(图 12-13(d))，截面边缘上各点切应力均为最大值：

$$\tau=\frac{T}{W_t} \tag{12-8}$$

其中，W_t 为圆轴的抗扭截面系数。

在危险截面上，由于弯矩产生的正应力，是沿截面高度按直线规律变化的(图 12-13(d))，在该截面上、下边缘的 C_1 和 C_2 两点弯曲正应力为最大值：

$$\sigma = \pm \frac{M}{W} \tag{12-9}$$

其中，W 为圆轴的抗弯截面系数。

综合考虑弯曲和扭转，由于危险截面上 C_1 和 C_2 两点的弯曲正应力与扭转切应力都为最大，所以这两点是圆轴的危险点。对于抗拉、抗压强度相等的塑性材料所制成的轴，只需研究其中一点，如 C_1 点。围绕该点切取一单元体如图 12-13(e)所示，这正是例 11-6 所研究的单向与纯剪切组合应力状态，该应力状态按最大切应力准则和畸变能准则写出的强度条件为式(11-24a)和式(11-24b)。将式(12-8)和式(12-9)代入其中，并注意到圆形截面 $W_t = 2W$，即得到用危险截面上的弯矩和扭矩表示的弯扭组合变形强度条件为

$$\sigma_{r3} = \sqrt{\sigma^2 + 4\tau^2} = \frac{1}{W}\sqrt{M^2 + T^2} \leqslant [\sigma] \tag{12-10}$$

和

$$\sigma_{r4} = \sqrt{\sigma^2 + 3\tau^2} = \frac{1}{W}\sqrt{M^2 + 0.75T^2} \leqslant [\sigma] \tag{12-11}$$

例 12-3 卧式离心机的主轴及转鼓系统如图 12-14(a)所示，其转鼓重 G=2000N，固定于轴的一端；轴用电动机直接传动，转矩 M_e=1200N · m。材料的许用应力$[\sigma]$=120MPa。试分别按最大切应力准则和畸变能准则设计轴的直径 d。

解 1)受力分析。

轴的受力图如图 12-14(b)所示，由于重力及轴承反力的作用使轴在铅垂直平面内发生弯曲变形，电动机的转矩及转鼓的阻力矩使轴发生扭转变形。画出轴的扭矩图和弯矩图如图 12-14(c)、(d)所示。

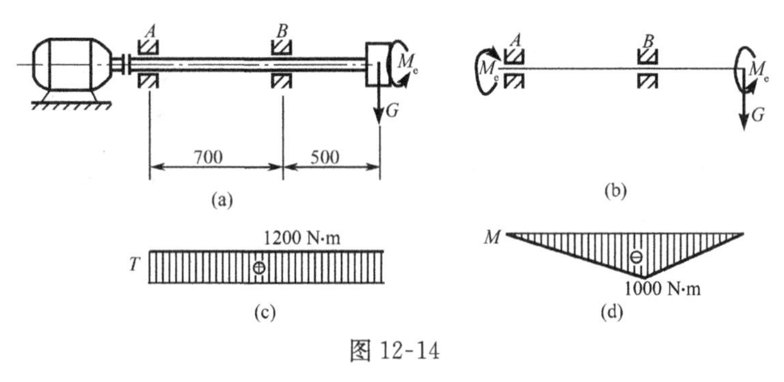

图 12-14

2)确定危险截面和危险截面上的内力。

从内力图上看出，扭矩沿轴的长度不变，而弯矩在轴承 B 处截面上最大。综合考虑弯矩和扭矩，确定轴承 B 处横截面为轴的危险截面。该截面上内力值为：扭矩 T=1200N · m；弯矩绝对值 M=1000N · m。

3)选用适当的强度准则进行截面设计。

若采用最大切应力准则，由

$$\sigma_{r3} = \frac{1}{W}\sqrt{M^2 + T^2} \leqslant [\sigma]$$

得

$$W \geqslant \frac{\sqrt{M^2 + T^2}}{[\sigma]} = \frac{\sqrt{1000^2 + 1200^2}}{120 \times 10^6} = 12.02 \times 10^{-6}(\text{m}^3)$$

而

$$W = \frac{\pi d^3}{32} \geqslant 13.02 \times 10^{-6}$$

由此得

$$d \geqslant 5.10 \times 10^{-2}\,\mathrm{m} = 51\mathrm{mm}$$

取 $d=51\mathrm{mm}$。

若采用畸变能准则，由公式(12-11)

$$\sigma_{r4} = \frac{1}{W}\sqrt{M^2 + 0.75T^2} \leqslant [\sigma]$$

得 $$W \geqslant \frac{\sqrt{M^2+0.75T^2}}{[\sigma]} = \frac{\sqrt{1000^2+0.75\times 1200^2}}{120\times 10^6} = 12.01\times 10^{-6}(\mathrm{m}^3)$$

而 $$W = \frac{\pi d^3}{32} \geqslant 12.01\times 10^{-6}$$

由此得 $$d \geqslant 4.97\times 10^{-2}\,\mathrm{m} = 49.7\mathrm{mm}$$

取 $d=50\mathrm{mm}$。

例 12-4 传动轴 AB 的尺寸和受力如图 12-15 所示。轴的直径为 $d=30\mathrm{mm}$，材料许用应力$[\sigma]=85\mathrm{MPa}$。皮带轮 C 的直径为 $D=132\mathrm{mm}$，从该轮输入功率 $P=2.2\mathrm{kW}$，皮带拉力为 $F_{T1}+F_{T2}=600\mathrm{N}$。齿轮 E 的节圆直径为 $D_1=50\mathrm{mm}$，F_n 为作用齿轮上的法向力。轴的转速为 $n=966\mathrm{r/min}$。试校核轴的强度。

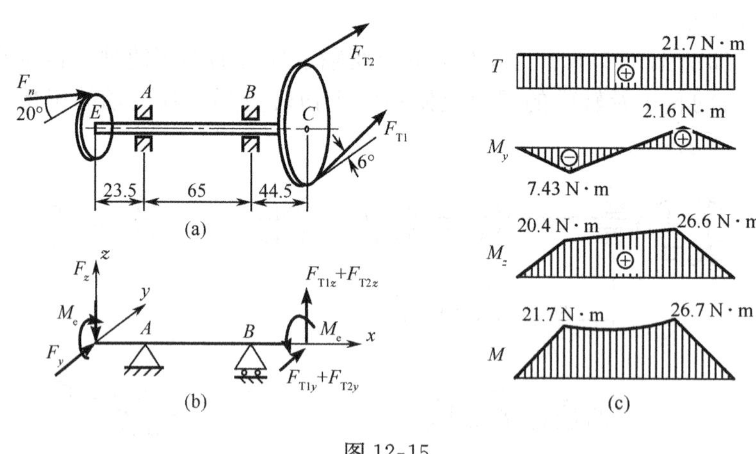

图 12-15

解 1)受力分析。

根据输入功率可求得皮带轮传给轴的转矩为

$$M_e = 9549\frac{P}{n} = 9549\times\frac{2.2}{966} = 21.7(\mathrm{N\cdot m})$$

由于转矩 M_e 是通过皮带拉力 F_{T1} 和 F_{T2} 传送的，应有：

$$(F_{T1}-F_{T2})\frac{D}{2} = M_e$$

$$F_{T1}-F_{T2} = \frac{2M_e}{D} = \frac{2\times 21.7}{130\times 10^{-3}} = 329(\mathrm{N})$$

已知 $$F_{T1}+F_{T2} = 600\mathrm{N}$$

由以上两式解出

$$F_{T1} = 465\mathrm{N},\qquad F_{T2} = 135\mathrm{N}$$

轴稳定转动时，齿轮上法向力 F_n 对轴线的力矩 M'_e 应与皮带轮作用的 M_e 相等，即

$$M'_e = F_n\cos 20^\circ \cdot \frac{D_1}{2} = M$$

故
$$F_n = \frac{2M_e}{D_1\cos 20^\circ} = \frac{2\times 21.7}{50\times 10^{-3}\cos 20^\circ} = 924(\mathrm{N})$$

将齿轮上的法向力 F_n 和皮带拉力 F_{T1} 与 F_{T2} 向轴线(x 轴)简化。F_n 简化后得到的 M'_e 和 F_{T1} 与 F_{T2} 简化后得到的力矩 M_e，大小相等方向相反，引起轴的扭转变形。

向 x 轴简化后，作用于轴线上的横向力 F_n、F_{T1} 和 F_{T2} 引起轴的弯曲变形。把这些横向力都分解成平行于 y 轴和 z 轴的分量并表示在图 12-15(b)中。其中

$$F_y = F_n\cos 20^\circ = 870\mathrm{N}, \qquad F_z = F_n\sin 20^\circ = 316\mathrm{N}$$

$$F_{T1y} + F_{T2y} = F_{T1}\cos 6^\circ + F_{T2} = 59\mathrm{N}$$

$$F_{T1z} + F_{T2z} = F_{T1}\,\mathrm{xin}6^\circ = 48.6\mathrm{N}$$

分别作扭矩 T 图、xz 平面内的弯矩 M_y 图、xy 平面内的弯矩 M_z 图(图 12-15(c))，并由 $M=\sqrt{M_y^2+M_z^2}$ 计算截面上的合弯矩，画出合弯矩 M 图。

2)确定危险截面和危险截面上的内力。

从扭矩图和合弯矩图，可以判定该轴的危险截面是截面 B。在截面 B 上，扭矩和总弯矩分别为

$$T = 217\mathrm{N\cdot m}, \qquad M = \sqrt{(2.16)^2 + (26.6)^2} = 26.7(\mathrm{N\cdot m})$$

3)选用适当的强度准则进行强度校核。

钢制的轴一般可按最大切应力准则进行强度校核，得

$$\sigma_{r3} = \frac{32}{\pi d^3}\sqrt{M^2+T^2} = \frac{32}{\pi(30\times 10^{-3})^3}\sqrt{(26.7)^2+(21.7)^2}$$
$$= 12.98\times 10^6(\mathrm{Pa}) = 12.98(\mathrm{MPa}) < [\sigma]$$

从静载强度来看该轴的强度有很大富余。但因轴是在动载下工作，还有疲劳失效等因素待考虑。

思 考 题

12-1 对于杆件，当外力为斜向力时应如何处理？当外力作用位置不在截面形心处时应如何处理？

12-2 自然生长的树木，其树冠形状大体上呈轴对称状，从力学上分析其合理性。

12-3 发生冻雨灾害时，因输电线严重积冰超重，一处输电线拉断往往会导致电杆倒塌，还可能导致相邻电杆连锁倒塌。试分析其原因。

12-4 受轴向拉(压)的杆，如某处截面要改变，往往是对称地改变(思考题图(a))，而不是只在一侧改变(思考题图(b))。说明其原因。

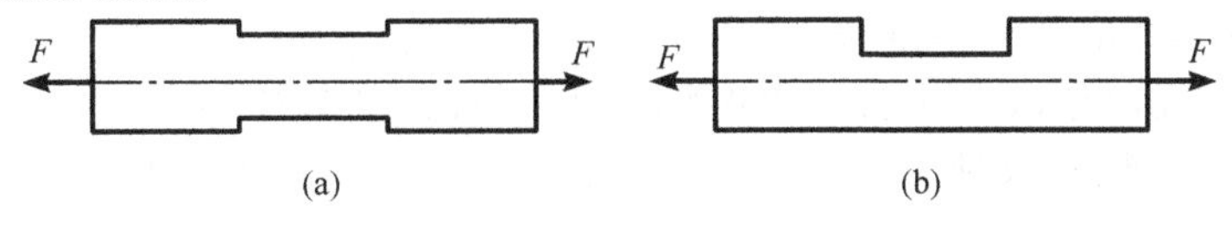

思考题 12-4 图

12-5　圆形截面杆同时受轴向拉伸与扭转时，若轴力为 F_N，扭矩为 T，截面面积为 A，抗扭截面系数为 W_P，试证明其第三强度理论相当应力为

$$\sigma_{r3}=\sqrt{\left(\frac{F_N}{A}\right)^2+4\left(\frac{T}{W_P}\right)^2}$$

习　题

12-1　如图 12-1 图所示，构件的各段分别处于什么变形状态，是哪些基本变形的组合？说出指定截面 A 及 B 上的内力。

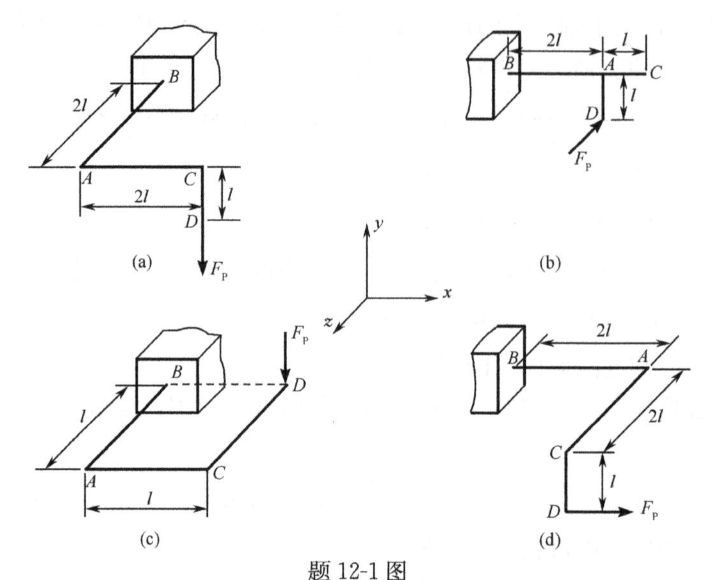

题 12-1 图

12-2　如题 12-2 图所示，有一斜梁 AB，其横截面为正方形，边长为 100mm，若在其中点 C 受一铅垂载荷 $F_P=3\text{kN}$，试求最大拉应力和最大压应力。

12-3　如题 12-3 图所示，有一开口链环，材料为钢，许用应力为$[\sigma]=120\text{MPa}$。求拉力 F_P 的许可值(图中尺寸单位为 mm)。

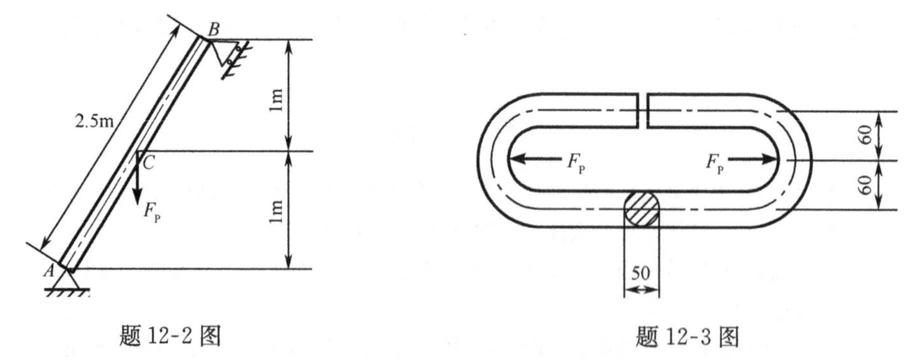

题 12-2 图　　　　题 12-3 图

12-4　如题 12-4 图所示托架，承受管道传递来的重力 $G=12\text{kN}$。托架和 18 号工字钢制的立柱相连接。立柱的下端固定、上端自由，求立柱内的最大压应力(图中尺寸单位为 mm)

12-5　如题 12-5 图所示，混凝土柱的横截面为正方形。柱的自重为 $G=50\text{kN}$，并承受 $F_P=200\text{kN}$ 的偏心压力，压力 F_P 的作用点位于 z 轴上。求：①压力 F_P 的偏心距 e 在多大范围内时，柱的底部横截面上不出现拉应力；②当底部横截面上 A 点处的正应力σ_A 与 B 点处的正应力σ_B 之间的关系为$\sigma_A=2\sigma_B$ 时，压力 F_P 的偏心距 e 为多大。

12-6 如题12-6图所示，容器顶部起重吊杆。吊杆由钢管弯成，管子外径 $D=150\text{mm}$，内径 $d=100\text{mm}$，材料的许用应力 $[\sigma]=100\text{MPa}$。若最大起重量 $G=5\text{kN}$，试校核吊杆的强度。

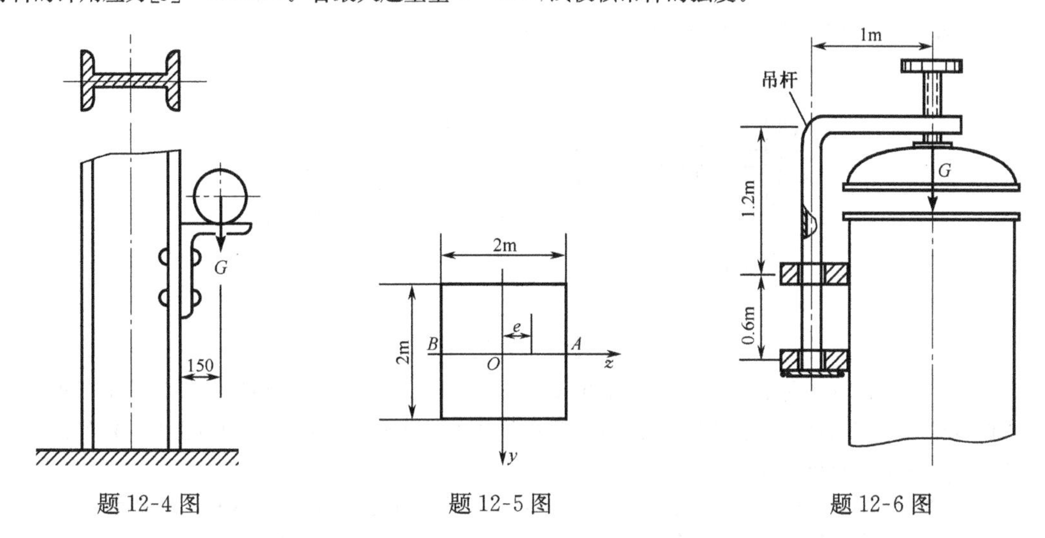

题12-4图　　题12-5图　　题12-6图

12-7 如题12-7图所示，水平放置的圆筒形容器。容器内径1.5m，壁厚 $t=4\text{mm}$，内储均匀内压为 $p=0.2\text{MPa}$的气体。容器每米重18kN。试求中央截面上 A 点的应力。

12-8 如题12-8图所示，电动机的功率为9kW，转速为715r/min，皮带轮直径 $D=250\text{mm}$，主轴外伸部分长度为 $l=120\text{mm}$，主轴直径 $d=40\text{mm}$。若许用应力 $[\sigma]=60\text{MPa}$，试按最大切应力准则校核轴的强度（皮带轮自重不计）。

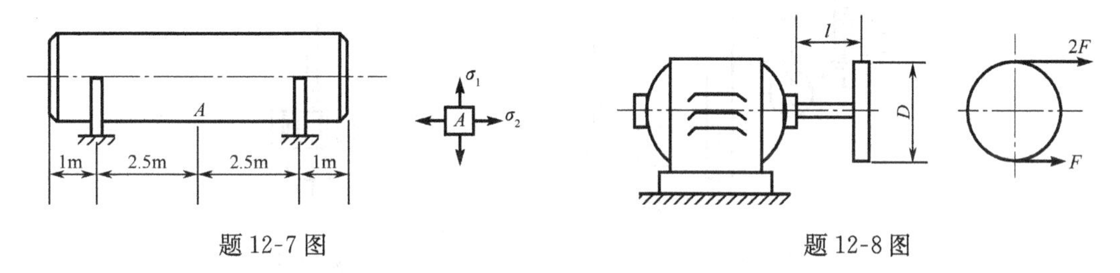

题12-7图　　题12-8图

12-9 题12-8图中，若考虑皮带轮自重 $G=0.5\text{kN}$，校核轴的强度。

12-10 如题12-10图所示，电动机带动的轴上，装有一直径为 $D=1\text{m}$ 的皮带轮，轮重 $G=2\text{kN}$，套在轮上的皮带张力是水平的，分别为 $F_T=5\text{kN}$ 和和 $F_t=2.5\text{kN}$。已知材料的许用应力为 $[\sigma]=80\text{MPa}$，试按最大切应力准则设计轴的直径（图中尺寸单位为mm）。

12-11 手摇绞车如题12-11图所示，轴的直径 $d=30\text{mm}$，材料为A3钢，$[\sigma]=80\text{MPa}$。试按第三强度理论求铰车的最大起重量 G（图中尺寸单位为mm）。

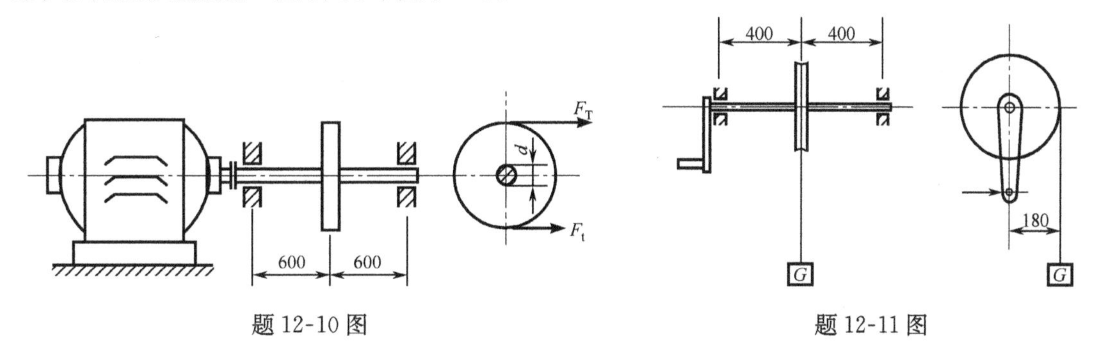

题12-10图　　题12-11图

12-12 如题 12-12 图所示皮带轮传动轴，传递功率 $P=7\text{kW}$，转速 $n=200\text{r/min}$。皮带轮重量 $G=1.8\text{kN}$。左端齿轮上啮合力 F_n 与齿轮节圆切线的夹角(压力角)为 20°。轴的材料为 A5 钢，其许用应力$[\sigma]=80\text{MPa}$。按最大切应力准则设计轴的直径(图中尺寸单位为 mm)。

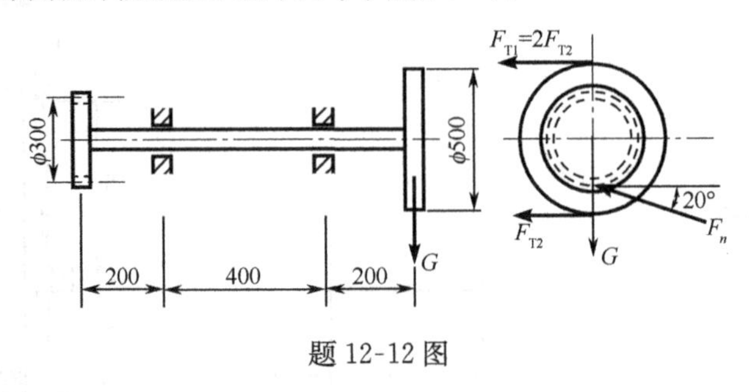

题 12-12 图

12-13 如题 12-13 图所示一钢曲柄轴，在点 A 处受一垂直于图纸平面的力 $F_P=20\text{kN}$ 作用。试作各段的内力图，并分别按最大切应力准则和畸变能密度准则计算截面 m-m 上危险处的相当应力。截面上由剪力引起的切应力略去不计(图中尺寸单位为 mm)。

12-14 如题 12-14 图所示，上悬式离心机自上端传入扭转外力偶矩 $M_e=300\text{N}\cdot\text{m}$，转鼓重 $G=5\text{kN}$，转轴直径 $d=50\text{mm}$。考虑各种不利工作条件后取轴的许用应力$[\sigma]=50\text{MPa}$，试校核轴的强度。

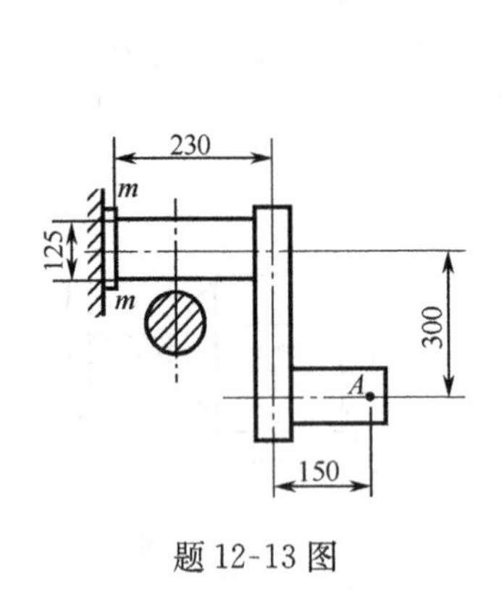

题 12-13 图

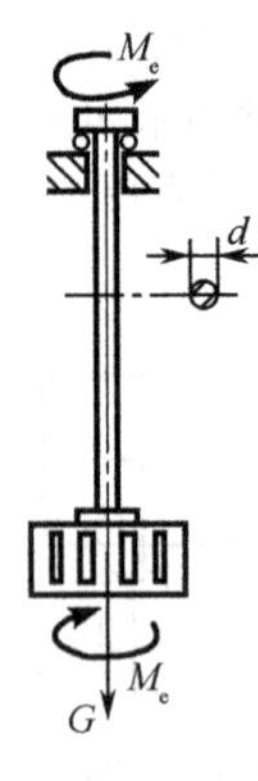

题 12-14 图

第 13 章　连接件强度计算

13.1　剪切强度计算

13.1.1　概述

工程中的构件之间，往往采用铆接、焊接、榫接、键连接、销钉连接等方式彼此连接。实现连接的铆钉、螺栓、销钉和键等统称为连接件。连接件在工作中的受力、变形情况有一定的特点，如图 13-1(a)所示为两块板用螺栓连接并受拉力 F_P的作用。考察螺栓的受力，可以看到，在其两侧面受到合力为 F_P的分布力作用，这两个合力大小相等，方向相反，其作用线之间的距离很小且垂直于轴线。螺栓的变形情况是：螺栓沿两力间的横截面 m-m 发生相对错动，这种变形形式称为**剪切变形**。横截面 m-m 称为**剪切面**。剪切面平行于作用力的方向。当作用的外力过大，螺栓将沿剪切面被剪断。

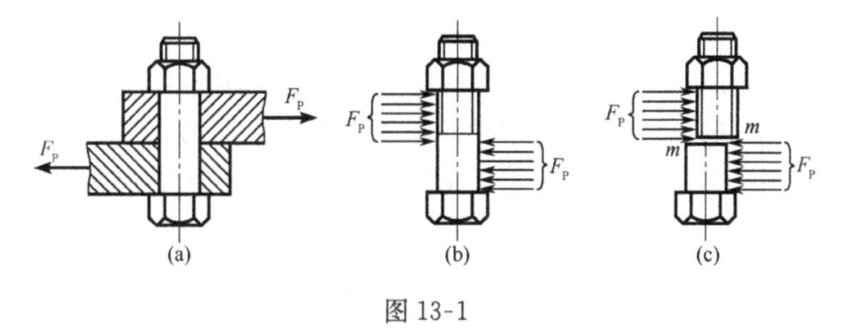

图 13-1

图 13-1 中的螺栓和图 13-2 中的键是典型的剪切变形实例，它们都只具有一个剪切面，称为单剪。有些构件，如链条就有两个剪切面，称为双剪。

承受剪切变形的剪切件常伴随其他形式的变形。例如，在上述的例子中，作用在螺栓上的两个合力并不沿同一条直线作用，它们形成一个力偶。要保持螺栓的平衡，必须还有其他的外力作用，如图 13-3 所示，这样螺栓除了受到剪切变形外，还受到拉伸和弯曲变形。但是，这些附加的变形一般都很小，不是影响剪切构件的主要因素，可不考虑。

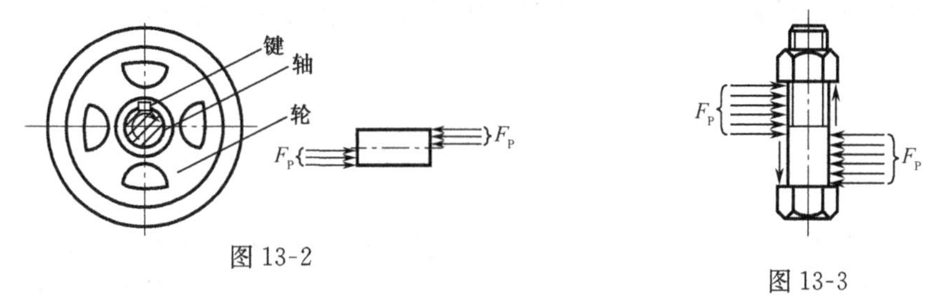

图 13-2

图 13-3

13.1.2　剪切的实用计算

为了保证结构的正常工作，连接件必须具有足够的强度。现以螺栓连接件为例来说明连接件剪切强度的计算方法。

首先要计算螺栓剪切面上的内力。应用截面法，将螺栓假想地沿剪切面 m-m 截分为上、下两段。如图 13-4(c)所示，无论取上半部分或下半部分作为研究对象，为了保持平衡，在剪切面上必须有与 F_P大小相等，方向相反的内力存在，我们知道这个沿截面的内力为剪力，用 F_S 表示，它是沿剪切面作用的分布内力的总和。

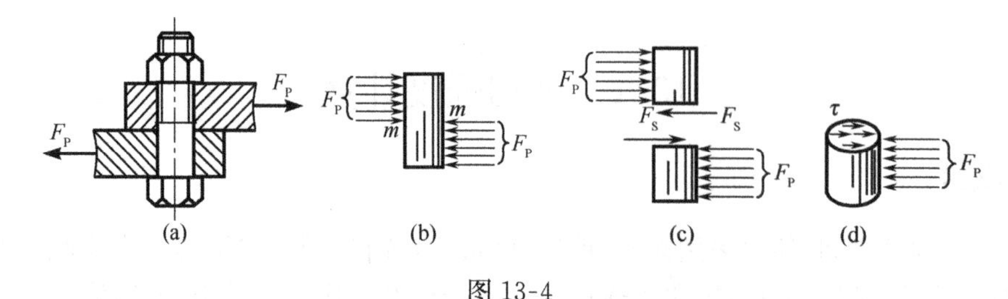

图 13-4

剪切强度计算需要求出剪切面上的切应力。但是，螺栓在这种受力情况下，横截面上切应力的分布相当复杂，与圆轴受扭完全不同，要作精确分析是比较困难的。在工程计算中，通常采用实用计算的方法。剪切的实用计算中，假定切应力均匀地分布在剪切面上，则切应力

$$\tau = \frac{F_S}{A} \tag{13-1}$$

其中，F_S 为剪切面上的剪力；A 为剪切面面积。

用这一公式计算出的切应力数值，是以切应力均匀分布的假设为前提的，它与该面上各点的实际切应力是有差别的，故称为**名义切应力**，一般简称为切应力。

为了保证螺栓安全可靠地工作，要求其工作时的切应力 τ 不得超过许用切应力。因此螺栓的剪切强度条件是

$$\tau = \frac{F_S}{A} \leqslant [\tau] \tag{13-2}$$

材料的许用切应力是由剪切试验确定的。在与构件的实际受力情况相似的条件下进行试验，测得破坏载荷，并按切应力均匀分布的假定除以安全系数获得。一般情况下，材料的许用切应力$[\tau]$与许用拉应力$[\sigma]$之间有以下的关系。

对于塑性材料 $$[\tau] = (0.6 \sim 0.8)[\sigma] \tag{13-3}$$

对于脆性材料 $$[\tau] = (0.8 \sim 1.0)[\sigma] \tag{13-4}$$

剪切强度的实用计算，常用于材料的冲孔和落料问题，还能用来设计安全销、保险块等，以保护机器中的主要零件避免受损。当然在这类计算中，名义切应力 τ 应超过材料的极限应力 τ_b。

13.2 挤压强度计算

连接件在工作时除了承受剪切变形，往往还受到**挤压**，即在局部表面上受到较大的压力作用，结果可能导致材料发生挤压破坏。挤压破坏的特点是：构件互相接触处的局部区域发生显著的塑性变形或被压碎。如图 13-5 所示为螺栓孔的挤压破坏现象，钉孔受压的一侧被压溃，材料向两侧隆起，钉孔不再是圆形。挤压破坏会导致连接松动，影响连接件的正常工作。因此对连接件一般还需进行挤压强度计算。

造成挤压的压力称为**挤压力**。连接件与被连接件之间的接触面称为**挤压面**。挤压面有时是平面，如键与键槽之间的挤压；有时是半圆柱曲面，如铆钉与铆钉孔、螺栓与螺栓孔之间的挤压。挤压面上的应力称为**挤压应力**，用 σ_{bs} 表示。

挤压应力在挤压面上的分布情况也比较复杂，且局限于较小的区域，要作精确分析也是很困难的。因此在工程计算中，同样采用实用计算，即假定挤压面上的应力均匀分布在挤压面上。则挤压应力

$$\sigma_{bs} = \frac{F_{bs}}{A_{bs}} \tag{13-5}$$

它实际上是**名义挤压应力**。式中的挤压力用 F_{bs} 表示，A_{bs} 为挤压面积。

当挤压面为平面时，式(13-5)中的挤压面积 A_{bs} 就是实际发生挤压的接触面面积。当挤压面为半圆柱面(如螺栓与螺栓孔之间的挤压)时，式(13-5)中的挤压面积 A_{bs} 取为圆柱的直径平面面积。根据理论分析，挤压应力在半圆柱面上的分布情况如图 13-6(b)所示，最大的挤压应力位于受挤压应力作用的半圆弧的中点上。该最大挤压应力值与以圆柱的直径平面面积作为挤压面积，按式(13-5)所算出的结果正好相近。

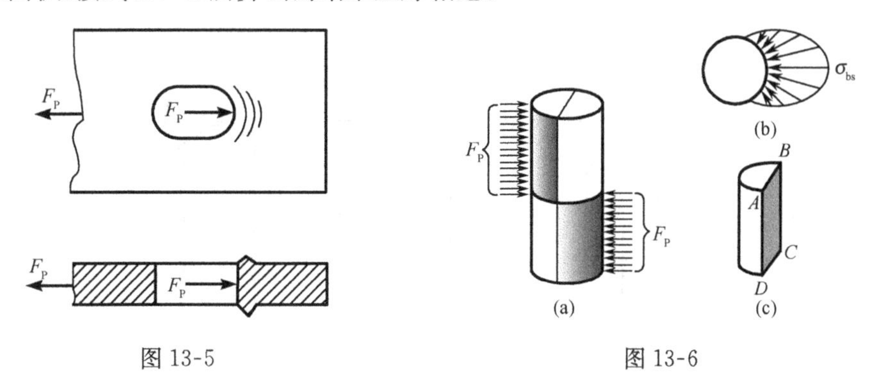

图 13-5　　图 13-6

为了保证连接件的正常工作，要求其工作时所引起的挤压应力不得超过许用值，因此构件的挤压强度条件是：

$$\sigma_{bs} = \frac{F_{bs}}{A_{bs}} \leqslant [\sigma_{bs}] \tag{13-6}$$

其中，$[\sigma_{bs}]$为许用挤压应力，是由挤压试验确定的，与确定许用切应力过程相似。对于钢材，许用挤压应力$[\sigma_{bs}]$与材料的拉伸许用应力$[\sigma]$的关系是：

$$[\sigma_{bs}] = (1.7 \sim 2.0)[\sigma]$$

需要注意的是：若被连接件的材料与连接件的材料不同，应针对$[\sigma_{bs}]$数值较小的构件进行挤压强度计算。

以上分别讨论了剪切和挤压的强度计算，在一般情况下，这些计算都是必要的。此外，如果被连接件的截面在连接处遭到削弱，则还需对被连接件在该处的强度进行校核。

例 13-1　两块钢板用螺栓连接后承受拉力作用，如图 13-7 所示，已知拉力 $F_P=25\text{kN}$，板厚 $t=10\text{mm}$，螺栓直径 $d=17\text{mm}$，铆钉和板的材料相同，材料的许用切应力$[\tau]=120\text{MPa}$，许用挤压应力$[\sigma_{bs}]=320\text{MPa}$。校核接头强度。

解　1)校核剪切强度。

剪切面上的剪力　　$F_S = F_P = 25\text{kN}$

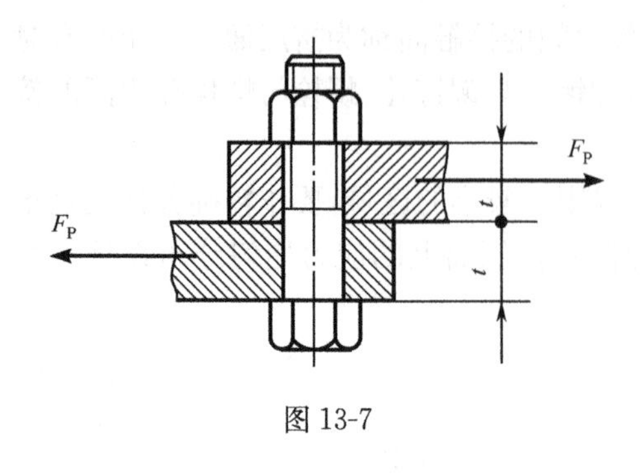

图 13-7

剪切面　　$A=\frac{\pi d^2}{4}$

$$\tau=\frac{F_S}{A}=\frac{F_P}{\frac{\pi d^2}{4}}=\frac{4F_P}{\pi d^2}=\frac{4\times 25\times 10^3}{\pi\times 0.017^2}$$

$$=110(\text{MPa})<[\tau]$$

2)校核挤压强度。

挤压力　　$F_{bs}=F_P=25\text{kN}$

挤压面　　$A_{bs}=dt$

$$\sigma_{bs}=\frac{F_{bs}}{A_{bs}}=\frac{F_P}{dt}=\frac{25\times 10^3}{0.017\times 0.01}$$

$$=147(\text{MPa})<[\sigma_{bs}]$$

螺栓接头强度满足要求。

例 13-2　某接头部分的销钉如图 13-8(a)所示，试计算销钉的切应力 τ 和挤压应力 σ_{bs}。

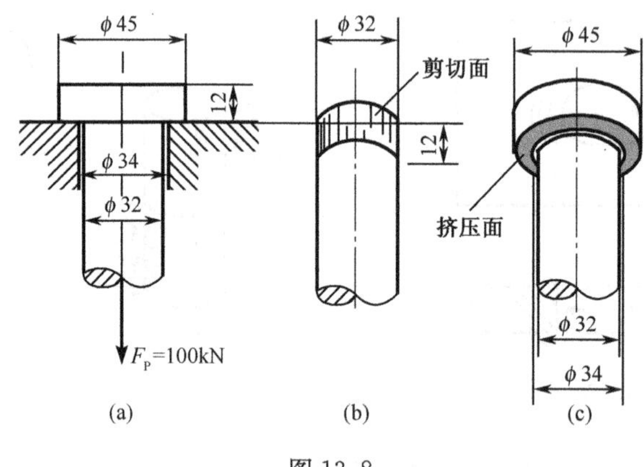

图 13-8

解　1)剪切应力。

首先分析剪切面积。由图 13-8(a)看出，销钉所受轴向拉力 F_P将在顶头内形成一个高为 12mm，直径为 32mm 的圆柱形剪切面(图 13-8(b))。运用截面法将销钉沿剪切面切开，由静力平衡可得

$$F_S=F_P=100\text{kN}$$

剪切面积为　　$A=\pi dh=\pi\times 32\times 12=1206(\text{mm}^2)$

剪切应力为　　$\tau=\frac{F_S}{A}=\frac{100\times 10^3}{1206\times 10^{-6}}=82.9\times 10^{-6}(\text{Pa})=89.2(\text{MPa})$

2)挤压应力。

由图 13-8(c)可知，挤压面是外径为 45mm，内径为 34mm 的环形面。于是

$$A_{bs}=\frac{\pi}{4}(D^2-d^2)=\frac{\pi}{4}(45^2-34^2)=683(\text{mm}^2)$$

挤压力　　$F_{bs}=F_P=100\text{kN}$

挤压应力为　　$\sigma_{bs}=\frac{F_{bs}}{A_{bs}}=\frac{100\times 10^3}{683\times 10^{-6}}=146.4\times 10^6(\text{Pa})=146.4(\text{MPa})$

例 13-3　图 13-9 所示的凸缘联轴节，它所传递的力矩 $T=0.2\text{kN}\cdot\text{m}$。凸缘之间用四只螺栓连接，螺栓直径 $d_0=10\text{mm}$，对称地分布在 $D_0=80\text{mm}$ 的圆周上。轴与凸缘轮毂之间用键连接，轴的直径 $d=32\text{mm}$。键的尺寸为 $b\times h\times l=10\text{mm}\times 8\text{mm}\times 50\text{mm}$，键材料的许用切应力$[\tau]=25\text{MPa}$，许用挤压应力$[\sigma_{bs}]=70\text{MPa}$。1)校核键的强度；2)若已知螺栓材料的许用切应力$[\tau]=60\text{MPa}$，试校核螺栓的剪切强度。

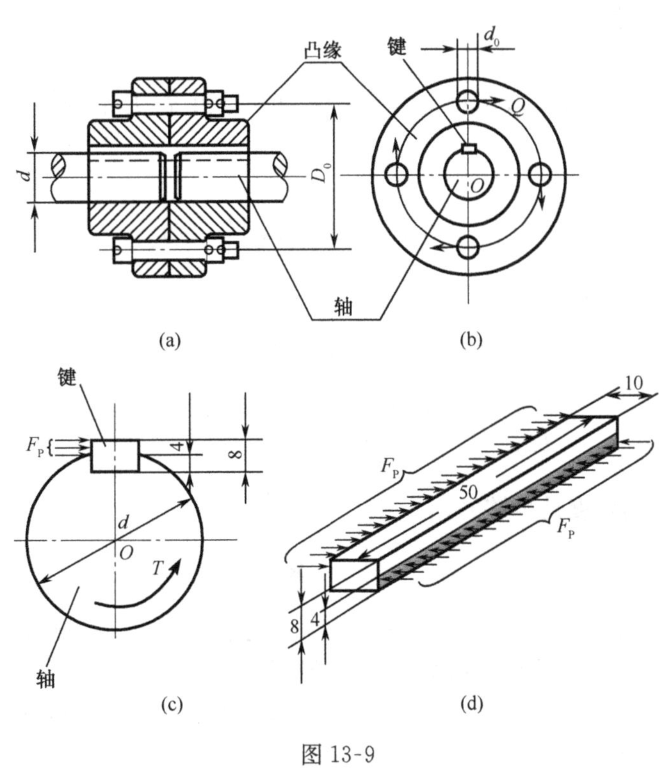

图 13-9

解　1)校核键的强度。

校核键的挤压强度。将键和轴一起取出，键上受到凸缘轮毂作用在它侧面上的力 F_P，使键在侧面上产生挤压。根据平衡条件

$$\sum M_O=0,\qquad F_P\cdot\frac{d}{2}=T$$

$$F_P=\frac{2T}{d}=\frac{2\times 0.2\times 10^3}{32\times 10^{-2}}=12.5(\text{kN})$$

键所受的挤压力　　$F_{bs}=F_P$

挤压面为　　$A_{bs}=l\cdot\frac{h}{2}=50\times 10^{-3}\times\frac{8}{2}\times 10^{-3}=200\times 10^{-6}(\text{m}^2)$

根据挤压的强度条件，键的挤压应力

$$\sigma_{bs}=\frac{F_{bs}}{A_{bs}}=\frac{12.5\times 10^3}{200\times 10^{-6}}=62.5(\text{MPa})<[\sigma_{bs}]$$

挤压强度足够。

校核键的剪切强度。应用截面法，可求得键剪切面上的剪力：

$$F_S=F_P$$

受剪面面积为

$$A = lb = 50 \times 10^{-3} \times 10 \times 10^{-3} = 0.5 \times 10^{-3}(\mathrm{m}^2)$$

由剪切的强度条件

$$\tau = \frac{F_S}{A} = \frac{12.5 \times 10^3}{0.5 \times 10^{-3}} = 25 \times 10^6 = 25(\mathrm{MPa}) < [\tau]$$

键的剪切强度满足要求。

2)校核螺栓的剪切强度。

由于螺栓对称分布,故可假定每个螺栓所受的剪力相等,并沿圆周的切线方向作用,如图 13-9(b)所示。

根据平衡方程

$$\sum M_O = 0,\qquad 4Q \cdot \frac{D_0}{2} = T$$

每个螺栓剪切面上的剪力

$$F_S = Q = \frac{T}{2D_0} = \frac{0.2 \times 10^3}{2 \times 80 \times 10^{-3}} = 1.25(\mathrm{kN})$$

由强度条件
$$\tau = \frac{F_S}{\frac{\pi d_0^2}{4}} = \frac{1.25 \times 10^3}{\frac{\pi(10 \times 10^{-3})^2}{4}} = 16(\mathrm{MPa}) < [\tau]$$

所以,连接螺栓的剪切强度是足够的。

习　题

13-1　如题 13-1 图所示销钉连接,已知 $F_P=18\mathrm{kN}$,$t_1=8\mathrm{mm}$,$t_2=5\mathrm{mm}$,销钉与板的材料相同,许用切应力$[\tau]=60\mathrm{MPa}$,许用挤压应力$[\sigma_{bs}]=200\mathrm{MPa}$。试设计销钉直径 d。

13-2　如题 13-2 图所示,一个直径 $d=40\mathrm{mm}$ 的螺栓受拉力 $F_P=100\mathrm{kN}$。已知材料的许用应力$[\tau]=60\mathrm{MPa}$,求螺母所需的高度 h。

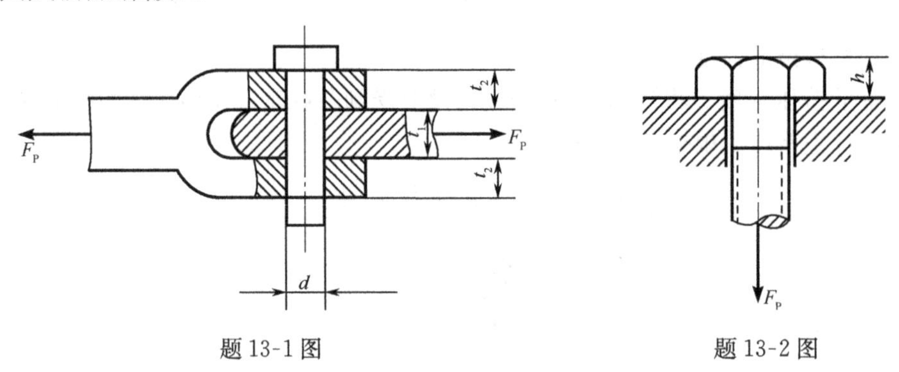

题 13-1 图　　　　题 13-2 图

13-3　如题 13-3 图所示,两块钢板板厚 $t=6\mathrm{mm}$,用相同材料的三个铆钉连接。已知 $F_P=50\mathrm{kN}$,材料的许用切应力$[\tau]=100\mathrm{MPa}$,挤压应力$[\sigma_{bs}]=280\mathrm{MPa}$。试求铆钉直径 d。若利用现有的直径 $d=12\mathrm{mm}$ 的铆钉,则铆钉数 n 应该为多少?

13-4　如题 13-4 图所示,齿轮与键用平键连接,已知轴直径 $d=70\mathrm{mm}$,键的尺寸 $b\times h\times l=20\times 12\times 100$,长度单位为 mm,传递的力偶矩 $M_e=2\mathrm{kN \cdot m}$;键材料的剪切许用应力$[\tau]=80\mathrm{MPa}$,挤压许用应力$[\sigma_{bs}]=200\mathrm{MPa}$,试校核键的强度。

13-5　一榫接头如题 13-5 图所示,若木材的$[\tau]=1\mathrm{MPa}$,$[\sigma_{bs}]=10\mathrm{MPa}$。试校核该接头的剪切和挤压强度(图中尺寸单位为 mm)。

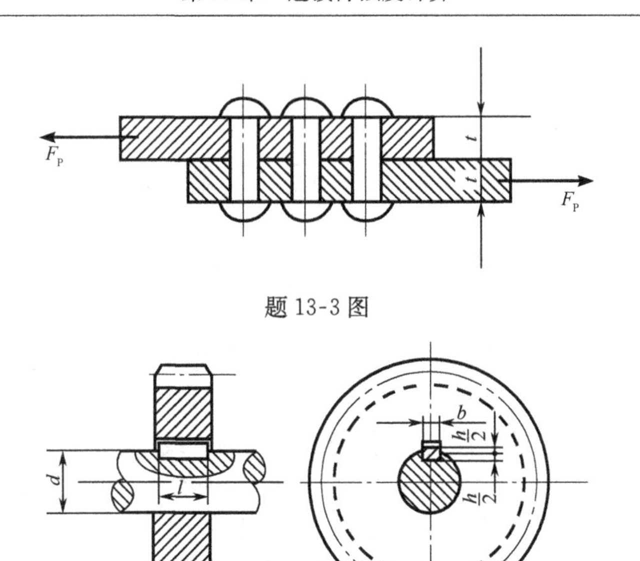

题 13-3 图

题 13-4 图

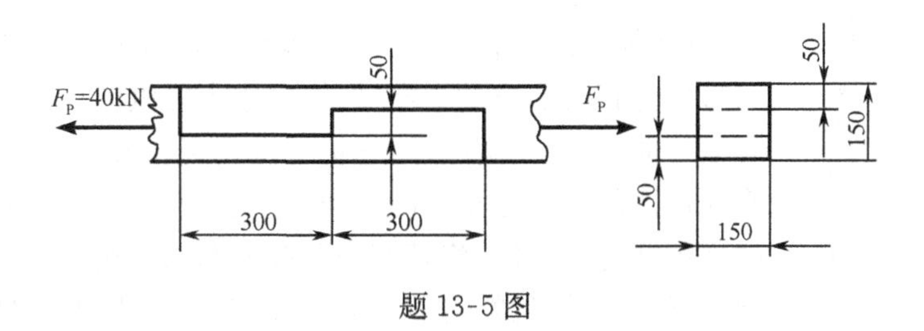

题 13-5 图

13-6　如题 13-6 图所示，销钉式安全联轴器，允许传递的外力矩 $M_e=300\mathrm{N}\cdot\mathrm{m}$，销钉材料的剪切强度极限 $\tau_b=360\mathrm{MPa}$，轴的直径 $D=30\mathrm{mm}$，为保证 $M_e>300\mathrm{MPa}$ 时就被剪断，问销钉的直径 d 应为多少。

13-7　测定材料剪切强度的剪切器的示意图如题 13-7 图所示。设圆试件的直径 $d=30\mathrm{mm}$，当压力 $F_P=31.5\mathrm{kN}$ 时，试件被剪断，试求材料的名义剪切极限应力。若取剪切许用应力为$[\tau]=80\mathrm{MPa}$，试问安全系数等于多大?

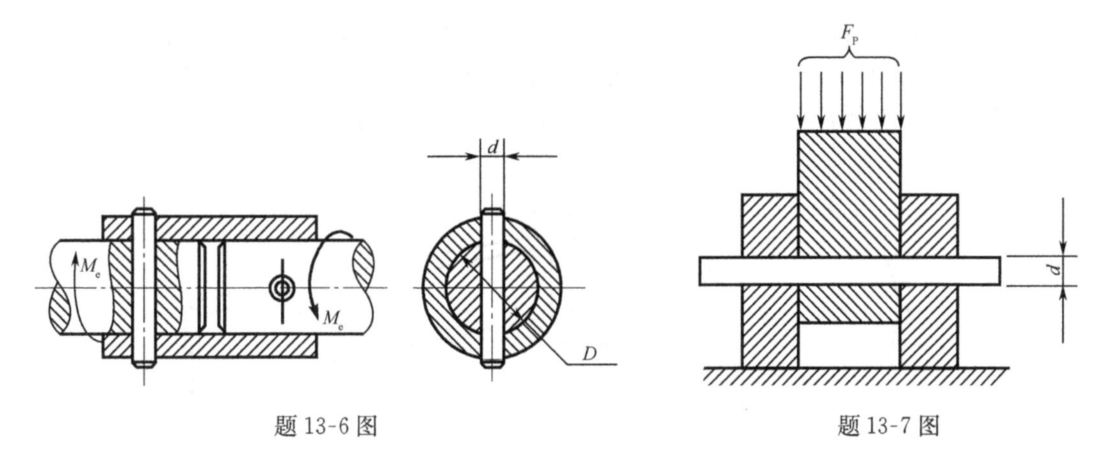

题 13-6 图　　题 13-7 图

第 14 章　压 杆 稳 定

14.1　压杆稳定性概念

在第 8 章中讨论压杆的强度计算时，认为杆总是在直线形态下保持平衡，而杆失去正常工作能力是由于强度不足引起的。事实上，这样的考虑，对短粗的压杆来说是正确的，但对细长的压杆则不然。如一根细长的木片受压时，开始轴线为直线，接着必然是被压弯，发生较大的弯曲变形，失去正常工作能力，最后折断。而此时杆上所加的最大压力远小于按第 8 章中计算的将杆压坏所需的压力。这说明，细长压杆之所以丧失正常工作能力，不是由于强度不足，而是由于压杆不能保持原有直线形态的平衡所致。这种现象称为压杆**丧失稳定**，简称**失稳**，也称屈曲。

失稳使细长压杆的承载能力远低于短粗杆，压杆一旦失稳，可能会导致整个机械或结构不能正常工作，甚至会造成灾难性后果。因此，研究压杆的稳定性就更为迫切。

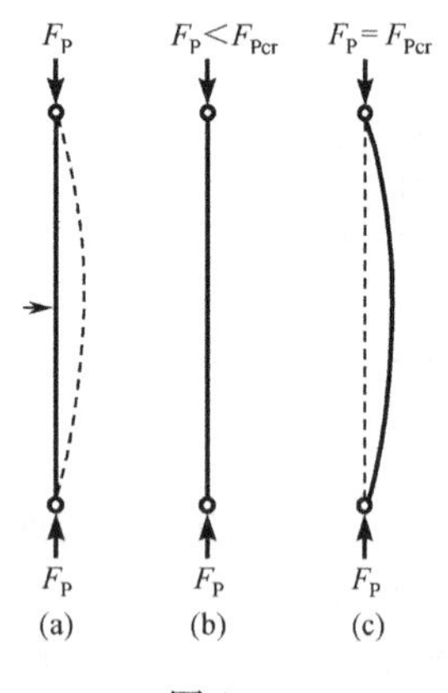

图 14-1

取一理想状态的等直细长压杆，如图 14-1 所示，且杆上的压力 F_P 与杆件轴线重合。当压力逐渐增加，但小于一定数值时，压杆将一直保持直线形态的平衡，即使用微小的侧向干扰力使其暂时发生轻微弯曲，干扰力解除后，它仍将恢复直线形态，这表明压杆最初的直线形态的平衡是稳定的。当压力逐渐增加到一定数值，压杆的直线平衡变得不稳定，将转变为曲线形态的平衡。这时再有微小的侧向干扰力使其轻微弯曲，干扰力解除后，它将不能恢复原有的直线形态。上述压力的一定数值称为压杆的**临界载荷**，或**临界力**，用 F_{Pcr} 表示。

构件失稳现象，不仅压杆会发生，其他受压构件也会出现。例如，圆柱形薄壳筒受到均匀外压作用，壁内应力为压应力，当压力超过临界值时，薄壳筒会因失稳而使其横截面不再保持为圆形(图 14-2(a))；横截面狭而长的梁，在抗弯能力最大的平面内受过大的横向力作用时，会因为失稳而同时发生扭转(图 14-2(b))。此外，薄壳圆筒在轴向压力或扭矩作用下，都可能出现失稳现象。本章主要研究压杆的稳定问题，压杆稳定的理论分析是其他受压构件稳定分析的理论基础。

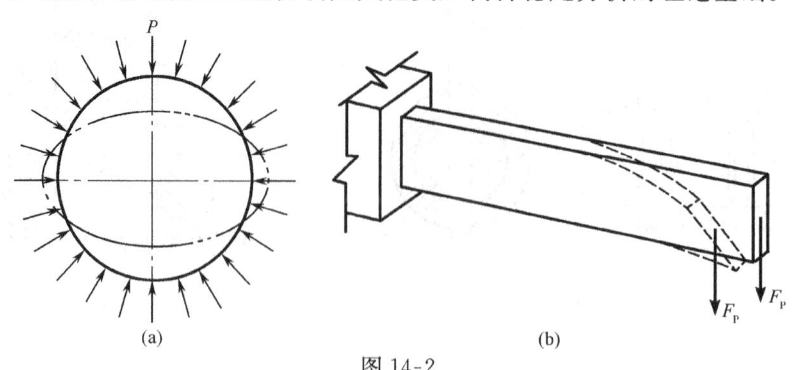

图 14-2

14.2 细长压杆的临界压力与欧拉公式

14.2.1 两端铰支细长压杆的临界载荷

压杆失稳现象的发生是因为杆上的轴向压力达到或超过了它的临界载荷，因此研究失稳破坏的关键是确定其临界载荷。可以认为，**使压杆保持微小弯曲平衡的最小压力就是临界载荷。**

选取坐标系如图14-3所示，距原点A为x处的任意截面挠度为w，则弯矩的绝对值为$\boldsymbol{F}_{\mathrm{P}}w$，在此坐标中，$M$与$w$的正、负符号规定正好相反，所以

$$M(x)=-F_{\mathrm{P}}w \tag{a}$$

杆件微弯时的挠曲线近似微分方程为

$$\frac{\mathrm{d}^2w}{\mathrm{d}x^2}=\frac{M(x)}{EI} \tag{b}$$

将式(a)代入式(b)，并引入记号

$$k^2=\frac{F_{\mathrm{P}}}{EI} \tag{c}$$

得微分方程 $$\frac{\mathrm{d}^2w}{\mathrm{d}x^2}+k^2w=0 \tag{d}$$

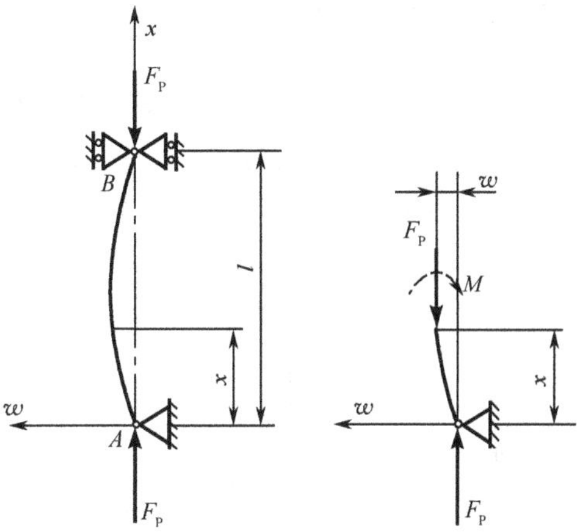

图14-3

其通解为 $$w=A\sin kx+B\cos kx \tag{e}$$

其中，A、B为积分常数，可由压杆的边界条件确定。根据压杆A端的边界条件，$x=0$时$w=0$，代入式(e)可得$B=0$，再由B端的边界条件，$x=l$时$w=0$，即得

$$A\sin kl=0$$

由此解得 $$A=0 \quad 或 \quad \sin kl=0$$

若取$A=0$，则由挠曲线方程得$w=0$，说明压杆仍保持直线形态，这与杆在微弯状态的前提不符，因此必须是$\sin kl=0$，即

$$k=\frac{n\pi}{l}$$

将其代入式(c)得 $$F_{\mathrm{P}}=\frac{n^2\pi^2EI}{l^2} \quad (n=0,1,2,3,\cdots)$$

上式表明，使杆保持曲线平衡的压力，理论上是多值的。如取$n=0$，$F_{\mathrm{P}}=0$，表示杆上并无压力，自然不是我们所需要的。这样，只有取$n=1$，所得到的才是具有实际意义的、最小的临界载荷

$$F_{\mathrm{Pcr}}=\frac{\pi^2EI}{l^2} \tag{14-1}$$

这是两端铰支细长压杆临界载荷的计算公式，一般称为**欧拉公式**。值得注意的是，如果压杆两端各个方向上的约束相同，公式中的形心主惯性矩I应取最小值计算，这是因为压杆失稳时的弯曲，总是在抗弯能力弱的平面内发生。

14.2.2 其他约束情况下细长压杆的临界载荷

当压杆的约束情况改变时，压杆的挠曲线微分方程和挠曲线的边界条件也随之改变，因而临界载荷也不相同。用类似的方法，可以求得各种约束情况下细长压杆的临界载荷公式。将它们写成统一形式，即

$$F_{\mathrm{Pcr}}=\frac{\pi^2 EI}{(\mu l)^2} \tag{14-2}$$

式(14-2)称为欧拉公式的一般形式，式中的 μ 是不同约束条件下的**长度因数**，它反映了不同的杆端约束对临界载荷的影响。其值如表 14-1 中所示。

表 14-1　各种约束情形时压杆的长度因数

杆端约束	两端铰支	两端固定	一端固定 一端自由	一端固定 一端铰支
挠曲线形状	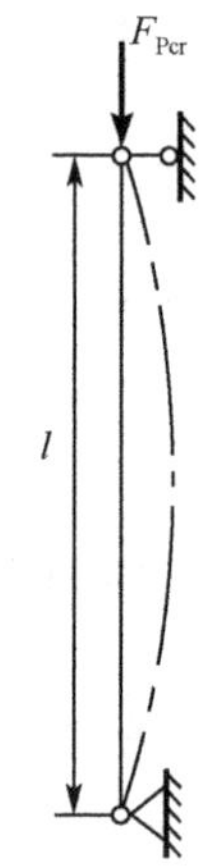 F_{Pcr} l	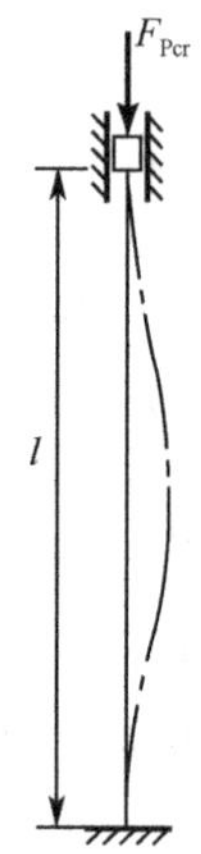 F_{Pcr} l	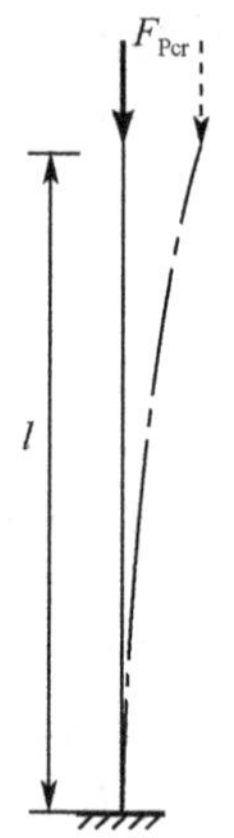 F_{Pcr} l	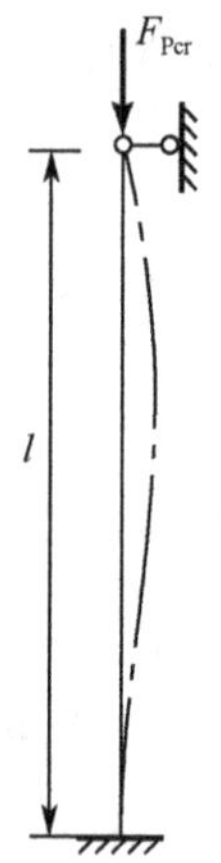 F_{Pcr} l
长度因数 μ	1.0	0.5	2.0	0.7

应当指出，上边所列的杆端约束情况，是典型的理想约束，实际上。工程实际中的杆端约束情况是复杂的，应该根据实际情况作具体分析，看其与哪种理想情况接近，从而定出近乎实际的长度因数 μ，也可按设计手册或规范的规定选取。此外，欧拉公式是从符合胡克定律的挠曲线近似微分方程导出的，所以，上述临界载荷公式，只有在微弯状态下压杆仍处于弹性状态时才是成立的。

14.2.3 柔度的概念

细长压杆在临界载荷作用下，其横截面上的正应力可以用临界载荷 F_{Pcr} 除以压杆的横截面面积求得，称为压杆的**临界应力**，用 σ_{cr} 表示。

$$\sigma_{\mathrm{cr}}=\frac{F_{\mathrm{Pcr}}}{A}=\frac{\dfrac{\pi^2 EI}{(\mu l)^2}}{A}=\frac{\pi^2 EI}{(\mu l)^2 A}$$

上式中的 I 和 A 都是与截面有关的几何量，如将惯性矩表示为 $I=i^2A$，其中 $i=\sqrt{\dfrac{I}{A}}$ 为截面图

形的惯性半径，常用单位是厘米(cm)或毫米(mm)。则临界应力可以表示成：

$$\sigma_{cr}=\frac{\pi^2 E}{\left(\frac{\mu l}{i}\right)^2}=\frac{\pi^2 E}{\lambda^2} \tag{14-3}$$

其中

$$\lambda=\frac{\mu l}{i} \tag{14-4}$$

称为压杆的**柔度**。柔度又称长细比，它是一个无量纲的量，综合反映杆长、约束情况及杆的截面形状和尺寸对临界应力和临界载荷的影响。

前面已经提到欧拉公式只有在弹性范围内才是适用的，这就要求压杆在临界载荷作用下，其横截面上的正应力小于或等于材料的比例极限，即

$$\sigma_{cr}=\frac{\pi^2 E}{\lambda^2}\leqslant\sigma_p$$

由此可知：对于用同种材料制成的压杆，在用欧拉公式确定临界应力时，压杆的柔度 λ 应该不小于某一最低值。若用 λ_p 表示该值，按上式可得

$$\lambda_p=\sqrt{\frac{\pi^2 E}{\sigma_p}} \tag{14-5}$$

表 14-2 中给出了一些材料的 λ_p 值。当压杆的 λ 大于或等于 λ_p 时，压杆的失稳为弹性屈曲，可用欧拉公式计算其临界载荷。这类压杆称为大柔度杆或细长杆。

表 14-2

材料	a/MPa	b/MPa	λ_p	λ_s
A3 钢	304	1.12	100	60
35 钢	460	2.57	100	60
45 钢、55 钢	578	3.74	100	60
铬钼钢	980	5.29	55	—
硬铝	392	3.26	50	—
铸铁	331.9	1.453	—	—
松木	39.2	0.199	59	—

14.3 中、小柔度压杆的临界压力

对于大柔度杆($\lambda\geqslant\lambda_p$)，可由欧拉公式(14-2)或临界应力公式(14-3)计算其临界力。对于柔度 λ 小于 λ_p 的压杆，由于压杆在发生失稳时，横截面上的正应力已经超过材料的比例极限，某些局部区域材料甚至已开始屈服，此类压杆发生的屈曲是应力超过比例极限的屈曲，其临界应力的理论计算比较复杂，工程中大多采用以试验结果为依据的**经验公式**计算其临界应力，最常用的是**直线公式**

$$\sigma_{cr}=a-b\lambda \tag{14-6}$$

其中，a 和 b 是与材料性质有关的常数，单位为 MPa。表 14-2 中也给出了一些常用工程材料的 a 和 b 数值。

柔度很小的短柱，如压缩试验用的金属短柱或水泥块，受压时不会发生屈曲，而是因应力达到屈服极限(塑性材料)或强度极限(脆性材料)而失效，属于强度问题。此类压杆的失效不

是因失稳原因而是因强度原因。因此应用经验公式(14-6)计算临界应力时压杆的柔度应大于某一下限值。对塑性材料,此下限值λ_s可令直线公式(14-6)计算的临界应力等于材料的屈服极限来决定,即令

$$a - b\lambda = \sigma_s$$

从而

$$\lambda_s = \frac{a-\sigma_s}{b} \tag{14-7}$$

这是直线公式的最小柔度。若压杆的柔度介于λ_p和λ_s之间($\lambda_p < \lambda \leqslant \lambda_s$),称为**中柔度杆**或**中长杆**,用经验公式计算其临界应力。

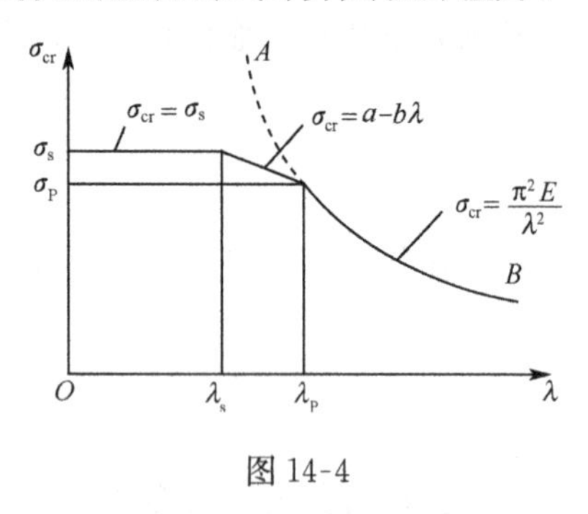

图 14-4

柔度小于λ_s($\lambda < \lambda_s$)的压杆称为**小柔度杆**或**粗短杆**,应按压缩强度计算,故其临界应力取为

$$\sigma_{cr} = \sigma_s \tag{14-8}$$

对脆性材料,只需将以上诸式中的σ_s改为σ_b。

根据三种压杆的临界应力表达式,在σ_{cr}-λ坐标系中可以做出σ_{cr}-λ关系曲线,称为临界应力总图,如图14-4所示。

从图中明显看出,小柔度杆的临界应力与λ无关,大、中柔度压杆的临界应力随压杆的柔度增加而减小,即柔度越大,临界应力越小,压杆越容易失稳。

14.4　压杆稳定性校核

压杆的稳定计算包括压杆截面的选择、确定临界载荷和压杆稳定性的校核。在机械设计中,往往是根据构件的工作需要或其他方面的要求初步确定构件的截面,然后再进行稳定性计算。为了保证压杆具有足够的稳定性,必须使压杆所承受的实际工作载荷小于杆件的临界载荷,并具有一定的安全裕度。因此,压杆的稳定条件为

$$F \leqslant \frac{F_{Pcr}}{[n]_{st}} \tag{14-9}$$

或采用安全因数法,一般表示为

$$n_{st} = \frac{F_{Pcr}}{F} \geqslant [n]_{st} \tag{14-10}$$

其中,F为压杆的工作载荷;n_{st}为工作安全因数;$[n]_{st}$为规定的安全因数。

考虑到压杆不可能是理想直杆,而是具有一定的初始缺陷(如初曲率),压缩载荷也可能有一定的偏心度等不利影响的杆件,所以,规定的稳定安全因数一般都略高于强度安全因数。对于钢材,在静载作用下的稳定安全因数$[n]_{st}$一般取1.8～3.0;对于铸铁,取5.0～5.5;对于木材,取2.8～3.2。

还应指出,在稳定计算中,无论是欧拉公式还是经验公式,都是以杆的整体变形为基础的,压杆局部截面被削弱(如螺钉孔等)对杆件的整体变形影响很小,所以在临界载荷的计算中不予考虑,但对于这类压杆,必要时还应对削弱了的横截面进行强度校核。

例 14-1　两端铰支压杆长3m,由Q235钢管制成,外径D=76mm,内径d=64mm。材料的弹性模量E=200GPa。求该杆的临界应力和临界力。

解 为了判断应该按哪个公式计算临界应力和临界力，应先计算杆的柔度 λ。此杆两端铰支，$\mu=1.0$。其惯性半径为

$$i=\sqrt{\frac{I}{A}}=\sqrt{\frac{\frac{\pi}{64}(D^4-d^4)}{\frac{\pi}{4}(D^2-d^2)}}=\frac{1}{4}\sqrt{D^2+d^2}$$

将 $D=76\text{mm}$，$d=64\text{mm}$ 代入计算得 $i=24.8\text{mm}=24.8\times10^{-3}\text{m}$。故

$$\lambda=\frac{\mu l}{i}=\frac{1.0\times3}{24.8\times10^{-3}}=121$$

从表 14-2 中查得 A3 钢的 λ_p 值为 100，由于 $\lambda=121>\lambda_p$，所以为大柔度压杆，应由欧拉公式计算临界应力和临界力。于是

$$\sigma_{cr}=\frac{\pi^2E}{\lambda^2}=\frac{\pi^2\times200\times10^9}{121^2}=134.8\times10^6(\text{Pa})=134.8(\text{MPa})$$

$$F_{Pcr}=\sigma_{cr}A=134.8\times10^6\times\frac{\pi}{4}(76^2-64^2)\times10^{-6}=177.9\times10^3(\text{N})=177.9(\text{kN})$$

例 14-2 一截面为 12cm×20cm 的矩形木柱，长 $l=4\text{m}$，其支撑情况是：在 xy 平面内弯曲时为两端铰支(图 14-5(a))；在 xz 平面内弯曲时为两端固定(图 14-5(b))，木柱为松木，弹性模量 $E=10\text{GPa}$，$\lambda_p=59$。试求木柱的临界力和临界应力。

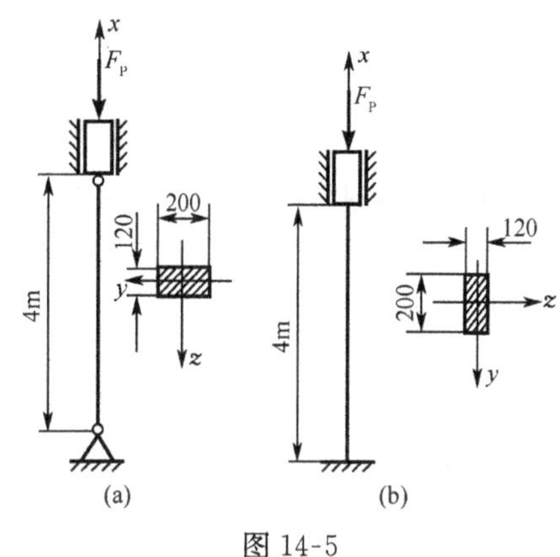

图 14-5

解 由于 xy 与 xz 平面内的支承情况和弯曲刚度不同，故有不同的临界力，而实际发生失稳是在临界力最小的平面内，也就是柔度 λ 最大的平面内。

记该杆在 xy 平面内的柔度为 λ_z，在 xy 平面内的柔度为 λ_y。计算杆在 xy 平面内的柔度：

$$I_z=\frac{12\times20^3}{12}=8000(\text{cm}^4)$$

$$i_z=\sqrt{\frac{i_z}{A}}=\sqrt{\frac{8000}{12\times20}}=5.77(\text{cm}^4)$$

两端铰支时 $\mu=1.0$，$\lambda_z=\frac{\mu l}{i_z}=\frac{1\times400}{5.77}=69.3$

计算杆在 xz 平面内的柔度：

$$I_y=\frac{20\times12^3}{12}=2880(\text{cm}^4),\qquad i_y=\sqrt{\frac{I_y}{A}}=\sqrt{\frac{2880}{12\times20}}=3.46(\text{cm})$$

两端固定时 $\mu=0.5$，$\lambda_y=\frac{\mu l}{i_y}=\frac{0.5\times400}{3.46}=57.8$

由于 $\lambda_z>\lambda_y$，故知该杆实际失稳发生在 xy 平面内。取

$$\lambda=\max(\lambda_y,\lambda_z)=69.3$$

因 $\lambda>\lambda_p=59$，故为大柔度杆，用欧拉公式计算其临界应力和临界力

$$\sigma_{cr}=\frac{\pi^2E}{\lambda^2}=\frac{\pi^2\times10\times10^9}{69.3^2}=20.55\times10^6(\text{Pa})=20.55(\text{MPa})$$

$$F_{Pcr}=\sigma_{cr}A=20.55\times12\times20\times10^2=493.5\times10^3(\text{N})=493.5(\text{kN})$$

例 14-3　压缩机的活塞杆受活塞传来轴向压力 $F=100\text{kN}$ 的作用，活塞杆的长度 $l=1000\text{mm}$，直径 $d=50\text{mm}$，材料为 35 钢，$\sigma_S=350\text{MPa}$，$\sigma_P=280\text{MPa}$，$E=210\text{GPa}$，$a=460\text{MPa}$，$b=2.57\text{MPa}$，规定压缩机活塞杆安全因数 $[n]_{st}=4$，试进行稳定性校核。

解　活塞杆可看成两端铰支的压杆，$\mu=1.0$。活塞杆的截面为圆截面，惯性半径

$$i=\sqrt{\frac{I}{A}}=\frac{d}{4}$$

其柔度为

$$\lambda=\frac{\mu l}{i}=\frac{\mu l}{\frac{d}{4}}=\frac{1.0\times1000}{\frac{50}{4}}=80$$

可求出

$$\lambda_P=\sqrt{\frac{\pi^2E}{\sigma_P}}=\sqrt{\frac{\pi^2\times210\times10^3}{280}}=86$$

由于 $\lambda<\lambda_P$，不能用欧拉公式计算临界应力。考虑到活塞杆的工作应力为

$$\sigma=\frac{F}{\frac{\pi d^2}{4}}=\frac{100\times10^3}{\frac{\pi\times50^2}{4}\times10^{-6}}=50.9(\text{MPa})<\sigma_s$$

工作应力低于屈服极限 $\sigma_s=350\text{MPa}$，因而可采用经验公式计算临界应力：

$$\sigma_{cr}=a-b\lambda=460-2.57\times80=254.4(\text{MPa})$$

活塞杆的工作安全因数是

$$n_{nst}=\frac{\sigma_{cr}}{\sigma}=\frac{254.4}{50.9}=5>[n]_{st}$$

活塞杆满足稳定性要求。

例 14-4　如图 14-6 所示结构，AC 和 CB 均为钢杆，直径 $d=50\text{mm}$，材料的弹性模量 $E=210\text{GPa}$，比例极限 $\sigma_P=240\text{MPa}$，$[\sigma]=200\text{MPa}$，稳定安全因数 $n_{st}=8$。求许可载荷 F_P。

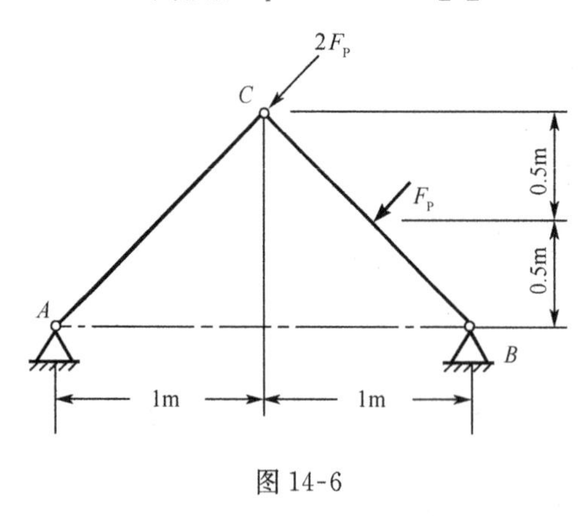

图 14-6

解　给定的结构中共有两个构件，杆 AC 承受压缩载荷，属于稳定问题。杆 BC 在载荷作用下发生弯曲变形，属于强度问题。由结构可以看出 AC、BC 杆的长度相等，用 l 表示。

取 BC 为研究对象，由静力平衡方程 $\sum M_B=0$，可以求得 AC 杆所受的压力为

$$F_{AC}=2.5F_P$$

因为是圆截面杆，故惯性半径

$$i=\sqrt{\frac{I}{A}}=\frac{d}{4}=\frac{50}{4}=12.5(\text{mm})$$

杆两端为球铰约束，

$$\mu=1.0,\qquad\lambda=\frac{\mu l}{i}=\frac{1.0\times\sqrt{2}}{12.5\times10^{-3}}=113$$

而
$$\lambda_P=\sqrt{\frac{\pi^2 E}{\sigma_P}}=\sqrt{\frac{\pi^2\times 210\times 10^9}{240\times 10^6}}=92.9$$

$\lambda>\lambda_P$ 表明压杆 AC 是大柔度杆，用欧拉公式计算临界力：

$$F_{AC,cr}=\frac{\pi^2 EI}{(\mu l)^2}=\frac{\pi^2\times 210\times 10^9\times\dfrac{\pi}{64}\times 50^4\times 10^{-12}}{(1.0\times\sqrt{2})^2}=318\times 10^3(\mathrm{N})=318(\mathrm{kN})$$

由 AC 杆得结构的许可载荷：

$$F_{AC}=2.5F_P=\frac{F_{AC,cr}}{n_{st}}=\frac{318}{8}\mathrm{kN},\qquad [F_P]=15.9\mathrm{kN}$$

杆 BC 杆发生弯曲变形，经分析可知：BC 杆最大弯矩在杆的中点，由强度条件

$$M_{max}=\frac{F_P l}{4}\leqslant[\sigma]W_z$$

即

$$[F_P]=\frac{4[\sigma]W_z}{l}=\frac{4\times 200\times 10^6\times\dfrac{\pi\times 50^3\times 10^{-9}}{32}}{\sqrt{2}}=6.94\times 10^3=6.94(\mathrm{kN})$$

由此可以得出：结构的许可载荷 6.94kN。

14.5　提高压杆稳定性的措施

欲提高压杆的稳定性，关键在于提高压杆的临界载荷和临界应力。由以上各节的讨论可知，影响压杆稳定的因素有：压杆的截面形状、长度、约束条件和材料性质等。因此，可根据这些因素，采取适当的措施来提高压杆的稳定性。

14.5.1　尽量减小压杆杆长

对于细长杆，其临界载荷与杆长平方成反比。因此，减小杆长可以显著提高压杆的承载能力，在某些情况下，可以通过改变结构或增加支座达到减小杆长、提高压杆承载能力的目的。例如，厂矿中架空管道的支柱(图 14-7)，每根支柱都受到轴向压力。如在两根支柱间加上横向和斜向支撑，这就好比在每个支柱的中间增加了支座，减小了压杆的长度，从而提高了支柱的稳定性。

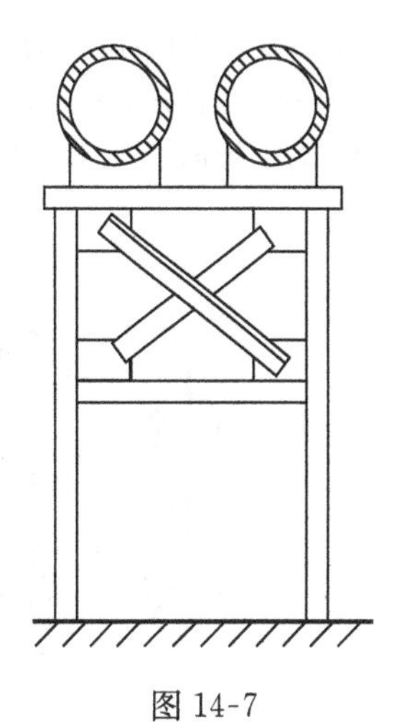

图 14-7

14.5.2　改善约束条件

支撑的刚性越大，压杆的长度系数越低，临界载荷越大。例如，将两端铰支的细长压杆变为两端固定约束的情形，临界载荷将成倍增加。

14.5.3　选择合理的截面形状

当压杆的材料和计算长度 μl 一定时，压杆的临界应力是随杆截面惯性半径的增加而提高的。所以，压杆截面形状的选择应以不增加横截面积，提高横截面惯性矩，从而提高截面惯性

半径为原则。为此，应尽量使截面材料远离截面的中性轴，如用空心圆管以及用角钢、槽钢等型钢和它们组合成的组合柱做压杆，就要比用实体截面有利。

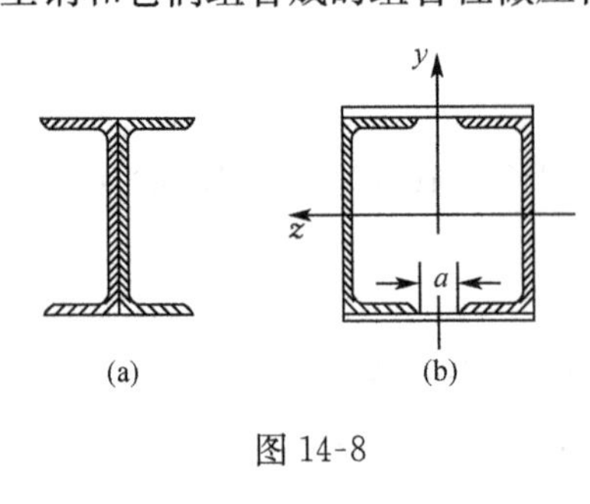

图 14-8

还应当指出，压杆总在柔度最大的平面内失稳。如果只降低压杆某个平面内的柔度，并不能提高压杆的承载能力，合理的选择是尽量使压杆在各个纵向平面内的柔度相等，使压杆在各纵向平面内具有相同的稳定性，从而提高压杆的承载能力。如对一定的横截面面积，在杆端各方向约束相同的情况下，正方形截面就比矩形截面好。由两槽钢组合的压杆，采用图 14-8(b)所示的组合形式，其稳定性要比图 14-8(a)形式的好。

14.5.4　合理地选用材料

合理地选用材料，对提高压杆稳定性也能起到一定的作用。

对于大柔度杆，由欧拉公式可知，材料的弹性模量 E 愈大，压杆的临界力就愈高。故选用弹性模量较大的材料可以提高压杆的稳定性。但需注意，由于一般钢材的弹性模量大致相同，且临界力与材料的强度指标无关，因此选用优质高强度钢并不能起到提高细长压杆（大柔度杆）稳定性的作用。

对于中柔度杆，由表 14-2 可知，采用强度高的优质钢，系数 a 显著增大，按经验公式，压杆的临界应力也相应提高，故其稳定性好。至于柔度很小的短杆，本来就是强度问题，优质钢材的强度高，其优越性自然是明显的。

习　题

14-1 两端铰支、上端铰支和下端固定以及两端固定的压杆分别如题 14-1 图(a)、(b)、(c)所示。杆的横截面均为圆形，直径为 d，材料均为 Q235(A3)钢。试判断哪一种情况的临界力最大。若 $d=16\text{cm}$，$E=210\text{GPa}$，试求最大的临界力。

14-2　压杆的材料为 Q235(A3)钢，$E=210\text{GPa}$，在正视图题 14-2 图(a)的平面内，两端为铰支，在俯视图题 14-2 图(b)的平面内，两端认为固定。试求此杆的临界力。

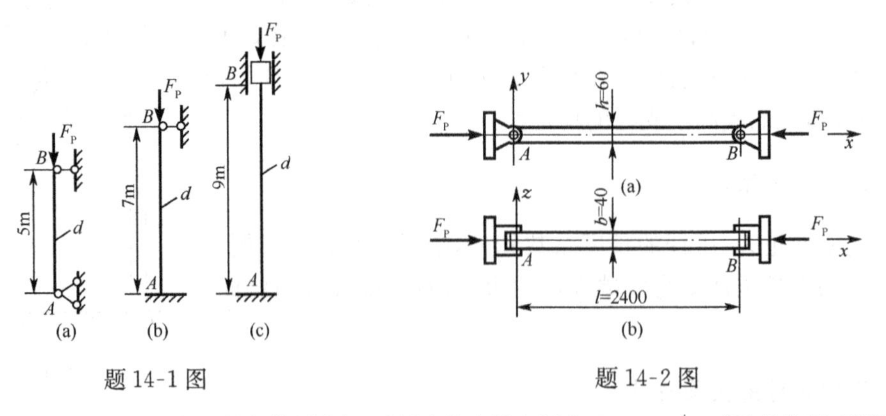

题 14-1 图　　　　题 14-2 图

14-3　如题 14-3 图所示，压缩机的活塞杆，受活塞传来轴向压力 $F_P=100\times10^3\,\text{N}$ 的作用，活塞杆的长度 $l=1000\text{mm}$，直径 $d=50\text{mm}$。材料为 45 号钢，其屈服极限 $\sigma_s=320\times10^6\,\text{Pa}$，规定压缩机活塞杆稳定安全系数 $[n]_{st}$ 为 4，试进行稳定校核。

14-4 一铰接结构如题 14-4 图所示。两根细长杆 AB 和 BC 的横截面与材料均相同。若此结构由于杆在 ABC 平面内失稳而丧失承载能力，试确定载荷 F_P 为最大时的 θ 角。$\left(0°<\theta<\frac{\pi}{2}\right)$

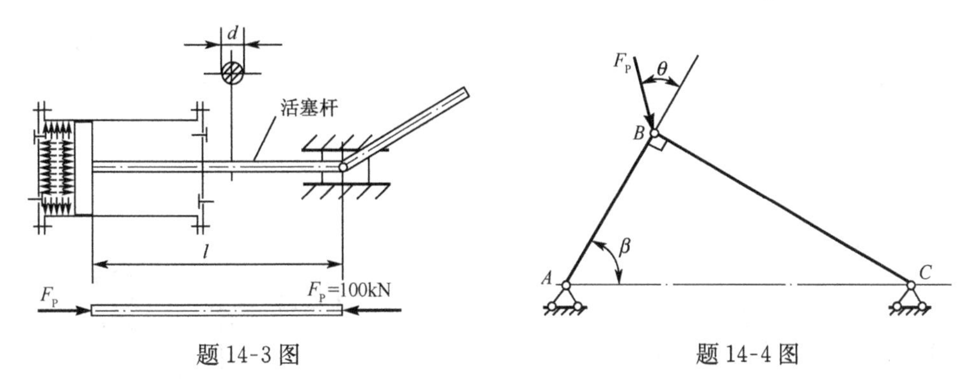

题 14-3 图　　题 14-4 图

14-5 已知如题 14-5 图所示的千斤顶丝杠的最大承载量 $F_P=150\times10^3$ N，内径 $d_1=52$mm，长度 $l=500$mm，材料为 Q235 钢，试计算此丝杠的工作安全系数。（提示：可认为丝杠的下端固定，而上端是自由的）

14-6 如题 14-6 图所示，立柱由两根 10 号槽钢组成，立柱上端为球铰，下端固定，柱长 $l=6$m，问两槽钢距离 a 值取多少时，立柱的临界力最大？其值是多少？已知材料的弹性模量 $E=200$GPa，比例极限 $\sigma_P=200$MPa。

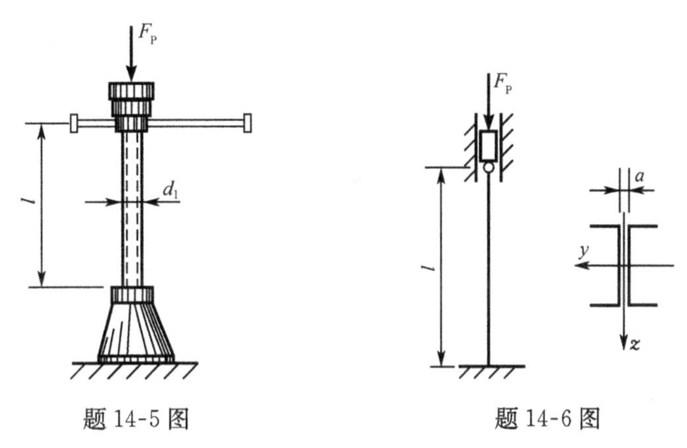

题 14-5 图　　题 14-6 图

14-7 如题 14-7 图所示，结构 AB 为圆截面直杆，直径 $d=80$mm，A 端固定，B 端与 BC 直杆球铰连接。BC 杆为正方形截面，边长 $a=70$mm，C 端也是球铰。两杆材料相同，弹性模量 $E=200$GPa，比例极限 $\sigma_P=200$MPa，长度 $l=3$m，求该结构的临界力。

14-8 如题 14-8 图所示，托架中杆 AB 的直径 $d=4$cm，长度 $l=80$cm，两端可视为铰支，材料是 Q235 钢。①试按杆 AB 的稳定条件求托架的临界力 E_P；②若已知实际载荷 $F_P=70$kN，稳定安全因数$[n]_{st}=2$，问此托架是否安全？

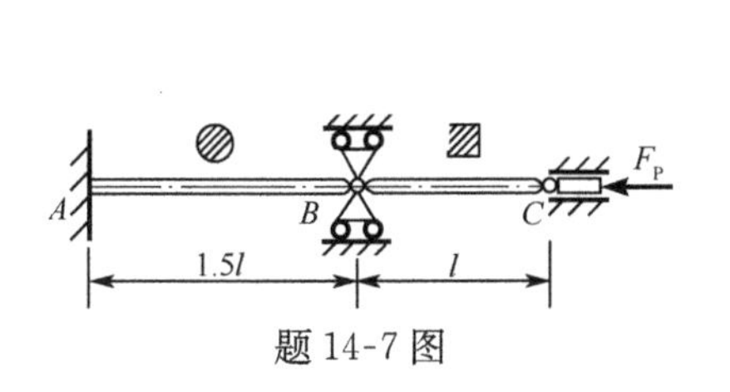

题 14-7 图

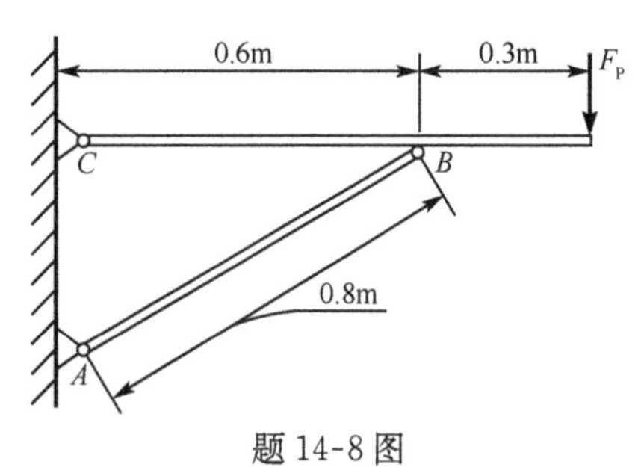

题 14-8 图

14-9　悬臂回转吊车如题 14-9 图所示，斜杆 AB 由钢管制成，在 B 点铰支；钢管的外径 $D=100\text{mm}$，内径 $d=86\text{mm}$，杆长 $l=3\text{m}$；材料为 Q235 钢，$E=200\text{GPa}$，起重量 $Q=20\text{kN}$，稳定安全因数 $[n]_{st}=2.5$。试校核斜杆的稳定性。

14-10　如题 14-10 图所示结构，AD 为铸铁圆杆，直径 $d_1=6\text{cm}$，弹性模量 $E=91\text{GPa}$，许用压应力 $[\sigma]=120\text{MPa}$，规定稳定安全因数 $[n]_{st}=5.5$。横梁 EB 为 18 号工字钢，BC、BD 为直径 $d=1\text{cm}$ 的直杆，材料均为 Q235 钢，许用应力 $[\sigma]=160\text{MPa}$，各杆间的连接均为铰接。求该结构的许用载荷 $[q]=$？

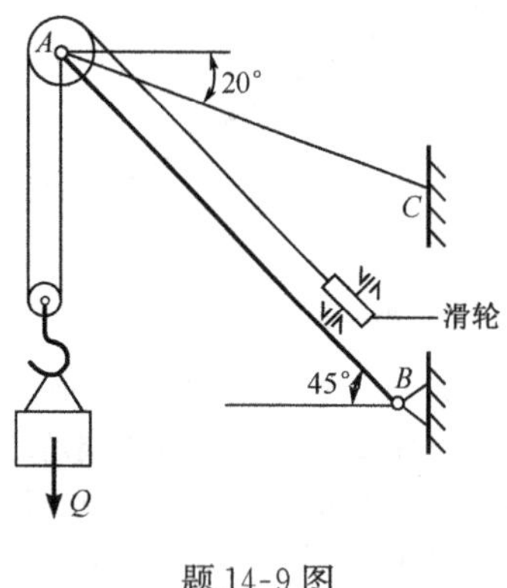

题 14-9 图

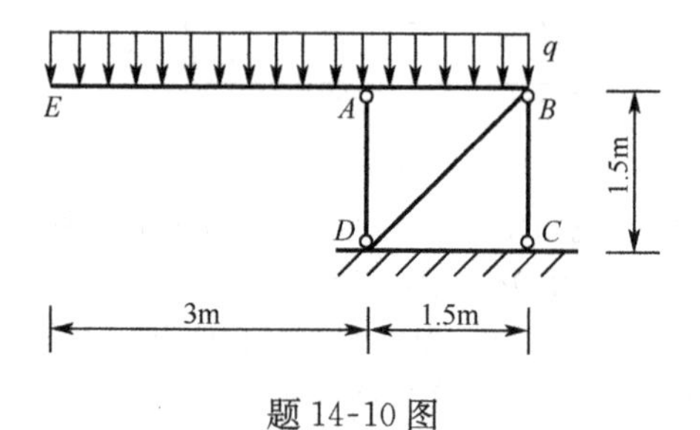

题 14-10 图

第三篇　运动学与动力学

本篇研究物体运动的几何性质以及运动状态的变化与作用力之间的关系。在本篇中,物体的抽象模型是质点和刚体。质点具有一定的质量和空间位置,但可不计其大小和形状。刚体除有一定的质量外,具有不变的形状大小,因而占有空间位置和方位。本篇首先研究质点的运动学和动力学问题,在此基础上研究解决刚体和刚体系统的运动学和动力学问题。

第 15 章　质点的运动学与动力学

世界上所有的物质无不处于变化、运动之中，一切静止和平衡都是暂时的、相对的。运动是物质存在的形式，是物质本身固有的属性。

在研究物体的运动时，必须选取另一物体作为参考体来描述。通常在参考体上固连一个坐标系，以利于运动的分析，这个坐标系称为**参考坐标系**或**参考系**。如果物体在参考系中的位置不随时间变化，就说明物体相对这个参考系处于静止状态。反之，若物体在参考系中的位置随时间而变化，就说明物体相对这个参考系是处于运动状态。物体在空间运动的情况将随着参考系的不同而有不同的描述。例如，固连于运动车厢上的物体，由静坐在车厢中的乘客看来是静止的；但由站在地面上的人观察，物体却是随着车厢一起运动；又如当该物体在车厢中下落时，由静坐在车厢里的乘客看来，它作直线下落运动，但由站在地面上的人观察，它却做曲线下落运动。

在运动学中，参考系可以任意选取，但对一般工程问题，如果不特别说明，习惯上总把参考系固连在地球上。

在工程力学中，采用国际单位制(SI)，其基本单位有：长度单位米(m)，时间单位秒(s)，质量单位千克(kg)。

15.1　质点运动的描述

描述运动质点位置的方法，常用的有矢径法、直角坐标法和自然坐标法。

15.1.1　矢径法

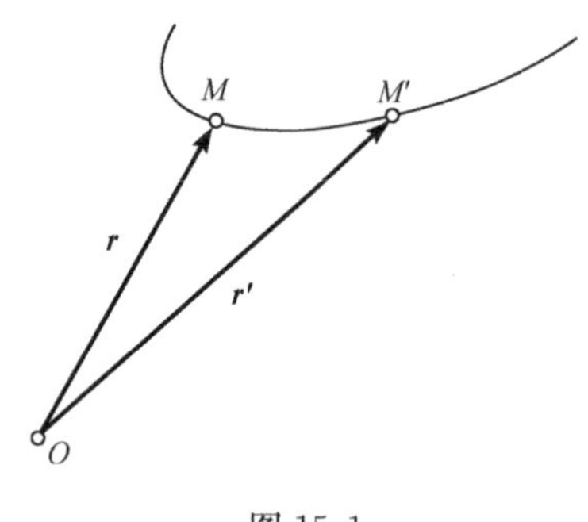

图 15-1

动点 M 在给定参考系中任一瞬时的位置可由矢径 $\boldsymbol{r}=\overrightarrow{OM}$来表示，点 O 为固定的参考点，如图 15-1 所示。当动点运动时，矢径的大小和方向随时间而变化，即

$$\boldsymbol{r}=\boldsymbol{r}(t) \tag{15-1}$$

是时间 t 的单值连续的矢量函数。式(15-1)称为动点 M 的矢量形式的运动方程，它蕴含着动点的全部运动学信息：动点的速度等于它的矢径对时间的一阶导数；而加速度是其速度对时间的一阶导数，即矢径对时间的二阶导数。矢径 $\boldsymbol{r}$ 的端点描绘出来的曲线称为矢端曲线，也就是**动点的轨迹**。

矢径法的优点是表达简明，在理论推导和论证时尤为方便。

15.1.2　直角坐标法

通过固定点 O 建立一直角坐标系 $Oxyz$，$\boldsymbol{i}$、$\boldsymbol{j}$、$\boldsymbol{k}$ 分别为 x、y、z 轴的单位矢量，如图 15-2 所

示。设动点 M 的坐标(x,y,z)，则有

$$\boldsymbol{r}=x\boldsymbol{i}+y\boldsymbol{j}+z\boldsymbol{k} \tag{15-2}$$

坐标(x,y,z)是时间 t 的单值连续函数，即

$$\left.\begin{aligned}x&=x(t)\\y&=y(t)\\z&=z(t)\end{aligned}\right\} \tag{15-3}$$

式(15-3)是动点 M 在直角坐标系中的运动方程。消去参数 t，可得到动点 M 的轨迹方程。

15.1.3　自然坐标法

当动点 M 的运动轨迹已知时，采用自然坐标法较为方便。首先在轨迹上任取一点 O_1 为参考点，并规定轨迹的正负向，如图 15-3 所示，则动点 M 的位置可用弧坐标 s 表示，当动点 M 在 O_1 点正的一边时，取“+”；反之则取“−”值。弧坐标 s 亦是时间 t 的单值连续函数，即

$$s=s(t) \tag{15-4}$$

式(15-4)称为动点 M 沿已知轨迹的运动方程，或称为动点 M 在自然法中的运动方程。

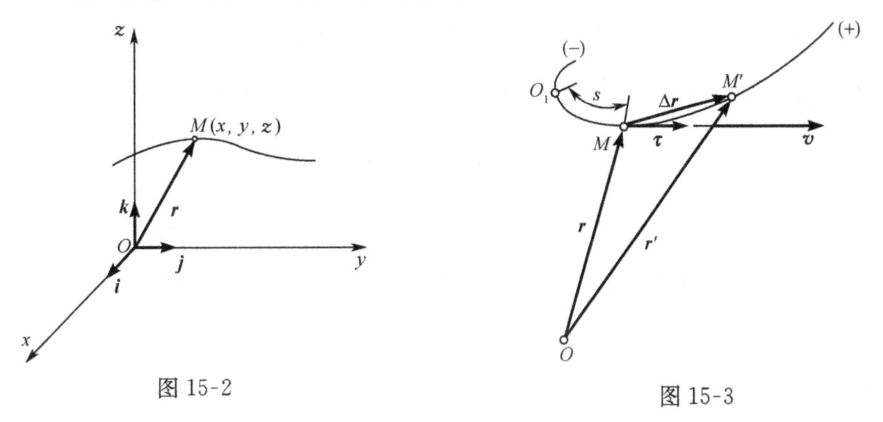

图 15-2　　图 15-3

综上所述，点的运动完全由运动方程所确定。但是运动方程不能直接反映运动的变化规律，需要引入速度和加速度。

15.2　直角坐标法求点的速度、加速度

动点在直角坐标系下的运动方程为

$$x=x(t),\qquad y=y(t),\qquad z=z(t)$$

也可表示为

$$\boldsymbol{r}=x\boldsymbol{i}+y\boldsymbol{j}+z\boldsymbol{k}$$

上式对时间求一阶导数，注意到 $\boldsymbol{i}$、$\boldsymbol{j}$、$\boldsymbol{k}$ 是不变的单位矢量，可得到速度的表达式，即

$$\boldsymbol{v}=\frac{\mathrm{d}\boldsymbol{r}}{\mathrm{d}t}=\frac{\mathrm{d}}{\mathrm{d}t}(x\boldsymbol{i}+y\boldsymbol{j}+z\boldsymbol{k})=\dot{x}\boldsymbol{i}+\dot{y}\boldsymbol{j}+\dot{z}\boldsymbol{k} \tag{15-5}$$

上式表明：动点的速度在直角坐标轴上的投影等于动点的对应坐标对时间的一阶导数，即

$$v_x=\dot{x},\qquad v_y=\dot{y},\qquad v_z=\dot{z} \tag{15-6}$$

由 v_x、v_y、v_z 就可完全确定速度的大小和方向。速度的量纲为$[\mathrm{LT}^{-1}]$，国际单位制中以 m/s 为单位。

式(15-5)对时间再求一次导数,可得

$$\boldsymbol{a}=\frac{\mathrm{d}}{\mathrm{d}t}(\dot{x}\boldsymbol{i}+\dot{y}\boldsymbol{j}+\dot{z}\boldsymbol{k})=\ddot{x}\boldsymbol{i}+\ddot{y}\boldsymbol{j}+\ddot{z}\boldsymbol{k} \tag{15-7}$$

因此,动点的加速度在直角坐标轴上的投影等于动点的速度投影对时间的一阶导数,或对应坐标对时间的二阶导数,即

$$\left.\begin{aligned}a_x&=\dot{v}_x=\ddot{x}\\a_y&=\dot{v}_y=\ddot{y}\\a_z&=\dot{v}_z=\ddot{z}\end{aligned}\right\} \tag{15-8}$$

由 a_x、a_y、a_z 就可完全确定加速度的大小和方向。加速度的量纲为$[\mathrm{LT}^{-2}]$,国际单位制中以 $\mathrm{m/s^2}$ 为单位。

15.3　自然坐标法求点的速度、加速度

M 点运动时,其弧坐标随时间而变化,即

$$s=s(t)$$

如图 15-3 所示,设在时间间隔 Δt 内,点由位置 M 运动到位置 M',弧坐标的增量为 $\Delta s=\widehat{MM'}$,矢径的增量则为 $\Delta\boldsymbol{r}=\overrightarrow{MM'}$。当 $\Delta t\to0$ 时,有 $\Delta s\to0$,则动点的速度为

$$\boldsymbol{v}=\lim_{\Delta t\to0}\frac{\Delta\boldsymbol{r}}{\Delta t}=\lim_{\Delta t\to0}\left(\frac{\Delta s}{\Delta t}\right)\cdot\lim_{\Delta s\to0}\left(\frac{\Delta\boldsymbol{r}}{\Delta s}\right)=\frac{\mathrm{d}s}{\mathrm{d}t}\cdot\lim_{\Delta s\to0}\left(\frac{\Delta\boldsymbol{r}}{\Delta s}\right)$$

当 $\Delta t\to0$,$\Delta s\to0$(M'点趋近于 M 点)时,$\lim\limits_{\Delta s\to0}\left|\frac{\Delta\boldsymbol{r}}{\Delta s}\right|=1$,而 $\Delta\boldsymbol{r}$ 的方向(即割线 MM' 的方向)则趋近于轨迹在 M 点的切线方向。若记切线方向的单位矢量为 $\boldsymbol{\tau}$,则有

$$\lim_{\Delta s\to0}\left|\frac{\Delta\boldsymbol{r}}{\Delta s}\right|=\boldsymbol{\tau} \tag{15-9}$$

指向弧坐标 s 的正向,于是

$$\boldsymbol{v}=v\boldsymbol{\tau}=\frac{\mathrm{d}x}{\mathrm{d}t}\boldsymbol{\tau} \tag{15-10}$$

上式表明:动点速度的大小等于弧坐标 s 对时间 t 的一阶导数,方向沿轨迹在该点的切线方向上,$\frac{\mathrm{d}s}{\mathrm{d}t}$为正值时,表示动点沿轨迹的正向运动;若为负值,表示动点沿轨迹的负向运动。

动点的加速度是速度对时间的一阶导数,即

$$\begin{aligned}\boldsymbol{a}&=\frac{\mathrm{d}\boldsymbol{v}}{\mathrm{d}t}=\frac{\mathrm{d}}{\mathrm{d}t}(v\boldsymbol{\tau})\\&=\frac{\mathrm{d}v}{\mathrm{d}t}\boldsymbol{\tau}+v\frac{\mathrm{d}\boldsymbol{\tau}}{\mathrm{d}t}\end{aligned} \tag{15-11}$$

可见,速度矢 $\boldsymbol{v}$ 的变化率包括它在切线方向的投影(代数值 v)的变化率和方向($\boldsymbol{\tau}$)的变化率两个部分。

若动点轨迹是平面曲线,在瞬时 t,M 点的切向单位矢为 $\boldsymbol{\tau}$,经过时间间隔 Δt,动点运动到 M'点,该点的切向单位矢 $\boldsymbol{\tau}'$,如图 15-4(a)所示,切线方向转动了 $\Delta\varphi$ 角。

在式(15-11)中

$$\frac{\mathrm{d}\boldsymbol{\tau}}{\mathrm{d}t}=\lim_{\Delta t\to0}\frac{\Delta\boldsymbol{\tau}}{\Delta t}=\lim_{\Delta t\to0}\frac{\boldsymbol{\tau}'-\boldsymbol{\tau}}{\Delta t}$$

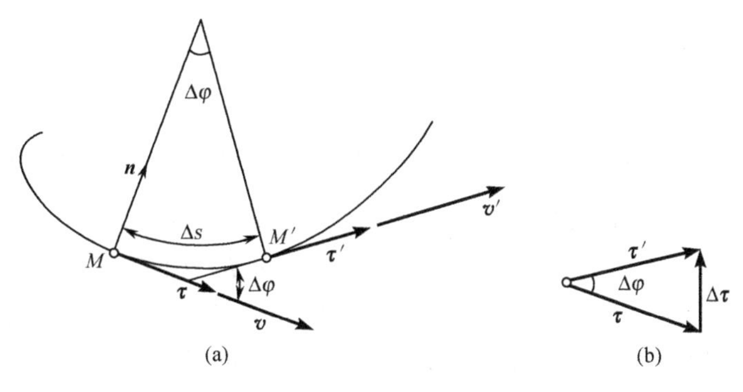

图 15-4

由图 15-4(b)可知

$$|\Delta\boldsymbol{\tau}| = 2|\boldsymbol{\tau}|\sin\frac{\Delta\varphi}{2} = 2\sin\frac{\Delta\varphi}{2}$$

于是$\dfrac{\mathrm{d}\boldsymbol{\tau}}{\mathrm{d}t}$的大小为

$$\left|\frac{\mathrm{d}\boldsymbol{\tau}}{\mathrm{d}t}\right| = \lim_{\Delta t\to 0}\frac{2\sin\dfrac{\Delta\varphi}{2}}{\Delta t} = \lim_{\Delta t\to 0}\left(\frac{\Delta s}{\Delta t}\cdot\frac{\Delta\varphi}{\Delta s}\cdot\frac{\sin\dfrac{\Delta\varphi}{2}}{\dfrac{\Delta\varphi}{2}}\right)$$

$$= \lim_{\Delta t\to 0}\left|\frac{\Delta s}{\Delta t}\right|\cdot\lim_{\Delta s\to 0}\left|\frac{\Delta\varphi}{\Delta s}\right|\cdot\lim_{\Delta\varphi\to 0}\left|\frac{\sin\dfrac{\Delta\varphi}{2}}{\dfrac{\Delta\varphi}{2}}\right|$$

$$= |\boldsymbol{v}|\cdot\frac{1}{\rho}\cdot 1 = \frac{|\boldsymbol{v}|}{\rho}$$

其中，$\dfrac{1}{\rho}=\lim\limits_{\Delta s\to 0}\left|\dfrac{\Delta\varphi}{\Delta s}\right|$为轨迹在$M$点的曲率，$\rho$为曲率半径。又当$\Delta t\to 0$时，$\Delta\varphi\to 0$，$\Delta\boldsymbol{\tau}$与$\boldsymbol{\tau}$的夹角趋近于直角，即$\Delta\boldsymbol{\tau}$趋近于轨迹在$M$点的法线方向，指向曲率中心。法线方向的单位矢记为$\boldsymbol{n}$，指向曲率中心，则有

$$\frac{\mathrm{d}\boldsymbol{\tau}}{\mathrm{d}t} = \frac{v}{\rho}\boldsymbol{n} \tag{15-12}$$

于是

$$\boldsymbol{a} = \frac{\mathrm{d}v}{\mathrm{d}t}\boldsymbol{\tau} + \frac{v^2}{\rho}\boldsymbol{n} \tag{15-13}$$

式(15-13)第一项称为**切向加速度**，它反映速度大小的变化率；第二项称为**法向加速度**，它反映速度方向的变化率，可分别记作

$$a_\tau = \frac{\mathrm{d}v}{\mathrm{d}t},\qquad a_\mathrm{n} = \frac{v^2}{\rho} \tag{15-14}$$

切向加速度$\boldsymbol{a}_\tau$的指向是否与切向单位矢$\boldsymbol{\tau}$相同，需视$\dfrac{\mathrm{d}v}{\mathrm{d}t}$的正负而定。但法加速度$\boldsymbol{a}_\mathrm{n}$则总指向曲率中心$C$，如图 15-5 所示。由加速度$\boldsymbol{a}$的两个正交分量$\boldsymbol{a}_\tau$、$\boldsymbol{a}_\mathrm{n}$即可求出$\boldsymbol{a}$的大小和方向。

当点作直线运动时，其法向加速度$\boldsymbol{a}_\mathrm{n}$恒等于零$\left(\dfrac{1}{\rho}=0\right)$。

当点作匀速曲线运动时，其切向加速度 $\boldsymbol{a}_\tau$ 为零；此时若 ρ 为常量，$\boldsymbol{a}=\boldsymbol{a}_\mathrm{n}=\dfrac{v^2}{\rho}\boldsymbol{n}$，点做匀速圆周运动。

若动点运动轨迹是空间曲线时，上述推论同样成立，只需注意到 $\dfrac{\Delta\tau}{\Delta t}$ 极限位置位于轨迹在 M 点的密切面内。通过 M 点可作出相互垂直的三条直线：切线、主法线（位于密切面内）和副法线（垂直于密切面）。沿这三个方向的单位矢记作：$\boldsymbol{\tau}$、$\boldsymbol{n}$、$\boldsymbol{b}$。如图 15-6 所示，$\boldsymbol{\tau}$ 指向弧坐标的正向，$\boldsymbol{n}$ 指向曲率中心，而 $\boldsymbol{b}=\boldsymbol{\tau}\times\boldsymbol{n}$。上述已规定正向的三根相互正交的轴线构成了**自然轴系**。于是上面的公式和结论都能成立，且加速度在副法线方向的投影恒为零。

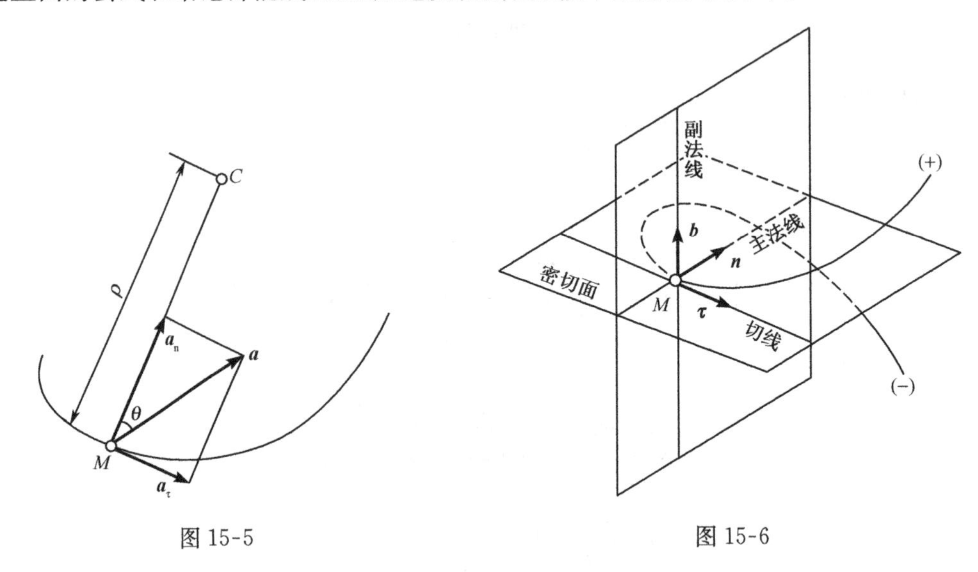

图 15-5　　　　图 15-6

例 15-1　半径为 r 的轮子沿直线轨道无滑动滚动（纯滚动），设轮子转角 $\varphi=\omega t$（ω 为常量），如图 15-7 所示。用直角坐标和弧坐标表示轮缘上任一点 M 的运动方程，并求该点的速度、加速度。

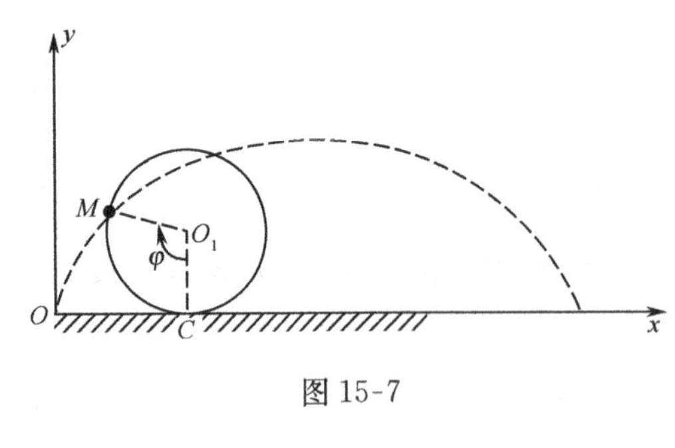

图 15-7

解　1）取点 M 与直线轨道的接触点 O 为原点，直线轨道为 x 轴，建立直角坐标系 Oxy。当轮子转过 φ 角时，轮子与直线轨道的接触点位于点 C。因为是纯滚动，有

$$\overline{OC}=\widehat{MC}=r\varphi=r\omega t$$

则，用直角坐标表示的 M 点的运动方程为

$$\begin{cases}x=OC-O_1M\sin\varphi=r(\omega t-\sin\omega t)\\ y=O_1C-O_1M\cos\varphi=r(1-\cos\omega t)\end{cases}\tag{1}$$

运动方程式(1)实际上也是 M 点运动轨迹的参数方程（以 t 为参变量）。这是一个摆线（旋轮线）方程，M 点的运动轨迹是摆线，如图 15-7 所示。

上式(1)对时间求导，即得 M 点的速度在直角坐标轴上的投影，即

$$\begin{cases}v_x=\dot{x}=r\omega(1-\cos\omega t)\\ v_y=\dot{y}=r\omega\sin\omega t\end{cases}\tag{2}$$

M 点的速度为

$$v=\sqrt{v_x^2+v_y^2}=r\omega\sqrt{2-2\cos\omega t}=2r\omega\sin\frac{\omega t}{2},\qquad (0\leqslant\omega t\leqslant 2\pi)\tag{3}$$

式(2)对时间求导，即得 M 点的加速度在直角坐标轴上的投影

$$\begin{cases}a_x=\ddot{x}r\omega^2\sin\omega t\\ a_y=\ddot{y}=r\omega^2\cos\omega t\end{cases}\tag{4}$$

M 点的全加速度为

$$a=\sqrt{a_x^2+a_y^2}=r\omega^2$$

2)取 M 的起始点 O 作为弧坐标原点，将式(3)的速度 v 积分，即得用弧坐标表示的 M 点的运动方程为

$$s=\int_0^t 2r\omega\sin\frac{\omega t}{2}\mathrm{d}t=4r\left(1-\cos\frac{\omega t}{2}\right),\qquad (0\leqslant\omega t\leqslant 2\pi)$$

将式(3)对时间求导，得点 M 的切向加速度为

$$a_\tau=\dot{v}=r\omega^2\cos\frac{\omega t}{2}$$

法向加速度为

$$a_\mathrm{n}=\sqrt{a^2-a_\tau^2}=r\omega^2\sin\frac{\omega t}{2}\tag{5}$$

讨论　当 $t=2\pi/\omega$ 时，$\varphi=2\pi$，这时点 M 运动到与地面相接触的位置。由式(3)可知，此时点 M 的速度为零，表明沿地面作纯滚动的轮子与地面接触点的速度为零。另一方面，由于点 M 全加速度的大小恒为 $r\omega^2$，因此纯滚动的轮子与地面接触点的速度虽为零，但加速度却不为零。将 $t=2\pi/\omega$ 代入式(4)，得

$$a_x=0,\qquad a_y=r\omega^2$$

接触点的加速度方向向上。

例 15-2　滑道连杆机构由滑道连杆 BC、滑块 A 和曲柄 OA 组成，如图 15-8 所示。已知 $OB=10\mathrm{cm}$，$OA=10\mathrm{cm}$，滑道连杆 BC 绕轴心 B 按 $\varphi=10t$ 的规律逆时针转动，试用直角坐标法和自然坐标法确定滑块 A 的运动方程、速度和加速度。

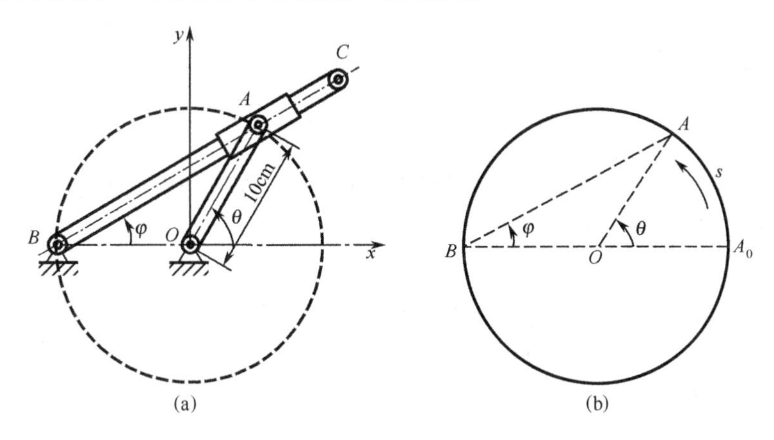

图 15-8

解　1)滑块 A 绕轴心 O 作圆周运动，故 A 点位置可由曲柄 OA 的长度和曲柄与 B、O 连线的延长线所成夹角 θ 来决定，因此，选取轴心 O 为坐标轴的原点，并令 x 轴与 BO 重合，建立 Oxy 直角坐标。由图几何关系 $\theta=2\varphi$，滑块 A 在任一瞬时 t 的坐标(直角坐标下的运动方

程)，即

$$\begin{cases} x = OA\cos\theta = OA\cos 2\varphi = 10\cos 20t \\ y = OA\sin\theta = OA\sin 2\varphi = 10\sin 20t \end{cases} \tag{1}$$

上式对时间求导，可得 A 点的速度在直角坐标轴上的投影，即

$$\begin{cases} v_x = \dot{x} = -200\sin 20t \\ v_y = \dot{y} = 200\cos 20t \end{cases} \tag{2}$$

A 点的速度为 $$v = \sqrt{v_x^2 + v_y^2} = 200\text{cm/s}$$

速度方向角 α 为 $$\alpha = \arctan\frac{v_y}{v_x} = \arctan(-\cot 20t) = 90° + 20t$$

具体情况如图 15-9(a)所示。

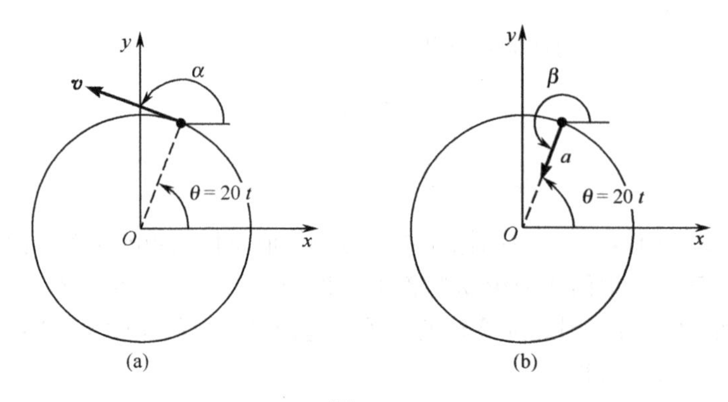

图 15-9

式(2)对时间求导，即得 A 点的加速度在直角坐标轴上的投影，即

$$\begin{cases} a_x = \ddot{x} = -4000\cos 20t \\ a_y = \ddot{y} = -4000\sin 20t \end{cases} \tag{3}$$

A 点的加速度为 $$a = \sqrt{a_x^2 + a_y^2} = 4000\text{cm/s}^2 = 40\text{m/s}^2$$

加速度方向角 β(图 15-9(b))为

$$\beta = \arctan\frac{a_y}{a_x} = 180° + 10t$$

2)选取滑块 A 在 $t=0$ 时的位置 A_0 为弧坐标的原点，并以初瞬时的运动方向为弧坐标的正向，于是滑块 A 经过 t 秒后的弧坐标为

$$s = \widehat{A_0A} = OA \cdot \theta$$

其中，θ 为曲柄 OA 在 t 时间内转过的角度。于是滑块 A 在自然坐标下的运动方程可表示为

$$s = OA(2\varphi) = 10(2\times 10t) = 200t \tag{4}$$

滑块 A 的速度为 $$v = \dot{s} = 200\text{cm/s}$$

由式(15-14)，滑块 A 的加速度为

$$a_\tau = \frac{\mathrm{d}v}{\mathrm{d}t} = 0, \qquad a_\mathrm{n} = \frac{v^2}{\rho} = \frac{(200)^2}{10} = 4000(\text{cm/s}) = 40(\text{m/s})$$

与直角坐标法所得结果相同，并且求解方便。由此可知，当动点的运动轨迹确定的情况下，自然坐标法具有求解的便利性。

15.4　质点动力学基本定律和质点运动微分方程

本节在动力学基本定律的基础上建立质点动力学的基本方程，运用微积分方法，求解质点的动力学问题。

15.4.1　动力学基本定律

质点动力学的基础是三个基本定律，这些定律是牛顿在总结前人、特别是伽利略研究成果的基础上提出来的，称为牛顿三定律。

1. 牛顿第一定律(惯性定律)

不受力作用的质点，将保持静止或匀速直线运动的状态。

定律中所指的不受力的作用，意思是作用于质点上的合力为零。质点保持原有运动状态(原有运动速度大小、方向不变)的特性是物体固有的属性，称为**惯性**，所以第一定律又称惯性定律。第一定律还表明力是改变物体运动状态的外部因素。第一定律为力学体系选定了一类参考系——惯性参考系。对于一般的工程问题，我们选与地球固连的参考系作为惯性参考系，所得结果已足够准确。

2. 牛顿第二定律

质点的质量与加速度的乘积，等于作用于质点的力的大小，加速度的方向与力的方向相同。即

$$\boldsymbol{F} = m\boldsymbol{a} \tag{15-15}$$

其中，$\boldsymbol{F}$ 是作用于质点的汇交力系的合力；$\boldsymbol{a}$ 是质点相对于惯性坐标系的加速度。式(15-15)是质点动力学的基本方程，它建立了质点的加速度、质量与作用力之间的定量关系。上式表明，质点在力作用下必有确定的加速度，使质点的运动状态发生改变。对于相同质量的质点，作用力越大，其加速度越大；如相同的力作用在不同质量的质点上，质量大的质点获得加速度小，质量小的质点获得加速度大。说明质点的质量越大，其运动状态越不易改变，亦即质点的惯性越大。因此质量是质点惯性的度量。

在地球表面，任何物体都受到重力 $\boldsymbol{G}$ 的作用。在重力作用下得到的加速度成为重力加速度，用 $\boldsymbol{g}$ 表示。由第二定律有

$$\boldsymbol{G} = m\boldsymbol{g} \text{ 或 } \boldsymbol{g} = \frac{\boldsymbol{G}}{m} \tag{15-16}$$

在地球表面上各处的重力加速度数值并不相同，与当地的纬度和高度有关。我国各地重力加速度的平均值一般取 $9.80\mathrm{m/s^2}$。

在国际单位制(SI 制)中，力的单位是导出单位。质量为 1kg 的质点，获得 $1\mathrm{m/s^2}$ 的加速度时，作用于该质点的力为 1N(牛顿)，即

$$1\mathrm{N} = 1\mathrm{kg} \times \mathrm{m/s^2}$$

力的量纲是$[\mathrm{MLT^{-2}}]$。

3. 牛顿第三定律(作用与反作用定律)

两个质点(物体)间的作用力与反作用力总是大小相等,方向相反,沿同一直线,同时分别作用在这两个质点(物体)上。

第三定律又称作用与反作用定律,该定律已在物理学中说明并被广泛应用。

15.4.2 质点运动微分方程

牛顿第二定律建立了质点的加速度与作用力的关系。当质点受到 n 个力的共同作用时,式(15-15)应写作

$$\sum \boldsymbol{F}_i = m\boldsymbol{a} \tag{15-17}$$

或

$$\sum \boldsymbol{F}_i = m\frac{\mathrm{d}^2\boldsymbol{r}}{\mathrm{d}t^2} \tag{15-18}$$

设矢径 $\boldsymbol{r}$ 在直角坐标轴上的投影分别为 x、y、z,力 $\boldsymbol{F}_i$ 在轴上的投影分别是 X_i、Y_i、Z_i,则式(15-17)在直角坐标轴上的投影形式为

$$\left.\begin{aligned} m\frac{\mathrm{d}^2x}{\mathrm{d}t^2} &= \sum X_i \\ m\frac{\mathrm{d}^2y}{\mathrm{d}t^2} &= \sum Y_i \\ m\frac{\mathrm{d}^2z}{\mathrm{d}t^2} &= \sum Z_i \end{aligned}\right\} \tag{15-19}$$

式(15-17)中的 $\boldsymbol{F}_i$ 及 $\boldsymbol{a}$ 分别投影到自然坐标系的 $\boldsymbol{\tau}$ 轴和 $\boldsymbol{n}$ 轴上,有

$$\left.\begin{aligned} m\frac{\mathrm{d}v}{\mathrm{d}t} &= \sum F_{i\tau} \\ m\frac{v^2}{\rho} &= \sum F_{in} \end{aligned}\right\} \tag{15-20}$$

式(15-18)~式(15-20)分别是矢量、直角坐标和自然坐标形式的质点运动微分方程。

上述质点运动微分方程,在已知质点的运动情况下,可求出作用于该质点上的力;在已知作用于质点上的力和初始条件的情况下,可求出该质点的运动规律。

例 15-3 如图 15-10 所示,设电梯以匀加速度 $\boldsymbol{a}$ 上升,求放在电梯上重为 $\boldsymbol{G}$ 的物块 M 对地板的压力。如加速度 $\boldsymbol{a}$ 向下,对地板压力如何?

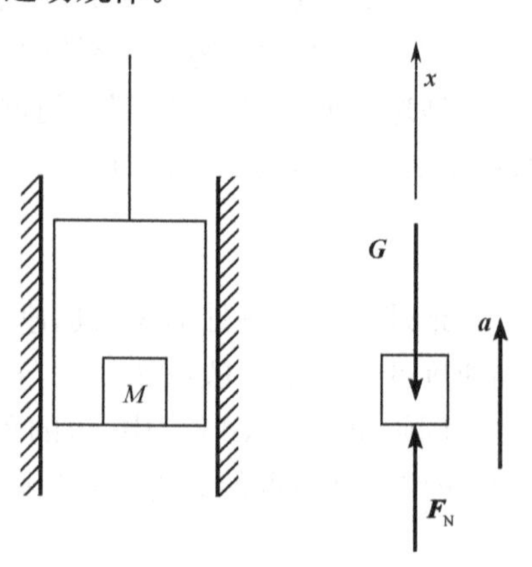

图 15-10

解 取物块 M 为研究对象。质点 M 上受有重力 $\boldsymbol{G}$,地板对物块的约束力 $\boldsymbol{F}_\mathrm{N}$,物块的加速度 $\boldsymbol{a}$ 向上。应用式(15-19),得

$$\frac{G}{g}a = F_\mathrm{N} - G$$

从而求得地板对物块的约束力,即

$$F_\mathrm{N} = G\left(1 + \frac{a}{g}\right)$$

地板所受的压力 $\boldsymbol{F}'_\mathrm{N}$ 与 $\boldsymbol{F}_\mathrm{N}$ 大小相等、方向相反,其

大小

$$F'_{\mathrm{N}} = F_{\mathrm{N}} = G\left(1 + \frac{a}{g}\right)$$

等式右侧第一项为物块的重力 $\boldsymbol{G}$,即当电梯静止或做匀速直线运动时的压力,称为静压力;第二项为$\frac{G}{g}a$,是由于电梯做加速运动产生的压力,称为附加动压力。当地板压力大与静压力(重力)时,称为超重。

如果加速度 $\boldsymbol{a}$ 向下,同理可求出 $F'_{\mathrm{N}}=G\left(1-\frac{a}{g}\right)$,即地板压力小于静压力(重力),称为失重。当 $a=g$ 时,$F'_{\mathrm{N}}=0$,此时完全失重。

例 15-4　小球质量为 m,悬挂于长为 l 的细绳上,绳重不计。小球在铅垂面内摆动时,在最低处的速度为 $\boldsymbol{v}$;摆到最高处时,绳与铅垂线夹角为 φ,如图 15-11 所示,此时小球速度为零。试分别计算小球在最低与最高位置时绳的拉力。

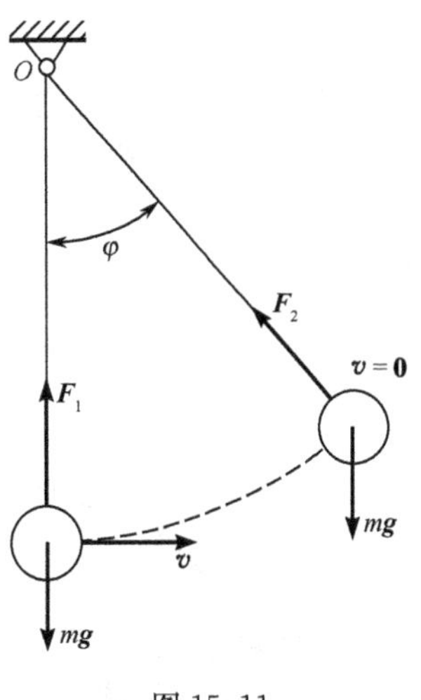

图 15-11

解　小球做圆周运动,受有重力 $G=mg$ 和绳拉力 F_1。在最低处有法向加速度,由质点运动微分方程沿法向的投影式(15-20),有

$$F_1 - mg = ma_{\mathrm{n}} = m\frac{v^2}{l}$$

则绳拉力为

$$F_1 = mg + m\frac{v^2}{l} = m\left(g + \frac{v^2}{l}\right)$$

小球在最高处时,速度为零,法向加速度为零,则其运动微分方程沿法向投影式为

$$F_2 - mg\cos\varphi = ma_{\mathrm{n}} = 0$$

则绳拉力

$$F_2 = mg\cos\varphi$$

习　　题

15-1　①动点在某瞬时的速度矢和加速度矢的几种情况如题 15-1 图所示,是指出哪几种是运动中可能出现的,那几种是不可能出现的,并说明不可能的理由;②$\frac{\mathrm{d}\boldsymbol{v}}{\mathrm{d}t}$和$\frac{\mathrm{d}t}{\mathrm{d}t}$有何不同,请说明之。

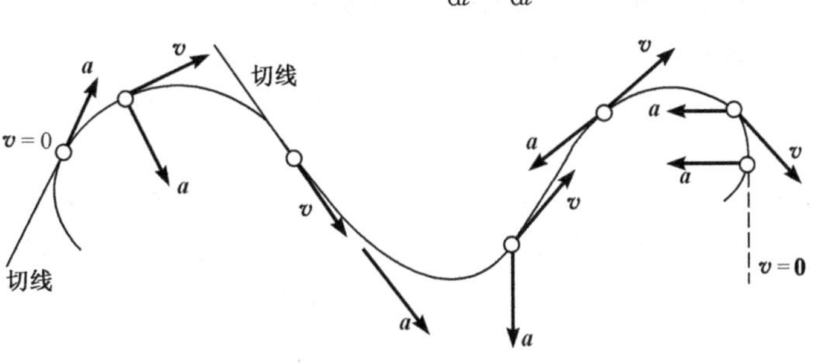

题 15-1 图

15-2　动点做何种运动时,出现下述情况:①切向加速度恒等于零;②法向加速度恒等于零;③全加速度恒等于零。

15-3　已知点的运动方程如下,求其轨迹方程,并计算点在时间 $t=0$、1 和 2s 时的速度、加速度的大小(位移以米计,时间以秒计)。

①$x=3+5\sin t$

　$y=5\cos t$

②$x=10t$

　$y=20t-5t^2$

15-4　如题 15-4 图所示,炮弹的运动方程为

$$x=v_0 t\cos\alpha$$

$$y=v_0 t\sin\alpha-\frac{1}{2}gt^2$$

其中,g 为重力加速度。求①炮弹的轨迹;②射程 S;③最大高度 h;④飞行时间 T。

15-5　如题 15-5 图所示,捻线机偏心轮横动机构中,偏心轮的半径 $R=4$cm,偏心距 $OO'=1$cm,轮绕 O 点转动的角速度为 $\omega=0.1$rad/s,求喇叭口 A。①横动动程;②运动方程;③OO'与水平方位成 30°时的速度和加速度。

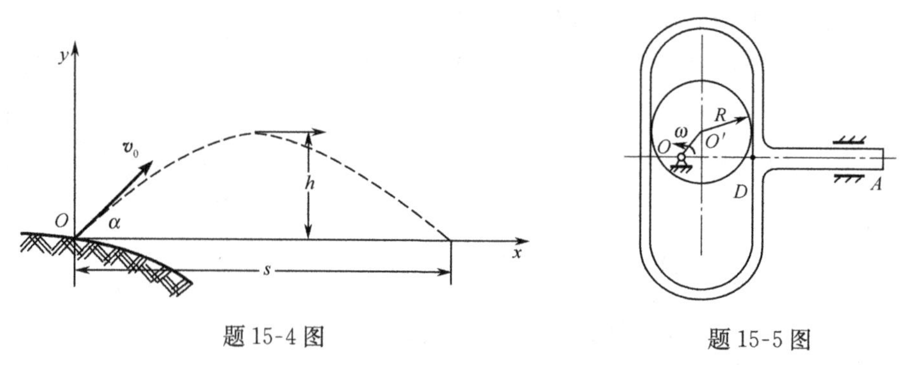

题 15-4 图　　题 15-5 图

15-6　动点沿水平直线运动。已知其加速度的变化规律是 $a=30t-120$(mm/s^2),其中 t 以秒为单位,规定向右方向为正。动点在 $t=0$ 时的初速度大小为 150mm/s,方向与初加速度方向一致。求 $t=10$s 时动点的速度和位置。

15-7　如题 15-7 图所示,滑块 B 向右运动,碰到弹簧 C 时的速度为 40cm/s,由于弹簧的弹性力而使滑块减速运动,加速度的大小由 $a=25s$ 表示,式中 s 表示弹簧的压缩变形,单位为 cm,加速度方向向左。求弹簧的最大变形量。

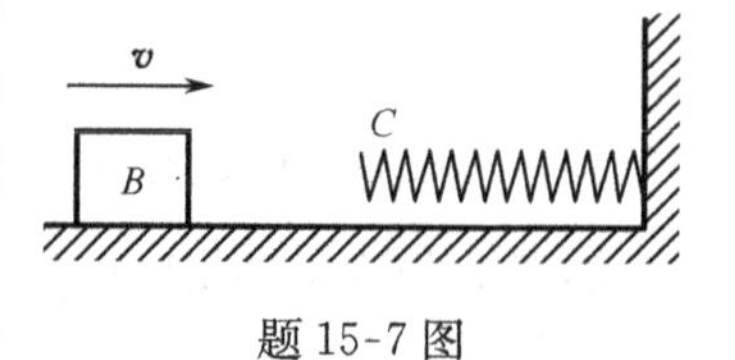

题 15-7 图

15-8　如题 15-8 图所示,摆杆机构由摆杆 AB、OC 以及滑块 C 组成。杆 AB 绕 A 轴摆动,通过滑块 C 带动杆 OC 绕 O 轴摆动。$OA=OC=200$mm。设在开始一段时间内 φ 角的变化规律为 $\varphi=2t^3$ rad,其中 t 以秒计。试求杆 OC 上 C 点的运动方程,并确定 $t=0.5$s 时 C 点的位置、速度和加速度。

15-9　如题 15-9 图所示,摇杆滑道机构,滑块 M 可同时在固定的圆弧槽 BC 中和在摇杆 OA 的滑道中滑动。弧 BC 的半径为 R,摇杆 OA 的转轴在通过弧 BC 所在的圆周上。摇杆绕轴心 O 以等角速度 ω 转动,当运动开始时,摇杆在水平位置。试分别用直角坐标法和自然坐标法给出 M 点的运动方程,并求其速度和加速度。

15-10　电梯质量为 480kg,上升时的速度图如题 15-10 图所示,求在下列三个时间段内悬挂电梯的绳索张力 T_1、T_2 和 T_3。①$t=0$s～2s;②$t=2$s～8s;③$t=8$s～10s。

15-11　如题 15-11 图所示,A、B 两物体的质量分别为 m_1 和 m_2,两者间用一绳子连接,此绳跨过一滑

轮，滑轮半径为 r。如在开始时两物体的高度差为 c，而且 $m_1>m_2$，不计滑轮质量。求由静止释放后，两物体达到相同高度时所需的时间。

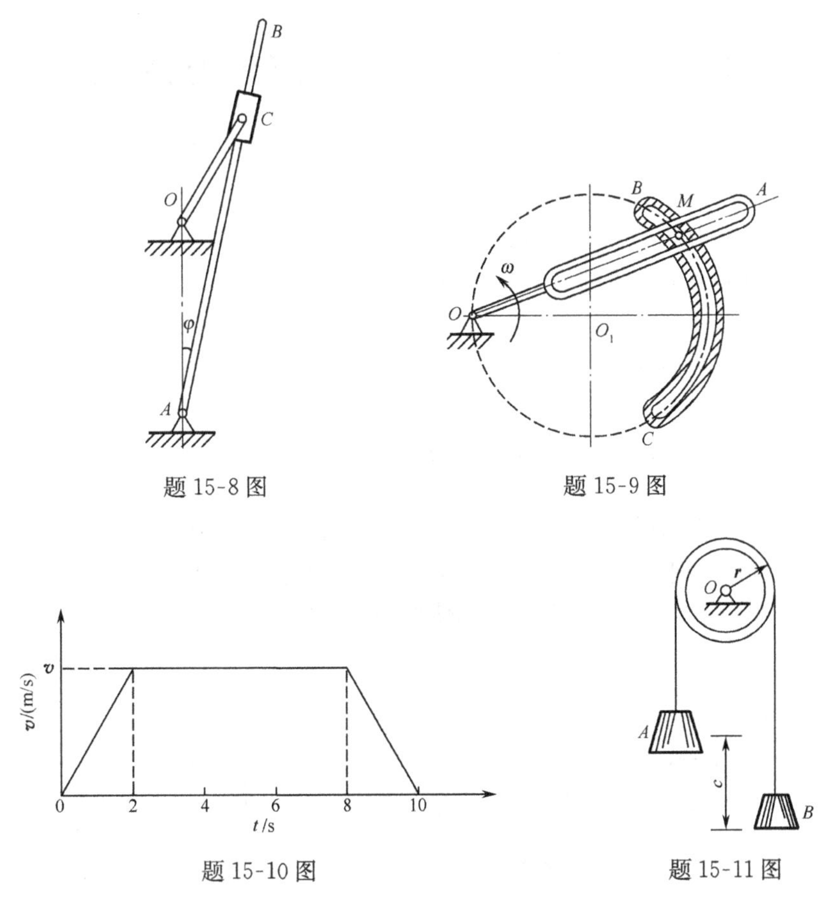

题 15-8 图　　题 15-9 图

题 15-10 图　　题 15-11 图

15-12　如题 15-12 图所示，重为 $G=9.8\text{N}$ 的物体 M 系在长 $l=30\text{cm}$ 的线上，线的另一段固结在点 O。物体 M 在水平面内做匀速圆周运动，呈圆锥摆形状，直线与铅直线间夹角 $\theta=30°$，求 M 的速度 v 和线的拉力 T 的大小。

15-13　如题 15-13 图所示，质量为 m 的球 M，由两根各长 l 的杆所支撑，此机构以不变的角速度 $\boldsymbol{\omega}$ 绕铅垂轴 AB 转动。如 $AB=2a$，两杆的各段均为铰接，且杆重不计，求杆的内力。

15-14　如题 15-14 图所示，方块 A 受重力 $\boldsymbol{G}_A$，置于光滑斜面 B 上，斜面倾角为 θ。斜面以加速度 $\boldsymbol{a}$ 运动，求方块 A 沿斜面下滑的加速度及方块与斜面间的约束反力。并讨论什么条件下 A 块上滑，静止或自由落体。

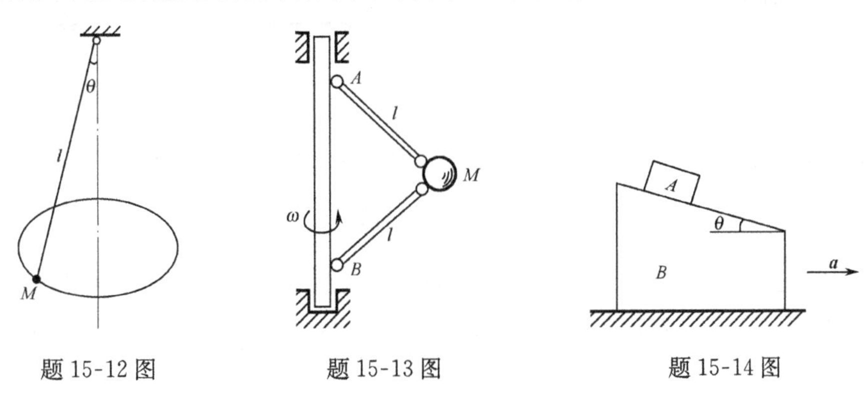

题 15-12 图　　题 15-13 图　　题 15-14 图

第16章　刚体平移和定轴转动运动学

第15章研究了点的运动，但实际物体都有几何尺寸并在空间占据一定位置，因此点的运动不能完全代替实际物体的运动。本章研究物体的运动。

物体的运动因外力而产生，在研究物体的运动时变形可忽略不计，因而本章中涉及的物体抽象为刚体。在点的运动学基础上研究刚体的运动，并讨论刚体上各点运动与刚体整体的运动之间的关系。

刚体运动的最基本形式是平行移动（平移）和定轴转动。

16.1　刚体的平移

观察工程中某些机构杆件的运动，如火车车轮连杆AB、揉茶桶ABC、送料机构中的送料槽AB等（图16-1），发现具有一个共同特征：刚体在运动过程中，体内任一直线段始终与其原来的位置保持平行，刚体的这种运动称为**刚体的平移**，也称为**平动**。

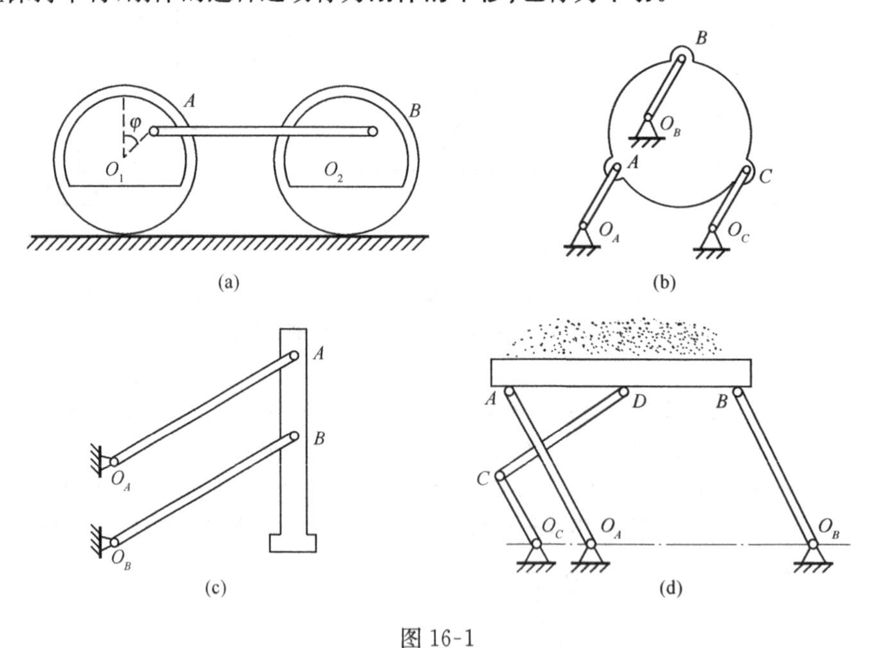

图16-1

在平移刚体内任选两点A和B，令点A的矢径为$\boldsymbol{r}_A$，点B的矢径为$\boldsymbol{r}_B$，由图16-2可知

$$\boldsymbol{r}_A=\boldsymbol{r}_B+\overrightarrow{BA}$$

刚体平移时，线段AB的长度和方向都不改变，所以$\overrightarrow{BA}$是恒矢量。只要平行搬移一段距离AB，A点和B点的轨迹就可完全重合。将上式对时间求导，并注意到常矢量的导数为零，于是

$$\boldsymbol{v}_A = \boldsymbol{v}_B \tag{16-1}$$

再次对时间求导，得到

$$\boldsymbol{a}_A = \boldsymbol{a}_B \tag{16-2}$$

由此可知刚体平移的运动特性：当刚体平移时，其上各点的轨迹形状相同；在每一瞬时，各点的速度相同，加速度也相同。因此，研究刚体的平移，可以归结为研究刚体内任一点的运动，也就是归结为第 15 章的点的运动学问题。

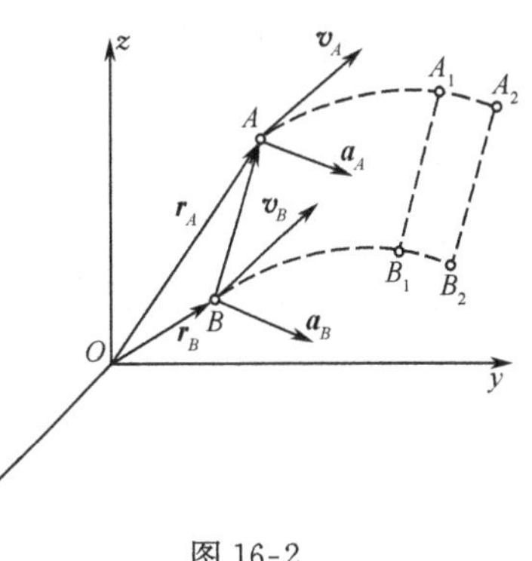

图 16-2

16.2　刚体的定轴转动

工程中最常见的齿轮、机床的主轴、电机的转子、织布机曲轴等，它们都有一条固定的轴线，物体绕此固定轴转动，即：刚体运动时，其上（或其延拓部分）有两点保持不动，这种运动称之为刚体的定轴转动，简称**刚体的转动**。通过这两个固定点的不动直线称为刚体的转轴或轴线，简称轴。

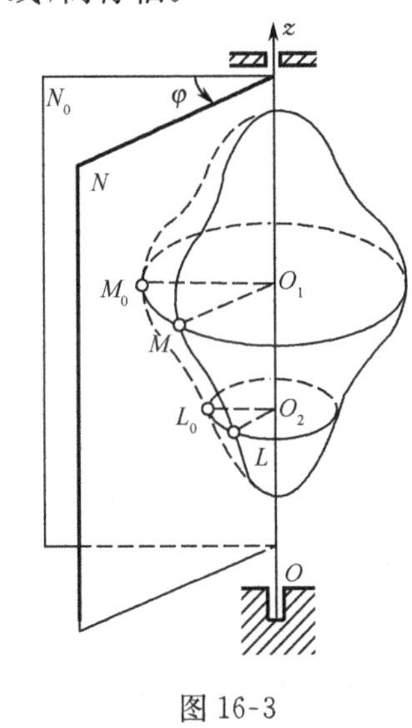

图 16-3

刚体绕定轴转动时，体内不在转轴上的各点均做圆周运动，轨迹均为圆，圆所在平面均垂直于转轴，如图 16-3 所示。

为确定转动刚体的位置，取转轴为 z 轴，过转轴作两个平面：平面 N_0 是固定的，平面 N 固结在刚体上随之一起转动。于是，刚体的位置可由这两平面的夹角 φ 完全确定。φ 角是一个代数量，符号按右手螺旋法则规定如下：从 z 轴正向看，逆时针方向为正，反之为负。φ 角的单位为 rad（弧度）。φ 称为刚体的转角，是时间的单值连续函数，即

$$\varphi = \varphi(t) \tag{16-3}$$

式(16-3)称为刚体的**定轴转动方程**。

在时间间隔 Δt 内，刚体的角位移为 $\Delta\varphi$，则刚体的**角速度**为

$$\omega = \lim_{\Delta t \to 0} \frac{\Delta\varphi}{\Delta t} = \frac{\mathrm{d}\varphi}{\mathrm{d}t} = \dot{\varphi} \tag{16-4}$$

即刚体的角速度等于其转角对时间的一阶导数。角速度与转角一样，也是代数量。当刚体的转向与转角 φ 的正向一致时，角速度为正；反之为负。

角速度的单位为 rad/s。工程中常用转速 n(r/min)。转速 n 与角速度 ω 的换算关系式为

$$\omega = \frac{2\pi n}{60} = \frac{\pi n}{30} \tag{16-5}$$

刚体的角速度的变化用**角加速度**来衡量，刚体的角加速度定义为

$$\alpha = \lim_{\Delta t \to 0} \frac{\Delta\omega}{\Delta t} = \frac{\mathrm{d}\omega}{\mathrm{d}t} = \dot{\omega} = \ddot{\varphi} \tag{16-6}$$

即刚体的角加速度等于其角速度对时间的一阶导数，也等于其转角对时间的二阶导数。角加速度 α 的单位是 rad/s。当 α 与 ω 同号时，则为加速转动；当 α 与 ω 异号时，则为减速转动。

现在讨论两种特殊情形：

1)匀速转动。如果刚体的角速度不变，即 ω=常量，这种转动称为匀速转动。

$$\varphi = \varphi_0 + \omega t \tag{16-7}$$

其中，φ_0 是 $t=0$ 时转角 φ 的值。

机器中的转动部件或零件，大都在匀速转动情况下工作。

2)匀变速转动。如果刚体的角加速度不变，即 α=常量，这种转动称为匀变速运动。

$$\omega = \omega_0 + \alpha t \tag{16-8}$$

$$\varphi = \varphi_0 + \omega t + \frac{1}{2}\alpha t^2 \tag{16-9}$$

其中，ω_0、φ_0 是 $t=0$ 时的角速度和转角。

由上述公式可知：匀变速转动时，刚体的角速度、转角和时间之间的关系与点在匀变速运动中的速度、坐标和时间之间的关系相似。

例 16-1 离心泵的转速 $n=1450\text{r/min}$，若在停车后由于轴承等的摩擦阻力作用，使泵经过 10s 后停止转动。设停车后的转动可近似地看成是匀减速运动。试求叶轮的角加速度 α 和停车过程中叶轮转过的圈数。

解 由式(16-8)得

$$\alpha = \frac{\omega - \omega_0}{t}$$

按题意可知 $\omega=0$、$t=10\text{s}$，代入上式，得

$$\alpha = -\frac{\omega_0}{t} = -\frac{\frac{\pi n}{30}}{t} = -\frac{3.14 \times 1450}{30 \times 10} = -15.2(\text{rad/s}^2)$$

由式(16-9)，并假设开始计算时 $\varphi_0=0$，则

$$\varphi = \omega_0 t + \frac{1}{2}\alpha t^2 = \frac{\pi \times 1450}{30} \times 10 + \frac{1}{2}(-15.2) \times 10^2 = 760(\text{rad})$$

即在停车后到水泵停止转动，叶轮转过了 $760/(2\pi) \approx 121$ 圈。

16.3 转动刚体上各点的速度和加速度

在工程中，需要知道定轴转动刚体上各点的速度和加速度。因为转动刚体上各点做圆周运动，圆心在轴线上，半径等于点到轴线的距离，所以采用自然法来确定点的速度和加速度比较好。

在转动刚体上任取一点 M，设它到转轴的垂直距离为 r(称为转轴半径)，刚体转角为 φ，如图 16-4 所示。

点 M 的弧坐标为

$$s = R\varphi$$

点 M 的速度为

$$v = \frac{\mathrm{d}s}{\mathrm{d}t} = R\frac{\mathrm{d}\varphi}{\mathrm{d}t} = R\omega \tag{16-10}$$

即定轴转动刚体上任一点的速度等于该点的转动半径与刚体角速度的乘积，方向沿圆弧的切线，垂直于转动半径，指向与 ω 转向一致。亦即：在同一瞬时，刚体上各点的速度与转动半径成正比，沿半径呈线性分布，如图 16-5(a)所示。

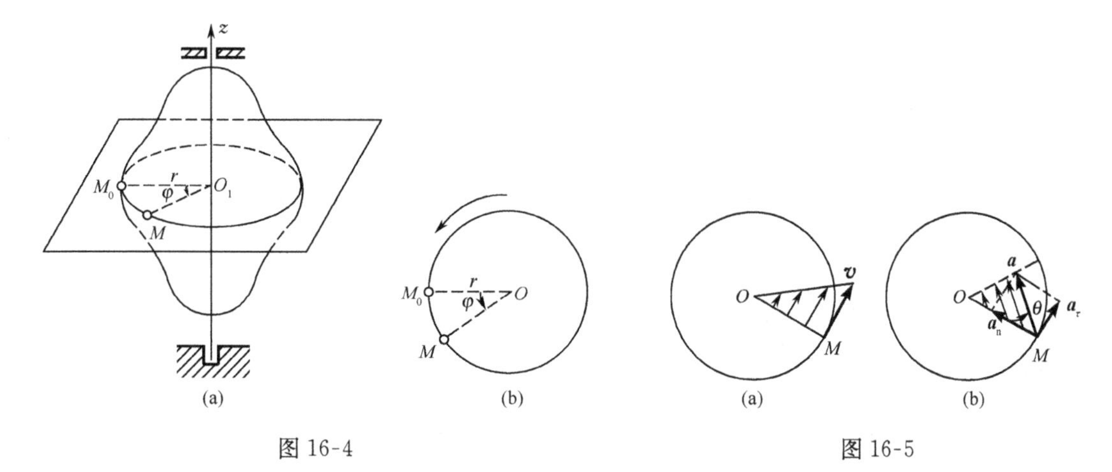

图 16-4　　图 16-5

点 M 的加速度包括两部分：切向加速度 $\boldsymbol{a}_\tau$ 和法向加速度 $\boldsymbol{a}_n$。

$$a_\tau = \frac{dv}{dt} = r\frac{d\omega}{dt} = r\alpha \tag{16-11}$$

$$a_n \frac{v^2}{\rho} = \frac{(r\omega)^2}{R} = r\omega^2 \tag{16-12}$$

M 点的切向加速度垂直于转动半径，指向与角加速度的转向一致；法向加速度总是沿转动半径指向转轴，因此又称为向心加速度。

M 点的全加速度的大小和方向为

$$a_M = \sqrt{a_\tau^2 + a_n^2} = r\sqrt{\alpha^2 + \omega^4} \tag{16-13}$$

$$\tan\theta = \frac{|a_\tau|}{a_n} = \frac{|\alpha|}{\omega^2} \tag{16-14}$$

即：各点的加速度大小与其转动半径成正比，且与转动半径成相同的偏角，如图 16-5(b)所示。

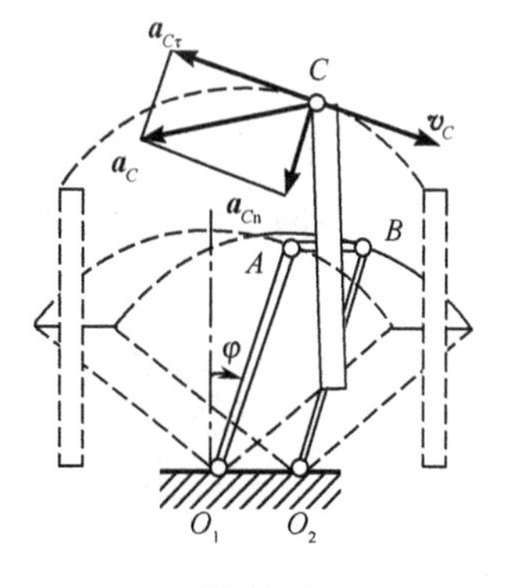

图 16-6

例 16-2　汽车上的雨刷固定在连杆 AB 上，由曲柄 O_1A 驱动，如图 16-6 所示，已知 $O_1A = O_2B = r = 300\text{mm}$，$AB = O_1O_2$。曲柄 O_1A 往复摆动的规律是 $\varphi = \frac{\pi}{4}\sin(2\pi t)\text{rad}$，其中 t 以秒为单位。试求 $t = 0$、$\frac{1}{8}$、$\frac{1}{4}$ s 各瞬时雨刷端点 C 的速度和加速度。

解　由题设条件可知 O_1ABO_2 是一平行四边形，AB 始终平行于 O_1O_2，故连杆 AB（连同雨刷）做平移；在同一瞬时其上各点的速度、加速度彼此相等，即

$$\boldsymbol{v}_C = \boldsymbol{v}_A, \qquad \boldsymbol{a}_C = \boldsymbol{a}_A$$

求 $\boldsymbol{v}_C$、$\boldsymbol{a}_C$，只需计算 $\boldsymbol{v}_A$、$\boldsymbol{a}_A$ 即可。

曲柄 O_1A 的角速度和角加速度分别是：

$$\omega = \frac{d\varphi}{dt} = \frac{\pi^2}{2}\cos(2\pi t)(\text{rad/s}), \qquad \alpha = \frac{d\omega}{dt} = \pi^3\sin(2\pi t)(\text{rad/s})$$

因此，A 点（即 C 点）的速度和加速度是

$$v_C = v_A = r\omega = 0.15\pi^2\cos(2\pi t)(\text{m/s})$$

$$a_{C\tau} = a_{A\tau} = r\alpha = 0.3\pi^3\sin(2\pi t)(\mathrm{m/s^2})$$
$$a_{Cn} = a_{An} = r\omega^2 = 0.075\pi^4\cos^2(2\pi t)(\mathrm{m/s^2})$$

将时间 t 的具体数值代入，可得如下结果：

1)$t=0$ 时

$$v_C = 1.480\mathrm{m/s},\qquad a_{C\tau} = 0,\qquad a_{Cn} = 7.306\mathrm{m/s^2}$$

2)$t=\frac{1}{8}$s 时

$$v_C = 1.047\mathrm{m/s},\qquad a_{C\tau} = -6.577\mathrm{m/s^2},\qquad a_{Cn} = 3.653\mathrm{m/s^2}$$

3)$t=\frac{1}{4}$s 时

$$v_C = 0,\qquad a_{C\tau} = -9.302\mathrm{m/s^2},\qquad a_{Cn} = 0$$

图 16-6 中表示出当 t 在 $0\sim\frac{1}{4}$s 范围内某一瞬时 C 点的速度和加速度的大致情形。

例 16-3　求定轴轮系的传动比

1)半径为 R_1、R_2 的两个带轮无滑动的传动，如图 16-7 所示。主动轮Ⅰ转速 ω_1(或 n_1)，半径 R_1；从动轮Ⅱ转速 ω_2(或 n_2)，半径为 R_2。

解　由于传动过程中带与轮无相对滑动，因此轮Ⅰ边缘上点 A 的线速度与带速相等；同理，轮Ⅱ边缘上点 A 的线速度也与带速相等。从而

$$v_A = R_1\omega_1,\qquad v_B = R_2\omega_2$$

设带不伸长，则有

$$v_A = v_B$$

从而

$$\frac{\omega_1}{\omega_2} = \frac{R_2}{R_1}$$

无滑动的带传动，主动论与从动轮的速度比(称传动比)为

$$i_{1-2} = \frac{\omega_1}{\omega_2} = \frac{n_1}{n_2} = \frac{R_2}{R_1}$$

2)外啮合齿轮的传动。设主动齿轮Ⅰ齿数为 Z_1，节圆半径为 r_1，转速为 n_1；从动齿轮Ⅱ齿数为 Z_2，节圆半径为 R_2，转速为 n_2。两齿轮外啮合，转动方向相反，如图 16-8 所示。

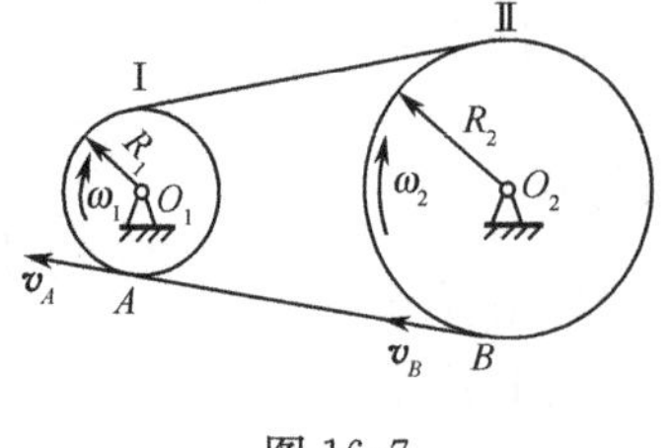

图 16-7

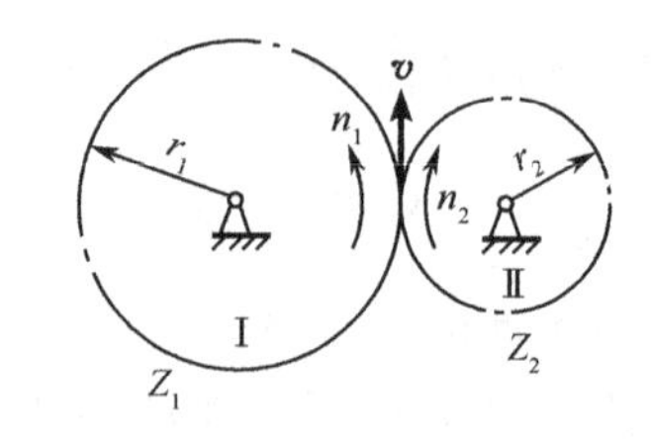

图 16-8

解　由于齿轮传动无滑动，所以齿轮啮合处的线速度相等，即

$$v = r_1\omega_1 = r_2\omega_2 \quad 或 \quad \frac{\omega_1}{\omega_2} = \frac{r_2}{r_1}$$

而齿轮的齿数与半径成正比，有

$$\frac{r_1}{r_2} = \frac{Z_1}{Z_2}$$

由此可知，传动比

$$i_{1-2}=\frac{\omega_1}{\omega_2}=\frac{r_2}{r_1}=\frac{Z_2}{Z_1}$$

定轴轮系的传动比可以依次应用上述公式。计算时注意:对于每一对外啮合齿轮,主动轮与从动轮间改变一次转动方向。

内啮合齿轮情况请读者自行分析。

习　题

16-1　如题 16-1 图所示,揉茶机的揉桶由三个等长的曲柄支持,曲柄的支座 B、C、D 的连线与支轴 b、c、d 的连线都恰成等边三角形。各曲柄长 $l=15\text{cm}$,并以匀转速 $n=45\text{r/min}$,分别绕其支座转动。求揉茶桶中心点 O 的速度和加速度。

16-2　如题 16-2 图所示,偏心圆盘凸轮机构。圆盘 C 的半径为 R,偏心距 $OC=e$,设凸轮以匀角速 ω 绕 O 轴转动。试问导板 AB 进行何种运动? 写出其运动方程、速度方程和加速度方程。

16-3　如题 16-3 图所示,两平行摆杆 $O_1B=O_2C=0.5\text{m}$,且 $BC=O_1O_2$。若在某瞬时摆杆的角速度 $\omega=2\text{rad/s}$,角加速度 $\alpha=3\text{rad/s}^2$。试求吊杆尖端 A 点的速度和加速度。

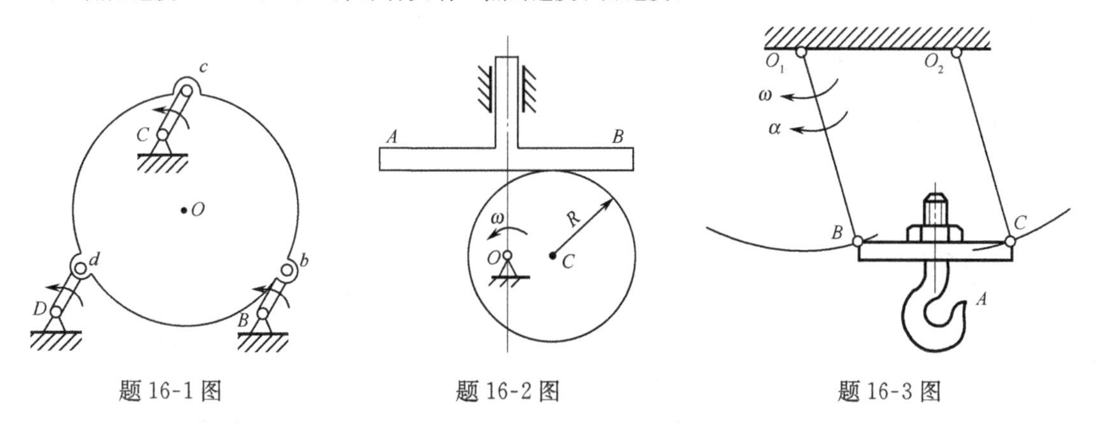

题 16-1 图　　题 16-2 图　　题 16-3 图

16-4　如题 16-4 图所示,曲柄滑杆机构中,滑杆上有一圆弧形滑道,其半径 $R=100\text{mm}$,圆心 O_1 在导杆 BC 上。曲柄长 $OA=100\text{mm}$,以等角速度 $\omega=4\text{rad/s}$ 绕 O 轴转动。求导杆 BC 的运动规律以及当曲柄与水平线间交角 φ 为 30°时,导杆 BC 的速度和加速度。

16-5　如题 16-5 图所示,滚子传送带,已知滚子的直径 $d=0.2\text{m}$,转速为 $n=50\text{r/min}$,求钢板在滚子上无滑动运动的速度和加速度,并求在滚子上与钢板接触点的加速度。

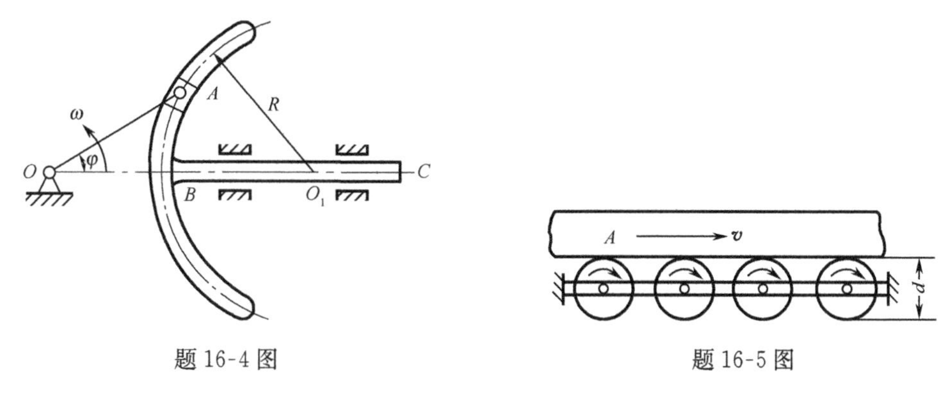

题 16-4 图　　题 16-5 图

16-6　如题 16-6(a)图所示,升降机的鼓轮半径为 $R=0.5\text{m}$,其上绕以钢索,钢索端部系有重物,鼓轮的角加速度的变化曲线如题 16-6(b)图所示,系统从静止开始运动。求重物的最大速度和在 20s 内重物上升的高度。

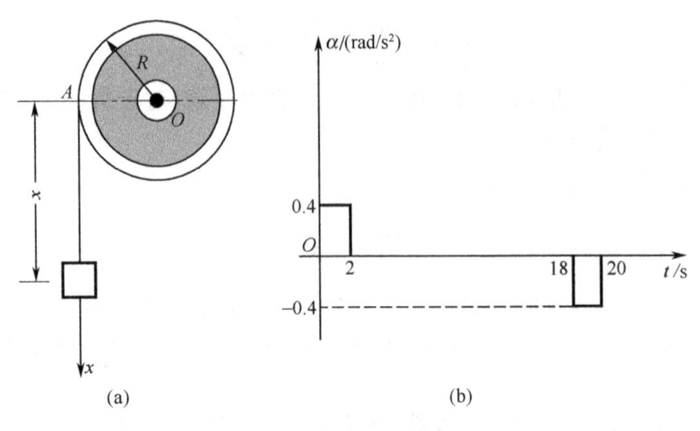

题 16-6 图

16-7　如题 16-7 图所示，电动绞车由皮带轮Ⅰ和Ⅱ以及鼓轮Ⅲ组成，鼓轮Ⅲ和皮带轮Ⅱ刚性的固定在同一轴上。各轮的半径分别为 $r_1=0.3\text{m}$，$r_2=0.75\text{m}$，$r_3=0.4\text{m}$，轮Ⅰ的转速为 $n_1=100\text{r/min}$。设皮带轮与皮带之间无滑动，求重物上升的速度和皮带上 A、B、C、D 各点的加速度。

16-8　如题 16-8 图所示，机构中齿轮Ⅰ紧固在杆 AC 上，$AB=O_1O_2$，齿轮Ⅰ和半径为 R_2 的齿轮Ⅱ啮合，齿轮Ⅱ可绕 O_2 轴转动且和曲柄 O_2B 没有联系。设 $O_1A=O_2B=l$，$\varphi=b\sin\omega t$，试确定 $t=\dfrac{\pi}{2\omega}$ 秒时，轮Ⅱ的角速度和角加速度。

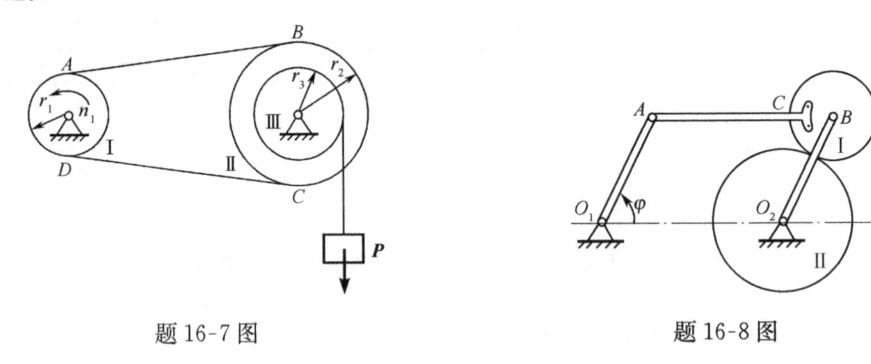

题 16-7 图　　题 16-8 图

第 17 章　动静法及在刚体平移和定轴转动动力学中的应用

达朗贝尔原理是 18 世纪为解决机器动力学问题提出的，其实质就是在动力学方程中引入惯性力，将动力学问题从形式上转化为静力学中力的平衡问题，应用静力学的平衡理论求解。这种方法又称动静法，在工程中已被广泛使用。

本章将引入惯性力的概念，对平移、定轴转动刚体惯性力系进行简化，并用动静法求解动力学问题。

17.1　惯性力的概念

当物体受到力的作用而使运动状态发生变化时，由于物体本身的惯性，对施力物体产生反作用力，以抵抗运动状态的变化。这种由于物体本身的惯性对施力物体的反作用力，称为**惯性力**。例如，如图 17-1(a)所示，人在水平直线轨道上推车，人手作用车上的力为 $\boldsymbol{F}$，车的质量为 m，不计摩擦，车获得的加速度为 $\boldsymbol{a}$，由牛顿第二定律 $\boldsymbol{F}=m\boldsymbol{a}$，车的运动状态发生了变化。由牛顿第三定律知，车由于自身的惯性必给人手以反作用力 $\boldsymbol{F}'$，此力就是车的惯性力，如图 17-1(b)所示。很明显，车的质量越大(惯性大)，或欲使车获得较大的加速度(运动状态变化大)，则人手推车时感觉到的力就越大，也即车的反作用力就越大，作用在人手上的惯性力越大。因此，惯性力大小不仅与物体的质量有关，还与物体本身获得的加速度有关，同时必须注意惯性力是作用在施力物体上的力。

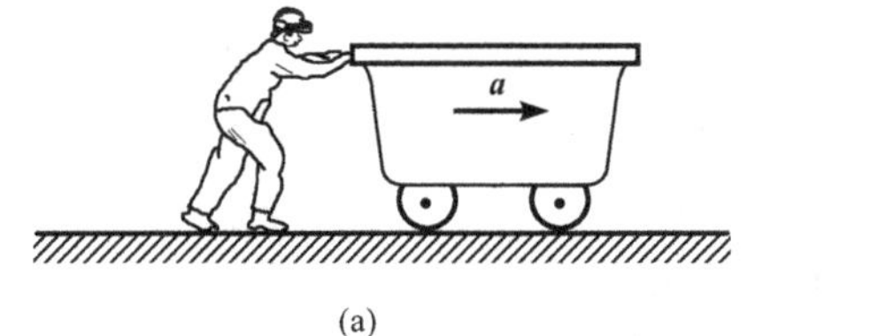

(a)

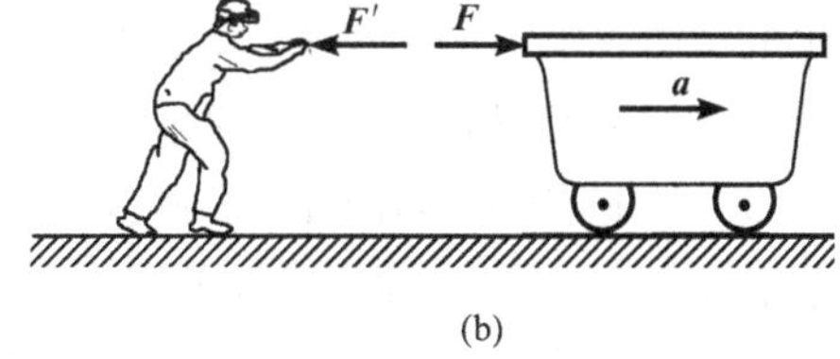

(b)

图 17-1

设质量为 m 的质点，在力 $\boldsymbol{F}$ 的作用下获得加速度为 $\boldsymbol{a}$，由牛顿第二定律

$$\boldsymbol{F}=m\boldsymbol{a} \tag{17-1}$$

将上式改写为

$$\boldsymbol{F}-m\boldsymbol{a}=0 \tag{17-2}$$

记

$$\boldsymbol{F}_{\mathrm{g}}=-m\boldsymbol{a} \tag{17-3}$$

$\boldsymbol{F}_{\mathrm{g}}$ 定义为**质点的惯性力**，就是力 $\boldsymbol{F}$ 的反作用力。其大小等于质点的质量与加速度的乘积，方向与加速度的方向相反，作用在使物体产生加速度的施力物体上。由于 $\boldsymbol{F}$ 和 $\boldsymbol{F}_{\mathrm{g}}$ 作用在不同物体上，尽管两个力大小相等、方向相反，但不能看成是一对平衡力。

惯性力在工程中具有重要意义，尤其当运动物体质量很大或加速度很大时，惯性力会达到很大的数值，可能造成结构的破坏。例如，高速旋转的航空燃气涡轮叶片，当转速 $n>10000\text{r/min}$ 时，虽然单叶片的质量只有 0.1kg，叶片半径只有 0.5m，其法向惯性力可达到 55kN 以上。此力作用在叶片的根部，使根部受到很大的拉应力，可能在根部产生断裂造成破坏，这就是在工程设计中必须考虑的动载荷的原因。

17.2 达朗贝尔原理，动静法

17.2.1 质点的达朗贝尔原理

设质量为 m 的非自由质点沿空间曲线运动，某瞬时加速度为 $\boldsymbol{a}$，作用于质点上的力有主动力 $\boldsymbol{F}$、约束反力 $\boldsymbol{F}_N$，如图 17-2 所示。由牛顿第二定律，则

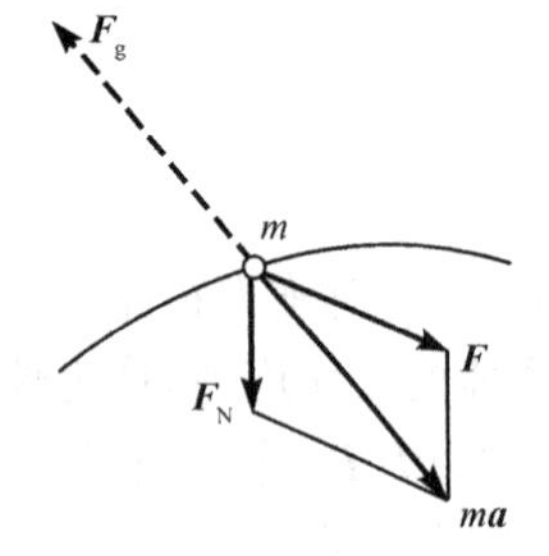

图 17-2

$$\boldsymbol{F}+\boldsymbol{F}_N=m\boldsymbol{a}$$

将上式右端 $m\boldsymbol{a}$ 移到等式左端，则

$$\boldsymbol{F}+\boldsymbol{F}_N-m\boldsymbol{a}=0$$

由式(17-3)，引入惯性力 $\boldsymbol{F}_g$，虚加在质点上，则

$$\boldsymbol{F}+\boldsymbol{F}_N+\boldsymbol{F}_g=0 \tag{17-4}$$

此式表明，当非自由质点运动时，作用在质点上的主动力 $\boldsymbol{F}$、约束反力 $\boldsymbol{F}_N$ 和虚加在质点上的惯性力 $\boldsymbol{F}_g$ 组成平衡力系。若假想地把惯性力加在运动的质点上，则质点将在主动力、约束反力和惯性力作用下处于平衡。这就是**质点的达朗贝尔原理**。

必须指出的是，该质点并不处于平衡状态，实际上质点也并没有受到惯性力的作用。式(17-4)形式上是静力平衡方程，由于惯性力中含有质点运动的加速度，实质上仍然是质点的运动微分方程。在已知运动的条件下(惯性力已知)，可用式(17-4)求解作用在质点上的未知力；在已知作用在质点上力的条件下，利用式(17-4)求惯性力，实质上求质点的加速度。在质点上虚加惯性力，只是为了借用静力学的方法求解动力学问题，这种方法又称**动静法**。

例 17-1 一圆锥摆，如图 17-3 所示。质量 $m=0.1\text{kg}$ 的小球系于长 $l=0.3\text{m}$ 的绳上，绳的另一端系在固定点 O，并与铅直线成 $\alpha=60°$ 角。如小球在水平面内做匀速圆周运动，求小球的速度与绳子的张力大小。

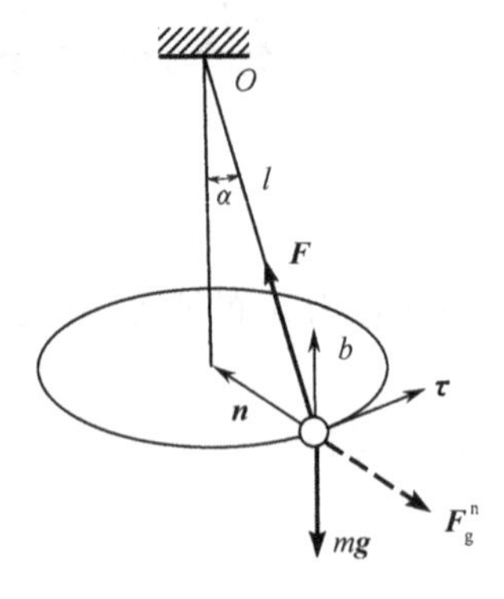

图 17-3

解 取小球作为研究对象(质点)。小球在水平面内作匀速圆周运动，只有法向加速度，作用在小球上的力有重力 $m\boldsymbol{g}$、绳子的约束反力 $\boldsymbol{F}$ 以及虚加的法向惯性力 $\boldsymbol{F}_g^n$，如图 17-3 所示。

$$F_g^n=ma_n=m\frac{v^2}{l\sin\alpha}$$

由动静法，以上三力形式上组成平衡力系，即

$$\boldsymbol{F}+m\boldsymbol{g}+\boldsymbol{F}_g^n=0$$

在自然坐标中的投影式

$$\sum F_b=0,\quad F\cos\alpha-mg=0$$

$$\sum F_n=0\quad,F\sin\alpha-F_g^n=0$$

解得
$$F=\frac{mg}{\cos\alpha}=19.6\text{N},\qquad v=\sqrt{\frac{Fl\sin^2\alpha}{m}}=2.1\text{m/s}$$
绳子张力大小与 F 相等。

17.2.2　质点系的达朗贝尔原理

对由 n 个质点组成的非自由质点系，设其中任一质点的质量为 m_i，某瞬时加速度为 $\boldsymbol{a}_i$，作用其上的主动力 $\boldsymbol{F}_i$，约束反力 $\boldsymbol{F}_{Ni}$。假想在该质点上加上惯性力 $\boldsymbol{F}_{gi}=-m_i\boldsymbol{a}_i$，由质点达朗贝尔原理

$$\boldsymbol{F}_i+\boldsymbol{F}_{Ni}+\boldsymbol{F}_{gi}=0\quad(i=1,2,\cdots,n)\tag{17-5}$$

上式表明，如果假想地把相应的惯性力加在每一个质点上，则质点系的主动力、约束反力和惯性力在形式上组成平衡力系，就是**质点系的达朗贝尔原理**，也称**质点系动静法**。同时需说明的是，质点系动静法也是将其动力学问题在形式上转化为静力学平衡问题，建立的所谓平衡方程仍然是质点系的运动与受力之间的关系，即动力学方程。

对空间非自由质点系，上式含 n 个矢量方程或 $3n$ 个投影方程，即 $3n$ 个含加速度的动力学的方程，实际应用中难以求解。为此，将作用于任意质点上的力区分为外力 $\boldsymbol{F}_i^{(e)}$ 和内力 $\boldsymbol{F}_i^{(i)}$，式(17-5)改写为

$$\boldsymbol{F}_i^{(e)}+\boldsymbol{F}_i^{(i)}+\boldsymbol{F}_{gi}=0\quad(i=1,2,\cdots,n)\tag{17-6}$$

显然，整个质点系上的所有外力、内力和惯性力形式上同样组成平衡力系。由空间一般力系平衡时应满足力系的主矢和对任一点的主矩分别等于零的条件，并考虑到质点系内力总是成对出现的且等值反向，有 $\sum\boldsymbol{F}_i^{(i)}=0$ 和 $\sum\boldsymbol{M}_O(\boldsymbol{F}_i^{(i)})=0$，则

$$\left.\begin{aligned}&\sum\boldsymbol{F}_i^{(e)}+\sum\boldsymbol{F}_{gi}=0\\&\sum\boldsymbol{M}_O(\boldsymbol{F}_i^{(e)})+\sum\boldsymbol{M}_O(\boldsymbol{F}_{gi})=0\end{aligned}\right.\tag{17-7}$$

对刚体而言，应用式(17-7)求解动力学问题时，可根据不同的运动形式和受力情况，选择合适的投影方程。对刚体系统而言，与静力学求解刚体系统平衡问题相似，分别不同的研究对象，选择合适的投影方程，联立求解。但与静力学不同的是，利用动静法不仅可求解作用在刚体上的未知力，还可求解未知的运动学量。

17.3　刚体基本运动惯性力系的简化，动静法应用

应当指出，应用质点系动静法求解刚体动力学问题时，对刚体内每一个质点都需要加上相应的惯性力，则惯性力必然分布在整个刚体的体积内，组成惯性力系，为求解问题的方便，应首先对刚体惯性力系进行简化。

17.3.1　刚体平移时惯性力系的简化

当刚体平移时，任瞬时体内各点的加速度相等。若记某瞬时刚体质心加速度为 $\boldsymbol{a}_C$，则该瞬时体内任一质量为 m_i 的质点的加速度 $\boldsymbol{a}_i=\boldsymbol{a}_C$，虚加在该点上的惯性力 $\boldsymbol{F}_{gi}=-m_i\boldsymbol{a}_i=-m_i\boldsymbol{a}_C$。刚体内每一点都加上相应的惯性力，且每一点惯性力方向相同，组成同方向的空间平行力系。由静力学知，该空间平行力系可简化为过质心的合力：

$$\boldsymbol{F}_{gR} = \sum \boldsymbol{F}_{gi} = \sum(-m_i\boldsymbol{a}_C) = -\boldsymbol{a}_C\sum m_i = -m\boldsymbol{a}_C \tag{17-8}$$

式中，m 为刚体的总质量。

结论：对平移的刚体，惯性力系可简化为通过质心的合力，其大小等于刚体的质量与质心加速度的乘积，合力的方向与质心加速度的方向相反。

17.3.2　刚体绕固定轴转动时惯性力系的简化

此处讨论的刚体具有质量对称面(如齿轮、圆盘、飞轮等)，且转轴与质量对称面垂直的特殊情况。在这种情况下，刚体内惯性力的分布对于质量对称面是完全对称的，因此可以简化为质量对称面内的平面一般力系。

记定轴转动刚体的质量对称面为 S，与转轴的交点记为 O，某瞬时角速度和角加速度分别为 ω 和 α，转向如图 17-4(a)所示，质心为点 C。取 S 内任一质量为 m_i(即为刚体内过该点且垂直于 S 面的线段上所有点的质量)的点，记该点加速度为 $\boldsymbol{a}_i$，则该点的惯性力为 $\boldsymbol{F}_{gi} = -m_i\boldsymbol{a}_i$。因 $\boldsymbol{a}_i = \boldsymbol{a}_i^\tau + \boldsymbol{a}_i^n$，则 $\boldsymbol{F}_{gi} = \boldsymbol{F}_{gi}^\tau + \boldsymbol{F}_{gi}^n$，其中 $\boldsymbol{F}_{gi}^\tau = -m_i\boldsymbol{a}_i^\tau$，$\boldsymbol{F}_{gi}^n = -m_i\boldsymbol{a}_i^n$。

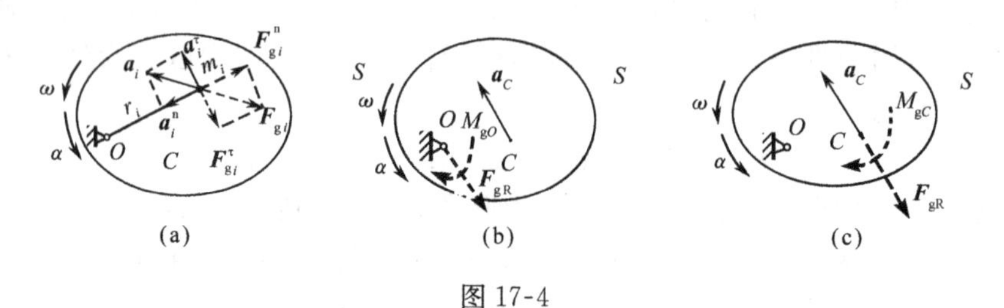

图 17-4

对 S 内所有点，组成平面一般力系。由静力学知，向点 O 进行简化，可得到一个力和一个力偶，该力为原力系的主矢量，即惯性力系的主矢：

$$\boldsymbol{F}_{gR} = \sum \boldsymbol{F}_{gi} = -\sum m_i\boldsymbol{a}_i$$

该力偶的力偶矩等于惯性力系对点 O 的主矩：

$$M_{gO} = \sum M_O(\boldsymbol{F}_{gi})$$

记刚体质量为 m，由质心坐标计算公式 $m\boldsymbol{r}_C = \sum m_i\boldsymbol{r}_i$，对时间求二阶导数，有 $m\boldsymbol{a}_C = \sum m_i\boldsymbol{a}_i$。则

$$\boldsymbol{F}_{gR} = -m\boldsymbol{a}_C \tag{17-9}$$

惯性力 $\boldsymbol{F}_{gi}$ 对点 O 的矩 $M_O(\boldsymbol{F}_{gi})$ 的计算，由于法向惯性力 $\boldsymbol{F}_{gi}^n = -m_ia_i^n$ 作用线过点 O，对点 O 的矩为零，而切向惯性力 $\boldsymbol{F}_{gi}^\tau$ 大小为 $m_ia_i^\tau = m_ir_i\alpha$，则 $M_O(\boldsymbol{F}_{gi}) = M_O(\boldsymbol{F}_{gi}^\tau) = -m_ir_i^2\alpha$。对整个刚体 $M_{gO} = \sum M_O(\boldsymbol{F}_{gi}) = -\sum m_ir_i^2\alpha$。式中 $\sum m_ir_i^2$ 为刚体对转轴 z 的**转动惯量** J_z，其计算见附录 A.4，则

$$M_{gO} = -J_z\alpha \tag{17-10}$$

结论：当刚体有质量对称面且绕垂直于质量对称面的定轴转动时，惯性力系可以简化为对称面内的一个力和一个力偶。该力等于刚体的质量与质心加速度的乘积，方向与质心加速度方向相反，且力的作用线通过转轴；该力偶的力偶矩等于刚体对转轴的转动惯量与角加速度的乘积，其转向与角加速度转向相反。惯性力系向点 O 简化的结果如图 17-4(b)所示。

将惯性力系向 S 上的质心 C 简化，由于主矢与简化中心的位置无关，而主矩与简化中心的位置有关。其结果

$$\boldsymbol{F}_{gR}=-m\boldsymbol{a}_C \tag{17-11}$$

$$M_{gC}=-J_C\alpha \tag{17-12}$$

其中 $\boldsymbol{F}_{gR}$ 的大小和方向不变，只是其作用线通过质心 C。而主矩与简化中心位置有关，大小发生了变化，转向仍与角加速度转向相反，以 M_{gC} 表示，式中 J_C 为刚体对过质心且与转轴 z 平行的轴的转动惯量。简化结果如图 17-4(c)所示。

当转轴 z 通过质心，惯性力系的简化结果为一力偶，该力偶的力偶矩

$$M_g=-J_z\alpha \tag{17-13}$$

当刚体匀速转动，转轴不通过质心 C 时，惯性力系简化为过简化中心 O 的力，该力

$$\boldsymbol{F}_{gR}=-m\boldsymbol{a}_C^n \tag{17-14}$$

其大小为 $mr_C\omega^2$，其中 r_C 为质心到简化中心 O 的距离，方向与质心 C 的法向加速度方向相反。若转轴过质心，即刚体绕过质心的轴做匀速转动，惯性力系向 S 内任一点简化的主矢和主矩都等于零，则惯性力系是一平衡力系。

17.3.3　动静法应用，简单动反力的计算

由上分析可知，刚体的运动形式不同，惯性力系的简化结果也不相同。因此在利用动静法研究刚体动力学问题时，必须分析刚体的运动形式，求得惯性力系的简化结果，然后建立主动力系、约束反力系以及惯性力系的形式上的平衡方程。但应注意这种形式上的平衡方程实质上反映了系统的运动与力之间的关系。以下实例应用动静法分析动约束反力(简称动反力)的求解。

例 17-2　如图 17-5 所示，电动机定子质量为 m_1，安装在水平基础上，转轴 O 与水平面距离为 h。转子的质量为 m_2，质心为 C，偏心距 $OC=e$。开始时转子的质心处于最低位置。求转子以匀角速 ω 转动时，基础对电动机的动反力。

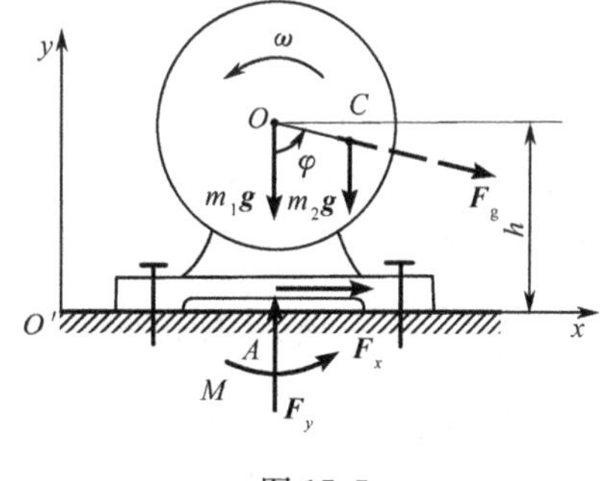

图 17-5

解　取电动机整体作为研究对象。作用其上有主动力(重力) $m_1\boldsymbol{g}$ 、$m_2\boldsymbol{g}$；基础及固定螺钉对电动机的动反力，向 A 点简化为一个力偶 M 和一个力 $\boldsymbol{F}$ (图中 $\boldsymbol{F}_x$ 、$\boldsymbol{F}_y$ 为其分力)。

由于转子以匀角速度 ω 转动，惯性力系简化为作用线通过点 O，作用点在点 C 的力 $\boldsymbol{F}_g$，该力大小为 $m_2e\omega^2$，方向与质心加速度 $\boldsymbol{a}_C$ 方向相反，即与由 O 到 C 的指向相同。如图所示。

作用在系统上的主动力、动反力和惯性力在形式上组成平面平衡力系。建立 $O'xy$ 坐标如图示，由平面一般力系平衡方程：

$$\sum X=0,\qquad F_x+F_g\sin\varphi=0$$

$$\sum Y=0,\qquad F_y-(m_1+m_2)g-F_g\cos\varphi=0$$

$$\sum M_A(F)=0,\qquad M-m_2ge\sin\varphi-F_gh\sin\varphi=0$$

由于 $\varphi = \omega t$，解得

$$F_x = -m_2 e\omega^2 \sin\omega t, \qquad F_y = (m_1 + m_2)g + m_2 e\omega^2 \cos\omega t$$
$$M = m_2 e\sin\omega t(g + \omega^2 h)$$

例 17-3　电动卷扬机构如图 17-6 所示。鼓轮的质量为 m_1，半径为 r，对中心轴 O 的回转半径为 ρ。启动时电动机的驱动力矩为 M，被提升重物的质量为 m_2。求启动时重物的加速度和此时轴承 O 动反力。

解　取鼓轮及重物组成的质点系为研究对象。作用在质点系上的主动力有重力 $m_1\boldsymbol{g}$、$m_2\boldsymbol{g}$ 和驱动力矩 M，轴承处的动反力 $\boldsymbol{F}_{Ox}$、$\boldsymbol{F}_{Oy}$。

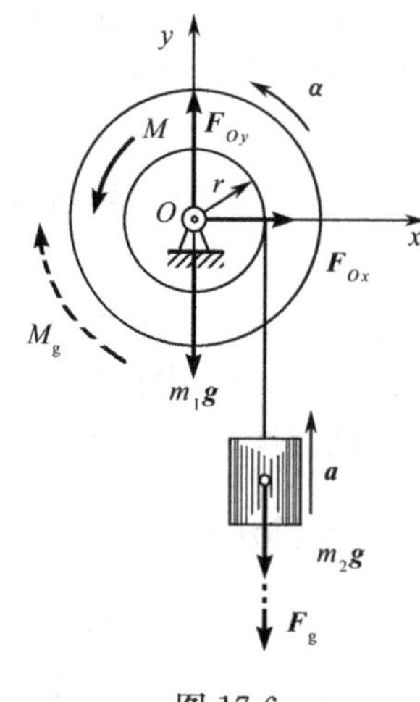

图 17-6

由于重物被提升，设启动时获得向上的加速度 $\boldsymbol{a}$，重物平移，惯性力的大小 $F_g = m_2 a$，方向与 $\boldsymbol{a}$ 方向相反；鼓轮绕中心轴定轴转动，转轴过质心，故惯性力系简化为一力偶，力偶矩大小 $M_g = J_O\alpha = m_1\rho^2\dfrac{a}{r}$，转向与角加速度转向相反。质点系上虚加惯性力如图所示。

作用在系统上的主动力、动反力和虚加其上的惯性力在形式上组成平面平衡力系，建立 Oxy 坐标如图示。由平面一般力系平衡方程：

$$\sum X = 0, \qquad F_{Ox} = 0$$
$$\sum Y = 0, \qquad F_{Oy} - m_1 g - m_2 g - F_g = 0$$
$$\sum M_O(F) = 0, \qquad M - M_g - m_2 gr - F_g r = 0$$

解得

$$a = \frac{(M - m_2 gr)r}{m_1\rho^2 + m_2 r^2}, \quad F_{Ox} = 0, \quad F_{Oy} = (m_1 + m_2)g + m_2\frac{(M - m_2 gr)r}{m_1\rho^2 + m_2 r^2}$$

由求得的 F_{Ox}、F_{Oy} 可知，F_{Oy} 中的 $(m_1 + m_2)g$ 项为轴承处的静约束反力(简称静反力)，$m_2\dfrac{(M - m_2 gr)r}{m_1\rho^2 + m_2 r^2}$ 项为附加的动约束反力(简称附加动反力)。静反力在质点系静止时也存在，而附加的动反力在质点系运动时才出现，由惯性力而引起。当 $M > m_2 gr$ 时，重物加速上升，对应于启动过程；当 $M < m_2 gr$ 时，重物减速上升，对应于制动过程；当 $M = m_2 gr$ 时，重物匀速上升。在启动、加速和制动过程中，会引起轴承的附加动反力。

例 17-4　某涡轮机转子总质量 $m = 200\text{kg}$，支承在向心推力轴承 A 和向心轴承 B 内，绕铅垂轴以转速 $n = 6000\text{r/min}$ 匀速转动，如图 17-7 所示。设转轴与转子的质量对称面垂直，但其质心偏离转轴的距离 $e = 0.5\text{mm}$，轴承间距 $AB = 2AD = h = 1\text{m}$。试求两轴的动反力。

解　取转子与转轴整体为研究对象，选取坐标如图所示。为便于分析，设质心 C 处于 Ayz 平面内。

转子与转轴所受外力：重力 $\boldsymbol{G}$，轴承动反力 $\boldsymbol{F}_{Ax}$、$\boldsymbol{F}_{Ay}$、$\boldsymbol{F}_{Az}$ 及 $\boldsymbol{F}_{Bx}$、$\boldsymbol{F}_{By}$。

由于转子具有质量对称面，且转轴与质量对称面垂直，转子匀速转动，其惯性力向轴与质量对称面交点 D 简化，得到惯性力 $\boldsymbol{F}_{gD} = -m\boldsymbol{a}_c$，惯性力矩为零。

作用在系统上的主动力、动反力和虚加其上的惯性力在形式上组成空间平衡力系，由空间一般力系平衡方程：

$$\sum X = 0, \qquad F_{Ax} + F_{Bx} = 0$$

$$\sum Y = 0, \qquad F_{Ay} + F_{By} + F_{gD} = 0$$

$$\sum Z = 0, \qquad F_{Az} - G = 0$$

$$\sum M_x(F) = 0, \qquad -F_{By}h - Ge - F_{gD}\frac{h}{2} = 0$$

$$\sum M_y(F) = 0, \qquad F_{Bx}h = 0$$

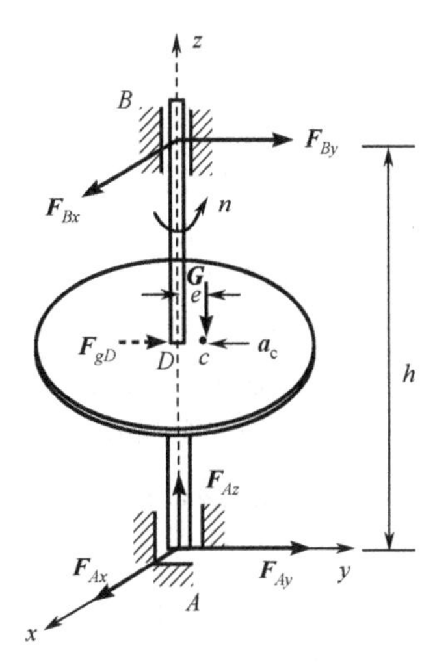

图 17-7

式中，$G = mg$，$F_{gD} = me\omega^2$，$\omega = \frac{\pi n}{30}$。联立上各式解得轴承动反力

$$F_{Ax} = F_{Bx} = 0, \qquad F_{Ay} = \frac{mge}{h} - \frac{me\omega^2}{2} \approx -19738\text{N}$$

$$F_{By} = -\frac{mge}{h} - \frac{me\omega^2}{2} \approx -19740\text{N}, \qquad F_{Az} = mg = 1960\text{N}$$

由 F_{Ay}、F_{By} 表达式可知，动反力由两部分组成，等式右端第一项仅与重力有关，为静反力；第二项与惯性力有关，称为附加动反力。二者大小分别为 0.98N、19739N，转子的偏心距仅为 0.5mm，但动反力的值是静反力两万倍，动反力将使轴承磨损发热，可能导致设备破坏。

由以上例题知，利用动静法求解质点系动力学问题的步骤与静力学中力系的平衡问题相似。所不同的是在对研究对象进行受力分析时，必须根据研究对象的运动形式分析并在受力图上虚加上相应的惯性力。当研究对象是刚体时，首先分析刚体质心加速度和转动的角加速度，选择惯性力系的简化中心，并添加惯性力。利用动静法列平衡方程时，由于惯性力的方向和惯性力偶的转向已在受力图中标明，投影式的平衡方程中只需代入其大小，而不能再加负号。

习　题

17-1　如题 17-1 图所示，当列车以匀加速度 $\boldsymbol{a}$ 沿直线轨道运动时，一端固定在车厢顶部的单摆偏斜 θ 角。已知摆球的质量为 m，求列车的加速度及摆线的张力大小。

17-2　如题 17-2 图所示，质量为 m 的物块 A 沿与铅垂面夹角为 θ 的悬臂梁下滑。不计梁重及摩擦，求物块下滑至距固定端 O 的距离 $OA = s$ 时，固定端处的动反力。

17-3　如题 17-3 图所示，质量为 m 的小车在水平拉力 $\boldsymbol{F}$ 作用下沿水平轨道运动，质心 C 到 $\boldsymbol{F}$ 作用线的距离为 e，到轨道平面的距离为 h，两轮与水平面接触点到重力作用线的距离分别为 a、b。设车轮与轨道间的总摩擦力为 $F_s = fmg$。求两轮受到的动反力及小车获得的加速度。

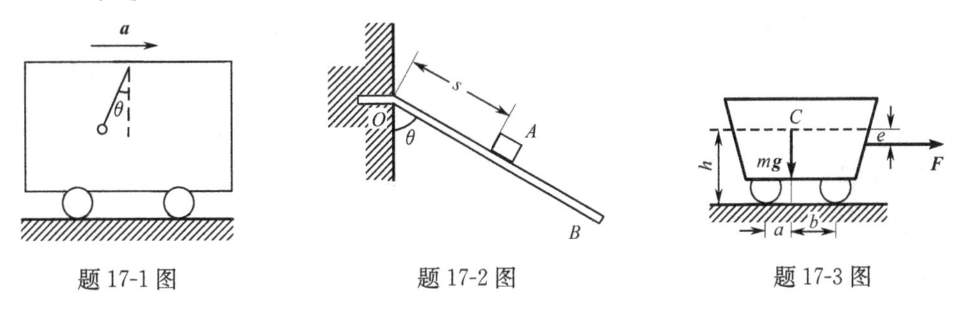

题 17-1 图　　题 17-2 图　　题 17-3 图

17-4　如题 17-4 图所示，两重物质量 $m_1 = 2000\text{kg}$，$m_2 = 800\text{kg}$，连接如图所示，由电动机 A 拖动。若电动机转子的绳的张力为 3kN，不计滑轮的质量，求重物 E 的加速度和绳 FD 的张力。

17-5　如题 17-5 图所示，滑动门的质量为 60kg，质心为 C，相应的几何尺寸如图所示。门上的滑靴 A 和 B 可沿固定的水平梁滑动，若已知动滑动摩擦因数 $f'_s = 0.25$，欲使门获得的加速度 $a = 0.49\ \text{m/s}^2$，求作用在门上的水平力 $\boldsymbol{F}$ 的大小以及作用在滑靴 A 和 B 上的法向反力。

17-6　如题 17-6 图所示，一摩擦块离合器，当转轴 1 达到一定转速时，滑块 C 和 D 压在空心的从动轴 2 的内缘上，由此产生摩擦力而带动轴 2。设每个滑块的质量为 $m = 0.3\text{kg}$，从动轴 2 内缘半径 $R = 0.1\text{m}$，当滑块压在从动轴内缘上时，弹簧拉力 $F = 200\text{N}$，滑块与内缘间的摩擦因数 $f_s = 0.2$。求当轴的转速 $n = 1500\text{r/min}$ 时，滑块能传给从动轴的最大摩擦力矩。

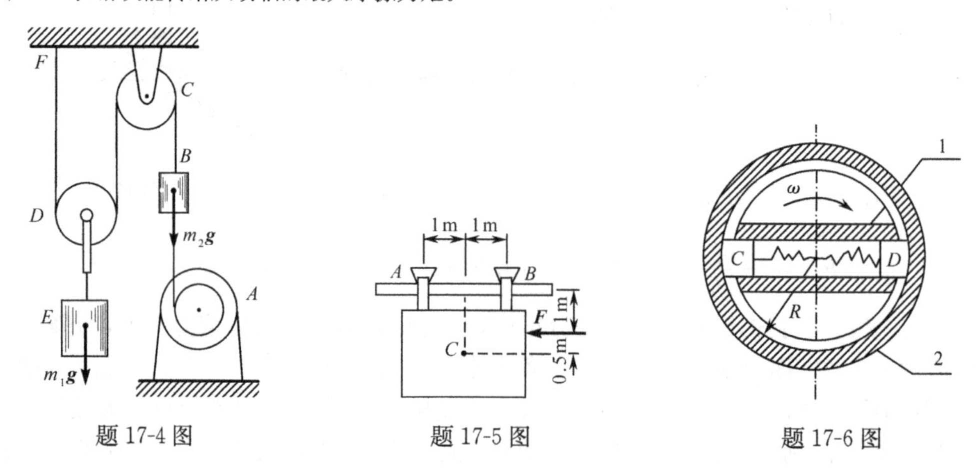

题 17-4 图　　题 17-5 图　　题 17-6 图

17-7　如题 17-7 图所示，物块的质量为 m，放置于匀速转动的水平台上，与转台表面的摩擦因数为 f_s，距转轴的距离为 r。当水平台转动时，求物块不滑动的最大转速。

17-8　如题 17-8 图所示，调速器由两个质量为 m_1 的均质圆盘构成，圆盘偏心地铰接于距转轴为 a 的 A 、B 两点。调速器以匀角速 ω 绕铅直轴转动，圆盘中心到悬挂点的距离为 l。调速器外壳质量为 m_2，并放在两个圆盘上。若不计摩擦，求角速度 ω 与圆盘离铅垂线的偏角 φ 之间的关系。

17-9　如题 17-9 图所示为转速表的简化模型。不计质量的杆 CD 的两端分别有质量为 m 的 C 球和 D 球，杆 CD 与转轴 AB 铰接。当转轴 AB 转动时，杆 CD 的转角 φ 就发生变化。设 $\omega = 0$ 时，$\varphi = \varphi_0$，且弹簧中无力。设弹簧产生的力矩与转角之间的关系 $M = k(\varphi - \varphi_0)$，$k$ 为弹簧刚度。求角速度 ω 与转角 φ 之间的关系。

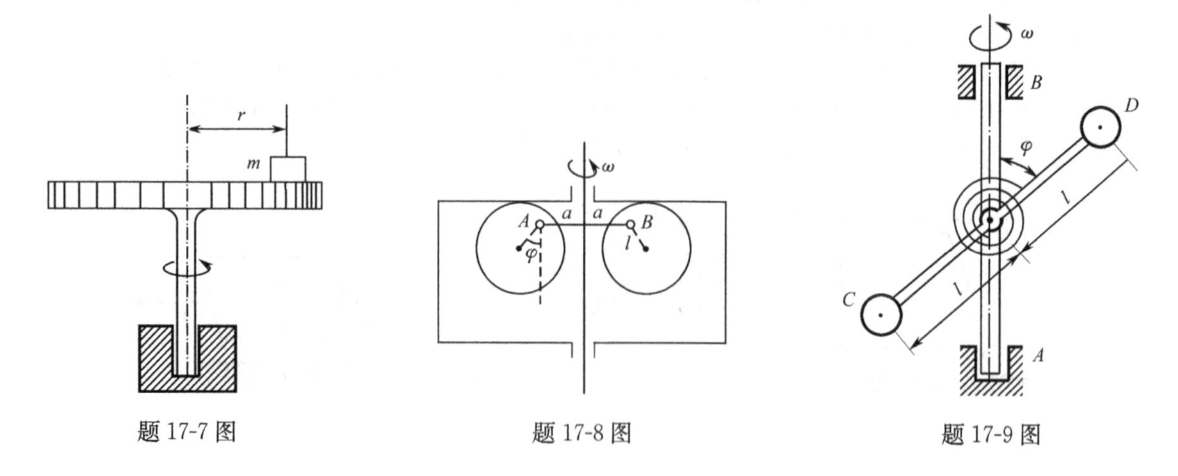

题 17-7 图　　题 17-8 图　　题 17-9 图

17-10　如题 17-10 图所示，质量为 m 长为 l 的均质杆 AB，以等角速 ω 绕铅直轴 z 转动。求杆与铅直线的交角 β 及铰 A 的动反力。

17-11　如题 17-11 图所示，两细长的均质直杆互成直角地固结在一起，顶点 O 与铅直轴用铰链相连，此轴以等角速 ω 转动。求其中长为 a 的杆距离铅直线的偏角 φ 与 ω 间的关系。

17-12　如题 17-12 图所示，半径为 r、质量为 m_0 的均质环绕铅直轴 z 以匀角速度 ω 转动。质量为 m 的小球以恒定的相对速度 $\boldsymbol{v}$ 在环管内运动，已知 $m_0 = 2m$。图示瞬时，环面与坐标面 Ayz 重合，$\theta = 60°$，求此瞬时轴承 A、B 处的动反力。

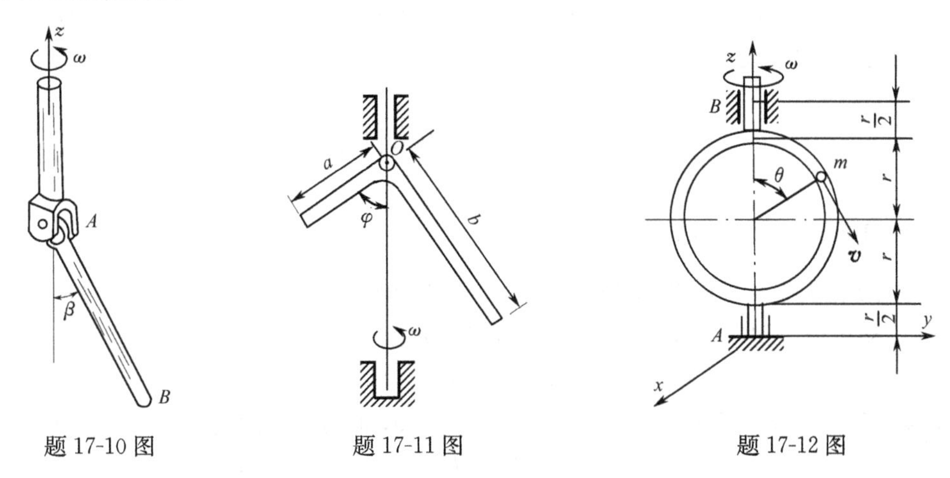

题 17-10 图　　题 17-11 图　　题 17-12 图

17-13　如题 17-13 图所示，轮轴对轴 O 的转动惯量为 J，轮轴上系有质量分别为 m_1 和 m_2 的两个重物。若此轮轴顺时针方向转动，求轮轴的角加速度 α 和轴承 O 处的附加动反力。

17-14　如题 17-14 图所示长方形均质平板，质量为 27kg，由两销 A、B 悬挂。若突然撤去销 B，求该瞬时平板的角加速度和销 A 处的动反力。

17-15　如题 17-15 图所示，水平均质细杆 AB 长为 1m，质量为 12kg，A 端用铰链支承，B 端用铅直绳悬挂。若突然剪断绳子，求该瞬时细杆的角加速度及 A 端动反力。

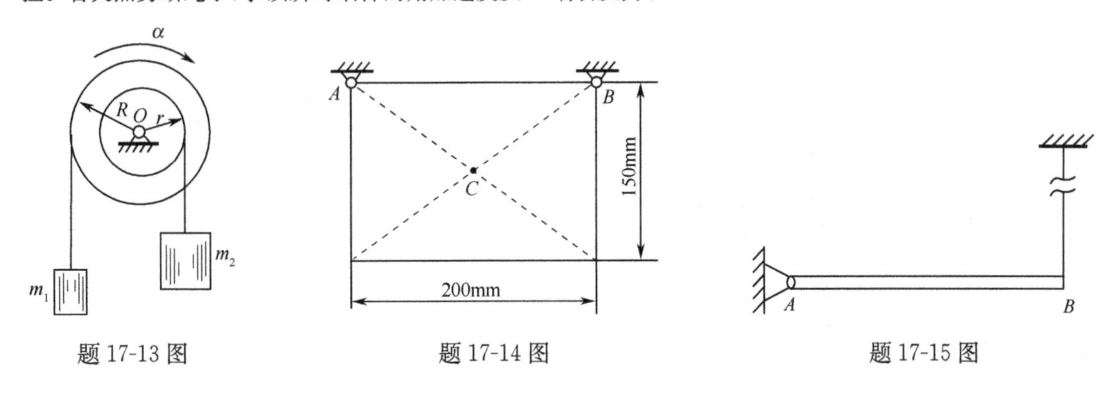

题 17-13 图　　题 17-14 图　　题 17-15 图

第 18 章　刚体作平移和定轴转动时功能关系的应用

本章介绍力的功、动能等概念，建立质点或质点系的动能与作用其上的力的功之间的关系，将从能量的角度分析动力学问题，并以标量形式出现，在质点和质点系的动力学问题分析中，有时更加方便和有效。

18.1　力做功的计算

18.1.1　常力的功与变力的功

设物体 M 在大小和方向都不变的力 $\boldsymbol{F}$ 的作用下，沿直线经过一段路程 s，如图 18-1 所示。力 $\boldsymbol{F}$ 在此段路程内所积累的效应以**力的功**来度量，并以 W 表示，则

$$W = F\cos\theta \cdot s \tag{18-1}$$

式中，θ 为力 $\boldsymbol{F}$ 与直线位移方向之间的夹角。若 $\theta = 0$，即力的方向与物体运动方向一致，则

$$W = Fs \tag{18-2}$$

功是代数量。功的国际单位符号为 J（焦耳），表示 1N 的力在同方向 1m 路程上做的功。

设质点 M 在任变力 $\boldsymbol{F}$ 的作用下沿曲线运动，如图 18-2 所示。力 $\boldsymbol{F}$ 在无限小位移 $\mathrm{d}\boldsymbol{r}$ 中可视为常力，经过的弧长 $\mathrm{d}s$ 可视为直线，$\mathrm{d}\boldsymbol{r}$ 可视为沿点 M 处切线，记 θ 为 $\boldsymbol{F}$ 与点 M 处切线间的夹角。则在无限小位移中力的功称为**元功**，记为 δW ①

$$\delta W = F\cos\theta\mathrm{d}s \tag{18-3}$$

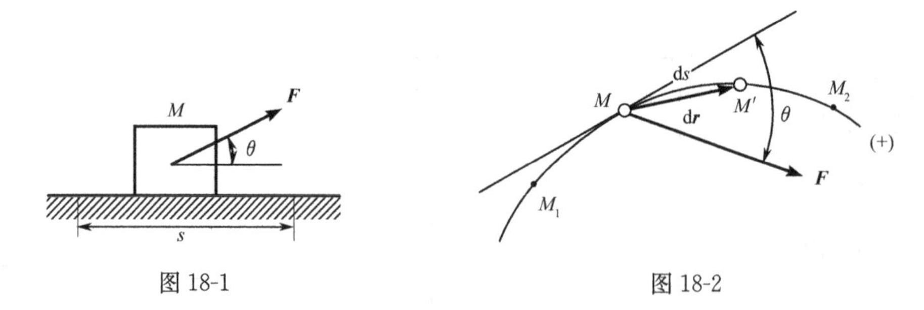

图 18-1　　　　图 18-2

以矢量点积表示，有

$$\delta W = \boldsymbol{F} \cdot \mathrm{d}\boldsymbol{r} \tag{18-4}$$

若将 $\boldsymbol{F}$ 和 $\mathrm{d}\boldsymbol{r}$ 分别在固结于地面的直角坐标系中表示为

$$\boldsymbol{F} = X\boldsymbol{i} + Y\boldsymbol{j} + Z\boldsymbol{k}, \qquad \mathrm{d}\boldsymbol{r} = \mathrm{d}x\boldsymbol{i} + \mathrm{d}y\boldsymbol{j} + \mathrm{d}z\boldsymbol{k}$$

则

$$\delta W = X\mathrm{d}x + Y\mathrm{d}y + Z\mathrm{d}z \tag{18-5}$$

上式即为力的元功的解析表达式。

---

① 由于力的元功不一定能表示为一个函数的全微分，因此元功的符号用 δW 而不用 $\mathrm{d}W$ 表示。

变力 $\boldsymbol{F}$ 在一段路程 s 上的功等于元功之和，即

$$W = \int_0^s F\cos\theta \mathrm{d}s \tag{18-6}$$

又可表示为

$$W = \int_{M_1}^{M_2} \boldsymbol{F} \cdot \mathrm{d}\boldsymbol{r} \tag{18-7}$$

质点从 M_1 运动到 M_2 的过程中，力 $\boldsymbol{F}$ 所做的功的解析表达式

$$W = \int_{M_1}^{M_2} X\mathrm{d}x + Y\mathrm{d}y + Z\mathrm{d}z \tag{18-8}$$

18.1.2　几种常见力的功

1. 重力的功

质量为 m 的质点在重力作用下沿轨迹曲线由 M_1 运动到 M_2，如图 18-3 所示。其重力在直角坐标系中的投影 $X=0$，$Y=0$，$Z=-mg$，则由式(18-8)，重力所做的功

$$W = \int_{z_1}^{z_2} -mg\mathrm{d}z = mg(z_1 - z_2) \tag{18-9}$$

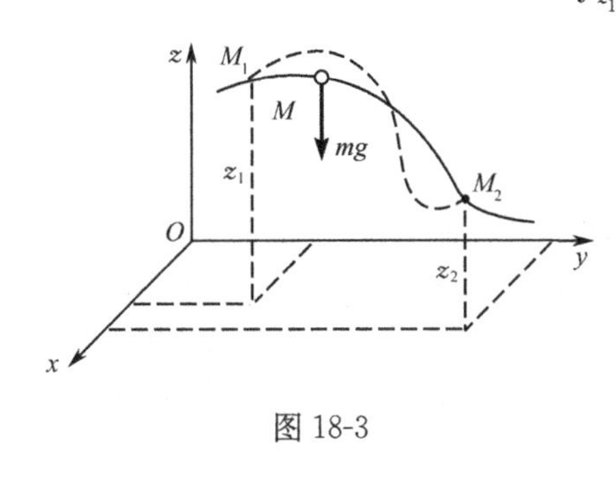

图 18-3

可见重力所做的功仅与质点运动始末位置有关，而与质点运动轨迹的形状无关。当质点位置下降时，重力做功为正；当质点位置上升时，重力做功为负。对于质点系而言，质点系重力的功等于各质点重力功的代数和，有

$$W = \sum m_i g(z_{i1} - z_{i2})$$

由质心坐标公式 $mz_C = \sum m_i z_i$，则

$$W = mg(z_{C1} - z_{C2}) \tag{18-10}$$

式中，m 为质点系全部质量之和，$(z_{C1} - z_{C2})$ 为质点系质心运动的始末位置高度差。质心位置下降重力做功为正，质心位置上升重力做功为负。质点系重力做的功仍与质心的运动轨迹的形状无关。若质点系质心运动的始末位置高度差为 h，则质点系重力的功

$$W = mgh \tag{18-11}$$

2. 弹性力的功

设物体在弹性力作用下，力作用点 M 沿曲线轨迹从 M_1 运动 M_2，如图 18-4 所示。弹簧的刚性系数(或刚度系数)为 k，在国际单位制中 k 的单位为 N/m 或 N/mm。在弹性极限内，弹性力大小与弹簧的变形量 δ 成正比，即 $F = k\delta$，弹性力的方向总是指向自然位置(即弹簧未变形时作用点的位置)。若以固定点 O 作为原点，点 M 的矢径记为 $\boldsymbol{r}$，其长度记为 r，沿矢径的方向的单位矢量记为 $\boldsymbol{r}_0$，弹簧的自然长

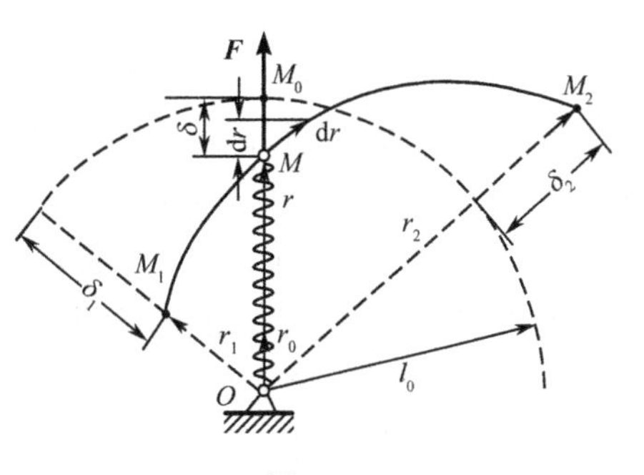

图 18-4

度记为 l_0，则弹性力

$$\boldsymbol{F} = -k(r-l_0)\boldsymbol{r}_0$$

弹性力的元功

$$\delta W = F \cdot \mathrm{d}r = -k(r-l_0)\boldsymbol{r}_0 \cdot \mathrm{d}\boldsymbol{r}$$

因 $\boldsymbol{r}_0 \cdot \mathrm{d}\boldsymbol{r} = \dfrac{\boldsymbol{r}}{r} \cdot \mathrm{d}\boldsymbol{r} = \dfrac{1}{2r}\mathrm{d}(\boldsymbol{r}\cdot\boldsymbol{r}) = \dfrac{1}{2r}\mathrm{d}(r^2) = \mathrm{d}r$，则

$$\delta W = -k(r-l_0)\mathrm{d}r \tag{18-12}$$

作用点 M 从 M_1 运动到 M_2，弹性力所做的功

$$W = \int_{M_1}^{M_2} \boldsymbol{F} \cdot \mathrm{d}r = \int_{r_1}^{r_2} -k(r-l_0)\mathrm{d}r = \frac{k}{2}[(r_1-l_0)^2-(r_2-l_0)^2]$$

若记 $\delta_1 = |r_1 - l_0|$，$\delta_2 = |r_2 - l_0|$，分别表示力作用点在 M_1 和 M_2 处时弹簧的变形量，则

$$W = \frac{1}{2}k(\delta_1^2 - \delta_2^2) \tag{18-13}$$

此式为计算弹性力的功的普遍公式。显然，弹性力的功只与弹簧在始末位置的变形量有关，而与力作用点的轨迹形状无关。当初变形大于未变形时，弹性力做功为正，反之为负。

若弹簧在开始的位置未发生变形，在任位置时弹簧变形量记为 δ，弹性力做功

$$W = -\frac{1}{2}k\delta^2 \tag{18-14}$$

3. 作用于定轴转动刚体上的力的功

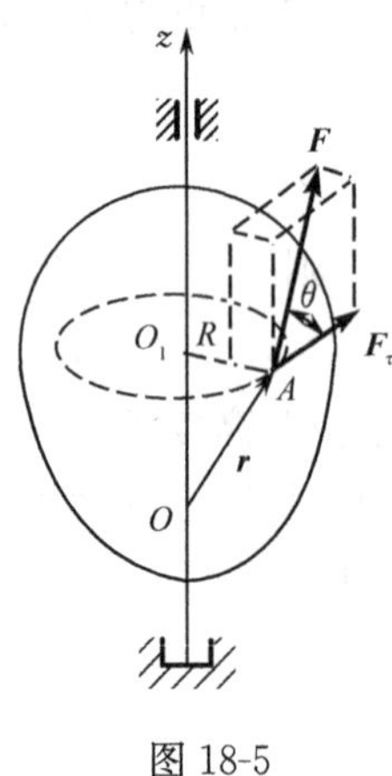

图 18-5

设刚体绕定轴 z 转动，作用其上某一点 A 的力为 $\boldsymbol{F}$，记力与作用点轨迹切线之间的夹角为 θ，如图 18-5 示，力在作用点轨迹切向的投影 $F_\tau = F\cos\theta$。当刚体转过 φ 角时，记点 A 到轴的垂直距离为 R，对应的弧长为 $s = R\varphi$，而 $\mathrm{d}s = R\mathrm{d}\varphi$。则力 $\boldsymbol{F}$ 元功

$$\delta W = \boldsymbol{F} \cdot \mathrm{d}\boldsymbol{r} = F_\tau \mathrm{d}s = F_\tau R \mathrm{d}\varphi$$

因为 $F_\tau R$ 即为力 $\boldsymbol{F}$ 对转轴 z 的矩 M_z，则

$$\delta W = M_z \mathrm{d}\varphi \tag{18-15}$$

刚体从角 φ_1 到 φ_2 的转动过程中，力 $\boldsymbol{F}$ 所做的功为

$$W = \int_{\varphi_1}^{\varphi_2} M_z \mathrm{d}\varphi \tag{18-16}$$

若作用在刚体上的是力偶，则力偶所做的功仍按上式计算，式中 M_z 为该力偶矩矢在 z 轴上的投影。

若作用在转动刚体上的力偶其作用面与转轴垂直，力偶矩矢方向与转轴 z 方向相同，且力偶矩大小 M 保持不变，当刚体转角从 φ_1 转到 φ_2，力偶做功

$$W = M(\varphi_2 - \varphi_1) \tag{18-17}$$

例 18-1　质量为 10kg 的物块置于光滑的斜面上，斜面的倾角 $\theta = 35°$，物块用刚度 $k = 120\mathrm{N/m}$ 的弹簧系住，如图 18-6 所示。求当物块从 P_0（弹簧无变形）沿斜面运动到 P_1 位置，作用在物块上力在经沿斜面的路程 $s = 0.5\mathrm{m}$ 上的功。

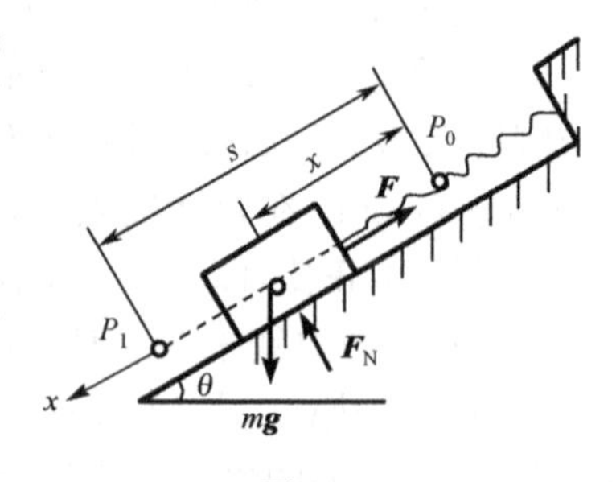

图 18-6

解　取 x 轴沿斜面向下，原点在点 P_0 位置。任意位置时作用在物块上的力如图所示：重力 $m\boldsymbol{g}$，方向垂直向下；法向约束力 $\boldsymbol{F}_N$，方向垂直于斜面向上，大小不变；弹性力 $\boldsymbol{F}$，方向指向 P_0 位置。

重力做功：　$W_1 = mg\sin\theta = 10 \times 9.8 \times 0.5 \times 0.574 = 28(\text{J})$

弹性力做功：　$W_2 = \frac{1}{2}k(0 - s^2) = -\frac{1}{2}ks^2 = -\frac{1}{2} \times 120 \times 0.5^2 = -15(\text{J})$

法向反力做功：$W_3 = F_N \times s \times \cos 90° = 0$

18.2　动　　能

18.2.1　质点的动能

设质点的质量为 m，某瞬时的速度为 v，则该瞬时质点的**动能**定义为

$$T = \frac{1}{2}mv^2$$

动能是表征机械运动的一种度量，与速度的平方成正比。动能是标量，且恒为正。

在国际单位制中，动能单位也为 J（焦尔）。

18.2.2　质点系的动能

质点系的动能等于质点系中各质点在同一瞬时动能总和，即

$$T = \sum \frac{1}{2}m_i v_i^2 \tag{18-18}$$

18.2.3　刚体的动能

1. 平移刚体的动能

刚体平移时，其上各点的速度在同一瞬时相同，可用其质心的速度 v_C 表示，若记刚体的质量为 m，则其动能

$$T = \sum \frac{1}{2}m_i v_i^2 = \sum \frac{1}{2}m_i v_C^2 = \frac{1}{2}mv_C^2 \tag{18-19}$$

2. 定轴转动刚体的动能

设刚体绕固定轴 z 转动，某瞬时角速度为 ω，如图 18-7 所示。则刚体上任意质量为 m_i 质点，距转轴的距离为 r_i，其速度为 $v_i = r_i\omega$。刚体动能

$$T = \sum \frac{1}{2}m_i v_i^2 = \sum \left(\frac{1}{2}m_i r_i^2 \omega^2\right) = \frac{1}{2}\omega^2 \sum m_i r_i^2$$

式中，$\sum m_i r_i^2 = J_z$ 为刚体对转轴的转动惯量。有

$$T = \frac{1}{2}J_z \omega^2 \tag{18-20}$$

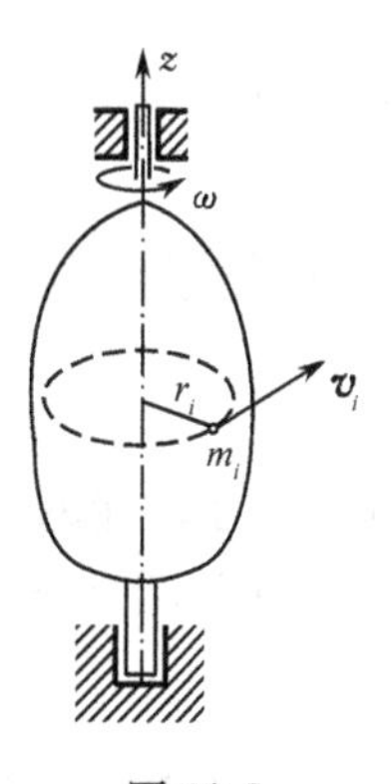

图 18-7

18.3　功能关系及应用

18.3.1　质点的功能关系

由质点运动微分方程

$$m\frac{\mathrm{d}\boldsymbol{v}}{\mathrm{d}t}=\boldsymbol{F}$$

两边点乘 $\mathrm{d}\boldsymbol{r}$，注意到 $\mathrm{d}\boldsymbol{r}=\boldsymbol{v}\mathrm{d}t$，则

$$m\boldsymbol{v}\cdot\mathrm{d}v=\boldsymbol{F}\cdot\mathrm{d}\boldsymbol{r}$$

由元功定义(18-4)式,上式可表示为

$$\mathrm{d}\left(\frac{1}{2}mv^2\right)=\delta W \tag{18-21}$$

即质点动能的增量等于作用于质点上力的元功。

对上式积分,得

$$\frac{1}{2}mv_2^2-\frac{1}{2}mv_1^2=W_{12} \tag{18-22}$$

即质点在运动的某运动过程中,其动能的改变量等于作用于质点的力在此过程中所做的功。称为质点的功能关系。

质点的功能关系,建立了质点的动能与作用在质点上力所做的功之间的关系,以标量的形式出现,求解质点的动力学问题比较方便。

18.3.2　质点系的功能关系

设质点系由 n 个质点组成,其中任一质点的质量为 m_i，某瞬时速度为 $\boldsymbol{v}_i$，作用于该质点上的力为 $\boldsymbol{F}_i$，力的元功为 δW_i。由质点功能关系(18-21)式

$$\mathrm{d}\left(\frac{1}{2}m_iv_i^2\right)=\delta W_i$$

对整个质点系有

$$\sum\mathrm{d}\left(\frac{1}{2}m_iv_i^2\right)=\sum\delta W_i$$

或写成

$$\mathrm{d}\left[\sum\left(\frac{1}{2}m_iv_i^2\right)\right]=\sum\delta W_i$$

注意到质点系动能的定义 $T=\sum\left(\frac{1}{2}m_iv_i^2\right)$。则上式可表示为

$$\mathrm{d}T=\sum\delta W_i \tag{18-23}$$

即质点系动能的增量等于作用于质点系上所有力的元功之和。

对上式积分,记 T_1 和 T_2 分别表示质点系在某一运动过程的起点和终点的动能,有

$$T_2-T_1=\sum W_i \tag{18-24}$$

该式为**质点系功能关系**,即质点系在某一运动过程中其动能的改变,等于作用于质点系上所有力在此过程中所做的功之和。

若将作用在质点系上的力分为主动力和约束反力。对于光滑接触面、一端固定的绳索等约束，其约束反力都垂直于力作用点的位移，做功为零。将约束反力做功为零的约束称之为**理想约束**。光滑铰接、刚性二力杆件以及不可伸长的细绳等作为质点系内部的约束时，由于约束的相互性，成对出现的约束反力所做的功之和为零，也是理想约束。在理想约束的条件下，质点系动能的变化只与主动力所做的功有关，应用功能关系时只需计算主动力所做的功。

若将作用在质点系上的力分为内力和外力。一般情况下，内力虽然等值反向，但所做的功的和不一定等于零。但若质点系为刚体时，由于刚体内部任两点的距离始终保持不变，沿此两点连线的位移必相等，等值反向的内力所做的功的和等于零。因此对于刚体而言，所有内力所做的功的和等于零。

应用功能关系解题步骤：(1)确定研究对象(可以是质点、质点系中的某一部分或质点系的全部)，选定应用功能关系的一段过程；(2)正确地进行受力分析，并计算作用在研究对象上的各力所作功的和；(3)正确进行运动分析，计算研究对象的动能；(4)应用功能关系求解未知量。

例 18-2　质量为 m 的小球，悬于弹簧的一端，并套在位于铅直平面内半径为 R 的光滑圆环上，如图 18-8 所示。设弹簧的刚性系数为 k，原长为 l_0，开始时小球距固定点 B 的距离为 $l_1(l_1>l_0)$，初速度为零。小球由于重力作用沿圆环运动，求其经过最低点 C 时的速度。

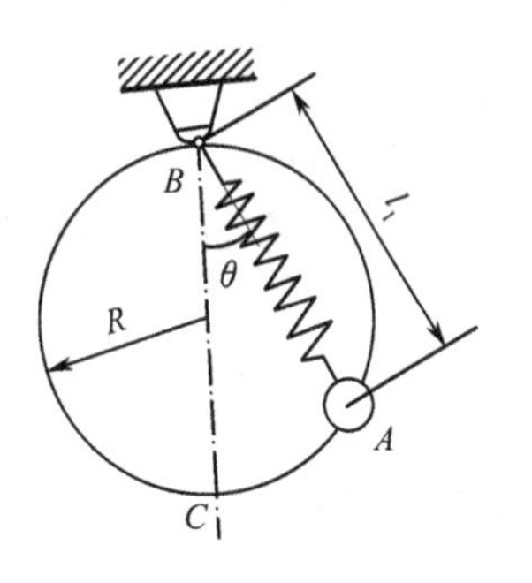

图 18-8

解　将小球视为质点，取其作为研究对象。取初始位置 A、最低位置 C 作为质点运动过程的始点和终点。

小球在重力、弹性力以及圆环约束反力的作用下沿圆环运动，从初始位置 A 到最低位置 C 过程中，重力做的功为 $mg(2R-l_1\cos\theta)=mg\left(2R-\frac{l_1^2}{2R}\right)$，弹性力作的功为 $\frac{1}{2}k[(l_1-l_0)^2-(2R-l_0)^2]$，约束反力作的功为零。

作用系统上力所做的功：

$$W=mg\left(2R-\frac{l_1^2}{2R}\right)+\frac{1}{2}k[(l_1-l_0)^2-(2R-l_0)^2]$$

小球沿圆环做圆周运动，开始时动能为零，动能

$$T_1=0$$

运动到最低点 C 时，动能

$$T_2=\frac{1}{2}mv_C^2$$

由质点功能关系

$$\frac{1}{2}mv_C^2-0=mg\left(2R-\frac{l_1^2}{2R}\right)+\frac{1}{2}k[(l_1-l_0)^2-(2R-l_0)^2]$$

解得经过最低点 C 时小球速度：

$$v_C=\sqrt{2g\left(2R-\frac{l_1^2}{2R}\right)+\frac{k}{m}[(l_1-l_0)^2-(2R-l_0)^2]}$$

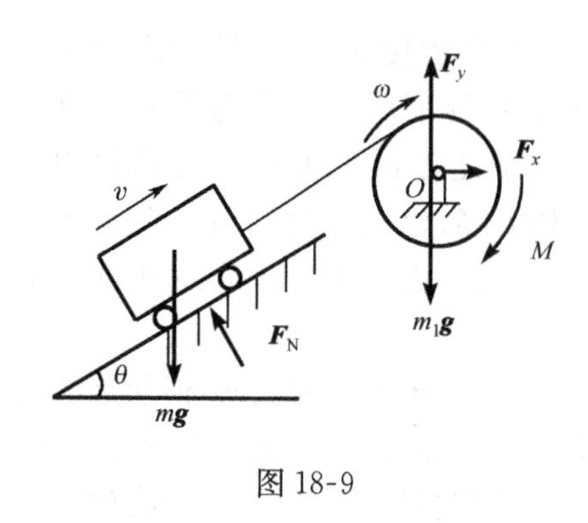

图 18-9

例 18-3 质量为 m 的小车置于斜面上，斜面的倾角为 θ，鼓轮质量为 m_1，半径为 r，对转轴 O 的转动惯量 $\frac{1}{2}m_1r^2$，如图 18-9 所示。在鼓轮上作用不变的力偶，该力偶的力偶矩为 M，转向如图。试求当小车由静止开始沿斜面运动路程 s 时，小车的速度及加速度。

解 取小车及鼓轮作为研究对象。小车及鼓轮受力分析如图所示。小车受力：重力 $m\boldsymbol{g}$，方向垂直向下；法向约束力 $\boldsymbol{F}_N$，方向垂直于斜面向上，大小不变；鼓轮受力：重力 $m_1\boldsymbol{g}$，方向垂直向下，轴 O 处约束力 $\boldsymbol{F}_x$ 方向假设水平向右、$\boldsymbol{F}_y$ 方向假设垂直向上，作用其上力偶的力偶矩 M 转向如图所示。

作用系统上力所做的功：

$$W = M\varphi - mgs\sin\theta = M\frac{s}{r} - mgs\sin\theta$$

动能计算：

开始静止 $T_1 = 0$

小车沿斜面运动路程 s 时，假设小车速度 v，鼓轮角速度 ω，系统动能

$$T_2 = \frac{1}{2}mv^2 + \frac{1}{2}J_O\omega^2 = \frac{1}{2}mv^2 + \frac{1}{4}m_1r^2\left(\frac{v}{r}\right)^2 = \frac{1}{4}v^2(2m + m_1)$$

由功能关系：
$$T_2 - T_1 = \sum W_i$$

解得小车的速度：
$$v = \sqrt{\frac{4(M - rmg\sin\theta)s}{r(2m + m_1)}}$$

上式对时间 t 求导得小车加速度：
$$a = \frac{2(M - rmg\sin\theta)}{r(2m + m_1)}$$

习　题

18-1　如题 18-1 图所示，弹簧原长 $l = 0.1\text{m}$，刚性系数 $k = 0.49\text{kN/m}$，一端固定在半径 $R = 0.1\text{m}$ 的圆周的某点 O 上，另一端由图示点 B 拉至点 A，OA 为圆直径，$AC \perp BC$，C 为圆心。求弹簧力所做的功。

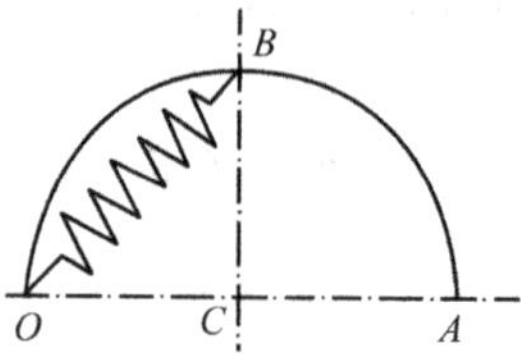

18-2　如题 18-2 图所示，跨过滑轮的绳子牵引质量为 2kg 的滑块 A 沿倾角为 30°的光滑斜槽内滑动。设绳子的拉力 $F = 20\text{N}$。计算滑块由位置 A 至位置 B 时，重力与拉力 $\boldsymbol{F}$ 所做的总功。

B
O　C　A

题 18-1 图

18-3　如题 18-3 图所示，计算下列各物体的动能，各物体质量均为 m：①图(a)所示长为 l 的均质杆，绕 O 轴以角速度 ω 转动；②图(b)所示半径为 r 的均质圆盘，绕 O 轴以角速度 ω 转动，质心 C 到点 O 的距离为 e。

18-4　如题 18-4 图所示，重物 A、B 的质量分别为 m_A、m_B，且 $m_A > m_B$，两重物以不计质量的细绳绕在滑轮上，滑轮可视为半径为 r 质量均为 m 的均质圆盘，绳与滑轮间无相对滑动。求当重物 A 的速度为 $\boldsymbol{v}$ 时，系统的动能。

18-5　如题 18-5 图所示，自动弹射器如图示位置放置，弹簧的原长等于射筒长度为 200mm。欲使弹簧变形 10mm 需 2N 的力。若弹簧被压缩到 100mm，让质量为 30g 的小球自弹射器射出。求小球离开弹射器筒口时的速度。

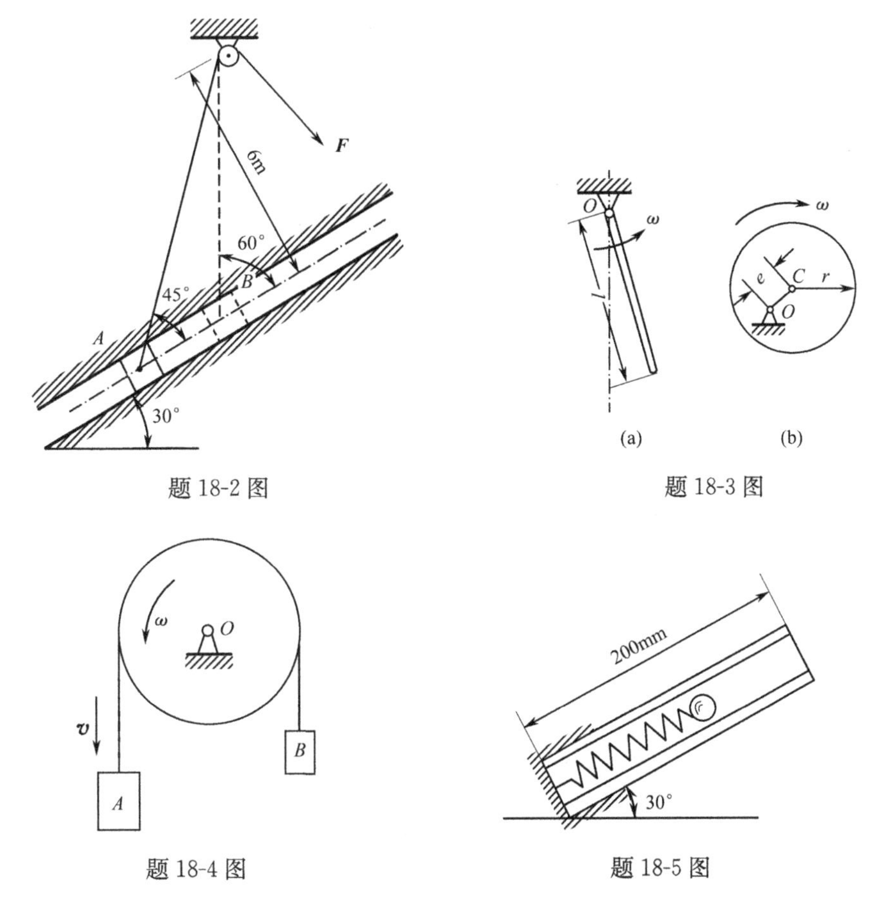

题 18-2 图　　题 18-3 图

题 18-4 图　　题 18-5 图

18-6　如题 18-6 图所示，质量为 2kg 的物块 A 在弹簧上处于静止。弹簧刚性系数为 $k=400\text{N/m}$。将质量为 4kg 的物块 B 放置于物块 A 上，刚接触就释放。求：①弹簧对两物块最大作用力；②两物块获得的最大速度。

18-7　如题 18-7 图所示，滑块 A 的质量为 20kg，以弹簧与固定点 O 相连，并套在固定的铅直光滑杆上。开始时 OA 处于水平位置，滑块无初速沿直杆滑下，求滑块下滑 $h=0.15\text{m}$ 时的速度。已知 $OA=0.20\text{m}$，弹簧原长为 0.10m，质量不计，刚度系数为 3920N/m。

18-8　如题 18-8 图所示，力偶矩为 M 的不变的力偶作用在绞车的鼓轮上，使轮转动，并通过不计质量的细绳，带动重物沿倾角为 θ 的斜面上升。鼓轮质量为 m_1，半径为 r，可视为均质圆柱。重物的质量为 m_2，与斜面间的滑动摩擦系数为 f。开始时，系统处于静止。求鼓轮转过 φ 角时的角速度和角加速度。

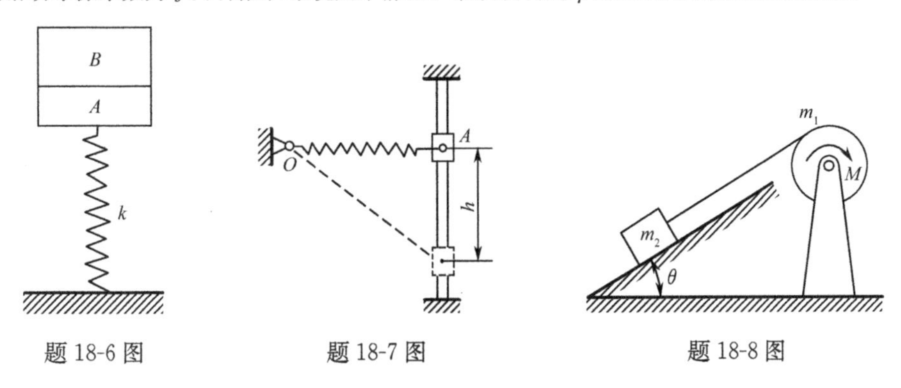

题 18-6 图　　题 18-7 图　　题 18-8 图

第四篇　专　　题

本篇专题讨论惯性力引起的动应力、冲击力引起的动应力以及交变应力等问题。

第 19 章　动强度专题

19.1　动应力概述

在前面各章中，我们研究杆件的强度、刚度、稳定性问题时，都是假定杆件是在静载荷的作用下。所谓静载荷，就是不考虑加速度的效应。这要求构件相对于惯性参考系静止或做匀速直线运动，并且载荷从零开始缓慢增加到最大值之后不再变化。静载荷引起的应力可看成是与加速度无关且不随时间变化的，称为**静应力**。但在实际问题中有些情形下不是如此。例如，起重机加速提升重物时，钢绳的受力明显地受提升的加速度影响。运输货物过程中由于汽车紧急制动或由于车轮越过路面的凹凸部分，货物明显会受到随时间变化的冲击力的作用。又如，发动机汽缸中的活塞杆所受的力随着活塞的往复运动而周期性地改变大小和方向。建筑物在地震时受到的则是一种突加载荷，其大小可以使结构毁坏。这些必须考虑加速度效应的载荷称为**动载荷**。动载荷在构件内引起的应力称为**动应力**。动应力作用下的强度问题为动强度问题。本章中我们主要研究构件在匀加速直线平动及匀速转动时的动应力、冲击应力以及交变应力作用下的强度计算。

实验结果表明，只要应力不超过比例极限，胡克定律仍适用于动载荷下应力、应变的计算，弹性模量也与静载荷作用下的数值相同。

19.2　构件做匀加速直线平移及做匀速转动时的动应力

当构件做匀加速直线平移或做匀速转动时，各质点的加速度可由运动学知识求出，于是可以通过虚加惯性力，应用动静法计算各截面上的内力和应力。

19.2.1　构件作匀加速直线平移时的动应力

设重为 $\boldsymbol{G}$ 的重物被起重机上的吊索以加速度 a 提升(图 19-1(a))。吊索的质量相对于重物来讲很微小而可忽略不计。为计算吊索横截面上的动应力，用截面 m-m 将吊索截开，取下段吊索连同重物为分离体(图 19-1(b))。作用于该分离体上的力有：重物的重力 G；吊索截面上的轴力 F_{Nd}；虚加的惯性力$\dfrac{G}{g}a$。其中，惯性力的方向与加速度 a 的方向相反，即铅垂向下。由平衡方程 $\sum X=0$，得

$$F_{\mathrm{Nd}}-G-\frac{G}{g}a=0$$

故有

$$F_{\mathrm{Nd}}=G+\frac{G}{g}a=G\left(1+\frac{a}{g}\right) \tag{19-1}$$

式(19-1)表明,重物被以匀加速度 a 提升时,吊索的受力为静载荷的$\left(1+\dfrac{a}{g}\right)$倍。记

$$K_{\mathrm{d}}=1+\frac{a}{g} \tag{19-2}$$

称为构件做匀加速提升时的**动荷因数**,则有

$$F_{\mathrm{Nd}}=K_{\mathrm{d}}G \tag{19-1*}$$

若吊索横截面面积为 A,由此可得吊索横截面上的动应力为

$$\sigma_{\mathrm{d}}=\frac{F_{\mathrm{Nd}}}{A}=K_{\mathrm{d}}\frac{G}{A}=K_{\mathrm{d}}\sigma_{\mathrm{st}} \tag{19-3}$$

其中,$\sigma_{\mathrm{st}}=\dfrac{G}{A}$为**静应力**,它是当 $a=0$(此时重物处于被匀速提升状态)时,吊索横截面上的应力。

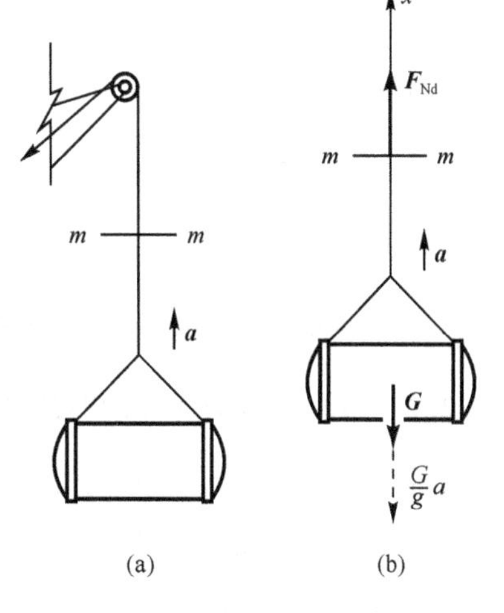

图 19-1

在匀加速运动引起的动应力作用下,材料的许用应力可认为与静应力作用下相同,于是该吊索的强度条件可以写为

$$\sigma_{\mathrm{d}}=K_{\mathrm{d}}\sigma_{\mathrm{st}}\leqslant[\sigma] \tag{19-4}$$

其中,$[\sigma]$为静载下的许用应力。

例 19-1　将一水平状态杆件以匀加速度 a 向上提升,如图 19-2(a)所示。杆的横截面面积为 A,抗弯截面系数为 W_z,单位体积受的重力为 γ。求杆中央横截面上的最大动应力。

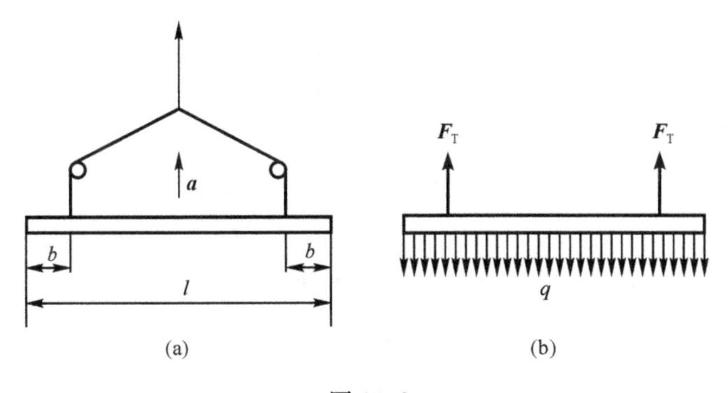

图 19-2

解　当无加速度时,杆件的受力图如图 19-2(b)所示。作用于杆件上的力有:杆件每单位长度受重力 $q=\gamma A$,吊升力 F_{T}。当有向上加速度 a 时,虚加的惯性力 q' 大小为$\dfrac{\gamma}{g}Aa$,方向向下(图中未画出)。这种情形相当于将杆上的载荷由 γA 增加为$\left(1+\dfrac{a}{g}\right)\gamma A$,故也只要先计算重力引起的最大静应力 $\sigma_{\mathrm{st,max}}$,再计算动荷因数$K_{\mathrm{d}}=1+\dfrac{a}{g}$,两者相乘即为最大动应力 $\sigma_{\mathrm{d,max}}$。以 F_{T} 表示重力(静载荷)作用下钢绳中的拉力,则梁的中央横截面上的静弯矩为

$$M=F_{\mathrm{T}}\left(\frac{l}{2}-b\right)-\frac{1}{2}q\left(\frac{l}{2}\right)^{2}=\frac{1}{2}A\gamma\left(\frac{l}{4}-b\right)l$$

相应的最大应力(静应力)为

$$\sigma_{\mathrm{st,max}} = \frac{M}{W_z} = \frac{A\gamma}{2W_z}\left(\frac{l}{4} - b\right)l$$

动荷因数

$$K_{\mathrm{d}} = 1 + \frac{a}{g}$$

故中央横截面上的最大动应力为

$$\sigma_{\mathrm{d,max}} = K_{\mathrm{d}}\sigma_{\mathrm{st,max}} = \left(1 + \frac{a}{g}\right)\frac{A\gamma}{2W_z}\left(\frac{l}{4} - b\right)l$$

若构件做水平加速运动，读者可用同样方法推导其动应力。

19.2.2 薄圆环做匀速转动时的动应力

有些转动零件如飞轮等，其质量主要分布在轮缘处的圆周上，计算时可简化为薄圆环。设圆环以匀角速度 ω 绕通过圆心且垂直于纸面的轴旋转(图 19-3(a))。若圆环的厚度 t 远小于直径 D，便可近似地认为环内各点的加速度大小都等于$\frac{D\omega^2}{2}$，方向指向圆心。以 A 表示圆环的横截面面积，γ 表示单位体积受的重力。于是沿环轴线均匀分布的惯性力集度为 $q_{\mathrm{d}}=\frac{\gamma A}{g}a_{\mathrm{n}}=\frac{\gamma AD}{2g}\omega^2$，方向背离圆心，如图 19-3(b)所示。由半个圆环(图 19-3(c))的平衡方程 $\sum Y = 0$，得

$$2F_{\mathrm{Nd}} = \int_0^{\pi} q_{\mathrm{d}} \sin\varphi \frac{D}{2}\mathrm{d}\varphi = q_{\mathrm{d}}D$$

$$F_{\mathrm{Nd}} = \frac{q_{\mathrm{d}}D}{2} = \frac{\gamma AD^2}{4g}\omega^2$$

由此求得圆环截面上的应力为

$$\sigma_{\mathrm{d}} = \frac{F_{\mathrm{Nd}}}{A} = \frac{\gamma}{4g}D^2\omega^2 = \frac{\gamma}{g}v^2 \tag{19-5}$$

其中，$v=\frac{D\omega}{2}$是圆环轴线上的点的线速度。强度条件是

$$\sigma_{\mathrm{d}} = \frac{\gamma}{g}v^2 \leqslant [\sigma] \tag{19-6}$$

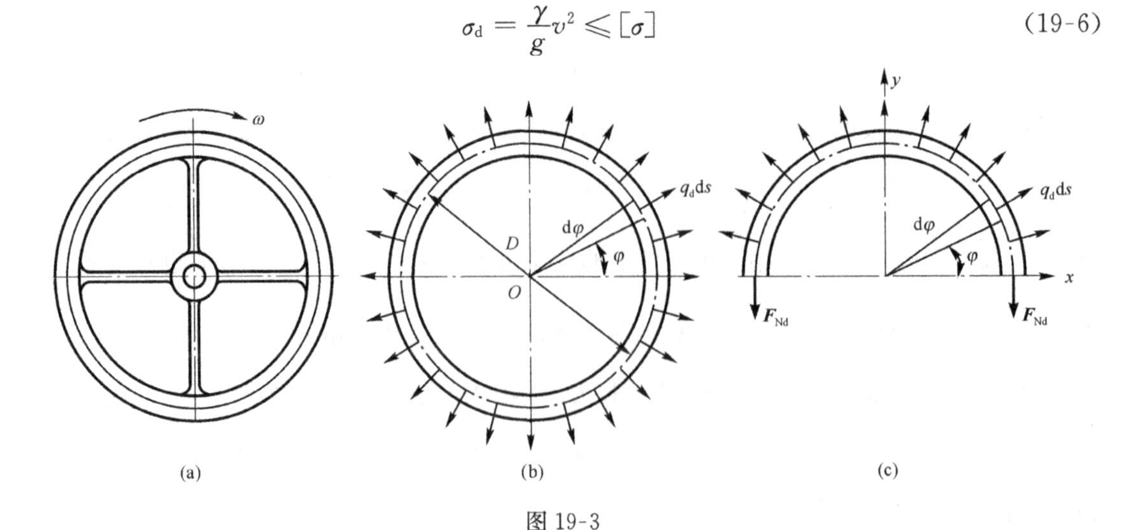

图 19-3

从式(19-5)、式(19-6)可看出，环内的应力与圆环的横截面的面积无关，增大横截面面积并不能减小应力。要保证强度，应限制圆环的转速。

19.3 冲击应力

当具有一定速度的运动物体向静止构件冲击时，冲击物的速度在很短的时间内发生很大的改变，这表明冲击物得到很高的负值加速度，因而有很大的力作用在冲击物上。根据作用与反作用原理，在受冲击的构件上受到同样大小的、方向与之相反的力(冲击力)的作用。构件所受的这种载荷称为**冲击载荷**。由冲击载荷引起的应力称为**冲击应力**。

在研究冲击应力及变形时，由于冲击过程在瞬间完成，难以准确描绘加速度和作用力的变化情况，因此不便使用动静法，而利用能量关系进行研究。为了不使问题过于复杂，对冲击过程做出如下假设：

1) 冲击物的变形可忽略不计；冲击后，冲击物与被冲击构件一起运动，而不发生反弹。

2) 不考虑被冲构件的质量，即认为冲击应力瞬时遍及整个被冲击构件，并假设被冲击构件的应力-应变关系为线性的。

3) 假设冲击过程中无机械能损失，即冲击物的动能和势能全部转变为被冲击构件的弹性变形能。

在这些假设的基础上，应用机械能守恒原理来计算构件在冲击过程中的最大变形和最大应力。

如图 19-4(a)所示为一个由重物(冲击物)和简支梁(受冲构件)构成的冲击系统，图 19-4(b)为其力学模型。实际问题中的各种弹性构件在弹性范围内变形与作用力成正比，因而都可看作是弹簧，只是各种情况的弹簧常数不同而已。设重量为 G 的重物垂直落下，在与梁发生冲击前的瞬间具有速度 v，冲击过程中由于受冲构件的弹性抗力，使冲击物的速度迅速减小，最后为零，此时受冲构件的位移达最大值 Δ_d，同时冲击力也达最大值 F_d。由于忽略冲击过程中的能量损失，冲击物在冲击过程中所减少的动能 T 和势能 V，应全部转化为受冲构件的弹性变形能 U_d，即

$$T+V=U_d \tag{19-7}$$

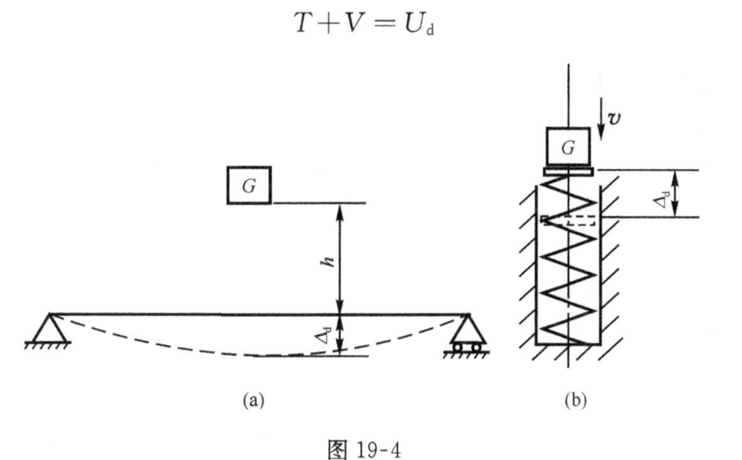

图 19-4

其中，U_d 因假设应力-应变关系为线性的而有

$$U_{\mathrm{d}}=\frac{1}{2}F_{\mathrm{d}}\Delta_{\mathrm{d}} \tag{a}$$

将式(a)代入式(19-7)，并以最大变形时的重物位置为重力势能零点则 $V=G\Delta_{\mathrm{d}}$，得

$$T+G\Delta_{\mathrm{d}}=\frac{1}{2}F_{\mathrm{d}}\Delta_{\mathrm{d}} \tag{b}$$

设想重物 G 按静载方式作用于构件上，所引起的静变形记为 Δ_{st}，则在线弹性范围内下列关系成立

$$\frac{F_{\mathrm{d}}}{G}=\frac{\Delta_{\mathrm{d}}}{\Delta_{\mathrm{st}}}$$

或

$$F_{\mathrm{d}}=G\frac{\Delta_{\mathrm{d}}}{\Delta_{\mathrm{st}}} \tag{c}$$

式(c)代入式(b)整理后得关于 Δ_{d} 的一元二次方程，即

$$\Delta_{\mathrm{d}}^{2}-2\Delta_{\mathrm{st}}\Delta_{\mathrm{d}}-\frac{2T\Delta_{\mathrm{st}}}{G}=0 \tag{d}$$

从该方程解出

$$\Delta_{\mathrm{d}}=\Delta_{\mathrm{st}}\pm\sqrt{\Delta_{\mathrm{st}}^{2}+\frac{2T}{G}\Delta_{\mathrm{st}}}=\left(1\pm\sqrt{1+\frac{2T}{G\Delta_{\mathrm{st}}}}\right)\Delta_{\mathrm{st}} \tag{e}$$

为了求 Δ_{d} 的最大值，式(e)中根号前应取正号，故有

$$\Delta_{\mathrm{d}}=\left(1+\sqrt{1+\frac{2T}{G\Delta_{\mathrm{st}}}}\right)\Delta_{\mathrm{st}}=K_{\mathrm{d}}\Delta_{\mathrm{st}} \tag{19-8}$$

其中

$$K_{\mathrm{d}}=1+\sqrt{1+\frac{2T}{G\Delta_{\mathrm{st}}}} \tag{19-9}$$

称为垂直冲击时的**动荷因数**。

将式(19-8)代入式(c)得

$$F_{\mathrm{d}}=K_{\mathrm{d}}G \tag{19-10}$$

如果冲击物是从受冲构件上方 h 处自由落下，则在发生冲击前的瞬间动能 $T=Gh$，代入式(19-9)中得

$$K_{\mathrm{d}}=1+\sqrt{1+\frac{2h}{\Delta_{\mathrm{st}}}} \tag{19-11}$$

式(19-11)即为自由落体冲击的动荷因数。

若 $h=0$，即重物不是由高处落下，只是突然加在构件上，由式(19-11)得 $K_{\mathrm{d}}=2$，说明这样加载使构件承受的冲击力和最大变形为静载荷作用下相应量的两倍。

如果是水平冲击(图 19-5)，冲击前瞬间冲击物的速度为 $\boldsymbol{v}$，则能量关系式(19-7)中 $T=\frac{G}{2g}v^{2}$，$V=0$。该式成为

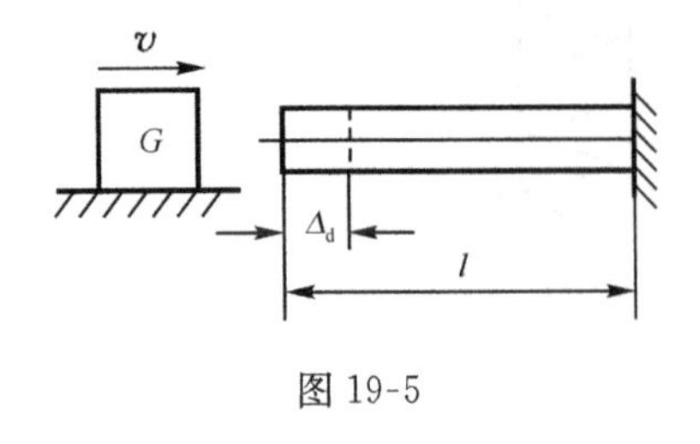

图 19-5

$$\frac{Gv^{2}}{2g}=\frac{1}{2}F_{\mathrm{d}}\Delta_{\mathrm{d}} \tag{f}$$

设想以大小等于冲击物重量的静载荷按冲击方向作用于构件时，构件的静变形为 Δ_{st}，则有

$$F_{\mathrm{d}}=G\frac{\Delta_{\mathrm{d}}}{\Delta_{\mathrm{st}}} \tag{g}$$

式(g)代入式(f)后解得

$$\Delta_d = \sqrt{\frac{v^2}{g}\Delta_{st}} \tag{h}$$

故有

$$K_d = \frac{\Delta_d}{\Delta_{st}} = \sqrt{\frac{v^2}{g\Delta_{st}}} \tag{19-12}$$

和

$$F_d = K_d G \tag{19-13}$$

式(19-12)为水平冲击时的动荷因数。

根据式(19-10)、式(19-13)及关于冲击的第 2)条假设，可得到上述两种情形下的最大冲击动应力，即

$$\sigma_d = K_d \sigma_{st} \tag{19-14}$$

其中，σ_{st}为大小等于冲击物重量的载荷以静载方式作用引起的静应力。

对受冲击载荷作用的构件进行强度计算时，虽然由试验结果知道，材料在冲击载荷下的强度比在静载荷下的要略高一些，但通常仍按材料在静载荷下的许用应力来建立强度条件。因此，构件的冲击安全条件为

$$\sigma_d = K_d \sigma_{st} \leqslant [\sigma] \tag{19-15}$$

其中，$[\sigma]$为材料在静荷作用下的许用应力。

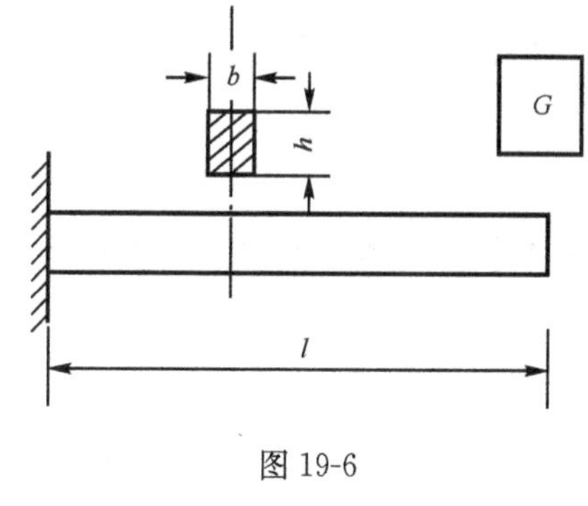

图 19-6

例 19-2　重为G=1kN 的重物从高度 40mm 处自由下落，冲击在木制悬臂梁的自由端，如图 19-6 所示。梁长l=2m，横截面为$b\times h$=120mm×200mm 的矩形，木材的E=10GPa。试求梁的最大正应力及最大挠度。

解　1) 计算静应力及静挠度之最大值。

$$\sigma_{st,max} = \frac{M_{max}}{W_z} = \frac{Gl}{\frac{bh^2}{6}} = \frac{1\times 10^3 \times 2}{\frac{120\times 200^2 \times 10^{-9}}{6}} = 2.5\times 10^6(\text{Pa}) = 2.5(\text{MPa})$$

$$w_{st,max} = \frac{Gl^3}{3EI} = \frac{1\times 10^3 \times 2^3}{3\times 10\times 10^9 \times \frac{1}{12}\times 120\times 200^3 \times 10^{-12}} = 3.333\times 10^{-3}(\text{m}) = 3.333(\text{mm})$$

2) 确定动荷因数。

根据式(19-11)有

$$K_d = 1 + \sqrt{1+\frac{2h}{\Delta_{st}}}$$

其中，h=40mm，$\Delta_{st}=w_{st,max}$=3.333mm，于是

$$K_d = 1 + \sqrt{1+\frac{2\times 40\times 10^{-3}}{3.333\times 10^{-3}}} = 6$$

3) 计算冲击载荷作用下的最大正应力及最大挠度。

$$\sigma_{d,max} = K_d \sigma_{st,max} = 6\times 2.5 = 15(\text{MPa})$$

$$w_{d,max} = K_d w_{st,max} = 6\times 3.333 = 20(\text{mm})$$

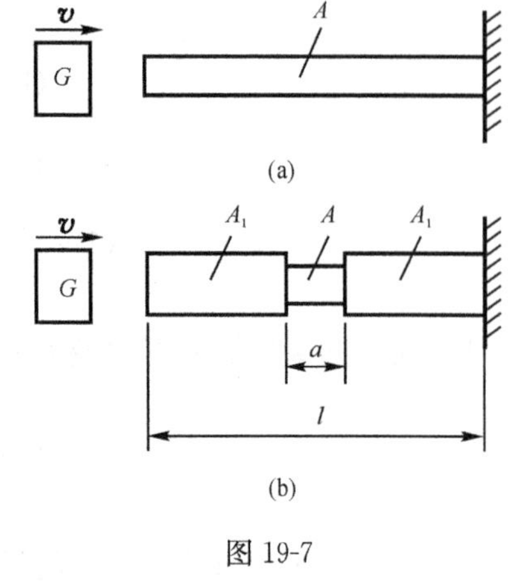

图 19-7

例 19-3　重物重为 G，以速度 $\boldsymbol{v}$ 沿水平方向分别冲击于图 19-7 所示的两根杆的顶端。试比较两杆中的动应力。已知杆长为 l，$a=0.1l$，横截面面积分别为 A 及 $A_1=2A$，材料的弹性模量为 E。

解　两杆在大小为 G 的水平力作用下的最大静应力相同，为

$$\sigma_{st1}=\sigma_{st2}=\frac{G}{A}$$

而静变形分别为

$$\Delta_{st1}=\frac{Gl}{EA}$$

$$\Delta_{st2}=\frac{G(0.9l)}{E(2A)}+\frac{G(0.1l)}{EA}=0.55\frac{Gl}{EA}$$

两杆的冲击动荷因数分别为

$$K_{d1}=\sqrt{\frac{v^2}{g\Delta_{st1}}}=v\sqrt{\frac{EA}{gGl}},\qquad K_{d2}=\sqrt{\frac{v^2}{g\Delta_{st2}}}=1.35v\sqrt{\frac{EA}{gGl}}$$

故两杆中的最大冲击动应力分别为

$$\sigma_{d1}=K_{d1}\sigma_{st1}=v\sqrt{\frac{EA}{gGl}}\cdot\frac{G}{A}=v\sqrt{\frac{EG}{gAl}}$$

$$\sigma_{d2}=K_{d2}\sigma_{st2}=1.35v\sqrt{\frac{EA}{gGl}}\cdot\frac{G}{A}=1.35v\sqrt{\frac{EG}{gAl}}$$

例 19-4　吊索的下端悬挂一重为 $G=25\text{kN}$ 的重物，并以速度 $v=1\text{m/s}$ 下降（图 19-8）。当吊索长度为 $l=10\text{m}$ 时，上端滑轮处突然被卡住。试求吊索受到的冲击载荷 P_d 和冲击应力 σ_d。设吊索的横截面面积 $A=414\text{mm}^2$，弹性模量 $E=170\text{GPa}$。滑轮及吊索的质量略去不计。

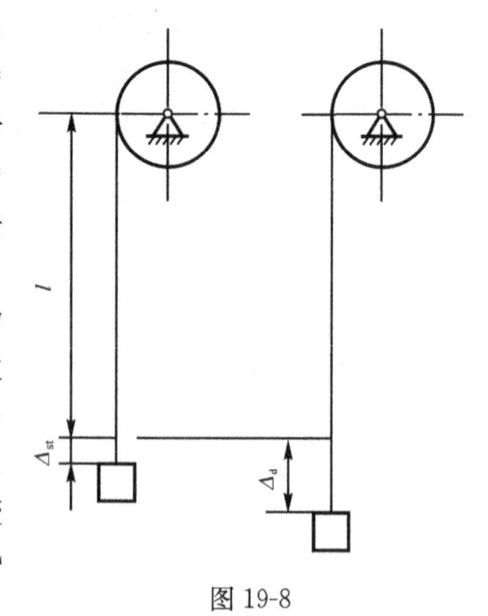

图 19-8

解　吊索上端突然卡住时，重物速度急速由 v 变为零，因而使吊索下端受到冲击力 F_d。但公式(19-9)不适用于这个问题，因为当前这个冲击系统在冲击发生前，吊索已经有静载荷引起的变形，并储存了相应的变形能。以 Δ_{st} 表示冲击开始时吊索的伸长，Δ_d 表示吊索达最大变形时的伸长，并以吊索最大变形时的重物位置为重力势能零点。冲击开始时系统的动能为 $\frac{1}{2}\frac{G}{g}v^2$，重力势能为 $G(\Delta_d-\Delta_{st})$，弹性变形能为 $\frac{1}{2}G\Delta_{st}$。吊索达最大变形时系统的动能和重力势能都为零，弹性变形能为 $\frac{1}{2}F_d\Delta_d$。代入能量关系式(19-7)，得

$$\frac{1}{2}\frac{G}{g}v^2+G(\Delta_d-\Delta_{st})+\frac{1}{2}G\Delta_{st}=\frac{1}{2}F_d\Delta_d$$

以 $F_d=G\dfrac{\Delta_d}{\Delta_{st}}$代入上式，经化简后得

$$\Delta_d^2-2\Delta_{st}\Delta_d+\Delta_{st}^2\left(1-\frac{v^2}{g\Delta_{st}}\right)=0$$

解出

$$\Delta_d=\left(1+\sqrt{\frac{v^2}{g\Delta_{st}}}\right)\Delta_{st}$$

故这种情形下的冲击动荷因数为

$$K_d=1+\sqrt{\frac{v^2}{g\Delta_{st}}}$$

以 $v=1\text{m/s},\Delta_{st}=\dfrac{Gl}{EA}=\dfrac{25\times10^3\times10}{170\times10^9\times414\times10^{-6}}=0.00355\text{m}$ 代入计算得

$$K_d=1+\sqrt{\frac{1^2}{9.81\times0.00355}}=6.36$$

最大冲击力为

$$F_d=K_dG=6.36\times25=159(\text{kN})$$

冲击动应力为

$$\sigma_d=K_d\sigma_{st}=K_d\frac{G}{A}=6.36\times\frac{25\times10^3}{414\times10^{-6}}=384\times10^6(\text{Pa})=384(\text{MPa})$$

上述三个例题中计算动荷因数的公式都表明冲击动荷因数 K_d 与静位移 Δ_{st}有关。受冲构件的刚度愈小，则静位移愈大，K_d 将相应减小，从而冲击载荷 F_d 及冲击动应力 σ_d 也将相应减小。在冲击问题中，**如能增大静位移 Δ_{st}，就可以降低动荷因数从而降低冲击应力。**这是因为静位移的增大表示结构较为柔软，因而能更多地吸收冲击物的能量。但是，较为柔软的材料静强度一般较低。为了既能降低动荷因数又能不影响结构的静强度，通常不是改变结构本身的材料，而是采取在冲击物与受冲击构件之间设置缓冲元件的做法。例如，在车辆的轮轴与车厢之间安装压缩弹簧；在机器的受冲击的零、部件上安装橡胶减震器等。在包装工程中，经常使用瓦楞纸板、蜂窝纸板、泡沫塑料等材料来包装产品，正是因为这些材料比较柔软，产品经它们包装后，总体有较大的静变形能力，能在受到冲击的时候，显著地降低动应力。贵重产品的包装，应进行专门的缓冲包装设计。

从例 19-3 还可看出，在两杆的最小横截面相同的情形下，等截面杆中的冲击应力比变截面杆中的小，尽管变截面杆所用材料比等截面杆多。因此，受冲击作用的杆件应尽量设计成等截面的。如图 19-9(a)所示的螺栓杆，从提高抗冲击性能考虑，宜改成图 19-9(b)、(c)所示形状。

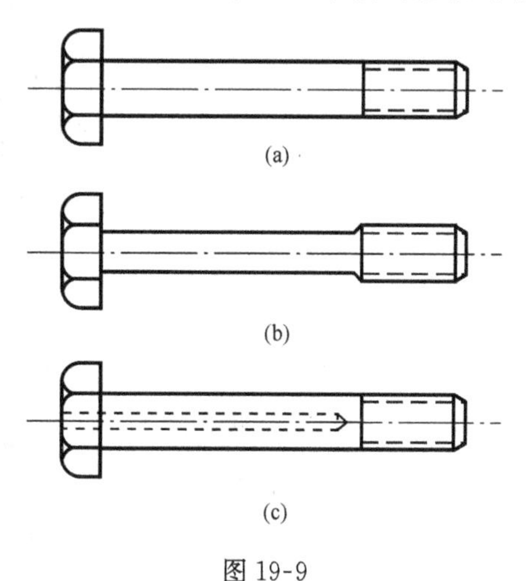

图 19-9

19.4　交变应力与疲劳强度简介

交变应力是一种特殊的动应力，构件在交变应力作用下，强度指标有明显改变。本节仅对受对称循环交变应力作用时的强度计算作简单介绍。

19.4.1　交变应力与疲劳失效概述

在工程实际中，有些构件所受的载荷是随时间而呈周期性变化且不断重复的。这种载荷在构件中引起的应力也是随时间而呈周期性变化且不断重复的。例如，图 19-10(a)所示的轴，力学模型为图 19-10(b)，由飞轮自重 F_P 引起的弯矩总在铅垂平面内，当轴匀速转动时其横截面上 A 点处的弯曲正应力如图 19-10(c)中曲线所示的规律变化，图中 σ_1、σ_2、σ_3、σ_4 分别表示当 A 点经过位置 1、2、3、4 时的瞬时应力。只要轴在转动，这种应力变化过程就不断地重复。又如图 19-11(a)所示传动齿轮，齿根应力按图 19-11(b)所示规律变化，齿轮每转一周应力就重复一次。再如图 19-12(a)所示的梁，因电机转子偏心，当转子旋转时惯性力的铅垂分量大小随时间而呈周期性变化，因而在梁中引起周期性变化且不断重复的应力，其随时间变化的情况如图 19-12(b)中曲线所示。

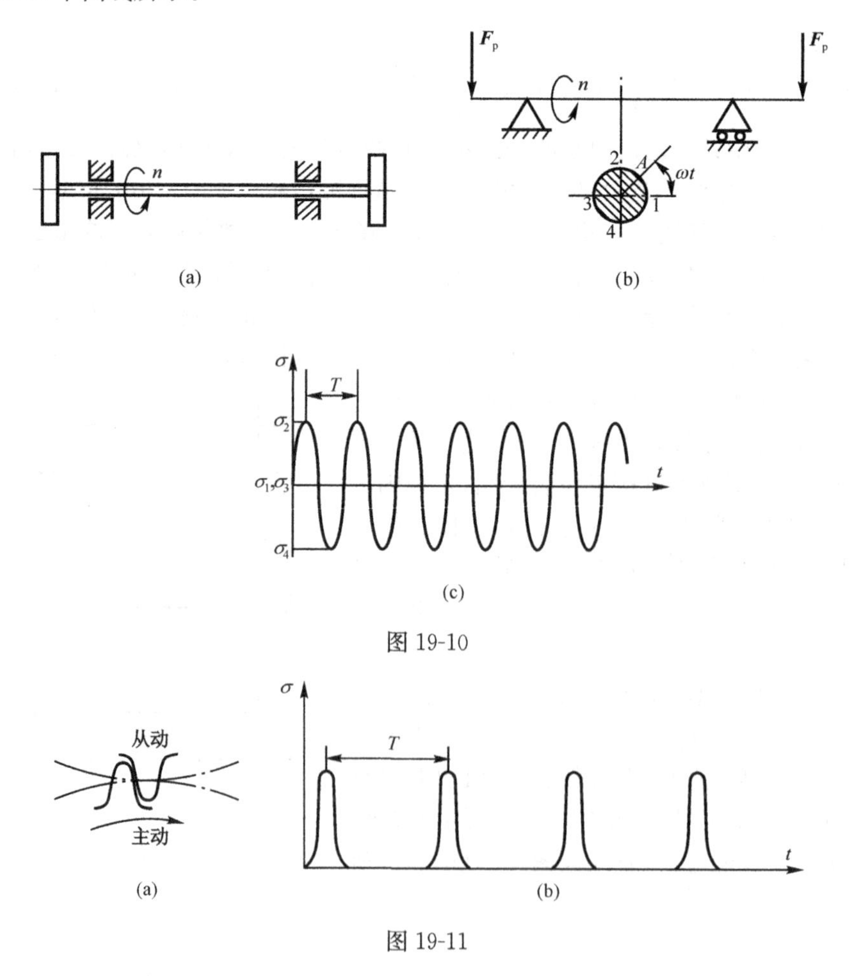

图 19-10

图 19-11

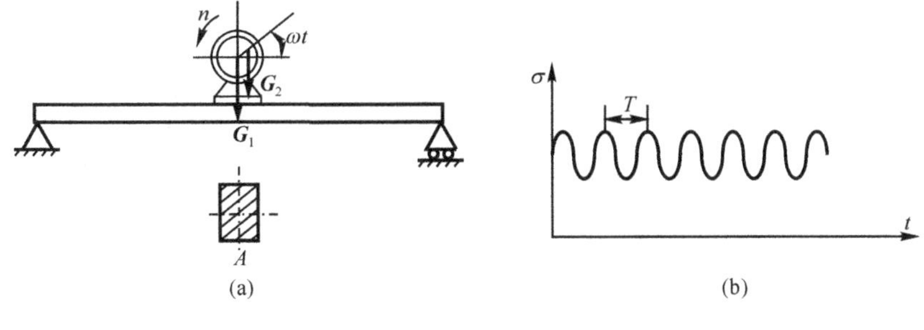

图 19-12

随时间作周期性变化的应力，称为**交变应力**。这种应力每重复一次的过程称为一个**应力循环**。T 为一个应力循环的周期。大量实践和试验表明，构件在交变应力作用下发生的失效不仅与在静载荷作用下，而且也与在其他动载荷作用下发生的失效全然不同。这种失效表现为材料破坏，且具有以下特征：

1）材料的破坏是在经历了一定数量的应力循环次数后才突然发生的。

2）破坏时名义应力值远低于材料在静荷作用下的强度指标。即，即使构件的工作应力小于材料的强度极限甚至小于屈服极限，只要长期承受交变应力，也还是经常发生断裂破坏。

3）构件在交变应力引起的失效过程中没有明显的塑性变形。破坏的断口一般都有明显的两个区域：光滑区和粗糙区，如图 19-13 所示。

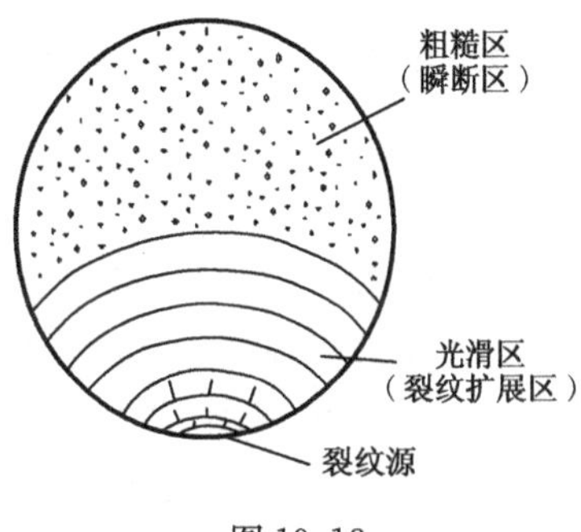

图 19-13

习惯上把交变应力作用下具有上述特征的失效称为**疲劳失效**。对于造成构件疲劳失效的材料破坏过程一般作如下解释：由于构件的形状的原因或材料不均匀、有微观缺陷等原因，构件中某些局部区域应力特别高。在长期交变应力作用下，在上述应力特别高的局部区域中逐步形成微观裂纹。裂纹相当于尖锐的横向切口，其前缘存在高度应力集中，促使裂纹在一次次应力循环中逐渐扩展，由微观变为宏观。由于裂纹尖端一般处在三向拉伸应力状态下，不易于出现塑性变形。裂纹的两侧面在交变应力作用下时而分开时而压紧（当受拉压交变应力作用时），或来回错动（当受剪切交变应力作用时），不断研磨，因而形成光滑区。当裂纹逐步扩展到某一临界值，便可能骤然迅速扩展，使构件截面严重削弱，最后沿严重削弱了的截面发生突然脆性断裂，而形成颗粒状粗糙区。

疲劳失效往往是在没有明显预兆的情况下，突然发生的，从而造成严重事故。据统计，机械零件的损坏大部分是疲劳破坏。因此，对在交变应力下工作的构件，进行疲劳强度计算是很必要的。

19.4.2　交变应力的循环特征、应力幅值和平均应力

图 19-14 为杆件横截面上一点的应力随时间的变化曲线，其中，S 为广义应力记号，当交变应力是正应力时用 σ 替换之，当交变应力是切应力时用 τ 替换之。

根据应力随时间的变化情况，定义下列名词和术语：

最大应力 S_{max} 和**最小应力** S_{min}——一次应力循环中的应力最大值和最小值。

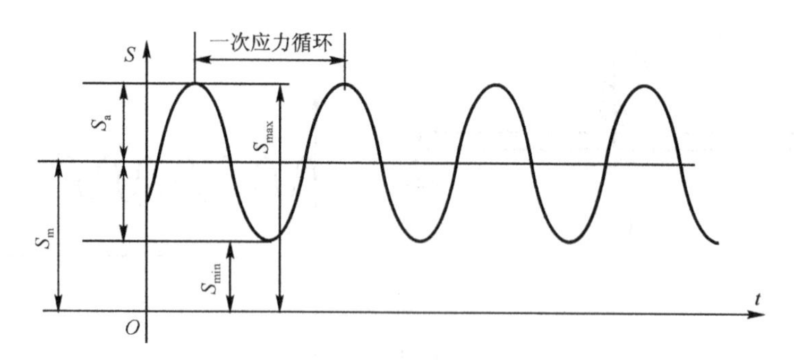

图 19-14

平均应力——最大应力与最小应力的平均值，用 S_m 表示，即

$$S_m = \frac{S_{max} + S_{min}}{2} \tag{19-16}$$

应力幅值——应力变化的幅度，用 S_a 表示，即

$$S_a = \frac{S_{max} - S_{min}}{2} \tag{19-17}$$

最大应力和最小应力可用平均应力和应力幅值表示，即

$$S_{max} = S_m + S_a \qquad S_{min} = S_m - S_a \tag{19-18}$$

循环特征——一次应力循环中的最小应力与最大应力的比值，用 r 表示，即

$$r = \frac{S_{min}}{S_{max}} \tag{19-19}$$

循环特征 r 为不同值时，代表具有不同特点的交变应力：

$r=-1$ 为**对称循环**，这种交变应力的应力数值和正负号都反复变化，且有 $S_{min}=-S_{max}$。这时 $S_m=0$，$S_a=S_{max}$(图 19-10(c))。

$r=0$ 为**脉动循环**，这种交变应力的应力循环中仅应力的数值随着时间的变化而变化，而应力正负号不发生变化，且应力最小值等于零。这时 $S_m=S_q=S_{max}/2$(图 19-11(b))。

$r=1$ 为**静应力**，即应力不随时间变化。这时 $S_{max}=S_{min}=S_m=S$，$S_a=0$。

当 $1>r>-1$ 时，为一般情形下的交变应力(图 19-12(b))。

需注意的是，上述定义中的最大应力和最小应力都是指一点的应力循环中的数值，而不是指横截面上由于应力分布不均匀所引起的最大和最小应力。同时，上述应力值仅是按杆件理论用材料力学公式所计算出的应力值，并非疲劳裂纹扩展过程中裂纹尖端的真实应力，故称为**名义应力**。

19.4.3　疲劳极限和应力-寿命曲线

前面已提到，构件长期承受交变应力作用时，即使最大应力低于静载下的屈服极限，仍会发生疲劳破坏。因此，静载下的强度指标已不能沿用到疲劳计算中，而必须重新确定强度指标。这一过程是通过疲劳试验来完成的。

试验表明，并非受交变应力作用的构件都一定发生疲劳失效。对于一个具体构件，若应力循环中的最大应力值不超过某一定值时，可以承受无穷多次应力循环而不发生疲劳破坏。但若应力循环中的最大应力值超过该一定值，构件会在经受一定数量的应力循环后发生疲劳破坏。经无穷多次应力循环而不发生疲劳破坏的最大应力的上限值称为**疲劳极限**或**持久极限**。不同的构件，其疲劳极限或持久极限一般是不同的。

试验还表明，构件对交变应力的承受能力与其材料有密切关系，并且还与一些其他因素有关。我们用**材料的疲劳极限**来衡量各种材料抵抗交变应力的能力，它是指用该种材料制成的标准试样的疲劳极限。测定材料的疲劳极限的实验通常称为疲劳试验。用按标准尺寸制成的、表面经磨光的试样(光滑小试样)，在专用的疲劳试验机上进行试验。经常采用的试验是对称循环下的疲劳试验，如图 19-15 所示为弯曲正应力对称循环疲劳试验装置。

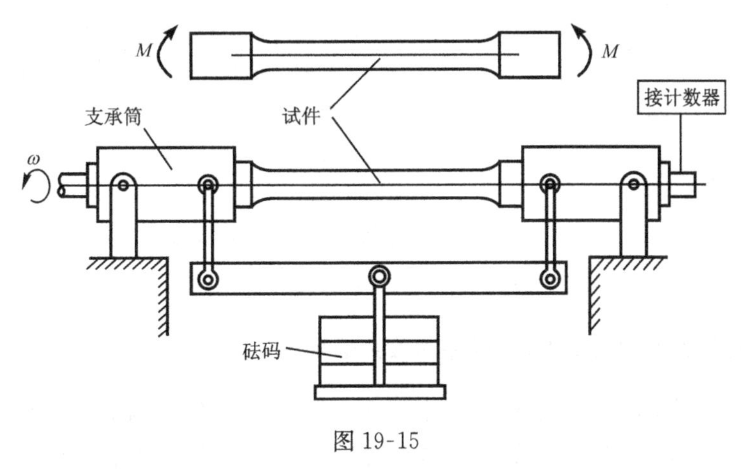

图 19-15

一组试样应有 6～8 根，各根试样承受不同的载荷(应力水平)，最大应力 S_{max}值由高到低，其中第一根试样的最大应力 S_{max1} 约为静载下强度极限 σ_b 的 70%。然后让每根试样经历应力循环，直至发生疲劳破坏。记录下每根试样中最大应力(名义应力)S_{max}以及发生破坏时所经历的应力循环次数(又称寿命)N。将这些试验数据标在 S-N 坐标系中，如图 19-16 所示。通过这些点可以画出一条曲线表明试件寿命随其承受的应力水平而变化的趋势。这条曲线称为材料的**应力-寿命曲线**，也称为**疲劳曲线**，简称 S-N 曲线。一般钢和铸铁等的 S-N 曲线均存在水平渐近线，表明最大应力小于该水平渐近线纵坐标值时，试样经历无穷多次应力循环而不发生破坏，该渐近线纵坐标值即为这种材料的疲劳极限。如果试验时循环特征为 r，其疲劳极限用 S_r 表示；如对称循环下的疲劳极限为 S_{-1}，脉动循环下的疲劳极限为 S_0。

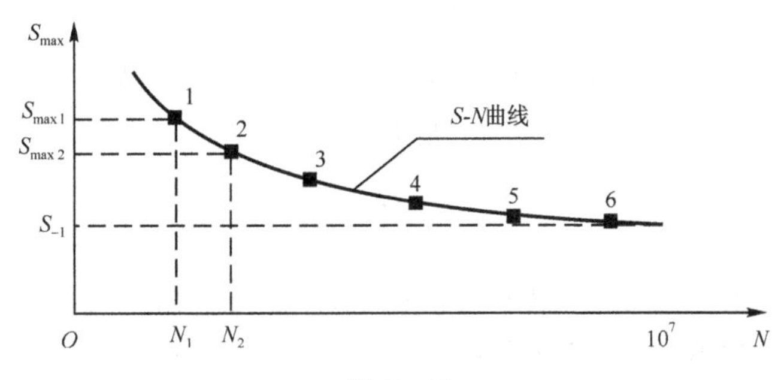

图 19-16

所谓“无穷多次”应力循环，在试验中是难以实现的。工程设计中通常规定：对于 S-N 曲线有水平渐近线的材料，若经历 10^7 次应力循环而不破坏，即认为可承受无穷多次应力循环。有些材料，如有色金属及其合金，其 S-N 曲线不存在水平渐近线，则规定某一循环次数（如 2×10^7 次）下不破坏时的最大应力作为**条件疲劳极限**。

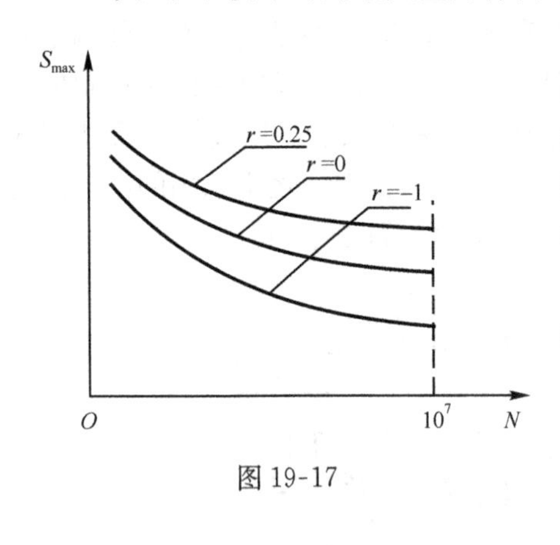

图 19-17

对于平均应力不为零的非对称循环，S-N 曲线不同于对称循环的情形。如图 19-17 所示为 $r=-1$、$r=0$、$r>0$ 的 S-N 曲线的比较。从图中可看出当循环特征不同时，材料的疲劳极限也不同，而且以对称循环下的疲劳极限为最低。

大量的试验资料表明，钢材在拉压、弯曲、扭转对称循环下的疲劳极限与静载强度极限之间存在一定的数量关系：

拉压时，$\sigma_{-1}\approx0.28\sigma_b$；

弯曲时，$\sigma_{-1}\approx0.40\sigma_b$；

扭转时，$\tau_{-1}\approx0.23\sigma_b$。

上述关系可以作为粗略估计疲劳极限的参考。

19.4.4 影响疲劳极限的主要因素、构件的疲劳极限

材料的疲劳极限是用标准试样（光滑小试件）在实验室条件下测得的。工程中实际应用的构件，其形状、大小、表面加工状况等都与标准试样不同，这些不同都影响实际构件的疲劳极限。目前，工程中采用以材料的疲劳极限乘以反映各种影响的因数的方法来计算实际构件的疲劳极限。

1. 构件的形状对疲劳极限的影响

材料的疲劳极限是用表面经磨光的试件（光滑试件）做出的，不存在应力集中。实际构件一般有截面突变、开孔、切槽等，因而有应力集中现象。在应力集中区域，由于应力很大，不仅容易形成疲劳裂纹，而且会促使裂纹加速扩展，因而使疲劳极限降低。

应力集中对疲劳极限的影响用**有效应力集中因数**来反映。有效应力集中因数的定义为

$$K_s=\frac{S_{-1}}{(S_{-1})_k} \tag{19-20}$$

其中，S_{-1}和$(S_{-1})_k$分别为光滑试样和有应力集中的试样的疲劳极限。对应于交变应力为正应力或交变切应力，式(19-20)的相应形式分别为

$$K_\sigma=\frac{\sigma_{-1}}{(\sigma_{-1})_k}\quad 及 \quad K_\tau=\frac{\tau_{-1}}{(\tau_{-1})_k} \tag{19-20*}$$

因为有应力集中的试样的疲劳极限低于光滑试样的疲劳极限，所以 K_σ、K_τ 均大于 1。

有效应力集中因数 K_s 既与构件形状有关，还与材料性质有关。工程上为了使用方便，把关于有效应力集中因数的实验数据整理成图表。图 19-18、图 19-19 和图 19-20 分别给出了阶梯形圆截面钢轴在对称循环弯曲、拉-压和对称循环扭转时的有效应力集中因数。

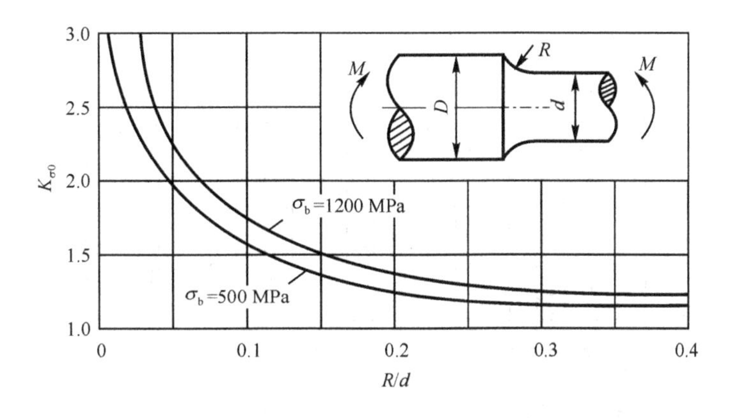

图 19-18

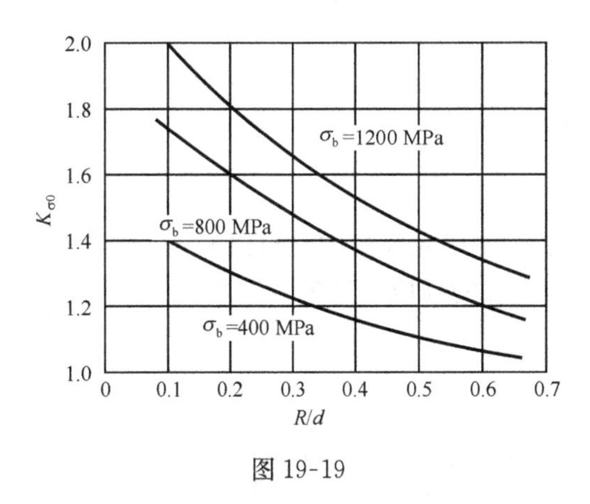

图 19-19

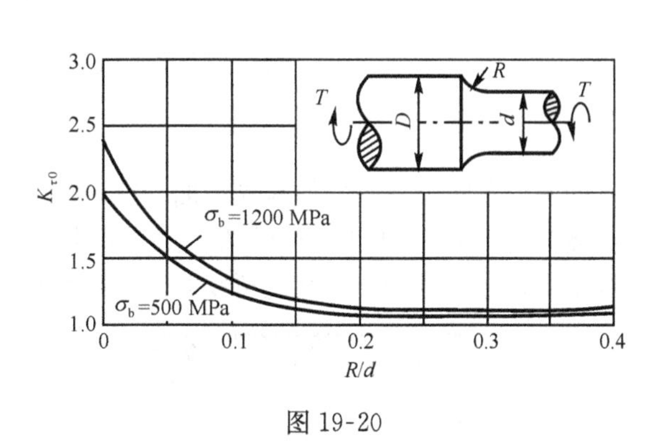

图 19-20

上述曲线是在 $D/d=2$ 且 $d=30\sim50$mm 的条件下测得的，用下标“0”作标记。如果 $D/d<2$，则有效应力集中因数为

$$\left.\begin{aligned} K_\sigma &= 1+\xi(K_{\sigma0}-1) \\ K_\tau &= 1+\xi(K_{\tau0}-1) \end{aligned}\right\} \tag{19-21}$$

其中，$K_{\sigma0}$、$K_{\tau0}$ 为 $D/d=2$ 的有效应力集中因数值，ξ 为修正因数，其值与 D/d 的值有关，可由图 19-21 查得。

其他情形下的有效应力集中因数，也可查阅相应图表。例如，图 19-22 给出了螺纹、键槽、花键和横孔的有效应力集中因数。

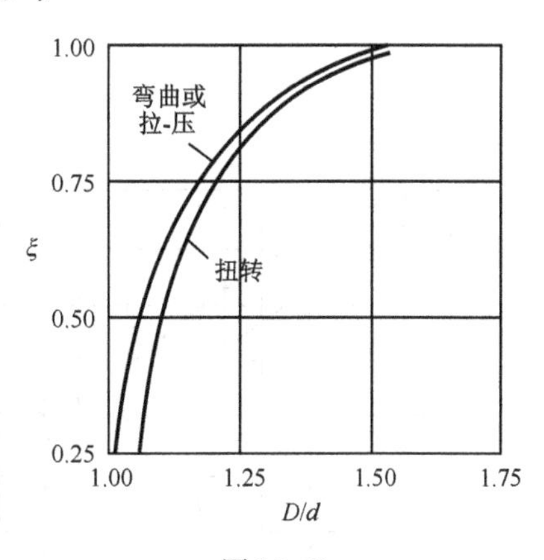

图 19-21

2. 构件尺寸对疲劳极限的影响

构件尺寸对疲劳极限有明显的影响，这是疲劳强度与静载强度的主要差异之一。实验结果表明，当构件横截面上应力非均匀分布时，构件尺寸越大，其疲劳极限越低。这是因为构件疲劳破坏是由于微观裂纹扩展造成的，当构件横截面上的最大应力相同时，大尺寸构件的横截面上高应力区的面积要比小尺寸构件的大，因而产生微观裂纹的概率和裂纹扩展的可能都比小尺寸构件的大。如图 19-23 所

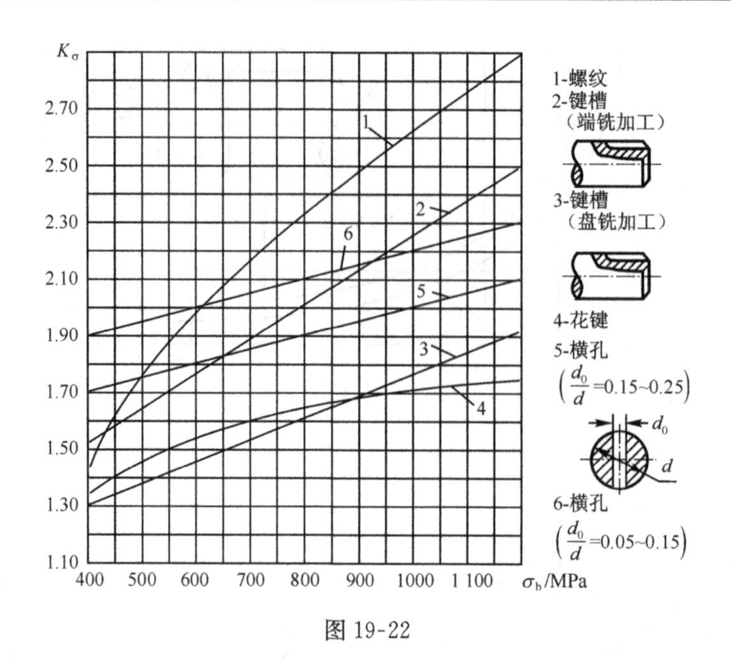

图 19-22

示的两个不同尺寸的构件承受弯曲交变载荷的情况可看出，若定义应力绝对值大于某值 σ^* 的区域为高应力区，则当两构件的 σ_{max} 相同时，尺寸大的构件的高应力区的范围较大，在这个区域中有较多的可能产生微观裂纹并发生裂纹扩展。

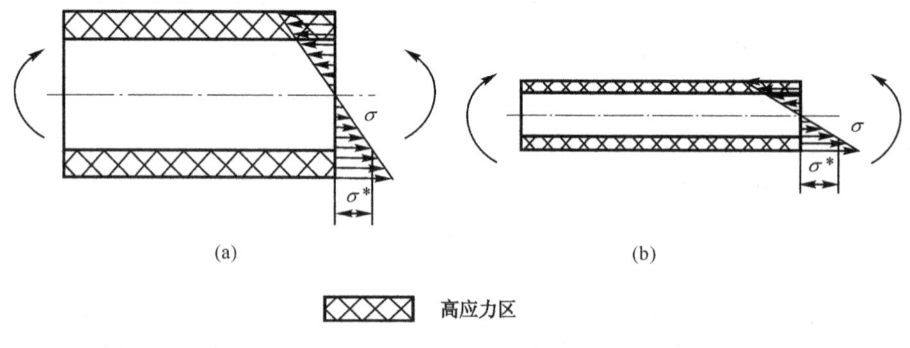

图 19-23

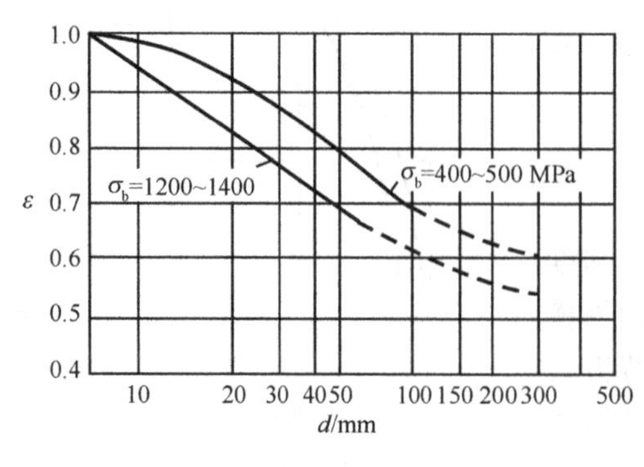

图 19-24

构件尺寸对疲劳极限的影响用**尺寸因数** ε 来反映。ε 的定义是

$$\varepsilon = \frac{(S_{-1})_d}{S_{-1}} \tag{19-22}$$

其中，S_{-1} 和 $(S_{-1})_d$ 分别为标准试样和光滑大试样在对称循环下的疲劳极限。

常用钢材在对称循环弯曲与扭转时的尺寸因数可从图 19-24 查得。而在轴向拉压交变载荷作用时，光滑试样横截面上的正应力均匀分布，截面尺寸影响不大，可取尺寸因数 $\varepsilon\approx1$。

3. 表面加工质量的影响

构件的表面往往是应力较高的区域。因此,表面加工质量对于疲劳裂纹的形成和扩展有直接的影响,从而影响构件的疲劳极限。表面加工质量对构件疲劳极限的影响用表面质量因数 β 来反映。β 的定义是

$$\beta=\frac{(S_{-1})_\beta}{S_{-1}} \tag{19-23}$$

其中,$(S_{-1})_\beta$ 和 S_{-1} 分别为用某种方法加工的构件的对称循环疲劳极限和光滑试样(经磨削加工)的对称循环疲劳极限。表面质量因数由图 19-25 查得。

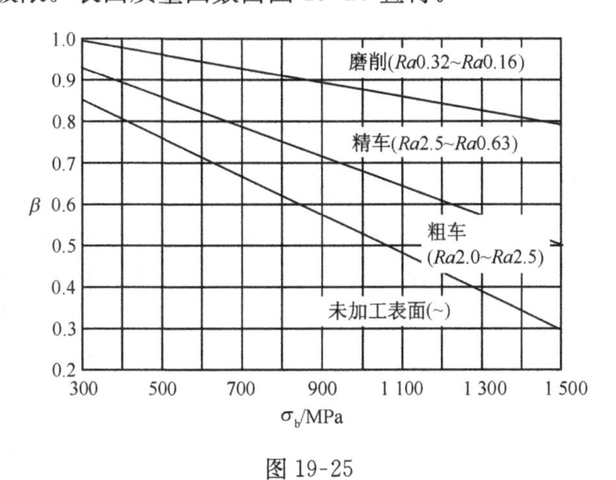

图 19-25

考虑上述三种影响构件疲劳极限的主要因素后,对称循环交变应力作用下构件的疲劳极限可按以下公式计算,即

$$(S_{-1})^\circ=\frac{\varepsilon\beta}{K_\mathrm{f}}S_{-1} \tag{19-24}$$

于是,对称循环交变应力作用下构件的许用应力为

$$[S_{-1}]=\frac{(S_{-1})^\circ}{n_\mathrm{f}}=\frac{\varepsilon\beta}{n_\mathrm{f}K_\mathrm{s}}S_{-1} \tag{19-25}$$

其中,n_f 为疲劳安全因数。当交变应力为正应力时,式中 S 换成 σ,K_s 取 K_σ。当交变应力为切应力时,式中 S 换成 τ,K_s 取 K_τ。

19.4.5　对称循环下构件的疲劳强度计算

对于受交变应力作用的构件,工程设计中一般都是根据静载设计准则首先确定构件的初步尺寸,然后对危险部位作疲劳强度校核。通常将疲劳强度条件写成比较安全因数的形式,即

$$n\geqslant n_\mathrm{f} \tag{19-26}$$

其中,n 为构件的**工作安全因数**,它是构件的疲劳极限与构件承受的应力循环的最大应力之比值;n_f 为规定的**疲劳安全因数**。

n_f 的取值一般在 1.3～1.8,当材料均匀性较好且载荷和应力的计算较精确时取低值,否则取高值。当材料均匀性及载荷和应力的计算的精确性都很差时,可取到 1.8～2.5 。

对称循环下，构件的疲劳极限由公式(19-24)来计算。故在对称循环下构件的工作安全因数表达式为

$$n=\frac{(S_{-1})^{\circ}}{S_{\max}}=\frac{\frac{\varepsilon\beta}{K_s}S_{-1}}{S_{\max}}=\frac{S_{-1}}{\frac{K_s}{\varepsilon\beta}S_{\max}} \tag{19-27}$$

于是，对于受交变正应力作用且为对称循环的构件，疲劳强度条件为

$$n_\sigma=\frac{\sigma_{-1}}{\frac{K_\sigma}{\varepsilon\beta}\sigma_{\max}}\geqslant n_f \tag{19-28}$$

对于受交变切应力作用且为对称循环的构件，疲劳强度条件为

$$n_\tau=\frac{\tau_{-1}}{\frac{K_\tau}{\varepsilon\beta}\tau_{\max}}\geqslant n_f \tag{19-29}$$

例 19-5 试校核图19-26所示轴的疲劳强度。已知轴受交变弯矩 $M=5000\text{N·m}$的作用。轴材料为合金钢，$\sigma_b=800\text{MPa}$，$\sigma_{-1}=400\text{MPa}$，要求疲劳安全因数 $n_f=2$。轴表面经磨削加工。

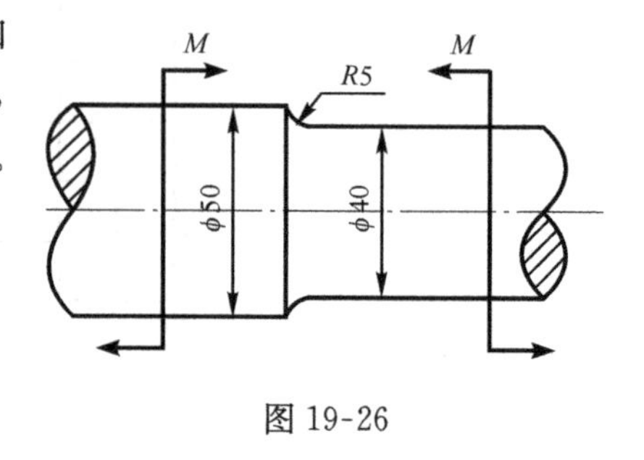

图 19-26

解 1) 计算最大工作应力。

$$\sigma_{\max}=\frac{M}{W}=\frac{500}{\pi\times(40\times10^{-3})^3/32}=80(\text{MPa})$$

2) 确定各影响因数。

$$\frac{D}{d}=\frac{50}{40}=1.25,\qquad \frac{R}{d}=\frac{5}{40}=0.125$$

由图 19-18 用插值法查得$\frac{D}{d}=2$ 且 $d=30\sim50\text{mm}$，$\sigma_b=800\text{MPa}$，$\frac{R}{d}=0.125$ 时，阶梯形圆截面钢轴在对称循环弯曲时的有效应力集中因数为 $K_{\sigma0}=1.514$。再从图 19-21 查得当$\frac{D}{d}=1.25$ 时的修正因数 $\xi=0.857$。代入式(19-21)得该阶梯轴的有效应力集中因数为

$$K_\sigma=1+0.857\times(1.514-1)=1.44$$

由图 19-24 按 $d=40\text{mm}$，$\sigma_b=800\text{MPa}$ 用插值法查得尺寸因数 $\varepsilon=0.77$。再由图 19-25 按 $\sigma_b=800\text{MPa}$ 查得表面质量因数 $\beta=0.9$。

3) 校核轴的疲劳强度。

由公式(19-28)得

$$n_\sigma=\frac{\sigma_{-1}}{\frac{K_\sigma}{\varepsilon_\sigma\beta}\sigma_{\max}}=\frac{400\times10^6}{\frac{1.44}{0.77\times0.9}\times80\times10^6}=2.40>n_f$$

故该轴的强度足够。

应该指出，计算式(19-28)、式(19-29)仅适用于对称循环的单一种类交变应力作用下的疲劳强度计算。当构件受非对称循环的交变应力作用或受弯扭组合交变应力作用时，其疲劳强度计算可参阅有关书籍。

19.4.6　提高构件疲劳强度的途径

在一定的循环特征 r 的交变应力下，用一定的材料制成的构件，其疲劳极限并不是一个固定值，它与影响构件疲劳极限的诸因素有关。在不改变构件的材料和基本尺寸的前提下，要提高构件的疲劳强度或疲劳寿命，可采取以下措施。

1. 缓和应力集中

在设计构件外形时尽量避免应力集中。截面突变处的应力集中是产生裂纹和裂纹扩展的主要因素，因此工程上常在构件截面突变处采用圆弧过渡以降低应力集中程度，这样可明显提高构件的疲劳强度。

2. 提高构件的表层质量

在应力非均匀分布（如弯曲和扭转）的情形下，疲劳裂纹大都从表面开始发生和扩展。因此，应避免在构件表面上形成导致裂纹源产生的缺陷。可对表面进行精加工（如磨削）以消除粗加工留下的刀痕，并且在运输、安装过程中应避免划伤构件表面。另一方面，还可用机械的和化学的方法对构件表面进行强化处理，如表面滚压和喷丸处理、表面热处理、渗碳、渗氮、氰化等，这样可以改善构件的表面层质量从而提高构件的疲劳强度。

思　考　题

19-1　在什么情况下能用动静法计算动应力？为什么冲击应力一般不用动静法而用能量法来计算？

19-2　图示平行四边形机构位于铅直平面内，连杆 AB 的单位体积重量为 γ，曲柄的角速度为 ω。试分析连杆 AB 在什么位置时应力最大，该应力如何计算。

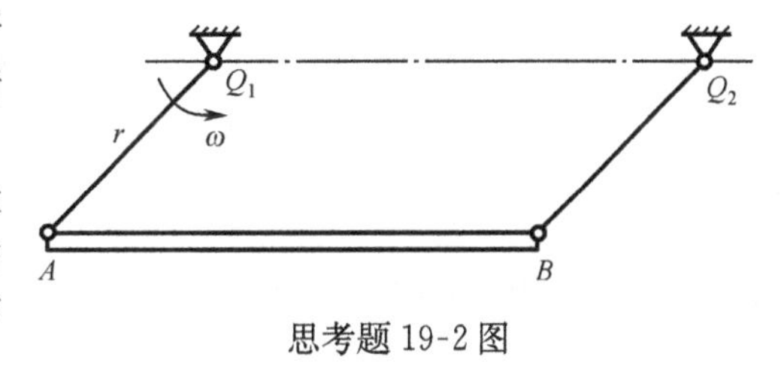

思考题 19-2 图

19-3　在交变应力下的强度计算中，哪一个指标发生了明显的改变，需要通过专门试验来测定？该指标与交变应力的循环特征有无关系？在哪种循环特征下最低？

习　　题

19-1　如题 19-1 图所示，物体重 G=20kN，悬挂在钢缆上。该钢缆由 500 根直径为 d=0.5mm 的钢丝所组成。鼓轮逆时针向转动将重物匀加速吊起，在 2s 内上升 5m。求钢缆中的最大动应力。

19-2　如题 19-2 图所示，起重机构 A 受的重力为 20kN，装在两根 No. 32a 工字钢组成的梁上。今用绳索匀加速吊起重 60kN 的物体，测得第一秒内上升2.5m。求绳内所受拉力和梁内的最大正应力：①不考虑 A 的自重和梁的自重；②要考虑 A 的自重和梁的自重。

19-3　如题 19-3 图所示，钢轴 AB 的直径为 80mm，轴上有一直径为 80mm 的钢质圆杆 CD，且 $CD\perp AB$。轴以角速度 ω=40rad/s 匀速转动。材料的许用应力[σ]=70MPa，材料的质量密度 ρ=7800kg/m^3。试校核轴 AB 和杆 CD 的强度。

19-4　如题 19-4 图所示，飞轮的直径 D=0.6m，最大转速 n=1200r/min，材料的质量密度为 ρ=7800kg/m^3。若不计轮辐的影响，求轮缘内的最大应力。

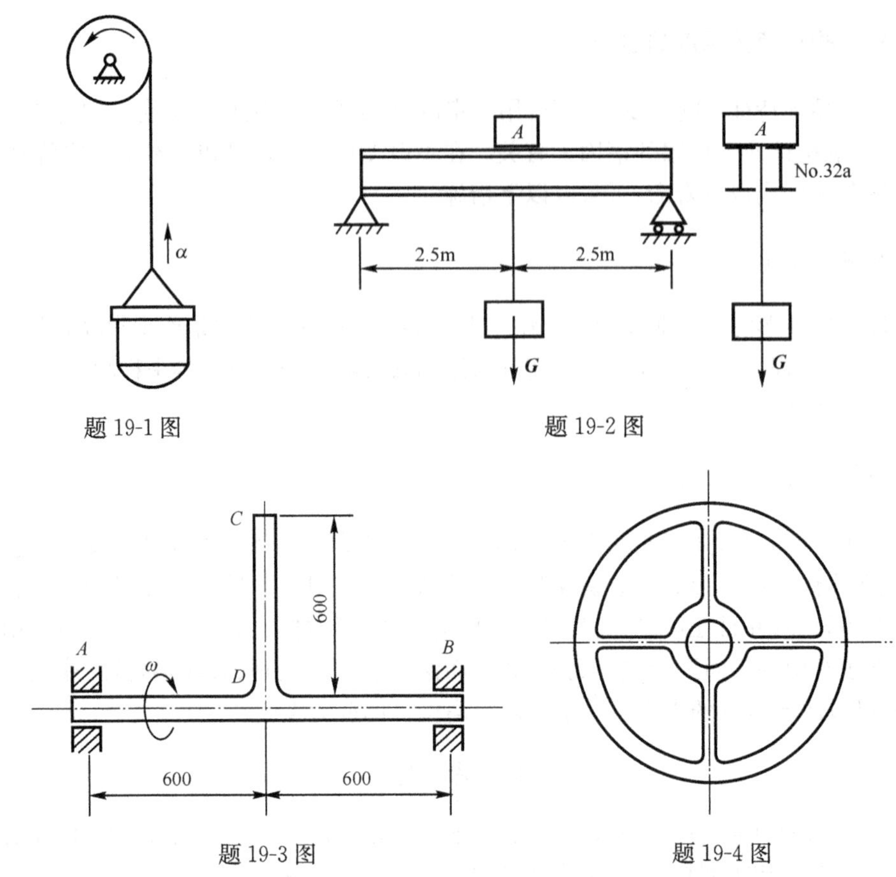

题 19-1 图　　题 19-2 图

题 19-3 图　　题 19-4 图

19-5　如题 19-5 图所示，离心机的转鼓是一薄壁圆筒，壁厚 $t=12\text{mm}$，平均直径 $D=1200\text{mm}$，鼓壁材料的质量密度 $\rho=7960\text{kg/m}^3$。转鼓的转速为 $n=1000\text{r/min}$，在鼓壁上作用着物料的压力 $p=1.2\times10^3\text{Pa}$。求鼓壁的周向应力。

19-6　如题 19-6 图所示，飞轮的转动惯量 $I_x=0.5\text{kg}\cdot\text{m}^2$，转速为 $n=100\text{r/min}$，轴的直径 $d=100\text{mm}$，许用应力 $[\tau]=40\text{MPa}$。在轴的另一端刹车后，轴在 5s 内停止转动。若将制动过程视为匀减速运动，试校核轴的动强度。轴的质量可略去不计。

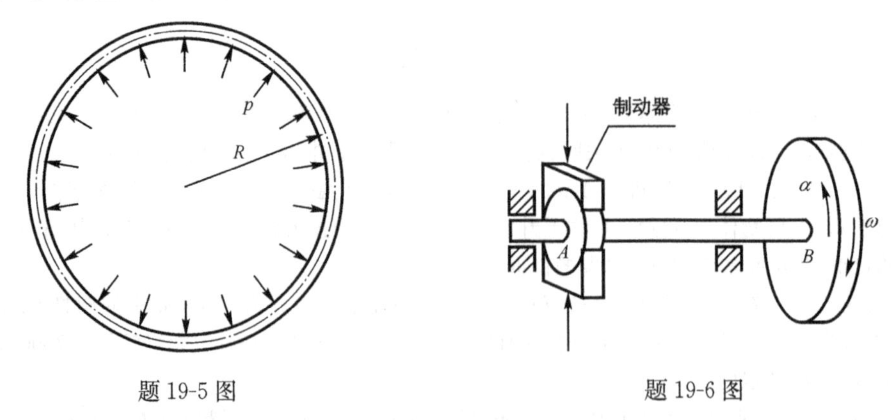

题 19-5 图　　题 19-6 图

19-7　如题 19-7 图所示，直径 $d=300\text{mm}$、长 $l=6\text{m}$ 的圆木桩下端固定、上端自由，并受重力为 $G=5\text{kN}$ 的重锤作用。木材的弹性模量 $E=10\text{GPa}$。求下列四种情形下，木桩内的最大应力：①重锤以静载荷方式作用于木桩；②重锤以突加载荷方式作用于木桩；③重锤从离木桩上端 $h=0.5\text{m}$ 处自由落下；④木桩上端

放置直径 $d_1=150\text{mm}$，厚度 $t=40\text{mm}$ 的橡皮垫层，橡皮的弹性模量 $E=8\text{MPa}$，重物仍从 $h=0.5\text{m}$ 处自由落下。

19-8　如题 19-8 图所示悬臂梁，一重为 G 的物体以速度 $\boldsymbol{v}$ 沿水平方向冲击其顶端，求梁的最大弯曲动应力。材料弹性模量为 E，梁的质量与冲击物的变形均略去不计。

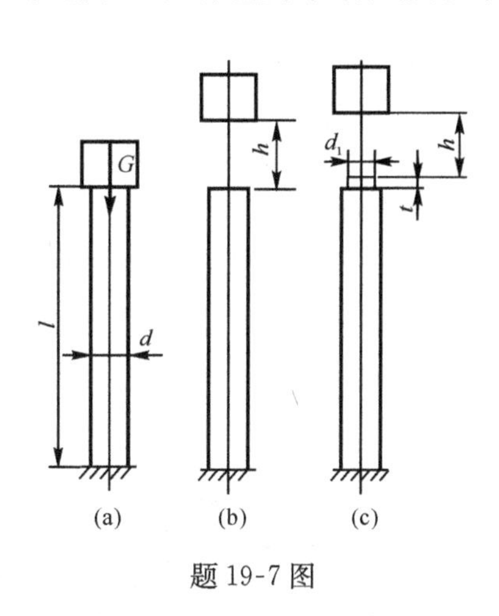

题 19-7 图

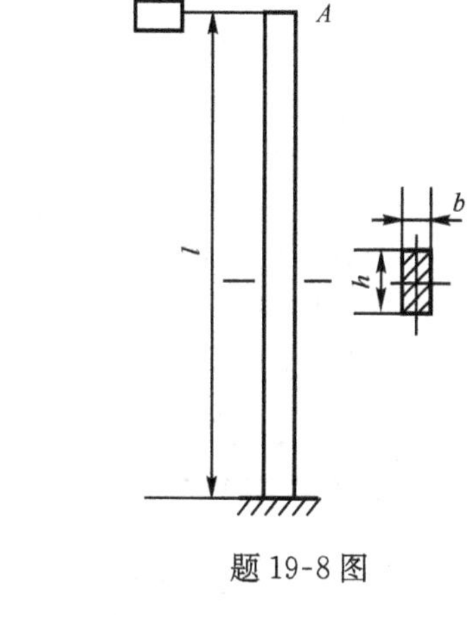

题 19-8 图

19-9　如题 19-9 图所示，重为 G 的物体自高度 h 处自由下落冲击于梁上 C 点，梁长 l，截面的惯性矩为 I，抗弯截面系数为 W，材料弹性模量为 E。求梁内最大正应力及跨中点 D 处的挠度。

19-10　如题 19-10 图所示，钢杆下端有一圆盘，其上放置一弹簧。弹簧在 1kN 的静荷作用下的压缩量为 6.25mm。钢杆直径 $d=40\text{mm}$，长 $l=4\text{m}$，许用应力 $[\sigma]=120\text{MPa}$，弹性模量 $E=200\text{GPa}$。今有重为 $G=15\text{kN}$ 的重物自由下落，求其许可高度 h。又若无弹簧，则许可高度 h 为多少？

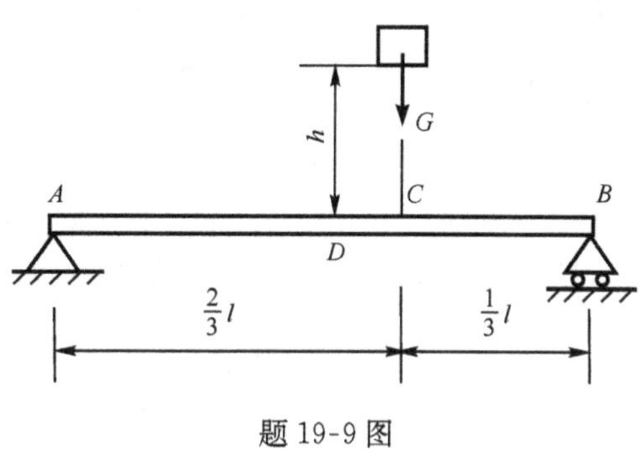

题 19-9 图

19-11　如题 19-11 图所示，速度为 $\boldsymbol{v}$、重为 G 的重物沿水平方向冲击于图示梁的截面 C，求梁的最大动应力。设梁的 E、I、W 已知，且 $a=0.6l$。

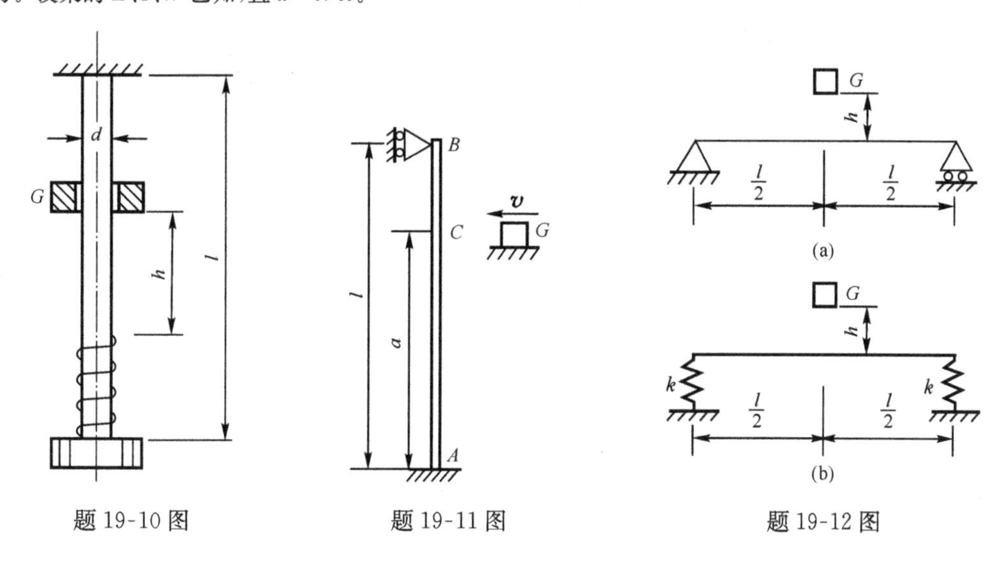

题 19-10 图　　题 19-11 图　　题 19-12 图

19-12　在题 19-12 图(a)、(b)两种情形中，梁的长度 $l=3\text{m}$，抗弯截面系数 $W_z=3.09\times10^{-4}\text{m}^3$，惯性矩 $I_z=3.4\times10^{-5}\text{m}^4$，弹性模量 $E=200\text{GPa}$；重物重 $G=1\text{kN}$，从高 $h=0.05\text{m}$ 处自由下落；弹簧的刚度系数 $k=10^5\text{N/m}$ 。求两种情形中梁的最大冲击应力。

19-13　题 19-6 图中的飞轮若是被突然卡住，求最大动应力。设轴的长度为 $l=1\text{m}$，剪切弹性模量 $G=80\text{GPa}$。(提示：轴在冲击力偶矩作用下相当于一扭转弹簧，其扭转刚度系数 $k=\dfrac{T}{\phi}=\dfrac{GJ_p}{l}$)

19-14　疲劳失效有哪些特征？为什么发生疲劳破坏的构件，其断口上有光滑区和粗糙区？

19-15　什么是疲劳极限？材料的疲劳极限与构件的疲劳极限之间有何区别和联系？

19-16　影响构件疲劳极限的主要因素有哪些？如何提高构件的疲劳强度？

19-17　如题 19-17 图所示，阶梯轴上作用着对称交变弯矩 $M=1\text{kN}\cdot\text{m}$。轴表面未经机械加工。轴材料为碳钢，$\sigma_b=600\text{MPa}$，$\sigma_{-1}=250\text{MPa}$。求轴的工作安全因数。

19-18　如题 19-18 图所示，阶梯轴上作用着对称交变扭矩 $T_{max}=-T_{min}=700\text{N}\cdot\text{m}$。轴材料为合金钢，$\sigma_b=900\text{MPa}$，$\tau_{-1}=120\text{MPa}$。轴表面经磨削。求轴的工作安全因数。

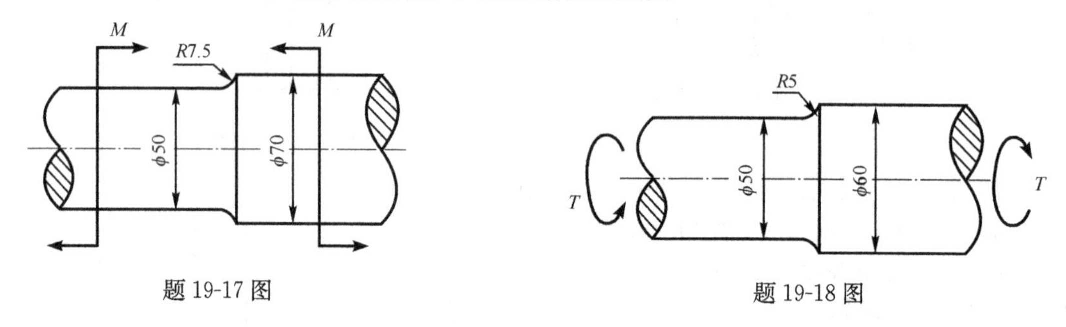

题 19-17 图　　　　题 19-18 图

19-19　如题 19-19 图所示，有横孔的碳钢轴，$\sigma_b=500\text{MPa}$，$\sigma_{-1}=220\text{MPa}$，受对称交变弯矩 $M=250\text{N}\cdot\text{m}$ 作用，若要求疲劳安全因数 $n_f=2$，试校核其强度。

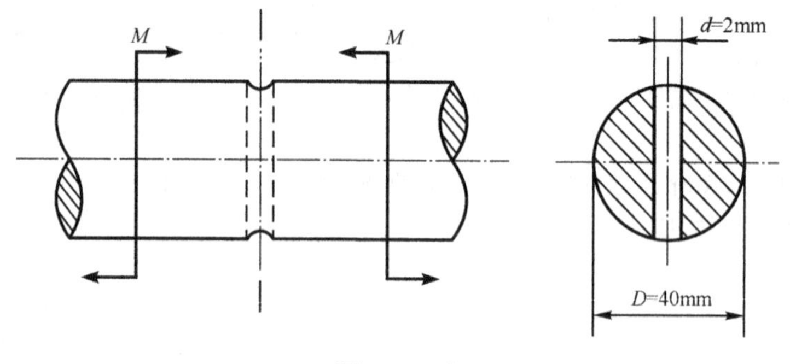

题 19-19 图

附录 A　若干公式推导

A.1　截面图形的惯性矩与平行移轴公式

在推导纯弯曲正应力公式时，我们把积分 $\int_A y^2 \mathrm{d}A$ 用 I_z 表示，称为横截面对中性轴的**惯矩**。惯矩 I_z 只与横截面的几何形状以及尺寸有关，反映截面的几何性质。

A.1.1　常用截面的惯矩

几种常见截面的惯矩 I_z 和抗弯截面系数 W_z 计算如下。

1) 矩形截面。现求图 A-1 所示矩形截面对其对称轴（即形心轴）z 的惯矩 I_z 和抗弯截面系数 W_z。在截面中取宽为 b、高为 $\mathrm{d}y$ 的细长条作为微面积即 $\mathrm{d}A=b\mathrm{d}y$，得

$$I_z=\int_A y^2 \mathrm{d}A=\int_{-\frac{h}{2}}^{+\frac{h}{2}} y^2 (b\mathrm{d}y)=\frac{bh^3}{12} \tag{A-1}$$

$$W_z=\frac{I_z}{y_{\max}}=\frac{bh^3}{12}\Big/\frac{h}{2}=\frac{bh^2}{6} \tag{A-2}$$

同理可得对 y 轴的惯矩 I_y 和抗弯截面系数 W_y，分别为

$$I_y=\frac{hb^3}{12},\qquad W_y=\frac{hb^2}{6}$$

2) 圆形截面。求直径为 d 的圆形截面（图 A-2）对其对称轴 y 和 z 的惯矩和抗弯截面系数，可利用在扭转一章中圆截面对于其圆心的极惯矩的计算结果。由于圆截面对圆心是极对称的，所以它对于任一通过其圆心的轴的惯矩均相等，即

$$I_z=I_y$$

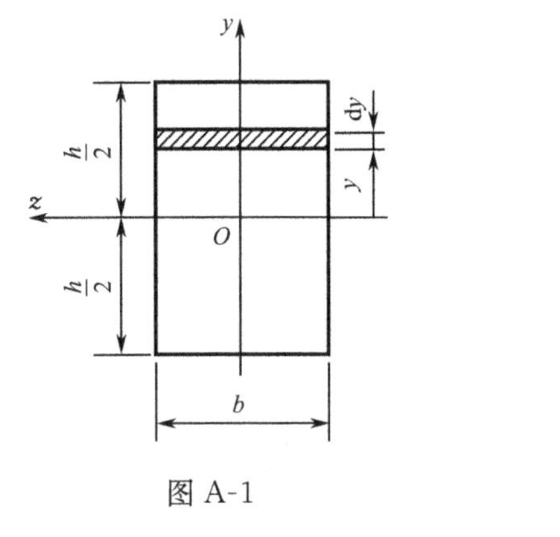

图 A-1

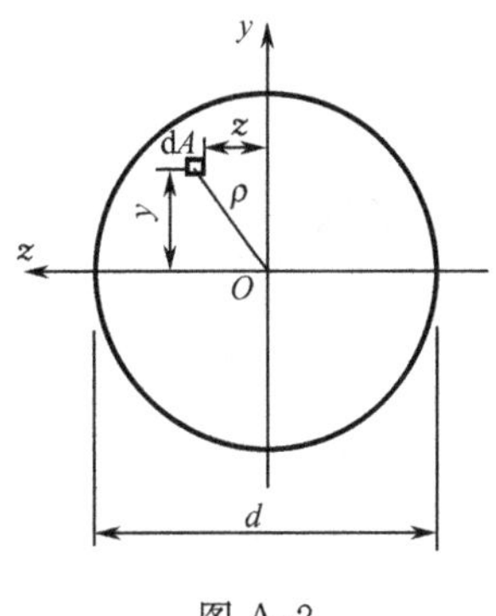

图 A-2

因
$$\rho^2=y^2+z^2$$

故有
$$I_{\mathrm{P}}=\int_A \rho^2 \mathrm{d}A=\int_A (y^2+z^2)\mathrm{d}A=I_z+I_y$$

或

$$I_z = I_y = \frac{I_P}{2} = \frac{\pi d^4}{64} \tag{A-3}$$

抗弯截面系数为

$$W_z = W_y = \frac{\pi d^3}{32} \tag{A-4}$$

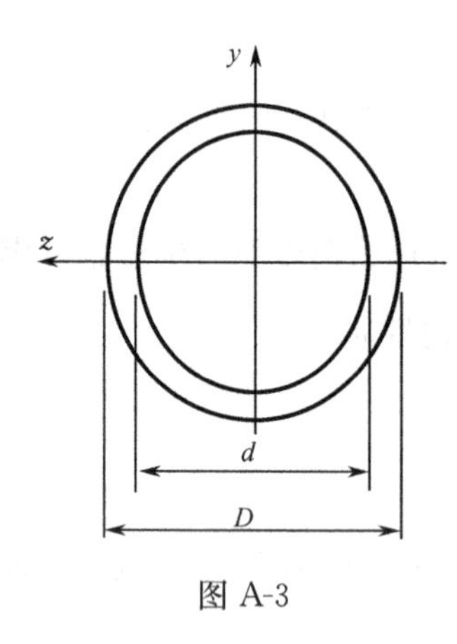

图 A-3

3）圆环形截面。记 $\alpha=\frac{d}{D}$ 为圆环形截面（图 A-3）的内、外径之比，与圆形截面同样得出圆环形截面对其形心轴 y 和 z 的惯矩为

$$I_z = I_y = \frac{I_P}{2} = \frac{\frac{\pi}{32}(D^4 - d^4)}{2} = \frac{\pi}{64} D^4 (1-\alpha^4) \tag{A-5}$$

抗弯截面系数为

$$W_z = W_y = \frac{\pi}{64}(D^4 - d^4) \Big/ \frac{D}{2} = \frac{\pi D^3}{32}(1-\alpha^4) \tag{A-6}$$

其他简单几何形状截面的惯矩可查表 A-1 或有关手册。至于型钢截面的惯矩可在型钢规格表中查得(附录 B)。

表 A-1　常用截面图形的几何性质

编号	截面形状和形心轴位置	面积 A	惯性矩		惯性半径	
			I_x	I_y	i_x	i_y
(1)		bh	$\frac{bh^3}{12}$	$\frac{hb^3}{12}$	$\frac{h}{2\sqrt{3}}$	$\frac{b}{2\sqrt{3}}$
(2)		$\frac{bh}{2}$	$\frac{bh^3}{36}$	—	$\frac{h}{3\sqrt{2}}$	—
(3)		$\frac{\pi d^2}{4}$	$\frac{\pi d^4}{64}$	$\frac{\pi d^4}{64}$	$\frac{d}{4}$	$\frac{d}{4}$

续表

编号	截面形状和形心轴位置	面积 A	惯性矩		惯性半径	
			I_x	I_y	i_x	i_y
(4)	$\alpha=\frac{d}{D}$	$\frac{\pi D^2}{4}(1-\alpha^2)$	$\frac{\pi D^4}{64}(1-\alpha^4)$	$\frac{\pi D^4}{64}(1-\alpha^4)$	$\frac{D}{4}\sqrt{1+\alpha^2}$	$\frac{D}{4}\sqrt{1+\alpha^2}$
(5)	$\delta \ll r_0$	$2\pi r_0\delta$	$\pi r_0^3\delta$	$\pi r_0^3\delta$	$\frac{r_0}{\sqrt{2}}$	$\frac{r_0}{\sqrt{2}}$
(6)	$\frac{4r}{3\pi}$	$\frac{\pi r^2}{2}$	$\left(\frac{\pi}{8}-\frac{8}{9\pi}\right)r^4$ $\approx 0.1098r^4$	—	$0.264r$	—

4) 组合截面。工程上常见的组合截面是由矩形、圆形等几个简单图形组成的，或由几个型钢截面组成的。设 A 为组合截面的面积；$A_1,A_2,\cdots$为各组成部分的面积，则

$$I_z=\int_A y^2\mathrm{d}A=\int_{A1}y^2\mathrm{d}A+\int_{A2}y^2\mathrm{d}A+\cdots=I_{z1}+I_{z2}+\cdots$$

或

$$I_z=\sum_{i=1}^{n}I_{zi}\qquad I_y=\sum_{i=1}^{n}I_{yi}\tag{A-7}$$

式(A-7)表示组合截面对于任一轴的惯矩，等于各个组成部分对于同一轴的惯矩之和。例如，圆环形截面对其对称轴的惯矩可看作是大圆的截面对其对称轴的惯矩，减去小圆的截面对于同一轴的惯矩。

A.1.2 平行移轴公式

设有一任意截面(图 A-4)，已知它对于通过其形心 C 的坐标轴 y、z 的惯矩分别为 I_y 和 I_z，现在求该截面对于分别与 y、z 轴平行的坐标轴 y_1、z_1 的惯矩。

设 a、b 分别为两平行轴之间的距离，y 为微面积 $\mathrm{d}A$ 与 z 轴的距离，则由图可知微面积 $\mathrm{d}A$ 至 z_1 轴的距离为

$$y_1=y+a$$

整个截面对 z_1 轴的惯矩可写成

$$\begin{aligned}I_{z1}&=\int_A y_1^2\mathrm{d}A=\int_A(y+a)^2\mathrm{d}A=\int_A(y^2+2ay+a^2)\mathrm{d}A\\&=\int_A y^2\mathrm{d}A+2a\int_A y\mathrm{d}A+a^2\int_A\mathrm{d}A=I_z+2aAy_c+a^2A\end{aligned}$$

因为 z 轴通过截面的形心 C，故 $y_C=0$，于是有

$$I_{z1}=I_z+a^2A\tag{A-8a}$$

同理可得

$$I_{y1} = I_y + b^2 A \tag{A-8b}$$

式(A-8a)、式(A-8b)称为**平行移轴公式**。它表示截面对任一轴的惯矩，等于它对平行于该轴的形心轴的惯矩，再加上截面面积与两轴间距离平方的乘积。由于 a^2A 和 b^2A 恒为正值，可见截面对其形心轴的惯矩是该截面最小的惯矩。

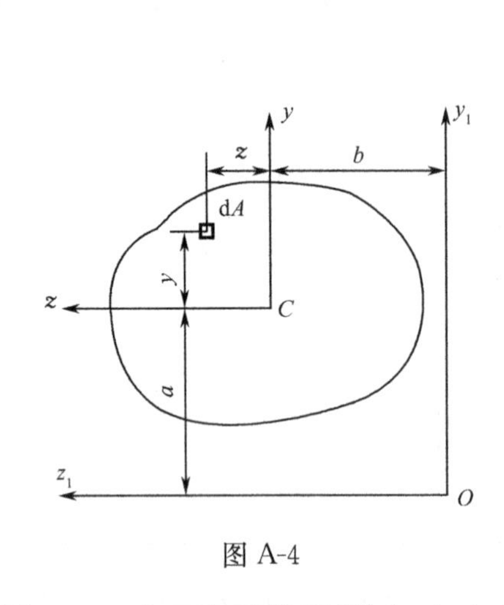

图 A-4

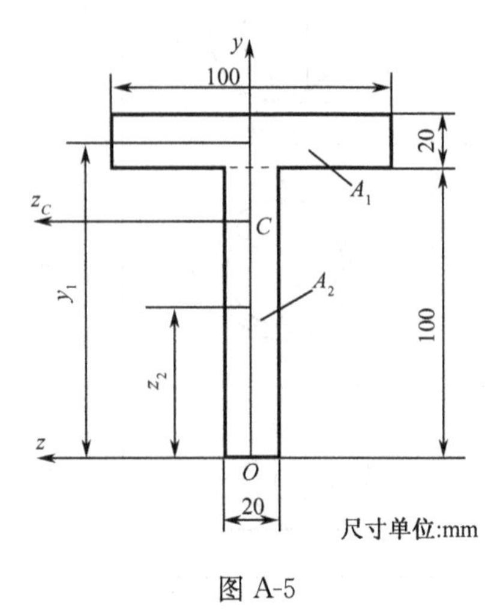

图 A-5

例 A-1　求 T 字形截面(图 A-5)对于通过其形心 C 的 z_C 轴的惯矩。

解　将 T 字形截面划分成两个矩形，其面积分别为

$$A_1 = 100 \times 20 = 2000(\text{mm}^2), \qquad A_2 = 100 \times 20 = 2000(\text{mm}^2)$$

先确定整个截面的形心 C 的位置。设置临时坐标系 Oyz 如图 A-5 所示，由形心坐标计算公式得

$$y_C = \frac{y_1A_1 + y_2A_2}{A_1 + A_2} = \frac{(100+10)\times 2000 + 50\times 2000}{2000+2000} = 80(\text{mm}^2), \qquad z_C = 0$$

重新设置形心坐标轴 z_C 轴。面积 A_1、A_2 对 z_C 轴的惯矩分别为

$$I_{zC1} = \frac{1}{12}\times 100\times 20^3 + \left(100 - 80 + \frac{20}{2}\right)^2 \times 2000 = 1.867\times 10^6(\text{mm}^4)$$

$$I_{zC2} = \frac{1}{12}\times 20\times 100^3 + \left(80 - \frac{100}{2}\right)^2 \times 2000 = 3.467\times 10^6(\text{mm}^4)$$

于是整个截面对于形心坐标轴 z_C 轴的惯矩为

$$I_{zC} = I_{zC1} + I_{zC2} = (1.867 + 3.467)\times 10^6(\text{mm}^4)$$

A.2　内压薄壁容器的应力

在化学工业、石油工业和食品、发酵工业中大量应用的合成塔、反应罐、储液罐、热交换器等设备，其外壳称为容器。工作时内壁受压力的容器称为内压容器，外壁受压力的容器称为外压容器。当容器的壁厚 t 远小于容器壳体中面的最小曲率半径 $\rho_{\min}$(如 $t/\rho_{\min} < 1/10$)称为薄壁容器，反之称为厚壁容器。这里我们讨论的是受内压 p 作用的薄壁容器，容器器壁是等厚度的。由于容器器壁很薄，故可忽略弯曲应力而假设应力沿截面厚度均匀分布。

常见薄壁容器的几何形状为圆筒形、球形、圆锥形、椭球形或其组合。我们只对圆筒形和球形薄壁容器的应力进行推导;圆锥形和椭球形薄壁容器的研究需要较多的数学基础,故不进行推导,只将结果列出供读者应用。

A. 2. 1　圆筒形内压薄壁容器的应力

如图 A-6(a)所示为一圆筒形薄壁容器,受到所装流体的内压力 p 的作用,容器壁(圆筒)的平均直径为 D,壁厚为 t。如果不考虑容器自重及容器内所装流体受的重力,则筒体只产生轴向伸长和周向胀大的变形。所以在筒壁的纵、横两截面上只有正应力,而无切应力。纵截面上的正应力称为周向应力,记为 σ_t;横截面上的正应力称为轴向应力,记为 σ_a。

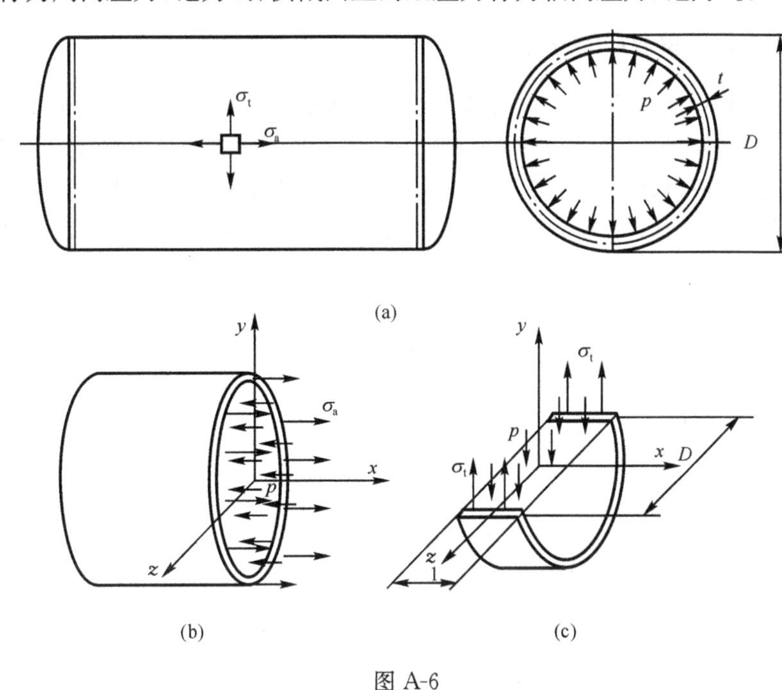

图 A-6

先求轴向应力 σ_a。用截面法,沿横截面将圆筒截开,取筒的左边部分连同所装的流体为分离体(图 A-6(b)),由静力平衡方程

$$\sum X = 0, \qquad \sigma_a \pi D t - p\,\frac{\pi}{4}D^2 = 0$$

得

$$\sigma_a = \frac{pD}{4t} \tag{A-9}$$

再求周向应力 σ_t。为此,在离端盖稍远处用两个相邻的横截面从筒身中截出一段单位长度的筒体,再用通过圆筒轴线的纵截面将它截成两半,取下半部连同流体作为分离体(图 A-6(c))。由静力平衡方程

$$\sum Y = 0, \qquad 2(\sigma_t t \times 1) - pD \times 1 = 0$$

得

$$\sigma_t = \frac{pD}{2t} \tag{A-10}$$

由式(A-9)、式(A-10)可知,薄壁圆筒受内压时,周向应力和轴向应力都是拉应力,且周向

应力为轴向应力的两倍。在外壁上的点处于平面应力状态，三个主应力为

$$\left.\begin{aligned}\sigma_1 &= \sigma_t = \frac{pD}{2t}\\ \sigma_2 &= \sigma_a = \frac{pD}{4t}\\ \sigma_3 &= 0\end{aligned}\right\} \tag{A-11}$$

在内壁上的点虽然有 $\sigma_3=-p$，但其绝对值远小于 σ_1 和 σ_2，一般可忽略 σ_3 不计，认为与外壁处于同样的应力状态。这样，内压薄壁圆筒的应力状态便可用图 A-6(a)中的平面应力状态单元体来表示。

A.2.2　圆球形内压薄壁容器的应力

如图 A-7(a)所示为一圆球形薄壁容器，受到所装流体的内压力 p 的作用，容器壁(球壳)的平均直径为 D，壁厚为 t。如果不考虑容器自重及容器内所装流体受的重力，则容器只产生均匀胀大的变形，在通过球心作的任一方向的截面上都只有正应力并且其数值相同。现取半个圆球连同流体为分离体(图 A-7(b))，记横截面上的正应力为 σ，由静力平衡方程

$$\sum Z = 0, \qquad \sigma\pi Dt - p\,\frac{\pi D^2}{4} = 0$$

得

$$\sigma = \frac{pD}{4t} \tag{A-12}$$

故圆球形内压薄壁容器的三个主应力为

$$\left.\begin{aligned}\sigma_1 &= \sigma_2 = \frac{pD}{4t}\\ \sigma_3 &\approx 0\end{aligned}\right\} \tag{A-13}$$

其应力状态单元体如图 A-7(a)中所示。

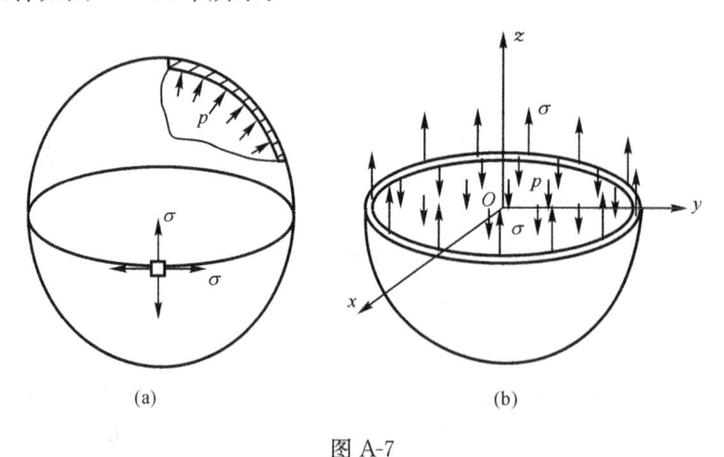

图 A-7

A.2.3　其他常见形状的内压薄壁容器

对圆锥形和椭球形内压薄壁容器应力的研究结果为(表 A-2)：圆锥形内压薄壁容器的最

大应力出现在最大半径处，该处的主应力 $\sigma_1=\dfrac{pD}{2t\cos\alpha}$，沿圆锥面经线方向；$\sigma_2=\dfrac{pD}{4t\cos\alpha}$，沿圆锥面纬线方向；$\sigma_3\approx0$。椭球形内压薄壁容器当 $0.5\leqslant h/R\leqslant1$ 时，最大应力出现在椭球的顶点处，该处的主应力 $\sigma_1=\sigma_2=\dfrac{pD}{4t}\cdot\dfrac{D}{2h}$，$\sigma_3\approx0$。表 A-2 为上述四种常见形状的内压薄壁容器最大应力一览表。

表 A-2　常见形状的内压薄壁容器最大应力一览表

	圆筒形	球形	圆锥形	椭球形
形状	D	D	D, α α	$0.25\leqslant h/D\leqslant0.5$; h; D
主应力	$\sigma_1=\dfrac{pD}{2t}$ $\sigma_2=\dfrac{pD}{4t}$ $\sigma_3\approx0$	$\sigma_1=\sigma_2=\dfrac{pD}{4t}$ $\sigma_3\approx0$	$\sigma_1=\dfrac{pD}{2t\cos\alpha}$ $\sigma_2=\dfrac{pD}{4t\cos\alpha}$ $\sigma_3\approx0$	$\sigma_1=\sigma_2=\dfrac{pD}{4t}\cdot\dfrac{D}{2h}$ $\sigma_3\approx0$

需要说明的是，前面所作的研究，是在离容器的边缘足够远，且在附近没有加强环和孔洞等影响应力分布的因素的情形下进行的。在容器的边缘附近，以及加强环和孔洞附近，应力分布要复杂得多，其计算不在本书中讨论。

A.3　形状改变能密度（畸变能密度）公式推导

当构件在外力作用下发生变形时，它的任一微元在弹性状态下一般包括体积改变和形状改变。现研究围绕一点取出的一个主单元体，该单元体应力状态用主应力 σ_1、σ_2、σ_3 表示，如图 A-8 所示。

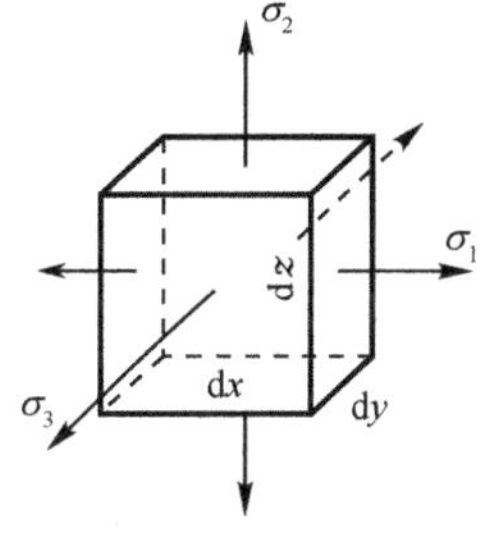

图 A-8

首先，我们证明：当单元体上三个主应力之和为零时，单元体的变形将只改变形状，而体积改变为零。

图 A-8 中，单元体的三条棱边长分别为 dx、dy、dz，单元体的体积为

$$\mathrm{d}V=\mathrm{d}x\mathrm{d}y\mathrm{d}z$$

由于主应力 σ_1、σ_2、σ_3 的作用，单元体的三条棱边将发生线变形，变形后的单元体为长方体。设 σ_1、σ_2、σ_3 方向发生的线应变分别为 ε_1、ε_2、

ε_3，则三条棱边的长度变为$(1+\varepsilon_1)\mathrm{d}x$、$(1+\varepsilon_2)\mathrm{d}y$和$(1+\varepsilon_3)\mathrm{d}z$。变形后的单元体体积为

$$\mathrm{d}V_1=(1+\varepsilon_1)(1+\varepsilon_2)(1+\varepsilon_3)\mathrm{d}x\mathrm{d}y\mathrm{d}z=(1+\varepsilon_1)(1+\varepsilon_2)(1+\varepsilon_3)\mathrm{d}V$$

因 ε_1、ε_2、ε_3 是远小于 1 的小量，将其二次以上项略去得

$$\mathrm{d}V_1=(1+\varepsilon_1+\varepsilon_2+\varepsilon_3)\mathrm{d}V$$

故单元体的体积改变为

$$\Delta\mathrm{d}V=\mathrm{d}V_1-\mathrm{d}V=(\varepsilon_1+\varepsilon_2+\varepsilon_3)\mathrm{d}V=\theta\mathrm{d}V \tag{A-14}$$

其中，$\theta=\dfrac{\Delta\mathrm{d}V}{\mathrm{d}V}=\varepsilon_1+\varepsilon_2+\varepsilon_3$ 称为**体积应变**。

利用广义胡克定律公式(11-8)将应变用主应力表示，则有

$$\theta=\frac{1-2\mu}{E}(\sigma_1+\sigma_2+\sigma_3) \tag{A-15}$$

从式(A-15)和式(A-14)看出，若 $\sigma_1+\sigma_2+\sigma_3=0$，则体积应变 θ 为零，单元体的体积改变 $\Delta\mathrm{d}V$ 为零。这时单元体的变形只有形状改变而无体积改变。

然后，我们将单元体上的主应力分解为两组主应力，一组三个主应力均为平均应力 $\sigma_1'=\sigma_2'=\sigma_3'=\sigma_\mathrm{m}=\dfrac{\sigma_1+\sigma_2+\sigma_3}{3}$，另一组三个主应力分别为 $\sigma_1''=\sigma_1-\sigma_\mathrm{m}$、$\sigma_2''=\sigma_2-\sigma_\mathrm{m}$ 和 $\sigma_3''=\sigma_3-\sigma_\mathrm{m}$(图 A-9)。前一组主应力 σ_1'、σ_2'、σ_3' 使单元体在其三条棱边方向的线应变相等，均为

$$\varepsilon_\mathrm{m}=\frac{1}{E}[\sigma_\mathrm{m}-\mu(\sigma_\mathrm{m}+\sigma_\mathrm{m})]=\frac{\sigma_\mathrm{m}}{E}(1-2\mu)$$

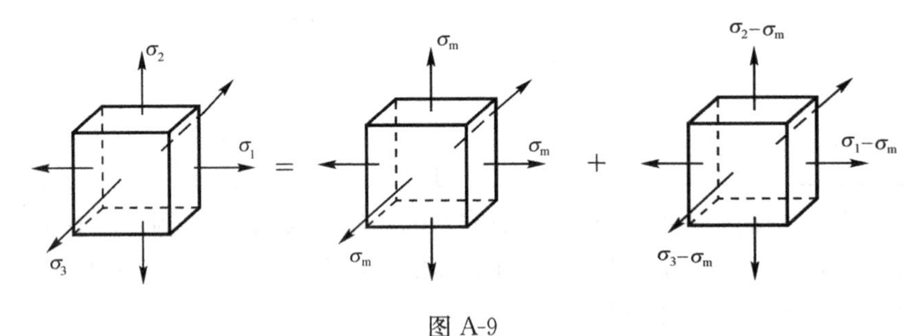

图 A-9

因而不会引起单元体的形状改变，而只引起体积改变，此时单元体积蓄的能密度就是**体积改变能密度** u_v。另一组主应力 σ_1''、σ_2'' 和 σ_3'' 的三个应力之和为零，因而不会引起单元体的体积改变，而只引起形状改变。此时单元体积蓄的能密度就是**形状改变能密度** u_f，其数值的计算，可将式(11-10)中的三个主应力分别取为 σ_1''、σ_2'' 和 σ_3''，再将 $\sigma_\mathrm{m}=\dfrac{\sigma_1+\sigma_2+\sigma_3}{3}$代入整理后得

$$u_\mathrm{f}=\frac{1+\mu}{6E}\left[(\sigma_1-\sigma_2)^2+(\sigma_2-\sigma_3)^2+(\sigma_3-\sigma_1)^2\right] \tag{A-16}$$

A.4　刚体对轴的转动惯量

在讨论定轴转动刚体对转轴的动量矩时，已定义刚体对转轴的转动惯量为

$$J_z=\sum m_i r_i^2$$

由上式可知，刚体对转轴的转动惯量大小不仅与刚体质量大小有关，而且与质量分布有关。若

刚体质量连续分布,则上式可表示为

$$J_z = \int_M r^2 \mathrm{d}m \tag{A-17}$$

转动惯量的单位,在国际单位制中为 $kg \cdot m^2$ 。

A.4.1 具有简单几何形状的均质刚体转动惯量的计算

1. 均质细直杆(图 A-10)对 z 轴的转动惯量

设杆长为 l ,单位长度的质量为 ρ ,取一微元段 $\mathrm{d}x$,其质量为 $\mathrm{d}m = \rho \mathrm{d}x$,此杆对 z 转动惯量

$$J_z = \int_0^l \rho x^2 \mathrm{d}x = \frac{1}{3} m l^2 \tag{A-18}$$

2. 均质细圆环(图 A-11)对中心轴的转动惯量

均质细圆环半径为 R ,质量为 m 。将圆环沿圆周分成许多微元段,每段质量为 m_i ,到中心轴的距离均为 R 。则圆环对中心轴转动惯量为

$$J_z = \sum m_i R^2 = mR^2 \tag{A-19}$$

3. 均质薄圆板(图 A-12)对中心轴的转动惯量

设均质薄圆板半径为 R ,质量为 m ,单位面积质量为 ρ 。将圆板分成许多同心细圆环,圆环半径为 r ,宽度为 $\mathrm{d}r$,则细圆环的质量为 $\mathrm{d}m = 2\pi r \mathrm{d}r \cdot \rho$ 。圆板对中心轴 z 的转动惯量为

$$J_z = \int_0^R 2\pi r^3 \rho \mathrm{d}r = \frac{1}{2} mR^2 \tag{A-20}$$

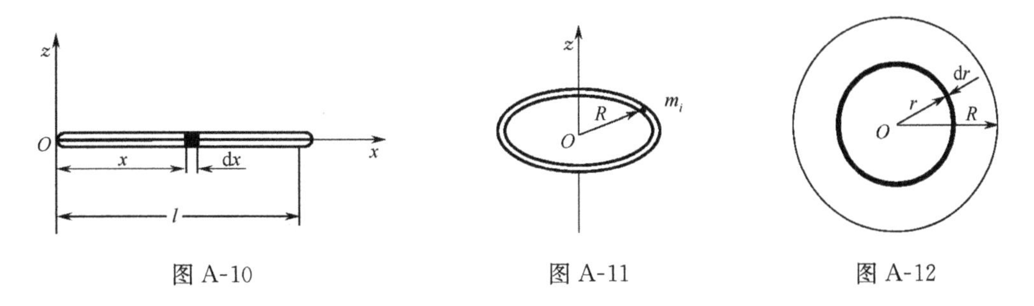

图 A-10　　图 A-11　　图 A-12

A.4.2 惯性半径(回转半径)

令

$$\rho_z = \sqrt{J_z / m} \tag{A-21}$$

并称为刚体对 z 轴的**惯性半径**(又称**回转半径**)。

对不同材料的刚体,若已知 ρ_z ,则对 z 轴的转动惯量可按下式计算:

$$J_Z = m\rho_z^2 \tag{A-22}$$

A.4.3　平行轴定理

刚体对任一轴的转动惯量，等于刚体对于通过质心并与该轴平行的轴的转动惯量，加上刚体的质量与两轴之间距离平方的乘积，即

$$J_z = J_{zC} + md^2 \tag{A-23}$$

该定理的证明请参阅一般的理论力学教材。

附录B 型 钢 表

表 B-1 热轧等边角钢(GB/T9787—1988)

符号意义：b——边宽度；
d——边厚度；
r——内圆弧半径；
r_1——边端内圆弧半径；
I——惯性矩；
i——惯性半径；
W——抗弯截面系数；
z_0——重心距离

角钢号数	尺寸/mm			截面面积/cm²	理论质量/(kg/m)	外表面积/(m²/m)	参考数值										z_0/cm
							$x-x$			x_0-x_0			y_0-y_0			x_1-x_1	
	b	d	r				I_x/cm⁴	i_x/cm	W_x/cm³	I_{x0}/cm⁴	i_{x0}/cm	W_{x0}/cm³	I_{y0}/cm⁴	i_{y0}/cm	W_{y0}/cm³	I_{x1}/cm⁴	
2	20	3	3.5	1.132	0.889	0.078	0.40	0.59	0.29	0.63	0.75	0.45	0.17	0.39	0.20	0.81	0.60
		4		1.459	1.145	0.077	0.50	0.58	0.36	0.78	0.73	0.55	0.22	0.38	0.24	1.09	0.64
2.5	25	3		1.432	1.124	0.098	0.82	0.76	0.46	1.29	0.95	0.73	0.34	0.49	0.33	1.57	0.73
		4		1.859	1.459	0.097	1.03	0.74	0.59	1.62	0.93	0.92	0.43	0.48	0.40	2.11	0.76
3.0	30	3	4.5	1.749	1.373	0.117	1.46	0.91	0.68	2.31	1.15	1.09	0.61	0.59	0.51	2.71	0.85
		4		2.276	1.786	0.117	1.84	0.90	0.87	2.92	1.13	1.37	0.77	0.58	0.62	3.63	0.89
3.6	36	3		2.109	1.656	0.141	2.58	1.11	0.99	4.09	1.39	1.61	1.07	0.71	0.76	4.68	1.00
		4		2.756	2.163	0.141	3.29	1.09	1.28	5.22	1.38	2.05	1.37	0.70	0.93	6.25	1.04
		5		3.382	2.654	0.141	3.95	1.08	1.56	6.24	1.36	2.45	1.65	0.70	1.09	7.84	1.07

续表

角钢号数	尺寸/mm			截面面积/cm²	理论质量/(kg/m)	外表面积/(m²/m)	参考数值										z_0/cm
							$x-x$			x_0-x_0			y_0-y_0			x_1-x_1	
	b	d	r				I_x/cm⁴	i_x/cm	W_x/cm³	I_{x0}/cm⁴	i_{x0}/cm	W_{x0}/cm³	I_{y0}/cm⁴	i_{y0}/cm	W_{y0}/cm³	I_{x1}/cm⁴	
4.0	40	3	5	2.359	1.852	0.157	3.58	1.23	1.23	5.69	1.55	2.01	1.49	0.79	0.96	6.41	1.09
		4		3.086	2.422	0.157	4.60	1.22	1.60	7.29	1.54	2.58	1.91	0.79	1.19	8.56	1.13
		5		3.791	2.976	0.156	5.53	1.21	1.96	8.76	1.52	3.10	2.30	0.78	1.39	10.74	1.17
4.5	45	3		2.659	2.088	0.177	5.17	1.40	1.58	8.20	1.76	2.58	2.14	0.89	1.24	9.12	1.22
		4		3.486	2.736	0.177	6.65	1.38	2.05	10.56	1.74	3.32	2.75	0.89	1.54	12.18	1.26
		5		4.292	3.369	0.176	8.04	1.37	2.51	12.74	1.72	4.00	3.33	0.88	1.81	15.25	1.30
		6		5.076	3.985	0.176	9.33	1.36	2.95	14.76	1.70	4.64	3.89	0.88	2.06	18.36	1.33
5	50	3	5.5	2.971	2.332	0.197	7.18	1.55	1.96	11.37	1.96	3.22	2.98	1.00	1.57	12.50	1.34
		4		3.897	3.059	0.197	9.26	1.54	2.56	14.70	1.94	4.16	3.82	0.99	1.96	16.69	1.38
		5		4.803	3.770	0.196	11.21	1.53	3.13	17.79	1.92	5.03	4.64	0.98	2.31	20.90	1.42
		6		5.688	4.465	0.196	13.05	1.52	3.68	20.68	1.91	5.85	5.42	0.98	2.63	25.14	1.46
5.6	56	3	6	3.343	2.624	0.221	10.19	1.75	2.48	16.14	2.20	4.08	4.24	1.13	2.02	17.56	1.48
		4		4.390	3.446	0.220	13.18	1.73	3.24	20.92	2.18	5.28	5.46	1.11	2.52	23.43	1.53
		5		5.415	4.251	0.220	16.02	1.72	3.97	25.42	2.17	6.42	6.61	1.10	2.98	29.33	1.57
		6		8.367	6.568	0.219	23.63	1.68	6.03	37.37	2.11	9.44	9.89	1.09	4.16	46.24	1.68
6.3	63	4	7	4.978	3.907	0.248	19.03	1.96	4.13	30.17	2.46	6.78	7.89	1.26	3.29	33.35	1.70
		5		6.143	4.822	0.248	23.17	1.94	5.08	36.77	2.45	8.25	9.57	1.25	3.90	41.73	1.74
		6		7.288	5.721	0.247	27.12	1.93	6.00	43.03	2.43	9.66	11.20	1.24	4.46	50.14	1.78
		8		9.515	7.469	0.247	34.46	1.90	7.75	54.56	2.40	12.25	14.33	1.23	5.47	67.11	1.85
		10		11.657	9.151	0.246	41.09	1.88	9.39	64.85	2.36	14.56	17.33	1.22	6.36	84.31	1.93

续表

角钢号数	尺寸/mm			截面面积/cm²	理论质量/(kg/m)	外表面积/(m²/m)	参考数值										z_0/cm
							$x-x$			x_0-x_0			y_0-y_0			x_1-x_1	
	b	d	r				I_x/cm⁴	i_x/cm	W_x/cm³	I_{x0}/cm⁴	i_{x0}/cm	W_{x0}/cm³	I_{y0}/cm⁴	i_{y0}/cm	W_{y0}/cm³	I_{x1}/cm⁴	
7	70	4	8	5.570	4.372	0.275	26.39	2.18	5.14	41.80	2.74	8.44	10.99	1.40	4.17	45.74	1.86
		5		6.875	5.397	0.275	32.21	2.16	6.32	51.08	2.73	10.32	13.34	1.39	4.95	57.21	1.91
		6		8.160	6.406	0.275	37.77	2.15	7.48	59.93	2.71	12.11	15.61	1.38	5.67	68.73	1.95
		7		9.424	7.398	0.275	43.09	2.14	8.59	68.35	2.69	13.81	17.82	1.38	6.34	80.29	1.99
		8		10.667	8.373	0.274	48.17	2.12	9.68	76.37	2.68	15.43	19.98	1.37	6.98	91.92	2.03
7.5	75	5	9	7.412	5.818	0.295	39.97	2.33	7.32	63.30	2.92	11.94	16.63	1.50	5.77	70.56	2.04
		6		8.797	6.905	0.294	46.95	2.31	8.64	74.38	2.90	14.02	19.51	1.49	6.67	84.55	2.07
		7		10.160	7.976	0.294	53.57	2.30	9.93	84.96	2.89	16.02	22.18	1.48	7.44	98.71	2.11
		8		11.503	9.030	0.294	59.96	2.28	11.20	95.07	2.88	17.93	24.86	1.47	8.19	112.97	2.15
		10		14.126	11.089	0.293	71.98	2.26	13.64	113.92	2.84	21.48	30.05	1.46	9.56	141.71	2.22
8	80	5	9	7.912	6.211	0.315	48.79	2.48	8.34	77.33	3.13	13.67	20.25	1.60	6.66	85.36	2.15
		6		9.397	7.376	0.314	57.35	2.47	9.87	90.98	3.11	16.08	23.72	1.59	7.65	102.50	2.19
		7		10.860	8.525	0.314	65.58	2.46	11.37	104.07	3.10	18.40	27.09	1.58	8.58	119.70	2.23
		8		12.303	9.658	0.314	73.49	2.44	12.83	116.60	3.08	20.61	30.39	1.57	9.46	136.97	2.27
		10		15.126	11.874	0.313	88.43	2.42	15.64	140.09	3.04	24.76	36.77	1.56	11.08	171.74	2.35
9	90	6	10	10.637	8.350	0.354	82.77	2.79	12.61	131.26	3.51	20.63	34.28	1.80	9.95	145.87	2.44
		7		12.301	9.656	0.354	94.83	2.78	14.54	150.47	3.50	23.64	39.18	1.78	11.19	170.30	2.48
		8		13.944	10.946	0.353	106.47	2.76	16.42	168.97	3.48	26.55	43.97	1.78	12.35	194.80	2.52
		10		17.167	13.476	0.353	128.58	2.74	20.07	203.90	3.45	32.04	53.26	1.76	14.52	244.07	2.59
		12		20.306	15.940	0.352	149.22	2.71	23.57	236.21	3.41	37.12	62.22	1.75	16.49	293.76	2.67

续表

角钢号数	尺寸/mm			截面面积/cm^2	理论质量/(kg/m)	外表面积/(m^2/m)	参考数值										z_0/cm
							$x-x$			x_0-x_0			y_0-y_0			x_1-x_1	
	b	d	r				I_x/cm^4	i_x/cm	W_x/cm^3	I_{x0}/cm^4	i_{x0}/cm	W_{x0}/cm^3	I_{y0}/cm^4	i_{y0}/cm	W_{y0}/cm^3	I_{x1}/cm^4	
10	100	6	12	11.932	9.366	0.393	114.95	3.10	15.68	181.98	3.90	25.74	47.92	2.00	12.69	200.07	2.67
		7		13.796	10.830	0.393	131.86	3.09	18.10	208.97	3.89	29.55	54.74	1.99	14.26	233.54	2.71
		8		15.638	12.276	0.393	148.24	3.08	20.47	235.07	3.88	33.24	61.41	1.98	15.75	267.09	2.76
		10		19.261	15.120	0.392	179.51	3.05	25.06	284.68	3.84	40.26	74.35	1.96	18.54	334.48	2.84
		12		22.800	17.898	0.391	208.90	3.03	29.48	330.95	3.81	46.80	86.84	1.95	21.08	402.34	2.91
		14		26.256	20.611	0.391	236.53	3.00	33.73	374.06	3.77	52.90	99.00	1.94	23.44	470.75	2.99
		16		29.267	23.257	0.390	262.53	2.98	37.82	414.16	3.74	58.57	110.89	1.94	25.63	539.80	3.06
11	110	7	12	15.196	11.928	0.433	177.16	3.41	22.05	280.94	4.30	36.12	73.28	2.20	17.51	310.64	2.96
		8		17.238	13.532	0.433	199.46	3.40	24.95	316.49	4.28	40.69	82.42	2.19	19.39	355.20	3.01
		10		21.261	16.690	0.432	242.19	3.39	30.60	384.39	4.25	49.42	99.98	2.17	22.91	444.65	3.09
		12		25.200	19.782	0.431	282.55	3.35	36.05	448.17	4.22	57.62	116.93	2.15	26.15	534.60	3.16
		14		29.056	22.809	0.431	320.71	3.32	41.31	508.01	4.18	65.31	133.40	2.14	29.14	625.16	3.24
12.5	125	8	14	19.750	15.504	0.492	297.03	3.88	32.52	470.89	4.88	53.28	123.16	2.50	25.86	521.01	3.37
		10		24.373	19.133	0.491	361.67	3.85	39.97	573.89	4.85	64.93	149.46	2.48	30.62	651.93	3.45
		12		28.912	22.696	0.491	423.16	3.83	41.17	671.44	4.82	75.96	174.88	2.46	35.03	783.42	3.53
		14		33.367	26.193	0.490	481.65	3.80	54.16	763.73	4.78	86.41	199.57	2.45	39.13	915.61	3.61
14	140	10		27.373	21.488	0.551	514.65	4.34	50.58	817.27	5.46	82.56	212.04	2.78	39.20	915.11	3.82
		12		32.512	25.522	0.551	603.68	4.31	59.80	958.79	5.43	96.85	248.57	2.76	45.02	1099.28	3.90
		14		37.567	29.490	0.550	688.81	4.28	68.75	1093.56	5.40	110.47	284.06	2.75	50.45	1284.22	3.98
		16		42.539	33.393	0.549	770.24	4.26	77.46	1221.81	5.36	123.42	318.67	2.74	55.55	1470.07	4.06

续表

角钢号数	尺寸/mm			截面面积/cm²	理论质量/(kg/m)	外表面积/(m²/m)	参考数值										z_0/cm
							$x-x$			x_0-x_0			y_0-y_0			x_1-x_1	
	b	d	r				I_x/cm⁴	i_x/cm	W_x/cm³	I_{x0}/cm⁴	i_{x0}/cm	W_{x0}/cm³	I_{y0}/cm⁴	i_{y0}/cm	W_{y0}/cm³	I_{x1}/cm⁴	
16	160	10	16	31.502	24.729	0.630	779.53	4.98	66.70	1237.30	6.27	109.36	321.76	3.20	52.76	1365.33	4.31
		12		37.441	29.391	0.630	916.58	4.95	78.98	1455.68	6.24	128.67	377.49	3.18	60.74	1639.57	4.39
		14		43.296	33.987	0.629	1048.36	4.92	90.95	1665.02	6.20	147.17	431.70	3.16	68.24	1914.68	4.47
		16		49.067	38.518	0.629	1175.08	4.89	102.63	1865.57	6.17	164.89	484.59	3.14	75.31	2190.82	4.55
18	180	12		42.241	33.159	0.710	1321.35	5.59	100.82	2100.10	7.05	165.00	542.61	3.58	78.41	2332.80	4.89
		14		48.896	38.383	0.709	1514.48	5.56	116.25	2407.42	7.02	189.14	621.53	3.56	88.38	2723.48	4.97
		16		55.467	43.542	0.709	1700.99	5.54	131.13	2703.37	6.98	212.40	698.60	3.55	97.83	3115.29	5.05
		18		61.955	48.634	0.708	1875.12	5.50	145.64	2988.24	6.94	234.78	762.01	3.51	105.14	3502.43	5.13
20	200	14	18	54.642	42.894	0.788	2103.55	6.20	144.70	3343.26	7.82	236.40	863.83	3.98	111.82	3734.10	5.46
		16		62.013	48.680	0.788	2366.15	6.18	163.65	3760.89	7.79	265.93	971.41	3.96	123.96	4270.39	5.54
		18		69.301	54.401	0.787	2620.64	6.15	182.22	4164.54	7.75	294.48	1076.74	3.94	135.52	4808.13	5.62
		20		76.505	60.056	0.787	2867.30	6.12	200.42	4554.55	7.72	322.06	1180.04	3.93	146.55	5347.51	5.69
		24		90.661	71.168	0.785	3338.25	6.07	236.17	5294.97	7.64	374.41	1381.53	3.90	166.65	6457.16	5.87

注：截面图中的 $r_1=d/3$ 及表中 r 值，用于孔型设计，不作为交货条件。

表 B-2　热轧不等边角钢(GB/T9788—1988)

符号意义：B——长边宽度；　b——短边宽度；
d——边厚；　r——内圆弧半径；
r_1——边端内弧半径；　x_0——形心坐标；
y_0——形心坐标；　I——惯性矩；
i——惯性半径；　W——抗弯截面系数

角钢号数	尺寸/mm				截面面积/cm²	理论质量/(kg/m)	外表面积/(m²/m)	参考数值													
								$x-x$			$y-y$			x_1-x_1		y_1-y_1		$u-u$			
	B	b	d	r				I_x/cm⁴	i_x/cm	W_x/cm³	I_y/cm⁴	i_y/cm	W_y/cm³	I_{x1}/cm⁴	y_0/cm	I_{y1}/cm⁴	x_0/cm	I_u/cm⁴	i_u/cm	W_u/cm³	$\tan\alpha$
2.5/1.6	25	16	3	3.5	1.162	0.912	0.080	0.70	0.78	0.43	0.22	0.44	0.19	1.56	0.86	0.43	0.42	0.14	0.34	0.16	0.392
			4		1.499	1.176	0.079	0.88	0.77	0.55	0.27	0.43	0.24	2.09	0.90	0.59	0.46	0.17	0.34	0.20	0.381
3.2/2	32	20	3		1.492	1.171	0.102	1.53	1.01	0.72	0.46	0.55	0.30	3.27	1.08	0.82	0.49	0.28	0.43	0.25	0.382
			4		1.939	1.22	0.101	1.93	1.00	0.93	0.57	0.54	0.39	4.37	1.12	1.12	0.53	0.35	0.42	0.32	0.374
4/2.5	40	25	3	4	1.890	1.484	0.127	3.08	1.28	1.15	0.93	0.70	0.49	5.39	1.32	1.59	0.59	0.56	0.54	0.40	0.385
			4		2.467	1.936	0.127	3.93	1.26	1.49	1.18	0.69	0.63	8.53	1.37	2.14	0.63	0.71	0.54	0.52	0.381
4.5/2.8	45	28	3	5	2.149	1.687	0.143	4.45	1.44	1.47	1.34	0.79	0.62	9.10	1.47	2.23	0.64	0.80	0.61	0.51	0.383
			4		2.806	2.203	0.143	5.69	1.42	1.91	1.70	0.78	0.80	12.13	1.51	3.00	0.68	1.02	0.60	0.66	0.380
5/3.2	50	32	3	5.5	2.431	1.908	0.161	6.24	1.60	1.84	2.02	0.91	1.82	12.49	1.60	3.31	0.73	1.20	0.70	0.68	0.404
			4		3.177	2.494	0.160	8.02	1.59	2.39	2.58	0.90	1.06	16.65	1.65	4.45	0.77	1.53	0.69	0.87	0.402
5.6/3.6	56	36	3	6	2.743	2.153	0.181	8.88	1.80	2.32	2.92	1.03	1.05	17.54	1.78	4.70	0.80	1.73	0.79	0.87	0.408
			4		3.590	2.818	0.180	11.45	1.78	3.03	3.76	1.02	1.37	23.39	1.82	6.33	0.85	2.23	0.79	1.13	0.408
			5		4.415	3.466	0.180	13.86	1.77	3.71	4.49	1.01	1.65	29.25	1.87	7.94	0.88	2.67	0.79	1.36	0.404

续表

角钢号数	尺寸/mm				截面面积/cm^2	理论质量/(kg/m)	外表面积/(m^2/m)	参考数值													
								$x-x$			$y-y$			x_1-x_1		y_1-y_1		$u-u$			
	B	b	d	r				I_x/cm^4	i_x/cm	W_x/cm^3	I_y/cm^4	i_y/cm	W_y/cm^3	I_{x1}/cm^4	y_0/cm	I_{y1}/cm^4	x_0/cm	I_u/cm^4	i_u/cm	W_u/cm^3	$\tan\alpha$
6.3/4	63	40	4	7	4.058	3.185	0.202	16.49	2.02	3.87	5.23	1.14	1.70	33.30	2.04	8.63	0.92	3.12	0.88	1.40	0.398
			5		4.993	3.920	0.202	20.02	2.00	4.74	6.31	1.12	2.71	41.63	2.08	10.86	0.95	3.76	0.87	1.71	0.396
			6		5.908	4.638	0.201	23.36	1.96	5.59	7.29	1.11	2.43	49.98	2.12	13.12	0.99	4.34	0.86	1.99	0.393
			7		6.802	5.339	0.201	26.53	1.98	6.40	8.24	1.10	2.78	58.07	2.15	15.47	1.03	4.97	0.86	2.29	0.389
7/4.5	70	45	4	7.5	4.547	3.570	0.226	23.17	2.26	4.86	7.55	1.29	2.17	45.92	2.24	12.26	1.02	4.40	0.98	1.77	0.410
			5		5.609	4.403	0.225	27.95	2.23	5.92	9.13	1.28	2.65	57.10	2.28	15.39	1.06	5.40	0.98	2.19	0.407
			6		6.647	5.218	0.225	32.54	2.21	6.95	10.62	1.26	3.12	68.35	2.32	18.58	1.09	6.35	0.93	2.59	0.404
			7		7.657	6.011	0.225	37.22	2.20	8.03	12.01	1.25	3.57	79.99	2.36	21.84	1.13	7.16	0.97	2.94	0.402
(7.5/5)	75	50	5	8	6.125	4.808	0.245	34.86	2.39	6.83	12.61	1.44	3.30	70.00	2.40	21.04	1.17	7.41	1.12	2.74	0.435
			6		7.260	5.699	0.245	41.12	2.38	8.12	14.70	1.42	3.88	84.30	2.44	25.37	1.21	8.54	1.08	3.19	0.435
			8		9.467	7.431	0.244	52.39	2.35	10.52	18.53	1.40	4.99	112.50	2.52	34.23	1.29	10.87	1.07	4.10	0.429
			10		11.590	9.098	0.244	62.71	2.33	12.79	21.96	1.38	6.04	140.80	2.60	43.43	1.36	13.10	1.06	4.99	0.423
8/5	80	50	5	8	6.375	5.005	0.255	41.96	2.56	7.78	12.82	1.42	3.32	85.21	2.60	21.06	1.14	7.66	1.10	2.74	0.388
			6		7.560	5.935	0.255	49.49	2.56	9.25	14.95	1.41	3.91	102.53	2.65	25.41	1.18	8.85	1.08	3.20	0.387
			7		8.724	6.848	0.255	56.16	2.54	10.58	16.96	1.39	4.48	119.33	2.69	29.82	1.21	10.18	1.08	3.70	0.384
			8		9.867	7.745	0.254	62.83	2.52	11.92	18.85	1.38	5.03	136.41	2.73	34.32	1.25	11.38	1.07	4.160	0.381
9/5.6	90	56	5	9	7.212	5.661	0.287	60.45	2.90	9.92	18.32	1.59	4.21	121.32	2.91	29.53	1.25	10.98	1.23	3.49	0.385
			6		8.557	6.717	0.286	71.03	2.88	11.74	21.42	1.58	4.96	145.59	2.95	35.58	1.29	12.90	1.23	4.18	0.384
			7		9.880	7.756	0.286	81.01	2.86	13.49	24.36	1.57	5.70	169.66	3.00	41.71	1.33	14.67	1.22	4.72	0.382
			8		11.183	8.779	0.286	91.03	2.85	15.27	27.15	1.56	6.41	194.17	3.04	47.93	1.36	16.34	1.21	5.29	0.380

续表

角钢号数	尺寸/mm				截面面积/cm^2	理论质量/(kg/m)	外表面积/(m^2/m)	参考数值															
								$x-x$			$y-y$			x_1-x_1		y_1-y_1		$u-u$			
	B	b	d	r				I_x/cm^4	i_x/cm	W_x/cm^3	I_y/cm^4	i_y/cm	W_y/cm^3	I_{x1}/cm^4	y_0/cm	I_{y1}/cm^4	x_0/cm	I_u/cm^4	i_u/cm	W_u/cm^3	$\tan\alpha$
10/6.3	100	63	6	10	9.617	7.550	0.320	99.06	3.21	14.64	30.94	1.79	6.35	199.71	3.24	50.50	1.43	18.42	1.38	5.25	0.394
			7		11.111	8.722	0.320	113.45	3.20	16.88	35.26	1.78	7.29	233.00	3.28	59.14	1.47	21.00	1.38	6.02	0.394
			8		12.584	9.878	0.319	127.37	3.18	19.08	39.39	1.77	8.21	266.32	3.32	67.88	1.50	23.50	1.37	6.78	0.391
			10		15.467	12.142	0.319	153.81	3.15	23.32	47.12	1.74	9.98	333.06	3.40	85.73	1.58	28.33	1.35	8.24	0.387
10/8	100	80	6	10	10.637	8.350	0.354	107.04	3.17	15.19	61.24	2.40	10.16	199.83	2.95	102.68	1.97	31.65	1.72	8.37	0.627
			7		12.301	9.656	0.354	122.73	3.16	17.52	70.08	2.39	11.71	233.20	3.00	119.98	2.01	36.17	1.72	9.60	0.626
			8		13.944	10.946	0.353	137.92	3.14	19.81	78.58	2.37	13.21	266.61	3.04	137.37	2.05	40.58	1.71	10.80	0.625
			10		17.167	13.476	0.353	166.87	3.12	24.24	94.65	2.35	16.12	333.63	3.12	172.48	2.13	49.10	1.69	13.12	0.622
11/7	100	70	6	10	10.637	8.350	0.354	133.37	3.54	17.85	42.92	2.01	7.90	265.78	3.53	69.08	1.57	25.36	1.54	6.35	0.403
			7		12.301	9.656	0.354	153.00	3.53	20.60	49.01	2.00	9.09	310.07	3.57	80.82	1.61	28.95	1.53	7.50	0.402
			8		13.944	10.946	0.353	172.04	3.51	23.30	54.87	1.98	10.25	354.39	3.62	92.70	1.65	32.45	1.53	8.45	0.401
			10		17.167	13.467	0.353	208.39	3.48	28.54	65.88	1.96	12.48	443.13	3.70	116.83	1.72	39.20	1.51	10.29	0.397
12.5/8	125	80	7	11	14.096	11.066	0.403	227.98	4.02	26.86	74.42	2.30	12.01	454.99	4.01	120.32	1.80	43.81	1.76	9.92	0.408
			8		15.989	12.551	0.403	256.77	4.01	30.41	83.49	2.28	13.56	519.99	4.06	137.85	1.84	49.15	1.75	11.18	0.407
			10		19.712	15.474	0.402	312.04	3.98	37.33	100.67	2.26	16.56	650.99	4.14	173.40	1.92	59.45	1.74	13.64	0.404
			12		23.351	18.330	0.402	364.41	3.95	44.01	116.67	2.24	19.43	780.39	4.22	209.67	2.00	69.35	1.72	16.01	0.400
14/9	140	90	8	12	18.038	14.160	0.453	365.64	4.50	38.48	120.69	2.59	17.34	730.53	4.50	195.79	2.04	70.83	1.98	14.31	0.411
			10		22.261	17.475	0.452	445.50	4.47	47.31	146.03	2.56	21.22	913.20	4.58	245.92	2.21	85.82	1.96	17.48	0.409
			12		26.400	20.724	0.451	521.59	4.44	55.87	169.79	2.54	24.95	1096.09	4.66	296.89	2.19	100.21	1.95	20.54	0.406
			14		30.456	23.908	0.451	594.10	4.42	64.18	192.10	2.51	28.54	1279.26	4.74	348.82	2.27	114.13	1.94	23.52	0.403

续表

角钢号数	尺寸/mm				截面面积/cm^2	理论质量/(kg/m)	外表面积/(m^2/m)	参考数值													
								$x-x$			$y-y$			x_1-x_1		y_1-y_1		$u-u$			
	B	b	d	r				I_x/cm^4	i_x/cm	W_x/cm^3	I_y/cm^4	i_y/cm	W_y/cm^3	I_{x1}/cm^4	y_0/cm	I_{y1}/cm^4	x_0/cm	I_u/cm^4	i_u/cm	W_u/cm^3	$\tan\alpha$
16/10	160	100	10	13	25.315	19.872	0.512	668.69	5.14	62.13	205.03	2.85	26.56	1362.89	5.24	336.59	2.28	121.74	2.19	21.92	0.390
			12		30.054	23.592	0.511	784.91	5.11	73.49	239.09	2.82	31.28	1635.56	5.32	405.94	2.36	142.33	2.17	25.79	0.388
			14		34.709	27.247	0.510	896.30	5.08	84.56	271.20	2.80	35.83	1908.50	5.40	476.42	2.43	162.23	2.16	29.56	0.385
			16		39.281	30.835	0.510	1003.04	5.05	95.33	301.60	2.77	40.24	2181.79	5.48	548.22	2.51	182.57	2.16	33.44	0.382
18/11	180	110	10	14	28.373	22.273	0.571	956.25	5.80	78.96	278.11	3.13	32.49	1940.40	5.89	447.22	2.44	166.50	2.42	26.88	0.376
			12		33.712	26.464	0.571	1124.72	5.78	93.53	325.03	3.10	38.32	2328.35	5.98	538.94	2.52	194.87	2.40	31.66	0.374
			14		38.967	30.589	0.570	1286.91	5.75	107.76	369.55	3.08	43.97	2716.60	6.06	631.95	2.59	222.30	2.39	36.32	0.372
			16		44.139	34.649	0.569	1443.06	5.72	121.64	411.85	3.06	49.44	3105.15	6.14	726.46	2.67	248.84	2.38	40.87	0.369
20/12.5	200	125	12		37.912	29.761	0.641	1570.90	6.44	116.73	483.16	3.57	49.99	3193.85	6.54	787.74	2.83	285.79	2.74	41.23	0.392
			14		43.867	34.436	0.640	1800.97	6.41	134.65	550.83	3.54	57.44	3726.17	6.62	922.47	2.91	326.58	2.73	47.34	0.390
			16		49.739	39.045	0.639	2023.35	6.38	152.18	615.44	3.52	64.69	4258.86	6.70	1058.86	2.99	366.21	2.71	53.32	0.388
			18		55.526	43.588	0.639	2238.30	6.35	169.33	677.19	3.49	71.74	4792.00	6.78	1197.13	3.06	404.83	2.70	59.18	0.385

注:1. 括号内型号不推荐使用。

2. 截面图中的 $r_1=d/3$ 及表中 r 值,用于孔型设计,不作为交货条件。

表 B-3　热轧槽钢(GB/T707—1988)

符号意义：h——高度；
b——腿宽度；
d——腰厚度；
t——平均腿厚度；
r——内圆弧半径；
r_1——腿端圆弧半径；
I——惯性矩；
W——抗弯截面系数；
i——惯性半径；
z_0——$y-y$ 轴与 y_1-y_1 轴间距

型号	尺寸/mm						截面面积 /cm^2	理论质量 /(kg/m)	参考数值							
									$x-x$			$y-y$			y_1-y_1	z_0 /cm
	h	b	d	t	r	r_1			W_x /cm^3	I_x /cm^4	i_x /cm	W_y /cm^3	I_y /cm^4	i_y /cm	I_{y1} /cm^4	
5	50	37	4.5	7	7.0	3.5	6.928	5.438	10.4	26.0	1.94	3.55	8.30	1.10	20.9	1.35
6.3	63	40	4.8	7.5	7.5	3.8	8.451	6.634	16.1	50.8	2.45	4.50	11.9	1.19	28.4	1.36
8	80	43	5.0	8	8.0	4.0	10.248	8.045	25.3	101	3.15	5.79	16.6	1.27	37.4	1.43
10	100	48	5.3	8.5	8.5	4.2	12.748	10.007	39.7	198	3.95	7.8	25.6	1.41	54.9	1.52
12.6	126	53	5.5	9	9.0	4.5	15.692	12.318	62.1	391	4.95	10.2	38.0	1.57	77.1	1.59
14 a	140	58	6.0	9.5	9.5	4.8	18.516	14.535	80.5	564	5.52	13.0	53.2	1.70	107	1.71
14 b	140	60	8.0	9.5	9.5	4.8	21.316	16.733	87.1	609	5.35	14.1	61.1	1.69	121	1.67
16a	160	63	6.5	10	10.0	5.0	21.962	17.240	108	866	6.28	16.3	73.3	1.83	144	1.80
16	160	65	8.5	10	10.0	5.0	25.162	19.752	117	935	6.10	17.6	83.4	1.82	161	1.75

续表

型号	尺寸/mm						截面面积/cm²	理论质量/(kg/m)	参考数值							
									$x-x$			$y-y$			y_1-y_1	z_0/cm
	h	b	d	t	r	r_1			W_x/cm³	I_x/cm⁴	i_x/cm	W_y/cm³	I_y/cm⁴	i_y/cm	I_{y1}/cm⁴	
18a	180	68	7.0	10.5	10.5	5.2	25.699	20.174	141	1270	7.04	20.0	98.6	1.96	190	1.88
18	180	70	9.0	10.5	10.5	5.2	29.299	23.000	152	1370	6.84	21.5	111	1.95	210	1.84
20a	200	73	7.0	11	11.0	5.5	28.837	22.637	178	1780	7.86	24.2	128	2.11	244	2.01
20	200	75	9.0	11	11.0	5.5	32.837	25.777	191	1910	7.64	25.9	144	2.09	268	1.95
22a	220	77	7.0	11.5	11.5	5.8	31.846	24.999	218	2390	8.67	28.2	158	2.23	298	2.10
22	220	79	9.0	11.5	11.5	5.8	36.246	28.453	234	2570	8.42	30.1	176	2.21	326	2.03
25 a	250	78	7.0	12	12.0	6.0	34.917	27.410	270	3370	9.82	30.6	176	2.24	322	2.07
25 b	250	80	9.0	12	12.0	6.0	39.917	31.335	282	3530	9.41	32.7	196	2.22	353	1.98
25 c	250	82	11.0	12	12.0	6.0	44.917	35.260	295	3690	9.07	35.9	218	2.21	384	1.92
28 a	280	82	7.5	12.5	12.5	6.2	40.034	31.427	340	4760	10.9	35.7	218	2.33	388	2.10
28 b	280	84	9.5	12.5	12.5	6.2	45.634	35.823	366	5130	10.6	37.9	242	2.30	428	2.02
28 c	280	86	11.5	12.5	12.5	6.2	51.234	40.219	393	5500	10.4	40.3	268	2.29	463	1.95
32 a	320	88	8.0	14	14.0	7.0	48.513	38.083	475	7600	12.5	46.5	305	2.50	552	2.24
32 b	320	90	10.0	14	14.0	7.0	54.913	43.107	509	8140	12.2	59.2	336	2.47	593	2.16
32 c	320	92	12.0	14	14.0	7.0	61.313	48.131	543	8690	11.9	52.6	374	2.47	643	2.09
36 a	360	96	9.0	16	16.0	8.0	60.910	47.814	660	11900	14.0	63.5	455	2.73	818	2.44
36 b	360	98	11.0	16	16.0	8.0	68.110	53.466	703	12700	13.6	66.9	497	2.70	880	2.37
36 c	360	100	13.0	16	16.0	8.0	75.310	59.118	746	13400	13.4	70.0	536	2.67	948	2.34
40 a	400	100	10.5	18	18.0	9.0	75.068	58.928	879	17600	15.3	78.8	592	2.81	1070	2.49
40 b	400	102	12.5	18	18.0	9.0	83.068	65.208	932	18600	15.0	82.5	640	2.78	1140	2.44
40 c	400	104	14.5	18	18.0	9.0	91.068	71.488	986	19700	14.7	86.2	688	2.75	1220	2.42

表 B-4　热轧工字钢(GB/T706—1988)

符号意义：h——高度；
b——腿宽度；
d——腰厚度；
t——平均腿厚度；
r——内圆弧半径；
r_1——腿端圆弧半径；
I——惯性矩；
W——抗弯截面系数；
i——惯性半径；
S——半截面的静力矩

型号	尺寸/mm						截面面积 /cm^2	理论质量 /(kg/m)	参考数值						
									$x-x$				$y-y$		
	h	b	d	t	r	r_1			I_x /cm^4	W_x /cm^3	i_x /cm	$I_x:S_x$ /cm	I_y /cm^4	W_y /cm^3	i_y /cm
10	100	68	4.5	7.6	6.5	3.3	14.345	11.261	245	49.0	4.14	8.59	33.0	9.72	1.52
12.6	126	74	5.0	8.4	7.0	3.5	18.118	14.223	488	77.5	5.20	10.8	46.9	12.7	1.61
14	140	80	5.5	9.1	7.5	3.8	21.516	16.890	712	102	5.76	12.0	64.4	16.1	1.73
16	160	88	6.0	9.9	8.0	4.0	26.131	20.513	1130	141	6.58	13.8	93.1	21.2	1.89
18	180	94	6.5	10.7	8.5	4.3	30.756	24.143	1660	185	7.36	15.4	122	26.0	2.00
20a	200	100	7.0	11.4	9.0	4.5	35.578	27.929	2370	237	8.15	17.2	158	31.5	2.12
20b	200	102	9.0	11.4	9.0	4.5	39.578	31.069	2500	250	7.96	16.9	169	33.1	2.06
22a	220	110	7.5	12.3	9.5	4.8	42.128	33.070	3400	309	8.99	18.9	225	40.9	2.31
22b	220	112	9.5	12.3	9.5	4.8	46.528	36.524	3570	325	8.78	18.7	239	42.7	2.27
25a	250	116	8.0	13.0	10.0	5.0	48.541	38.105	5020	402	10.2	21.6	280	48.3	2.40
25b	250	118	10.0	13.0	10.0	5.0	53.541	42.030	5280	423	9.94	21.3	309	52.4	2.40

续表

型号	尺寸/mm						截面面积/cm^2	理论质量/(kg/m)	参考数值						
									$x-x$				$y-y$		
	h	b	d	t	r	r_1			I_x/cm^4	W_x/cm^3	i_x/cm	$I_x:S_x$/cm	I_y/cm^4	W_y/cm^3	i_y/cm
28a	280	122	8.5	13.7	10.5	5.3	55.404	43.492	7110	508	11.3	24.6	345	56.6	2.50
28b	280	124	10.5	13.7	10.5	5.3	61.004	47.888	7480	534	11.1	24.2	379	61.2	2.49
32a	320	130	9.5	15.0	11.5	5.8	67.156	52.717	11100	692	12.8	27.5	460	70.8	2.62
32b	320	132	11.5	15.0	11.5	5.8	73.556	57.741	11600	726	12.6	27.1	502	76.0	2.61
32c	320	134	13.5	15.0	11.5	5.8	79.956	62.765	12200	760	12.3	26.3	544	81.2	2.61
36a	360	136	10.0	15.8	12.0	6.0	76.480	60.037	15800	875	14.4	30.7	552	81.2	2.69
36b	360	138	12.0	15.8	12.0	6.0	83.680	65.689	16500	919	14.1	30.3	582	84.3	2.64
36c	360	140	14.0	15.8	12.0	6.0	90.880	71.341	17300	962	13.8	29.9	612	87.4	2.60
40a	400	142	10.5	16.5	12.5	6.3	86.112	67.598	21700	1090	15.9	34.1	660	93.2	2.77
40b	400	144	12.5	16.5	12.5	6.3	94.112	73.878	22800	1140	16.5	33.6	692	96.2	2.71
40c	400	146	14.5	16.5	12.5	6.3	102.112	80.158	23900	1190	15.2	33.2	727	99.6	2.65
45a	450	150	11.5	18.0	13.5	6.8	102.446	80.420	32200	1430	17.7	38.6	855	114	2.89
45b	450	152	13.5	18.0	13.5	6.8	111.446	87.485	33800	1500	17.4	38.0	894	118	2.84
45c	450	154	15.5	18.0	13.5	6.8	120.446	94.550	35300	1570	17.1	37.6	938	122	2.79
50a	500	158	12.0	20.0	14.0	7.0	119.304	93.654	46500	1860	19.7	42.8	1120	142	3.07
50b	500	160	14.0	20.0	14.0	7.0	129.304	101.504	48600	1940	19.4	42.4	1170	146	3.01
50c	500	162	16.0	20.0	14.0	7.0	139.304	109.354	50600	2080	19.0	41.8	1220	151	2.96
56a	560	166	12.5	21.0	14.5	7.3	135.435	106.316	65600	2340	22.0	47.7	1370	165	3.18
56b	560	168	14.5	21.0	14.5	7.3	146.635	115.108	68500	2450	21.6	47.2	1490	174	3.16
56c	560	170	16.5	21.0	14.5	7.3	157.835	123.900	71400	2550	21.3	46.7	1560	183	3.16
63a	630	176	13.0	22.0	15.0	7.5	154.658	121.407	93900	2980	24.5	54.2	1700	193	3.31
63b	630	178	15.0	22.0	15.0	7.5	167.258	131.298	98100	3160	24.2	53.5	1810	204	3.29
63c	630	180	17.0	22.0	15.0	7.5	179.858	141.189	102000	3300	23.8	52.9	1920	214	3.27

注：截面图和表中标注的圆弧半径 r 和 r_1 值，用于孔型设计，不作为交货条件。

参考文献

北京科技大学，东北大学．1997. 工程力学．北京：高等教育出版社
哈尔滨工业大学理论力学教研室．1997. 理论力学．北京：高等教育出版社
刘鸿文．1992. 材料力学．北京：高等教育出版社
单辉祖．1990. 材料力学(下册). 修订版．北京：国防工业出版社
单辉祖．1999. 材料力学．北京：高等教育出版社
上海化工学院，无锡轻工业学院．1979. 工程力学．北京：人民教育出版社
赵关康．1999. 简明工程力学教程．北京：机械工业出版社
浙江大学．1997. 理论力学. 北京：高等教育出版社

习题参考答案

第 1 章

略

第 2 章

2-1　$F_R = 161.2\text{N}, \angle(F_R, F_1) = 29°44'$

2-2　$F_A = \frac{\sqrt{3}}{3}G, F_B = \frac{\sqrt{3}}{3}G$

2-3　$F = 877.4\text{N}$

2-4　$F_A = 346.4\text{N}, F_B = 200\text{N}$

2-5　$F_A = \frac{\sqrt{5}}{2}F, F_D = \frac{1}{2}F$

2-6　当 $\theta = 90°$ 时，$F = 1.5G$；当 $\theta = 60°$ 时，$F = G$；当 $\theta = 30°$ 时，$F = 0$

2-7　(a)$F_{AB} = \frac{2\sqrt{3}}{3}G$(压)，$F_{AB} = \frac{\sqrt{3}}{3}G$(拉)；(b)$F_{AC} = \frac{2\sqrt{3}}{3}G$(拉)，$F_{AC} = \frac{\sqrt{3}}{3}G$(压)；

(c)$F_{AB} = \frac{1}{2}G$(拉)，$F_{AC} = \frac{\sqrt{3}}{2}G$(压)；(d)$F_{AB} = F_{AC} = G$(拉)

2-8　$F = 22.36\text{kN}, F_{\min} = 14.9\text{kN}, \alpha = 48.2°$

2-9　$x = \frac{26}{15}\text{m}, T = 150\text{N}$

2-10　$F_H = 16.58\text{kN}$

2-11　$F_A = F_B = \frac{G}{3}, F_C = \frac{2}{\sqrt{3}}G$(压)

2-12　$F_{AD} = F_{BD} = 1.255G$(压)，$F_{CD} = G$

第 3 章

3-1　(a)$M_O(\boldsymbol{F}) = 0$；(b)$M_O(\boldsymbol{F}) = Fl$；(c)$M_O(\boldsymbol{F}) = -Fb$；(d)$M_O(\boldsymbol{F}) = -Fl\sin\theta$；

(e)$M_O(\boldsymbol{F}) = F\sqrt{b^2 + l^2}\sin\beta$；(f)$M_O(\boldsymbol{F}) = F(l + r)$

3-2　(a)$F_A = -F_B = -\frac{M}{l}$；(b)$F_A = -F_B = -\frac{M}{l}$；(c)$F_A = -F_B = -\frac{M}{l\cos\alpha}$

3-3　$F_A = -F_B = 300\text{N}$

3-4　$F_A = F_C = \frac{M}{2\sqrt{2}a}$

3-5　$F_A = -F_B = 100\text{N}$(F_A 向上，F_B 向下)

3-6　$F_B = 69.28\text{N}$

3-7　$F_A = F_C = \frac{5\sqrt{2}}{3}\text{kN}$

3-8　$F_A=F_B=333.3\text{N}$

3-9　$F=\dfrac{M}{\alpha}\cot 2\theta$

3-10　$F_1=F_2$

第 4 章

4-1　$F'_R=466.5\text{N}, M_O=21.44\text{N}\cdot\text{m}, F_R=466.5\text{N}, d=45.96\text{mm}$

4-2　略

4-3　$F=10\text{kN}, \angle(F,CB)=60°, BC=2.31\text{m}$

4-4　$F_{Ax}=3.33\text{kN}, F_{Ay}=5\text{kN}, F_{NB}=3.33\text{kN}$

4-5　$F_{Ax}=10\text{kN}, F_{Ay}=20\text{kN}, F_{NB}=10\text{kN}$

4-6　$F=196.6\text{kN}, F_B=90.12\text{kN}, F_A=47.54\text{kN}$

4-7　$F_{Cx}=-8.571\text{kN}, F_{Cy}=10\text{kN}, F_{NB}=8.571\text{kN}$

4-8　$T=62.6\text{kN}, F_O=101\text{kN}$

4-9　$F_O=465\text{N}$

4-10　$T=150\text{N}, \theta=14.6°$

4-11　$F_{Ax}=0, F_{Ay}=600\text{N}, M_A=800\text{N}\cdot\text{m}$

4-12　$F_{NC}=1131.4\text{N}, F_{Bx}=-565.7\text{N}, F_{By}=234.28\text{N}$（$C$ 处下面接触）

4-13　$F_{Ax}=0, F_{Ay}=53\text{kN}, F_{NB}=37\text{kN}$

4-14　$G\geqslant 60\text{kN}$

4-15　$F_F=6\text{kN}$

4-16　$F_{Ax}=200\sqrt{2}\text{N}, F_{Ay}=2083\text{N}, M_A=-1178\text{N}\cdot\text{m}, F_{Dx}=0, F_{Dy}=-1400\text{N}$

4-17　$F_C=141.4\text{N}, F_{NB}=50\text{N}, F_A=50\text{N}$

4-18　$F_{Bx}=0.6\text{kN}, F_{By}=-1.92\text{kN}$

4-19　$F_{Ax}=-1590\text{N}, F_{Ay}=-1988\text{N}, F_H=2906\text{N}$

4-20　$F_{AB}=2900\text{N}, F_{Dx}=2511.5\text{N}, F_{Dy}=250\text{N}$

4-21　$F_{Ax}=1200\text{N}, F_{Ay}=150\text{N}, F_B=1050\text{N}, F_{BC}=1500\text{N}$（压）

4-22　$F_{Ax}=-7.39\text{kN}, F_{Ay}=12.8\text{kN}, F_{Bx}=4.39\text{kN}, F_{By}=7.86\text{kN}$

第 5 章

5-1　$F_{Rx}=-345.4\text{N}, F_{Ry}=249.6\text{N}, F_{Bz}=10.56\text{N}$,

$M_x=-51.78\text{N}\cdot\text{m}, M_y=-36.65\text{N}\cdot\text{m}, M_z=103.6\text{N}\cdot\text{m}$

5-2　$M_z=-101.4\text{N}\cdot\text{m}$

5-3　$M_x=14.14\text{N}\cdot\text{m}$

5-4　$M_x=\sqrt{2}F(a-\sqrt{3}r)/4, M_y=\sqrt{2}F(a+\sqrt{3}r)/4, M_z=-Fr/2$

5-5　$T_1=10\text{kN}, T_2=5\text{kN}, F_{Ax}=-5.2\text{kN}, F_{Az}=8\text{kN}, F_{Bx}=-7.8\text{kN}, F_{Bz}=4.5\text{kN}$

5-6　①$M=22.5\text{N}\cdot\text{m}$；②$F_{Ax}=75\text{N}, F_{Ay}=0, F_{Az}=50\text{kN}$；③$F_x=75\text{N}, F_y=0$

5-7　$F_3=4000\text{N}, F_4=2000\text{N}, F_{Ax}=-6375\text{N}, F_{Az}=1299\text{N}, F_{Bx}=-4125\text{N}, F_{Bz}=3897\text{N}$

5-8　$F_{N1}=F_{N3}=\dfrac{G}{2}, F_{N2}=0$

第6章

6-1 $x_C=90\text{mm}$

6-2 $x_C=\dfrac{-r_1(r_2^2-r_3^2)}{2(r_1^2-r_2^2-r_3^2)}$

6-3 $x_C=23.1\text{mm}, y_C=38.5\text{mm}, z_C=-28.1\text{mm}$

6-4 $x_C=0, y_C=0, z_C=114.7\text{mm}$

6-5 略

6-6 ①$F_{S1}=1.492\text{kN}, F_{S2}=1.508\text{kN}$；②$F_1=26.06\text{kN}, F_2=20.93\text{kN}$

6-7 $F=20\text{N}$

6-8 $F=162.3\text{N}$

6-9 $x=1.1\text{m}$

6-10 $F=99\text{N}, T=20\text{N}$

6-11 $b\leqslant 110\text{mm}$

6-12 $G=500\text{N}$

6-13 $M_{制动}=300\text{N}\cdot\text{m}$

6-14 $\dfrac{l}{L}\leqslant 0.559$

6-15 $F_A=95.7\text{N}$

6-16 $P_{\min}=1.94\text{kN}$

第7章

略

第8章

8-1 (a)$F_{N1}=50\text{kN}, F_{N2}=10\text{kN}, F_{N3}=-20\text{ kN}$；(b)$F_{N1}=F_P, F_{N2}=0, F_{N3}=F_P$；
(c)$F_{N1}=0, F_{N2}=4F_P, F_{N3}=3F_P$；(d)$F_{N1}=2\text{kN}, F_{N2}=2\text{kN}$

8-2 ①$\sigma_{AC}=-20\text{MPa}, \sigma_{CD}=0, \sigma_{DB}=-20\text{MPa}, \Delta l_{AC}=-0.01\text{mm}, \Delta l_{CD}=0, \Delta l_{DB}=-0.01\text{mm}$；
②$\Delta l_{AB}=-0.02\text{mm}$

8-3 $\sigma_{AC}=31.8\text{MPa}, \sigma_{CB}=127\text{MPa}, \varepsilon_{AC}=1.59\times10^{-4}, \varepsilon_{CB}=6.36\times10^{-4}$

8-4 $\sigma_{\max}=71.4\text{MPa}$

8-5 $\sigma_{AB}=110\text{MPa}, \sigma_{BC}=-31.8\text{MPa}$，支架安全

8-6 ①$\sigma=78.4\text{MPa}, n=3.83$；②螺栓个数 $Z=15$ 个

8-7 $[F_P]=67.4\text{kN}$

8-8 $[F_P]=84\text{kN}$

8-9 $E=208\text{GPa}, \mu=0.317$

8-10 $A_{AB}\geqslant 5\text{cm}^2, A_{BD}\geqslant 14.14\text{cm}^2, A_{CD}\geqslant 25\text{cm}^2$

8-11 ①$x=1.08\text{m}$；②杆 1 应力 $\sigma=44\text{MPa}$，杆 2 应力 $\sigma=33\text{MPa}$

8-12 ①$A_1\geqslant 2\text{cm}^2, A_2\geqslant 0.5\text{cm}^2$；②$A_1\geqslant\dfrac{8}{3}\text{cm}^2, A_2\geqslant 0.5\text{cm}^2$

8-13　$e=\dfrac{b(E_1-E_2)}{2(E_1+E_2)}$

8-14　上段 $\sigma=10\text{MPa}$，下段 $\sigma=-40\text{MPa}$

8-15　(a)$\sigma_{max}=131\text{MPa}$；(b)$\sigma_{max}=78.8\text{MPa}$

第 9 章

9-1　略　　9-2　略　　9-3　略

9-4　①$\tau_{max}=71.4\text{MPa}$　　②$\tau_A=\tau_B=71.4\text{MPa}$，$\tau_C=35.7\text{MPa}$

9-5　$\tau_{max}=2.31\text{MPa}$

9-6　$d_0=4.5\text{cm}$，$D_0=4.6\text{cm}$

9-7　轴欲安全，其直径须大于或等于 112mm，故安全

9-8　螺栓个数 $n=8$

9-9　实心 $d=22\text{mm}$；空心 $D=26.2\text{mm}$，$d=21\text{mm}$；重量比：实/空≈1.98

9-10　① $\tau_{max}=69.8\text{MPa}$；② $\varphi_{AC}=2°$

9-11　$\tau_{max}=20.4\text{MPa}<[\tau]$，安全

9-12　$M_{eA}=\dfrac{b}{a+b}M_e$，$M_{eB}=\dfrac{a}{a+b}M_e$

第 10 章

10-1　略

10-2　$a=0.586l$

10-3　①$b=42\text{mm}$，$h=126\text{mm}$；②$\tau_{max}=4.56\text{MPa}$

10-4　$F_{P1}=1.44\text{kN}$，$F_{P2}=5.76\text{kN}$

10-5　$h=2b=94.4\text{mm}$

10-6　$\sigma_{拉}=40.9\text{MPa}>[\sigma_t]=30\text{MPa}$，$\sigma_{压}=69.2\text{MPa}>[\sigma_c]=60\text{MPa}$，不安全

10-7　①略；②$F_{P1}=2F_{P2}$

10-8　$[F_P]=106\text{kN}$

10-9　①$2\text{m}\leqslant x\leqslant 2.67\text{m}$；②$W_z\geqslant 1875\times10^3\text{mm}^3$，选 50a

10-10　$a=1.385\text{m}$

10-11　①略；②选两根 8 号槽钢

10-12　(a)$\theta_A=\dfrac{F_pl^2}{2EI}$，$f_A=\dfrac{F_pl^3}{3EI}$；(b)$\theta_A=\dfrac{ma}{6EI}$，$\theta_B=-\dfrac{ma}{3EI}$

10-13　$\theta_A=-0.747\times10^{-2}\text{rad}$，$\theta_B=0.795\times10^{-2}\text{rad}$

10-14　$f_C=8.22\text{mm}$

10-15　选 22a 号槽钢；考虑自重时 $f=-3.5\text{mm}$

10-16　$d=112\text{mm}$

10-17　$F_B=\dfrac{F_pa^2(3l-a)}{2l^3}$

10-18　梁：$\sigma_{max}=156\text{MPa}$；拉杆：$\sigma_{max}=185\text{MPa}$

10-19　①$F_{RC}=\dfrac{5}{4}F_p$；②最大弯矩减少$\dfrac{1}{2}F_pl$，B 截面挠度减少$\dfrac{25}{192EI}F_pl^3$

第11章

11-1 略

11-2 (a)$\sigma=42.32\text{MPa}$,$\tau=-18.66\text{MPa}$;(b)$\sigma=27.32\text{MPa}$,$\tau=-24.64\text{MPa}$;
(c)$\sigma=-27.68\text{MPa}$,$\tau=18.66\text{MPa}$;(d)$\sigma=5\text{MPa}$,$\tau=-15\text{MPa}$

11-3 (a)$\sigma_1=52.40\text{MPa}$,$\sigma_2=7.64\text{MPa}$,$\sigma_3=0$,$\alpha_0=-31.8°$;
(b)$\sigma_1=11.23\text{MPa}$,$\sigma_2=0$,$\sigma_3=-71.20\text{MPa}$,$\alpha_0=52.2°$;
(c)$\sigma_1=37\text{MPa}$,$\sigma_2=0$,$\sigma_3=-27\text{MPa}$,$\alpha_0=70.5°$

11-4 (a)$\sigma_1=84.72\text{MPa}$,$\sigma_2=20\text{MPa}$,$\sigma_3=-4.72\text{MPa}$,$\tau_{max}=44.72\text{MPa}$;
(b)$\sigma_1=84.72\text{MPa}$,$\sigma_2=-4.72\text{MPa}$,$\sigma_3=-20\text{MPa}$,$\tau_{max}=52.36\text{MPa}$

11-5 (a)$\varepsilon_x=575\times10^{-6}$,$\varepsilon_y=-400\times10^{-6}$;(b)$\varepsilon_x=425\times10^{-6}$,$\varepsilon_y=100\times10^{-6}$

11-6 $\sigma_1=80\text{MPa}$,$\sigma_2=40\text{MPa}$,$p=3.2\text{MPa}$

11-7 $M_e=15.56\text{kN}\cdot\text{m}$

11-8 ①$\sigma_{r3}=100\text{MPa}$,$\sigma_{r4}=87.2\text{MPa}$,均为安全;②$\sigma_{r3}=110\text{MPa}$,$\sigma_{r4}=95.4\text{MPa}$,均为安全

11-9 ①$\sigma_{r1}=30\text{MPa}$,$\sigma_{r2}=19.5\text{MPa}$,均为安全;②$\sigma_{r1}=29\text{MPa}$,安全;$\sigma_{r2}=35\text{MPa}$,不安全

11-10 $\sigma_{r3}=82.5\text{MPa}<[\sigma]=100\text{MPa}$,安全

第12章

12-1 略

12-2 $\sigma_{t,max}=6.75\text{MPa}$,$\sigma_{c,max}=-6.99\text{MPa}$

12-3 $F_P=22.23\text{kN}$

12-4 $\sigma_{c,max}=-19.53\text{MPa}$

12-5 ①$e\leqslant0.417\text{m}$;②$e=0.139\text{m}$

12-6 $\sigma_{max}=18.3\text{MPa}$

12-7 $\sigma_1=\dfrac{pD}{2t}=37.5\text{MPa}$,$\sigma_2=\dfrac{pD}{4t}+\dfrac{M}{W}=25.5\text{MPa}$

12-8 $\sigma_{r3}=58.3\text{MPa}<[\sigma]$,安全

12-9 $\sigma_{r4}=59.1\text{MPa}<[\sigma]$,安全

12-10 $d=70\text{mm}$

12-11 $G=0.788\text{kN}$

12-12 $d\geqslant49.3\text{mm}$

12-13 $\sigma_{r3}=50.6\text{MPa}$,$\sigma_{r4}=48.1\text{MPa}$

12-14 $\sigma_{r3}=24.6\text{MPa}<[\sigma]$

第13章

13-1 $d\geqslant13.8\text{mm}$

13-2 $h\geqslant13.3\text{mm}$

13-3 $d=15\text{mm}$,如果$d=12\text{mm}$,则$n=5$个

13-4 $\tau=28.6\text{MPa}$安全,$\sigma_{bs}=95.5\text{MPa}$安全

13-5 $\tau=0.889\text{MPa}$,$\sigma_{bs}=5.33\text{MPa}$,安全

13-6 $d=6\text{mm}$

13-7 $\tau=89.1\text{MPa}$,$n=1.1$

第 14 章

14-1 $F_{pcr}=3293\text{kN}$

14-2 $F_{pcr}=259\text{kN}$

14-3 $n_{st}=5.0>[n_{st}]=4$,稳定,取 $\mu=1$,偏安全

14-4 $\theta=\arctan(\tan^{-1}\beta)^2$

14-5 $n_{st}=3.08$

14-6 $a=4.31\text{cm}$,$F_{pcr}=443\text{kN}$

14-7 $F_{pcr}=412\text{kN}$

14-8 ①$F_p=121.3\text{kN}$;②$n_{st}=1.73<[n_{st}]$,不安全

14-9 $F_{NAB}=54.4\text{kN}$,$F_{pcr}=122\text{kN}$,$n_{st}=2.24<[n_{st}]$,不安全

14-10 $[q]=5.59\text{kN}$

第 15 章

15-1 略　　15-2 略

15-3 ①圆$(x-3)^2+y^2=5$,$v_0=v_1=v_2=5\text{m/s}$,$a_0=a_1=a_2=5\text{m/s}^2$;

②半抛物线 $y=2x-\dfrac{x^2}{20}(x\geqslant 0)$,$v_0=10\sqrt{5}\text{m/s}$,$v_1=10\sqrt{2}\text{m/s}$,$v_2=10\text{m/s}$,$a_0=a_1=a_2=10\text{m/s}^2$

15-4 ①抛物线 $y=x\tan\alpha-\dfrac{gx^2}{2v_0^2\cos^2\alpha}$;②$s=v_0^2\sin2\alpha/g$;③$h=v_0^2\sin^2\alpha/g$;④$T=2v_0\sin\alpha/g$

15-5 ①$s=2\text{cm}$;②$x_A=\cos\omega t+4+AD$;③$v_A=-0.05\text{cm/s}$;④$a_A=-0.008\ 66\text{cm/s}^2$

15-6 $v=150\text{mm/s}$,在出发点的左方 2500mm 处

15-7 $s_{max}=8\text{cm}$

15-8 $v_C=600\text{mm/s}$,$a_C=2400\text{mm/s}^2$

15-9 ①直角坐标法 $x=R+R\cos2\omega t$,$y=R\sin2\omega t$,$v_x=-2R\omega\sin2\omega t$,$v_y=2R\omega\cos2\omega t$,

$a_x=-4R\omega^2\cos2\omega t$,$a_y=-4R\omega^2\sin2\omega t$;②自然坐标法 $s=2R\omega t$,$v=2R\omega$,$a_\tau=0$,$a_n=4R\omega^2$

15-10 $T_1=5904\text{N}$,$T_2=4704\text{N}$,$T_3=3504\text{N}$;余略

15-11 $t=\sqrt{\dfrac{c(G_2+G_1)}{g(G_2-G_1)}}$

15-12 $v=0.921\text{m/s}$,$T=11.32\text{N}$

15-13 $F_{AM}=\dfrac{m(a\omega^2+g)}{2a}$(拉),$F_{BM}=\dfrac{m(a\omega^2-g)}{2a}$(压)

15-14 $N_A=\dfrac{G_A}{g}(a_r\sin\theta+g\cos\theta)$,其中,$a_r=g\sin\theta-a\cos\theta$

第 16 章

16-1 $v_0=70.7\text{cm/s}$,$a_0=333\text{cm/s}^2$

16-2　$y_{AB}=e\sin(\omega t+\varphi_0)+R, v_{AB}=e\omega\cos(\omega t+\varphi_0), a_{AB}=-e\omega^2\sin(\omega t+\varphi_0)$

16-3　$v_A=1\text{m/s}, a_A=1.5\ \text{m/s}^2$

16-4　$x=0.2\cos4t, v=0.4\text{m/s}, a=2.771\ \text{m/s}^2$

16-5　$v_A=0.524\text{m/s}, a_A=0, a_n=2.742\ \text{m/s}^2$

16-6　$v_{\max}=0.4\ \text{m/s}, h=7.2\text{m}$

16-7　$v=1.676\text{m/s}, a_{AB}^{\tau}=a_{AB}^{\tau}=0, a_{AD}^{n}=32.9\ \text{m/s}^2, a_{BC}^{n}=32.9\ \text{m/s}^2$

16-8　$\omega_2=0, \alpha_2=-\dfrac{16\omega^2}{r^2}$

第17章

17-1　$F=mg/\cos\theta; a=g\tan\theta$

17-2　$F_{Ox}=\dfrac{1}{2}mg\sin2\theta; F_{Oy}=mg\sin^2\theta; M_O=mgs\sin\theta$

17-3　$N_A=\dfrac{mgb+Fe-fmgh}{a+b}; N_B=\dfrac{mga-Fe+fmgh}{a+b}; a=\dfrac{F-fmg}{m}$

17-4　$a=0.399\text{m/s}^2; F_{FD}=10.21\text{kN}$

17-5　$F=176.4\text{N}; N_A=227.85\text{N}; N_B=360.15\text{N}$

17-6　$M_{f\max}=21.61\text{N}\cdot\text{m}$

17-7　$n_{\max}=\dfrac{30}{\pi}\sqrt{\dfrac{f_s g}{r}}$

17-8　$\omega^2=\dfrac{2m_1+m_2}{2m_1(a+l\sin\varphi)}g\tan\varphi$

17-9　$\omega=\sqrt{\dfrac{k(\varphi-\varphi_0)}{ml^2\sin2\varphi}}$

17-10　$\beta=\arccos\left(\dfrac{3g}{2l\omega^2}\right); F_A=\dfrac{ml\omega^2}{2}\sqrt{1+\dfrac{7g^2}{4l^2\omega^4}}$

17-11　$\omega^2=3g\dfrac{b^2\cos\varphi-a^2\sin\varphi}{(b^3-a^3)\sin2\varphi}$

17-12　$F_{Bx}=-\dfrac{2}{3}m\omega v; F_{By}=-\dfrac{\sqrt{3}}{12r}m(4r^2\omega^2+3v^2+2gr); F_{Ax}=-\dfrac{1}{3}m\omega v;$

$F_{Ay}=-\dfrac{\sqrt{3}}{12r}m(2r^2\omega^2+3v^2-2gr); F_{Az}=m(3g-\dfrac{v^2}{2r})$

17-13　$\alpha=\dfrac{m_2r-m_1R}{J+m_1R^2+m_2r^2}g$; $F'_{Ox}=0$, $F'_{Oy}=-\dfrac{(m_2r-m_1R)^2}{J+m_1R^2+m_2r^2}g$

17-14　$\alpha=47\ \text{rad/s}^2; F_{Ax}=-95.34\text{N}; F_{Ay}=137.72\text{N}$

17-15　$\alpha=14.7\ \text{rad/s}^2; F_{Ax}=0; F_{Ay}=29.4\text{N}$

第18章

18-1　$W=-2.03\text{J}$

18-2　$W=6.29\text{J}$

18-3　① $T=\dfrac{1}{6}ml^2\omega^2$；② $T=\dfrac{1}{2}\left(\dfrac{1}{2}mr^2+me^2\right)\omega^2$

18-4 $T=\frac{1}{2}(m_A+m_B)v^2+\frac{1}{4}mv^2$.

18-5 $v=8.1\text{m/s}$

18-6 ① $F=98\text{N}$; ② $v_{max}=0.8\text{m/s}$

18-7 $v=0.7\text{m/s}$

18-8 $\omega=\frac{2}{r}\sqrt{\frac{M-m_2gr(\sin\theta+f\cos\theta)}{m_1+2m_2}\varphi}$; $\alpha=\frac{2[M-m_2gr(\sin\theta+f\cos\theta)]}{r^2(m_1+2m_2)}$

第19章

19-1 $\sigma_d=256\text{MPa}$

19-2 ①$F_d=90.6\text{kN}$,$\sigma_{d,max}=102\text{MPa}$;余略

19-3 轴 $\sigma_{d,max}=68.2\text{MPa}$,杆 $\sigma_{d,max}=2.27\text{MPa}$

19-4 $\sigma_d=11.1\text{MPa}$

19-5 $\sigma_d=31.5\text{MPa}$

19-6 $\tau_{d,max}=5.34\text{MPa}$

19-7 ①$\sigma_d=0.07\text{MPa}$;②$\sigma_d=0.14\text{MPa}$;③$\sigma_d=10.93\text{MPa}$;④$\sigma_d=1.96\text{MPa}$

19-8 $\sigma_{d,max}=3v\sqrt{\frac{EG}{gbhl}}$

19-9 $\sigma_{d,max}=\left(1+\sqrt{1+\frac{243EIh}{2Gl^3}}\right)\frac{2Gl}{gW}$,$f_d=\left(1+\sqrt{1+\frac{243EIh}{2Gl^3}}\right)\frac{23Gl^3}{1296EI}$

19-10 $h=403.8\text{mm}$;无弹簧时 $h=9.65\text{mm}$

19-11 $\sigma_{d,max}=v\sqrt{\frac{3.05EIG}{glW}}$

19-12 (a)$\sigma_{d,max}=87\text{MPa}$;(b)$\sigma_{d,max}=13.5\text{MPa}$

19-13 $\tau_{d,max}=1057\text{MPa}$

19-17 $n=1.28$

19-18 $n=2.26$

19-19 $n=2.49>n_f$